양식 AQUACULTURE 생물학

양식생물학

인 쇄 2023년 7월 5일
발 행 2023년 7월 10일

저 자 강경호(http://mobidic.chonnam.ac.kr)
발행인 정성택
발행처 전남대학교출판문화원

등 록 1981. 5. 21. 제53호
주 소 61186 광주광역시 북구 용봉로 77
전 화 (062) 530-0571~2 마케팅 530-0573
팩 스 (062) 530-0579
홈페이지 http://www.cnup.co.kr
이메일 cnup0571@hanmail.net

값 18,000원

ISBN 978-89-6849-978-4 (93470)

양식 AQUACULTURE 생물학

강경호

본 도서는 양식 생물 산업에서 돈이 될만한 유용 종들을 중심으로 해양 무척추 동물과 어류 및 해조류에 관한 양식 정보로 작성하였으며, 관련 종들에 대한 동영상 링크를 넣어 독자들이 일반적인 양식 내용을 시각적으로 이해한 뒤에 양식 현장에 대한 친밀감과 접근성이 부담 없도록 구성을 하였다.

전남대학교출판문화원

초등학교 3학년 시절 운동장에서 열심히 축구하고 있던 나에게, 선생님께서 부르시는 소리를 교무실과 운동장 사이에서 줄넘기 놀이를 하던 여학생들이 전달 받아 내 이름 대신에 "넙치야 넙치야" 부르기 시작한 것 말고는 수산 양식과 관련된 흥미나 관련성이 전혀 없던 내가 1978년 수산계 대학에 입학하여 2023년 현재까지 양식 생물과 관련된 일을 하고 있으니, 이런 저런 생각에 앞서 감사하고 고마운 일임에는 틀림이 없다는 생각이다.

컴퓨터가 보급되기 이전에 인쇄소를 들락날락하며 청타로 논문이나 보고서를 만들던 시절에 대학원 생활을 했던 내가, 석·박사 과정 대학원생들의 지도 교수로 생활하면서 지나 온 날들을 돌이켜 보면, 나의 대학원 시절은 지도 교수와 대학원생들과의 끈끈한 유대 관계가 가장 활성화되었던 시기가 아니었나 싶기도 하고, 매주 실시되는 세미나 시간을 통하여 관련 교수님들과 대학원생들의 실시간 질의 응답과 학문적·실질적 현장 정보의 습득과 더불어 개인적으로는 양식 현장과 실험실에서 sleeping bag과 라밥(라면과 밥)으로 목표를 이루기 위한 나름대로의 시간들이 수산 양식에 관한 기초를 다지는 매우 소중한 시간이었다고 생각된다.

국립 수산진흥원(현, 국립 수산과학원)에 잠시 있다가 대학에 임용되어 젊은 청춘들과 생활을 하는 과정에서 수산 양식 관련 종사자들 뿐 만 아니라 수산 양식에 관심을 가진 일반인들도 쉽게 이해하여 현장 업무에 참고할 수 있는 관련 교재를 출간해야 하겠다는 생각으로 하나 둘 자료를 확보하고 정보들을 수집하면서 양식생물학 초고를 마치게 되었다. 교재의 내용은 수산 양식이 수익을 창출해야 하는 산업이라고 생각하기 때문에 2023년 현재 돈이 될 만한 유용 종들을 중심으로 해양 무척추 동물과 어류 및 해조류에 관한 양식 정보로 작성하였으며, 관련 종들에 관한 동영상 링크를 넣어 독자들이 일반적인 양식 내용을 시각적으로 이해한 뒤에 양식 현장에 대한 친밀감과 접근성이 부담 없도록 구성을 하였다.

기존의 수산 양식 전공 서적들과는 전체적인 디자인과 구성 면에서 차이가 많아, 다소 거부감이 있을 수도 있다고 생각되지만, 미래 사회는 복잡하기 보다는 단순한, 즉 simple함이 일상생활의 편리성을 보다 만족시켜 준다는 생각이고, social network service 시대에 보조를 같이 하는 의미에서 seeing is believing(백문이 불여일견)이라는 보다 더 쉬운 접근성을 가지고자 하였다. 또한 양식 관련 대학에서 수산 양식 기사(1급) 자격증 취득을 준비하는 학생들에게 조금의 도움이 되고자 최근 기출 문제를 수록하여 강의 시간에 문제의 유형을 분석할 수 있도록 하였다. 아무쪼록 자신의 미래를 위하여 열공 하고 있는 미래의 수산 관련 학생들에게 실질적인 도움이 되는 현장 학습서가 되었으면 하는 바람으로 부족한 부분들은 계속 보충하고 다듬어 나가겠다는 다짐을 하면서 내 인생의 멘토이자 은사님이신 부경대학교 초대 총장 故 유성규 교수님과 故 장영진 교수님 영전에 양식생물학 초판을 올린다.

2023년 7월

강 경 호

Ⅰ. 수산 양식의 뜻과 발달

Ⅱ. 먹이 생물

Ⅲ. 유전 및 육종

Ⅳ. 어류

Ⅴ. 갑각류

Ⅵ. 패류

Ⅶ. 기타 수산 동물의 양식

Ⅷ. 해조류

I 수산 양식의 뜻과 발달

1. 수계 생물의 생태적 분포

1) Plankton (부유 생물)

물 속에서 수동적으로 부유하는 microscopic size의 미세한 생물군

(1) 종류

① Phytoplankton (Chlorophyll, Photosynthesis, 해양 생산의 기초)

② Zooplankton (rotifer, brine shrimp, copepoda etc.)

③ Holoplankton (일생 플랑크톤, 개복치, 해파리 대부분의 식물 및 동물 플랑크톤)

④ Meroplankton (한시 플랑크톤, 어패류의 알 및 유생)

(2) 크기에 의한 Plankton의 분류

① Ultraplankton (초미소 플랑크톤, 5 ㎛ 이하)

② Nanoplankton (미소 플랑크톤, 5～60 ㎛)

③ Microplankton (소형 플랑크톤, 60～500 ㎛)

④ Mesoplankton (중형 플랑크톤, 500～1000 ㎛)

⑤ Macroplankton (대형 플랑크톤, 1～10 ㎜)

⑥ Megaloplankton (초대형 플랑크톤, 10 ㎜ 이상)

2) Necton (유영 동물)

① 해류의 이동과는 관계없이 자력으로 물 속을 이동

② 어류, 오징어류, 해양 포유류

3) Benthos (저서 생물)

① 해양의 바닥에서 생활하는 생물

② 저서 식물(해조류), 저서 동물(게류, 고둥류, 조개류, 갯지렁이류)

③ 고착성 저서 동물(굴, 따개비, 우렁쉥이)

④ 이동성 저서 동물(게, 새우, 고둥류, 불가사리)

2. 수산 양식

1) 수산 양식의 뜻

수산 양식(aquaculture, aqua+culture)이란 일정한 구역이나 시설을 독점적으로 소유하면서 그 곳에서 자기가 선택한 유용 수중 생물의 생활과 환경을 잘 관리하여, 그 생물의 번식과 성장을 꾀하면서 자원 조성용 또는 상품용 단계까지 키워 내는 생산 방법

2) 수산 양식의 목적

(1) 수산 양식의 목적은 생산물의 이용 방법에 따라 ① 인류의 식량 생산 ② 자연 자원의 증강을 위한 방류용 또는 이식용 종묘 생산 ③ 수산 제품의 원료 또는 다른 산업용 재료의 생산 ④ 체험 어업(낚시, 조개잡이)용 어패류 생산 ⑤ 미끼용 생물 생산 ⑥ 관상용 어류 ⑦ 유기물의 재활용

(2) 산업용 재료 또는 원료 생산 : ① 한천이나 카라기난 등의 생산을 위한 해조류 양식 ② 진주조개 양식에 의한 양식 진주 ③ 사료 생산을 위한 동물이나 해조류 양식 ④ 의약 원료 확보를 위한 수산 생물 양식

(3) 조개류의 경우, 생활사 전체 또는 유생 기간에 부착 기질에 부착 여부, 또는 일시적으로 부착하는가에 따라 ① 부착성 동물(굴, 담치류, 우렁쉥이) ② 비부착성 동물(대합, 바지락, 개량조개, 큰우럭, 우럭, 북방대합, 코끼리조개, 개조개) 및 ③ 일시 부착성 동물(고막류, 가리비, 키조개)로 분류

3) 수산 양식의 발달

(1) 수산 양식의 역사

① 세계적으로 가장 오래 된 양식에 관한 기록은 기원전 1800년경 이집트의 마에리스(Maeris) 왕이 연못에서 어류 사육

표 1-1. 양식종별 천해 양식장 면적과 생산량(1908년)

양식종	면적(ha)	생산량(톤)
계	2,238	270
굴	1,425	133
전 복	56	-
바지락	26	-
대 합	5	-
고막류	644	-
김	26	137

② 우리나라의 수산 양식 초기 : ❶ 김과 굴 양식 ❷ 본격적인 시작은 구한말 어업법이 실시되는 1910년대부터 수산 동물의 양식에 관심

(2) 천해 양식의 발달 과정

우리나라 천해 양식업의 발달 과정은 3단계로 구분할 수 있는데,

① 전기 발달기 : ❶ 광복 전인 1910년대부터 1940년대 전반기까지 ❷ 양식 생산량은 적었으나 여러 양식종을 양식 개발한 시기 ❸ 굴과 김 양식

② 광복 직후의 정체기

③ 후기 발달기 : ❶ 1960년대에서 현재까지, 해조류, 어류 및 무척추동물에 대한 양식 생산량 확대와 신품종 개발이 활발 ❶ 1960년대 : 김, 미역 등 해조류 중심의 양식 ❷ 1970년대 : 굴, 피조개 등 패류 양식업으로 발전 ❸ 1980년대 : 고소득 어·패류의 양식(넙치, 방어, 돔, 진주조개 등)으로 확대 ❹ 2000년대 : 고부가가치 양식 대상종의 양식 및 연구 개발(전복, 해삼, 넙치, 조피볼락 등)

(3) 천해 양식의 개요

① 해수와 담수를 비롯한 수계에서 행하여지는 수산 양식은 종묘를 생산 → 생산된 종묘를 양성하는 산업으로 크게 ❶ 종묘 생산과 ❷ 양성으로 구분

3. 종묘 생산

① 종묘 : 수산 양식의 기본이 되는 수산 생물

② 종묘 생산 방법 : ❶ 인공 종묘 생산 ❷ 자연 종묘 생산

1) 인공 종묘 생산

(1) 인공 종묘 생산의 특징

① 자연산 어미의 자원량 감소 ② 자연 발생량이 적어서 자연 종묘 생산이 어려운 경우

문

인공 종묘 생산과 자연 종묘 생산의 특징 및 장단점은?

(2) 인공 종묘 생산 과정

① 채란용 어미의 확보 : ❶ 성숙도 문제 고려 ❷ 자연 방란에 의한 채란시 건강 상태와 생식소 성숙 확인 ❸ 어미는 반드시 성숙 연령에 도달 ❹ 산란하기 전의 어미 선택

② 채란용 어미의 채집 및 관리 : ❶ 어미를 채포하거나 운반할 때에는, 스트레스를 받지 않도록 하고 ❷ 방란 직전의 상태에 있는 어미

(3) 채란 및 수정법

① 자연 채란법 : ❶ 어미의 자연방란에 의해 채란, ❷ 비교적 쉽고 ❸ 일반적 사용

② 인위적 채란법 : ❶ 어류는 복부를 절개 ❷ 복부 압박 ❸ 패류는 생식소 절개

(4) 산란 유발 촉진법

① 간출이나 정자 등에 의한 자극 ② 수온 ③ 자외선 조사 ④ 호르몬 주사

(5) 알의 수정법

① 습식법(wet method) : ❶ 알을 물 속에 받아 놓은 상태에서 정자를 짜 넣는 방법 ❷ 수정률 불량

② 건식법(dry method) : ❶ 알을 물에 넣지 않고 정자를 섞는 방법 ❷ 수정률 양호

③ 등조법(isotonic method) : ❶ 알과 정자의 양이 적은 경우 ❷ 체액 농도와 동일한 염분 용액에 알과 정자를 섞어 수정

(6) 부화 및 유생 사육

① 부화율은 수온, 염분, 탁도, 산소 및 물리적인 충격 등에 민감

② 부화 직후 초기에는 알 속에 저장된 영양 물질로 성장

③ 1-2일 후에 영양 공급이 제대로 안되면 폐사 → 위험기(critical period)

문

어류와 패류 및 무척추 동물 부화 개체의 초기 먹이에 관하여 설명하시오.

2) 자연 종묘 생산

(1) 채묘 예보

① 자연 채묘의 대상종은 자연 상태에서 어미의 자원량이 풍부해야 하며 ② 유생 발생량이 많은 종(예, 굴, 담치류 및 가리비류 등) ③ 자연 종묘 채집에 있어 어미 집단의 산란 시기에 유생의 출현량을 모니터링하여 자연 채묘의 적당한 지역, 수심 및 시기 예보

(2) 채묘 시설

① 치패(종묘)를 확보하기 위한 시설물 ② 부착성 치패의 인위적 채집을 위한 시설 ③ 채묘가 잘 될 수 있는 지역적 특성 및 부착 기질 선호도 파악

(3) 채묘 시설 종류

① 고정식 채묘(말목식) : ❶ 고정식 채묘는 유생 수나 부착 치패의 수가 적음 ❷ 해수의 유동 범위가 상하로 넓어 부착이 균일(채묘 용이) ❸ 부착 치패의 간출에 의한 환경 저항력이 강함 ❹ 수심이 낮은 조간대 지역

② 부동식 채묘(뗏목식, 연승식) : ❶ 수심이 깊은 곳 ❷ 부착층의 범위가 좁아 부착이 균일하지 못할 가능성 높음(채묘 어려운 점) ❸ 정확한 예보시 대량 채묘

③ 침설 수하식 채묘 : ❶ 수심 깊은 곳의 저층에 채묘기 설치(가리비, 키조개, 피조개)

④ 침설 고정식 채묘 : ❶ 수심이 낮은 저층에 채묘기 설치

⑤ 완류식 채묘 : ❶ 조간대에 나뭇가지 등을 세워 ❷ 해수의 흐름을 완만하게 조절 ❸ 비부착성 조개류에 이용, 바지락, 대합 등

(4) 부착 치패의 관리

① 1년생 참굴은 채묘 2~3주 후 종묘로 사용

② 2년생 참굴은 채묘후 2~4주일이 지나면 단련상에서 다음 해까지 단련하여 종묘로 사용

③ 단련 굴 종묘(hardened oyster seed)의 장점 : ❶ 크기가 작아서 ❷ 취급이 쉽고 ❸ 취급시 탈락 개체 적으며 ❹ 양성 효과가 크고 ❺ 양식 계획화

4. 양성

1) 양성 방법

① 양성 : ❶ 양성 : 생산된 종묘를 판매할 수 있는 상품 크기나 어미까지 성장시키는 일 ❷ 양성이 이루어지는 장소를 양성장이라 함

② 양성 방법 : ❶ 폐쇄식 양성 ❷ 개방식 양성

표 1-2. 양성 방법의 예

생태적 분류	양식 생물	양성 방법
유영 동물(척추동물)	방어, 참돔, 복어	제방식, 그물 가두리, 그물 구획식
유영 동물(무척추동물)	대하, 보리새우, 꽃게	제방식, 그물 구획식, 탱크
유영 동물(무척추동물)	문어	상자형 가두리식
부착 동물	우렁쉥이	수하식, 바닥식
부착 동물	굴, 담치류, 고막류, 가리비류	나뭇가지식, 수하식, 바닥식, 채롱식
비부착 동물	성게, 해삼	바닥식
비부착 동물	대합, 바지락, 우럭, 소라, 전복류	바닥식, 조위망식, 탱크식, 채롱식

(1) 폐쇄식 양성

① 제방식 양성 : ❶ 방어, 숭어 등의 어류와 보리새우, 대하 등의 갑각류를 양성 ❷ 해수의 교환율 나쁘고 ❸ 양식장의 연작으로 인한 어장의 노화 현상과 바이러스 질병 → 대량 폐사 발생

② 육상 수조식 양성 : ❶ 어류 및 전복 양성

③ 그물 차단식 양성 : ❶ 그물로 천해의 일부나 전부를 막고 ❷ 물의 교환은 간만에 의한 해수의 조차를 이용하여 양성 ❸ 환수율이 좋고 대규모 양성

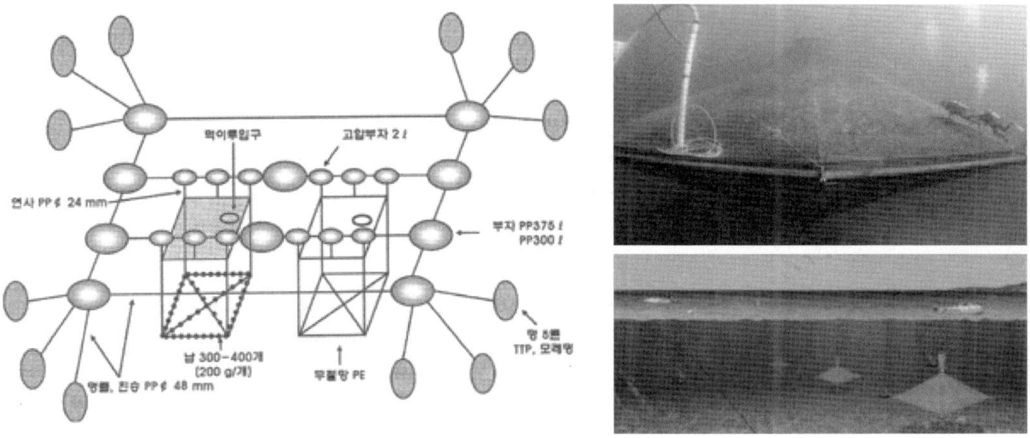

그림 1-1. 내파성 가두리 양식 모식도

④ 그물 가두리식 양성 : ❶ 어류 및 전복 양성

⑤ 채롱식 양성 : ❶ 진주조개 양성

⑥ 상자형 가두리식 양성 : ❶ 문어 양성

⑦ 조위망식 양성 : ❶ 그물과 말목으로 간석지를 막고 그 안에 종패를 방양하여 양성하는 방법 ❷ 이동이 심한 조개류 양성

(2) 개방식 양성

❶ 먹이 공급 불필요 ❷ 자연 먹이 생물을 섭취하는 부착성 동물이나 비부착성 저서 동물 양성

(2-1) 수하식 양성

❶ 개방식 양성법에서 가장 발달 ❷ 양성 생물을 수하 양성하는 방법 ❸ 뜸틀식 수하 양성과 침설식 수하 양성

① 뜸틀식 수하양성 : ❶ 수면 상층과 중층을 활용 ❷ 뗏목 수하식(70년대에 굴양식에 주로 사용, 최근 사용 않음)과 밧줄 수하식

② 침설식 수하 양성

일시 부착성 또는 부착성 동물을 부착한 수하연을 닻과 뜸통을 사용해 저층에 침설하는 방법

③ 기타 수하 양성

❶ 말목 수하식 양성(간이 수하식 양성) : 부착성 동물인 굴이나 진주담치를 기르

는 양성 ❷ 우산형 수하식 양성 : 말목 수하식 양성시설 개량 방법(수하연이 우산살 모양)

(2-2) 나뭇가지 양성

❶ 부착성 동물인 참굴을 기르는 양성법 ❷ 송지식 양성 ❸ 수심이 얕은 내만에 나뭇가지를 세워 참굴의 부착 양성

(2-3) 바닥식 양성

❶ 천해의 바닥에 종묘 방양 또는 부착 기질에 부착시켜 방양 ❷ 양성 종류가 가장 다양한 양성법 ❸ 천해를 가장 넓게 이용 ❹ 돌을 사용하면 투석식 양성 ❺ 패각을 사용하면 패각식 양성

2) 양성장

(1) 지형적 요인

해안선, 근해의 면적과 수심 및 내만의 크기나 내만도 등은 수온, 유속, 수심, 파도, 조석 및 간석지와 해수 중의 함유 물질에도 직접적인 영향.

① 동해안 : ❶ 해안선이 단조롭고 천해가 발달하지 못한 곳 ❷ 외해성인 부착성 또는 일시 부착성 동물 등을 양성하는 바닥 양성장 또는 침설식 수하 양성장의 적지

② 남해안 : ❶ 도서가 많고 해안선이 길며 천해가 발달한 곳 ❷ 내만이나 내해성인 유영 동물, 부착성 동물 및 포복성 저서 동물을 양성하는 제방식, 그물 차단식, 그물 가두리식, 채롱식, 수하식, 나뭇가지식 및 바닥식 등 각종 양성장의 적지가 많을 뿐만 아니라 ❸ 외해성 동물 양성장의 적지

③ 서해안 : ❶ 섬이 많고 해안선도 길며 간석지가 아주 잘 발달 ❷ 천해성인 유영 동물이나 비부착성 잠입 동물 등을 양성하는 제방식, 조위망식, 나뭇가지식, 바닥식 등과 같은 양성장의 적지

(2) 물리적 요인

① 수심, 조석과 유동, 수온, 광선 및 투명도, 우리나라 근해의 수심은 동해는 깊고 서해는 얕으며, 남해는 동해와 서해의 중간 정도

② 천해의 생태 구역 중에서 양성장으로 이용되는 곳은 조간대 및 천해대 상부

③ 해수의 유동은 조석 현상과 해류에 따라 발생

❶ 조간대 : 간조 때 노출되는 곳

❷ 간석지 : 개흙질로 된 조간대

TIP 수온

① 계절과 수심에 따라 다르나 연중 수온이 가장 낮은 2월에는 수층에 따라 수온이 다름 ② 화도, 태랑도, 거문도 및 방어진 연안 등을 연결하는 수역은 12℃ 내외로 12℃ 등온선은 전복류의 남방계와 북방계가 분포하는 경계 ③ 치사 온도는 동물의 50%가 사망하고 50%가 살아남는 온도 ④ 고수온에 의한 치사 원인 : ❶ 단백질 변성 ❷ 효소의 열에 의한 불활성화 ❸ 산소 공급 부족 ❹ 상호 의존적인 대사 반응에서 다른 온도 효과(Q10) ❺ 온도에 의한 생체막 구조 변화

(3) 화학적 요인

① 제한 요인 : 생물의 성장에 직접 관여하여 성장을 제한하는 요소

② 광염성 및 협염성 생물(광온성 및 협온성 생물)

③ 항삼투압 : 외계의 삼투압이 변화하더라도 체내의 삼투압을 일정하게 유지(경골 어류)

④ 변삼투압 : 조절 능력을 가지지 않고, 체내의 삼투압을 외계의 삼투압과 함께 변화(무척추 동물, 판새 어류, 원구류)

⑤ 해수의 pH : ❶ 생물의 호흡과 밀접. 식물의 탄소 동화 작용과도 직접 관계 ❷ 해수의 수소 이온 농도가 높으면 동물의 호흡이나 세균 등에 의한 산화 때문이고 식물은 해수 중의 이산화탄소를 소비하여 pH 상승 → ❸ 식물의 탄소 동화 작용은 산소를 발생시켜 pH를 상승시키는 원인

(4) 생물적 요인

① 식물 플랑크톤 : 해수 중의 영양 염류 이용

② 동물 플랑크톤 : 식물 플랑크톤을 먹고 자라며 때로는 부식성 영양

③ 적조 (red tide) : 플랑크톤이 급격히 증가하여 해수의 색깔이 황적색이나 적갈색 적조 플랑크톤 : *Gymnodinium* sp., *Gyrodinium* sp., *Prorocentrum* sp., *Cochlodinium* sp.과 같은 편모 조류

TIP 적조 단계별 상황에 따른 어류 가두리 양식장 대책

1) 적조 관심 단계(발생 전)

① 5~6월 : 적조 발생 현황을 파악 양질의 먹이를 공급 → 가두리 대피 장소 물색

② 가두리 분산 재배치, 전기 시설, 포기 장치, 산소 공급 장치 점검

2) 적조 출현 주의보 단계

① 10개체/mL 이상 → 사육 시설 및 밀도 점검 : ❶ 먹이 공급은 포식량의 50% 또는 절식

3) 적조 주의보 단계(경계 단계)

① 100개체/mL 이상 : ❶ 사육 환경 실시간 확인 ❷ 먹이 공급 중단 ❸ 포기, 산소 공급 장치 및 저층수 교반 장치 가동 ❹ 액화 산소 준비

4) 적조 경보 단계(심각 단계) 1,000개체/mL 이상

❶ 먹이 공급 중단 ❷ 가두리 그물 교체 및 선별 금지 ❸ 상황에 따라 가두리 임시 대피장 이동, 육상 대피장으로 조피볼락을 이동 관리 ❹ 포기 장치, 산소 공급기 및 액화 산소 전면 가동, 저층수 교반 장치 가동 ❺ 수심 20 m 이상 가두리 → 윗 그물을 덮어 침하

5) 적조 해제 단계(소멸)

❶ 먹이 공급량 점차 증가 ❷ 질병 감염 여부 진단

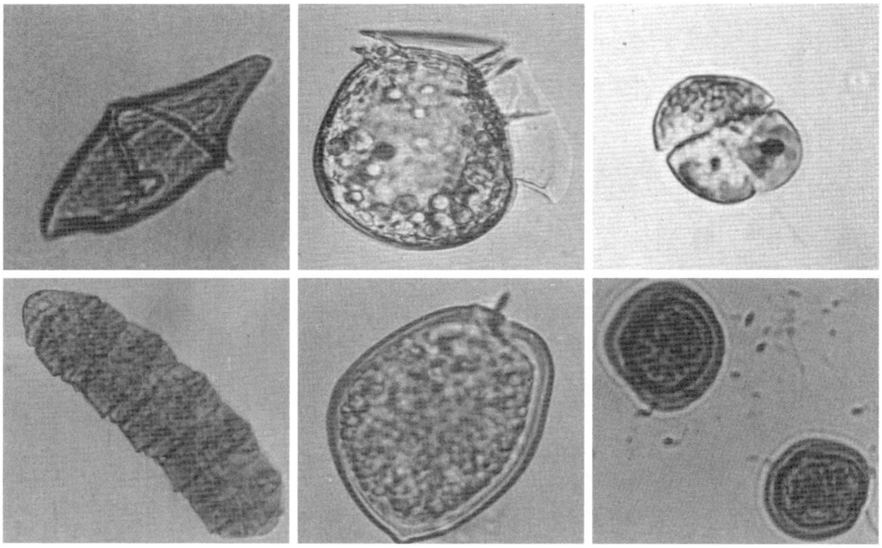

① *Gyrodinium fissum* ② *Dinophysis fortii* ③ *Gymnodinium mikimotoi*
④ *Cochlodinium polykrikoides* ⑤ *Prorocentrum minimum* ⑥ *Prorocentrum micans*

그림 1-2. 적조 플랑크톤

(5) 수중 물질의 순환

① 식물과 식물 플랑크톤 : 생산자(무기 염류 이용)

② 소비자 : 생산자를 섭취하는 동물

③ 부영양화의 먹이 연쇄 : 연안형 → 약내만형 → 강내만형(먹이 사슬 단계 감소)

3) 양성 관리

(1) 종묘 방양은 수온 상승 시기

(2) 먹이 생물과 배합 사료 확보

(3) 양성장 노화 현상의 원인과 대책

- 원인 : ① 배설물과 생물의 사체, 바닥의 찌꺼기에서 발생하는 황화수소
  ② 연작(장기간 계속 양성)
  ③ 성장이 늦어지고 생산량 감소
- 대책 : ① 경운
  ② 양성장 휴식
  ③ 밀식 방지
  ④ 계획적인 양성

5. 해적 생물

① 식해성 해적 : 피뿔고둥, 입뿔고둥, 뿔고둥, 대수리, 두더럭고둥, 불가사리, 문어, 망둑어, 감성돔, 오리류, 철새류

② 부착성 해적 : 따개비, 해면류, 미더덕, 오만둥이, 진주담치

③ 기타 해적 : 다모류(폴리도라)

④ 곰치, 닭새우 및 문어의 상호 관계 : ❶ 곰치는 문어의 해적 ❷ 닭새우는 곰치의 해적 ❸ 문어는 닭새우의 해적

6. 양식종의 선택

❶ 판매 가능성이 높고 ❷ 부가 가치가 높아 ❸ 수익성이 높은 종

1) 양식 대상종의 선택 기준

① 시장 수요와 가격

② 지역의 기호나 관습

③ 상품 가치

④ 성장

⑤ 내병성

⑥ 종묘 확보

⑦ 사료 확보

⑧ 양식 기술 확립

7. 축양과 운반

1) 축양

① 살아있는 수산 동물을 사육 수조에 일시적으로 수용하는 행위

❶ 어획물의 일시 보관

❷ 활어 유통 단계에서 활어 보관

❸ 양식장에서 생산된 양식 동물의 일시적 수용

2) 운반

(1) 활어 운반을 위한 기본 원리

❶ 대사 기능 저하

❷ 산소 보충

❸ 수조의 오물 제거

(2) 수산 동물의 실제 운반법

❶ 공기 중 운반

❷ 활어선 운반

❸ 비닐 봉지에 의한 운반

❹ 활어차 운반

❺ 마취 운반

8. 양식 방법

1) 해조류

① 말목식 양식

❶ 수심 10 m 이하의 수심 바닥에 말목을 박고, ❷ 김발을 수평으로 매다는 방법

❸ 김발의 재료는 합성 섬유로 만든 그물

② 뜬발식 양식(부류식)

김발을 설치할 때 말목 대신 뜸(스치로폼)과 닻줄을 이용하여 설치

③ 밧줄식 양식

❶ 수면 아래의 일정한 깊이에 밧줄을 설치하는 양식 방법

❷ 어미줄에는 종묘가 붙어 있는 씨줄을 감아 붙이거나 씨줄을 짧게 끊어 일정한 간격으로 어미줄에 끼워서 사용

❸ 미역, 다시마, 톳, 모자반 등의 양식에 이용

2) 부착성 동물 양식

① 수하식 양식 : 굴, 담치, 우렁쉥이 등 부착성 동물의 양식은 부착 기질에 붙여 뗏목이나 밧줄 등에 수하

① 뗏목 수하식 양식

❶ 대나무 또는 파이프 등을 사용하여 뗏목을 만들어 로프와 닻을 사용하여 고정시키는 방법 ❷ 뗏목에 치패가 붙은 수하연을 매달고, 뜸통으로 부력을 높이는 방법

② 말목 수하식 양식

❶ 간조선부터 수심 4 m까지 얕은 연안에 설치 ❷ 바닥에 두 줄의 말목을 박고 말목 위에 나무를 걸쳐 수하연을 매다는 방법

③ 밧줄 수하식 양식

❶ 플라스틱(또는 스치로폼) 뜸통을 표층에 줄로 연결하여 밧줄의 양 끝을 닻으로 고정시키고 수하연을 매달아 양식하는 방법 ❷ 밧줄 수하식은 파도에 견디는 힘이 강한 장점 ❸ 외해의 영향을 많이 받는 내만이나 파도가 많은 외해에서도 이용 ❹ 뗏목 수하식 보다 양식할 수 있는 수면적이 넓어 부착성 동물 양식에 이용

④ 바닥식 양식

❶ 모래 바닥이나 바위에 기어 다니는 포복 동물의 양식에 이용 ❷ 대합, 바지락, 피조개, 고막 등은 주로 저질 바닥에 서식하고, 전복 등은 바위나 암초에 서식

3) 어류 양식

① 지수 양식

❶ 자연 상태의 웅덩이에서 유영 동물을 사육하는 방법 ❷ 못의 물이 줄어들지 않으면

물을 더 채우지도 않고 ❸ 인공적으로 산소 보충 안함

② 유수 양식

❶ 물을 연속적으로 통과하게 하는 방법 ❷ 유수식 양어지는 일반적으로 콘크리트 구조 ❸ 숭어, 농어, 감성돔, 새우류의 양식에 주로 사용되고 있는 축제식 양식장이 대표적

③ 순환 여과 양식

① 순환 여과식 사육 장치에는 ❶ 사육조와 ❷ 사육수 처리 장치인 물 순환용 수조와 펌프, ❸ 침전조, ❹ 생물학적 질산화 여과조, ❺ 용해 유기물의 제거 장치, ❻ 소독 장치, ❼ 산소 보충 장치 등이 필요

② 순환 여과식 양식 시설의 장점 : ❶ 물 자원이 절약 ❷ 배출수 처리 간단 ❸ 수온 조절로 열대 관상 어류의 연중 사육 가능 ❹ 해적과 질병 대책 용이·고밀도 사육 가능

④ 가두리 양식

❶ 그물 가두리로 해수의 통과가 자유로워 고밀도 사육 가능 ❷ 우리나라에서는 넙치, 조피볼락, 방어, 돔류 등의 해수어의 양식에 이용 ❸ 외해 가두리 양식 : 내파성 가두리 및 모선식 가두리 양식 방법

⑤ 방류 재포 양식

❶ 강한 회귀성을 가진 어류의 치어를 공유 수면에 방류하여 외양에서 성장하고 성숙한 후 산란하기 위하여 모천회귀하는 생태를 이용하는 양식 방법 ❷ 연어가 대표적

그림 1-3. 해상 가두리 양식

TIP 조방적 양식

① 조방적 양식은 먹이를 주지 않고 방양 수역이 가지는 자연적인 생산력에 의존하여 양식 생산 ② 조개류, 해조류 및 우렁쉥이 양식 ③ 사료를 공급하는 어류의 집약적 양식에 비해 조방적으로 이루어지는 조개류, 해조류의 양식은 생산비가 절감되므로 경제적인 양식 방법

9. 양식 생물 관리

1) 생물 관리의 기본

① 양식 생물의 서식 조건에 적합한 사육 환경

② 양식 생물이 요구하는 영양소의 적절한 공급

③ 양식 생물의 질병과 해적에 대한 예방과 대책

TIP

① 수산 양식은 산업적으로 가치 있는 수산 생물을 원료로 하여 개체 수나 개체 크기를 늘려서 생산량을 증대시키는 일

② 양식 생산물은 인류의 단백질 자원이며, 축산물의 생산 한계 대체 자원

③ 해조류 양식은 말목식, 뜬발식 및 밧줄식

④ 수하식 양식은 부착성 동물의 양식(뗏목 수하식, 말목 수하식, 밧줄 수하식)

⑤ 바닥 양식은 포복 동물의 양식

⑥ 순환 여과식 양식은 ❶ 물 자원의 절약 ❷ 폐수 처리의 간편 ❸ 보온 시설을 해 주면 열대성, 냉수성 어류의 양식이 가능 ❹ 질병과 해적의 침입 방지 ❺ 도시 소비지 근처에서 양식 가능하므로 높은 이득 ❻ 해산어의 육상 수조식 양식에서 양수 전력 절약

⑦ 가두리 양식 : ❶ 환경의 부영양화를 고려 ❷ 외해성 가두리의 이용과 개발이 중요

⑧ 양식 생물 관리의 기본 요건 : ❶ 적합한 수계 환경을 마련 ❷ 양식 생물이 필요로 하는 영양 ❸ 양식 생물의 질병과 해적에 대한 대책

TIP 바이오플럭과 아쿠아포닉스, 스마트 양식의 장단점은?

① 바이오플럭 양식 : https://www.youtube.com/watch?v=wHpWpzBHJmo

② 아쿠아포닉스 양식 : https://www.youtube.com/watch?v=um0usGNCxgs

II

먹이 생물

1. 식물 플랑크톤

식물 플랑크톤 분리와 배양 : https://www.youtube.com/watch?v=FcXREiELaCo

해수 *Chrolella* sp. : https://www.youtube.com/watch?v=VG6dP6YKmPk

담수 *Chrolella* sp : https://www.youtube.com/watch?v=CPC4pmLnEno

1) 먹이 생물 배양 방법

① 대량 자연 배양(extensive culture of natural phytoplankton)

② 반집약적 배양(semi-intensive induced blooms of natural phytoplankton)

③ 집약적 배양(intensive uni-algal culture)

TIP 미세 조류(식물 플랑크톤)

❶ 패류, 고둥류 유생(전복, 소라), 갑각류 유생(새우, 게), 플랑크톤 식성 어류(틸라피아, 잉어) ❷ 로티퍼, 요각류, 물벼룩, 알테미아의 생산에 필수적인 먹이원 ❸ 사육수의 산소와 이산화탄소 균형 유지 ❹ 사육수의 수질 환경 개선

2) 먹이 생물의 조건

① 무독성

② 섭취 가능 크기와 모양

③ 영양성

④ 대량 배양이 용이

3) 식물 플랑크톤의 순수 분리 방법

① 희석법

② 한천 배지 도말법

4) 식물 플랑크톤의 배양 조건

(1) 배양 조건

① 빛 ② 영양 염류 ③ 에어 공급 ④ 적정 온도

(2) 식물 플랑크톤의 배양

① 자연 상태보다 배양 밀도가 높기 때문에 광합성에 필요한 영양염이 부족하므로 주기적으로 주 영양염인 N, P, 규조류 등을 첨가

① 원종배양 ② 중간배양 ③ 실내 대량배양(반연속법) ④ 옥외 대량배양

그림 2-1. 식물 플랑크톤 배양

(3) 식물 플랑크톤의 배양을 위한 배지는 밀폐된 용기에 넣어 저온에 보관 → ❶ 식물 플랑크톤 배양 배지는 50가지 정도 → ❷ F/2, walne's medium, ES-medium 등이 사용 → ❸ 양식 현장에서는 경제적인 면을 고려하여 농업용 복합 비료나 용액으로 판매하는 액체 비료를 이용 : 먹이 생물로 이용되는 식물 플랑크톤은 황갈색편모조류 *Isochrysis galbana, Isochrysis aff. galbana. Pavlova lutheri,* 규조류 *Cheatoceros calcitrans, C. gracilis, C. simplex,* 그리고 녹조류 *Nannochloropsis oculata, Tetraselmis* sp.

(4) 조개류 인공종묘 생산시 공급되는 식물 먹이 생물

① 편모조류

② 규조류

③ 녹조류 : 편모조류 : ❶ 지질 함량이 높고, 규조류는 ❶ 미네랄 함량이 높으며, 녹조류는 ❶ 단백질 함량이 높으므로 ❷ 3가지 조류를 적당히 혼합 공급

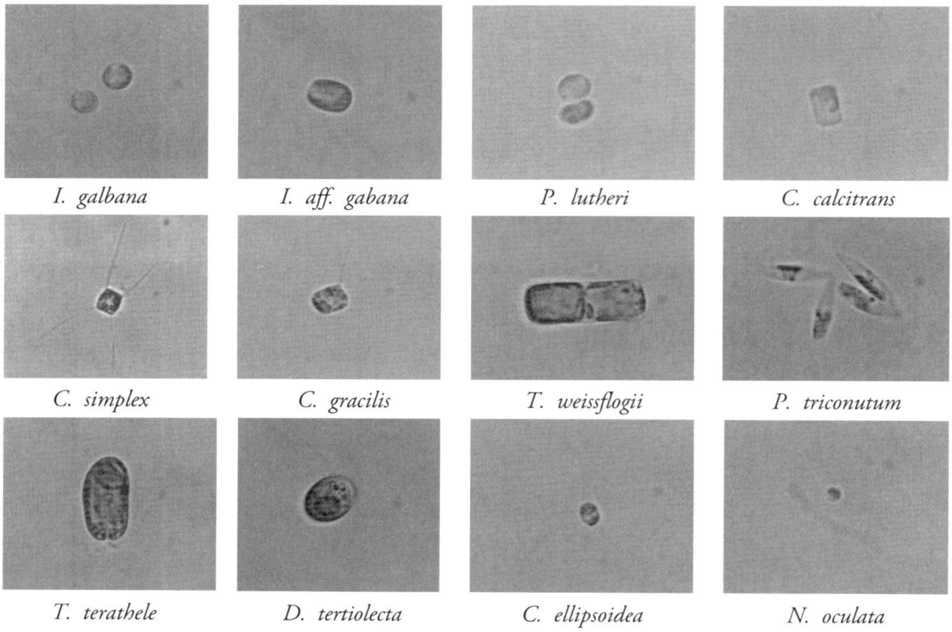

그림 2-2. 양식 현장에서 사용되는 식물 플랑크톤의 외부적 형태

TIP

① *Pavlova lutheri*

❶ 세포벽이 없고 ❷ 3~5 ㎛ 크기 소형 착편모조류 ❸ 패류의 먹이로 널리 이용 ❹ 세포 자체가 매우 약하여 ❺ 배지 또는 환경 변화에 크게 영향 ❻ 야외 수조에서 대량 배양은 어려운 종 ❼ 배양 속도도 다른 종에 비하여 느린 편

② *Isochrysis galbana*

❶ 세포벽이 없고, ❷ 세포의 형태가 원형 ❸ 입이 적은 초기 유생에 적당 ❹ 세포벽이 없고 ❺ 3~5 ㎛ 크기 소형 착편모조류 ❻ 광온성 ❼ 배양 속도가 빨라 대량 배양이 가능한 종 ❽ 굴, 진주조개 종묘 생산시 가장 많이 이용

③ *Chaetoceros calcitrans*

❶ 규조류 ❷ 3~7 ㎛ ❸ 배양 속도가 빠른 편 ❹ 대량 배양이 가능 ❺ 종묘 생산에 많이 이용

④ *Phaeodactylum tricornutum*

❶ 규조류 ❷ 20~25 ㎛ ❸ 어미 관리 또는 대량 치패 사육에 많이 이용 ❹ 배양 속도는 빠르며 ❺ 수온 15℃ 이하 : 야외 대량 배양 가능

⑤ *Tetraselmis suecica*

❶ 대량 배양 용이 ❷ 세포의 크기가 크기 때문에 ❸ 대량의 먹이 생물을 요구하는 각정기 유생이나 치패 또는 어미 사육에 적당 ❹ 2개의 편모를 가진 담녹조류 ❺ 15~20 ㎛ ❻ 배양 속도가 빠르고 ❼ 광온성, 광염성 종 ❽ 크고 영양적 가치 낮아 보충 먹이 많이 이용

⑥ *Chlorella* sp.

❶ 편모가 없는 1 ㎛ 이하의 소형 녹조류 ❷ 단단한 세포벽 ❸ 패류 유생 먹이로 부적합 ❹ rotifer의 먹이로 대량 배양되는 종 ❺ 패류 어미 관리 또는 대량 치패 사육에 보충 먹이로 이용

⑦ **조개류의 성숙 과정에서 글리코겐과 지질 함량**

❶ 난모 세포의 성숙과 발달에 많은 영향 → ❷ 어미 사육시 충분한 영양 공급 → ❸ 좋은 난. ❹ 패류 유생은 부유 유생 기간에 높은 영양을 요구 ❺ 해산 무척추 동물의 유생 시기에 공급되는 먹이 생물은 성장과 생존에 많은 영향 → ❻ 특히 이 시기에 가장 많이 축적되는 영양 물질로는 지질 → ❼ 고도 불포화 지방산은 유생의 성장과 생존에 밀접한 관련

5) 식물 플랑크톤의 중간 및 대량 배양

(1) 배양용 해수

① 식물 플랑크톤의 배양에 사용하는 배양수는 유생 사육용 먹이 생물과 함께 유생에 공급되므로 이물질이나 세균의 혼입을 방지 또는 억제하기 위해서 자외선 살균기로 처리한 해수를 멸균 : 멸균 방법에는 ❶ 고압 멸균 ❷ 열탕 멸균 ❸ 약품 멸균

② 종 보존을 위한 정치 배양(250~500 ㎖ 삼각 플라스크)시에는 고압 멸균기 autoclave에 넣어 121℃, 1.5기압에서 15분간 처리하는 고압 멸균법과 10 L 이상의 용기에서는 해수를 70~80℃로 약 30분간 처리하는 열탕 멸균법을 이용 → 대량 배양시에는 차아염소산나트륨(NaClO, sodium hypochloride) 처리 후 티오황산나트륨 용액($Na_2S_2O_3 \cdot 5H_2O$, sodium thiosulphate)으로 중화 처리하는 약품 멸균한 해수를 배양용 해수로 사용

(2) 배양액

① 미세 조류의 성장을 인위적으로 촉진하기 위해서는 영양 성분을 배양수에 첨가

② 배지의 종류 : f/2, Conwy, ES, Miquel 배지 : 대량 배양시 농업용 비료 해수 1톤당 복합비료 40 g. 요소비료 60 g 용해(규조류 배양시 규산나트륨용액을 배양수 1톤당 100 ㎖ 첨가) 미세 조류 대량 배양용 배지원으로 사용

(3) 미세 조류의 배양 조건

미세 조류의 대부분은 독립 영양성(autotrophic)으로 광합성에 의해 생활 유지

① 용기 : ❶ 전체적으로 고르게 광이 투과될 수 있는 유리나 투명한 플라스틱 용기가 적당 ❷ 폴리에틸렌 백도 사용

② 빛 : ❶ 인공 조명으로 배양할 경우에는 형광등 사용 ❷ 광도는 전구의 출력 및 광원의 위치에 따라 조절 ❸ 미세 조류 배양 : 4000 lux 정도의 조도가 적당(40W 형광등 2개)

③ 탄산 가스 : ❶ 녹색 식물은 공기중에 약 0.03% 정도 함유되어 있는 이산화탄소를 이산화탄소원으로 생활 ❷ 미세 조류도 저농도의 공기중 이산화탄소를 이용

④ 온도 : ❶ 미세 조류는 온도에 따라 10~15℃의 범위에서 배양되는 종 ❷ 20~30℃에서 배양되는 종 ❸ 35~40℃를 적온으로 하는 종 ❹ 규조류 배양 적수온은 20℃ 내외 ❺ 배양 온도 일정

⑤ 교반 : ❶ 미세 조류 세포의 침강을 방지 ❷ 이산화탄소와 무기 염류의 공급을 균일 ❸ 세포가 고르게 빛을 받을 수 있도록 교반

⑥ 배양액 : ❶ 배양액의 주성분은 N, P, Mg, S, K, Na, Ca ❷ 규조류 배양시 Si가 첨가 ❸ 미량 원소 : Mn, Zn, Cu, 비타민

(4) 원종 보존

❶ 순수 종의 보존을 위하여 소량 배양 → ❷ 실내에서 1 ℓ 이하의 플라스크에 배양액을 첨가 배양 ❸ 배양 조건은 온도 20℃ 전후, 조도는 3,000 lux 이상으로 정체 배양 ❹ 수시로 흔들어 주는 것이 바람직

(5) 중간 배양

❶ 원종의 양을 증가시키는 방법으로 5~20 ℓ의 투명 용기에서 배양 ❷ 오염을 막기 위하여 실내 배양 ❸ 증식된 클로렐라는 100~500 ℓ의 용기로 다시 옮겨 배양 → ❹ 액체 비료를 배양액으로 사용

(6) 대량 배양

❶ 클로렐라의 대량 배양은 사용하고자 하는 목적과 필요한 량에 따라서 규모가 다를

수 있지만 50~100톤 수조가 많이 사용 ❷ 배양 수조는 자연광을 장시간 받을 수 있는 위치가 좋으며 옥외에 설치하는 것이 이상적 ❸ 배양 수조의 깊이는 1 m면 충분하지만 유효 수량은 50~60 cm 이상

표 2-1. Conwy 배지

A용액	$FeCl_3 \cdot 6H_2O$	1.30 g
	$MnCl_2 \cdot 4H_2O$	0.36 g
	H_3BO_3	33.60 g
	EDTA (Na Salt)	45.00 g
	$NaH_2PO_4 \cdot 2H_2O$	20.00 g
	$NaNO_3$	100.00 g
	미량금속원소용액(B용액)	1 mL
	증류수	1 L
B용액 (미량금속원소용액)	$ZnCl_2$	2.10 g
	$CoCl_2 \cdot 6H_2O$	2.10 g
	$(NH_4)6Mo_7O_{24} \cdot 4H_2O$	2.10 g
	$CuSO_4 \cdot 5H_2O$	2.00 g
	증류수	100 mL
C용액 (Vitamin)	B_{12}	10 ㎎
	B_1 (Thiamine)	20 ㎎
	증류수	200 mL

※ 해수 1 L당 A용액 1 mL, C용액 0.1 mL 첨가

① 클로렐라 배양 조건

클로렐라의 번식에 적합한 수온은 24~26℃이지만 종묘 생산시의 수온과 연계되는 것이 좋기 때문에 대부분 양식종의 종묘 생산 초기 사육 가능 수온인 20℃ 이하가 바람직하며, 남조류나 규조류 등의 번식을 방지(배양수는 여과 해수 사용)

② 영양염 공급

해수 1톤당 유안 100 g, 과린산석회 30 g, 요소 10 g을 첨가

표 2-2 대량 배양시 이용되는 농업용 비료 (해수 1톤당)

복합 비료	40 g
요소 비료	60 g

③ 밀도

❶ 클로렐라 접종 농도 : 고수온기는 300～500만/ml, 저수온기는 700～1,000만/ml로 접종하여 7～8일 후에 사용하는 것이 바람직 ❷ 1 ml당 500～1,000만 개의 세포로 접종 → ❸ 5일 후 2,000만/ml로 증식되어 동물 플랑크톤 먹이로 사용 가능

표 2-3. 먹이 생물로 이용되는 미세 조류

강(Class)	속(Genus)	적용생물
규조류 (Bacillariophyceae)	*Skeletonema*	해산새우류 유생, 조개류 유생 및 치패
	Thalassiosira	해산새우류 유생, 조개류 유생 및 치패
	Phaeodactylum	해산 및 담수산 새우류 유생, 조개류, 유생 및 치패, 알테미아
	Chaetoceros	해산새우류 유생, 조개류 유생 및 치패, 알테미아
	Cylindrotheca	해산새우류 유생
	Bellerochea	조개류 치패
	Actinocyclus	조개류 치패
	Nitzschia	알테미아
	Cyclotella	알테미아
착편모조류 (Haptophyceae)	*Isochrysis*	해산 및 담수산 새우류 유생, 조개류, 유생 및 치패, 알테미아
	Pseudoischrysis	조개류 유생 및 치패
	Dicrateria	조개류 치패
	Cricosphaera	조개류 치패
	Coccolithus	조개류 치패
황갈조류 (Chrysophyceae)	*Monochrysis* (*Pavlova*)	조개류 유생 및 치패, 알테미아, 로티퍼
담녹조류 (Prasinophyceae)	*Tetraselmis* (*Platymonas*)	해산새우류 유생, 조개류 유생 및 치패, 전복유생, 알테미아, 로티퍼
	Pyramimonas	조개류 유생 및 치패
	Micromonas	조개류 치패
은편모조류 (Cryptophycece)	*Chroomonas*	조개류 치패
	Cryptomonas	조개류 치패
	Rhodomonas	조개류 유생 및 치패
황녹조류 (Xanthophyceae)	*Olisthodiscus*	조개류 치패
녹조류 (Chlorophyceae)	*Carteria*	조개류 치패
	Dunaliella	조개류 치패, 알테미아 및 로티퍼
	Chlamydomonas	조개류 유생 및 치패, 담수산 동물 플랑크톤, 로티퍼
	Chorococcum	조개류 치패
	Chlorella	조개류 유생, 담수산 새우류 유생, 알테미아, 로티퍼, 담수산 동물 플랑크톤
	Scenedesmus	담수산 플랑크톤, 알테미아, 로티퍼
	Nannochloris	조개류 치패, 로티퍼, 해산 요각류
	Brachiomonas	조개류 치패
남조류 (Cyanophyceae)	*Spirulina*	해산 새우류 유생, 조개류 치패, 알테미아, 로티퍼

④ 관리상 주의점

❶ 클로렐라를 동일 수조에서 장기간 배양 → ❷ 증식량이 저하 ❸ 기타 생물 혼입 ❹ 먹이 사용 불가능 ❺ 겨울 보다는 고수온기인 여름에 심하기 때문에 20일 단위로 새로 접종 배양

⑤ 식물 플랑크톤의 순수 분리 방법

❶ 대량 번식이 일어난 자연 해수 1세포/㎖ 수준으로 희석하여 배지를 첨가한 후 2주 후 배양 상태 관찰 ❷ 단일종 배양이 될 때까지 이러한 작업을 계속 실시하는 희석법 ❸ 한천 배지 표면에 자연 해수를 한 방울 도말하여 분리하는 방법 ❹ 한천 배지 도말법은 한천 배지의 표면에 접종한 후 15일 경과 → ❺ 조류의 콜로니가 형성 → ❻ 원하는 콜로니를 취하여 종을 분리하는 방법 ❼ 희석법은 직접 원하는 식물 플랑크톤을 현미경하에서 미세관으로 분리하는 방법

TIP 고압멸균기(AUTOCLAVE) 사용법

❶ 전원 코드를 꽂는다.
❷ 압력밸브를 잠근다.
❸ 전원 스위치를 ON으로 올린다.
❹ 뚜껑을 시계 방향으로 돌려서 열고 시료를 넣는다.
❺ 뚜껑을 시계 반대 방향으로 닫는다.
❻ START/STOP 버튼을 누른다.
❼ MODE 버튼을 2번 누른다.
❽ △ 버튼을 눌러서 온도(121℃)를 맞춘다.
❾ MODE 버튼을 2번 누른다.
❿ △ 버튼을 눌러서 평형 시간(15분)을 맞춘다.
⓫ START/STOP 버튼을 누른 후 시작한다.
⓬ 평형 시간이 지나면 “삐, 삐, 삐~” 소리가 나면 START/STOP 버튼을 누른다.
⓭ 전원 스위치를 OFF로 내린다.
⓮ 전원 코드를 뺀다.
⓯ 압력계기에 “0”이 되면, 압력 밸브를 푼다.

TIP 혈구 계산판 및 셀카운팅 방법

그림 2-3. 혈구 계산판(Hemacytometer)

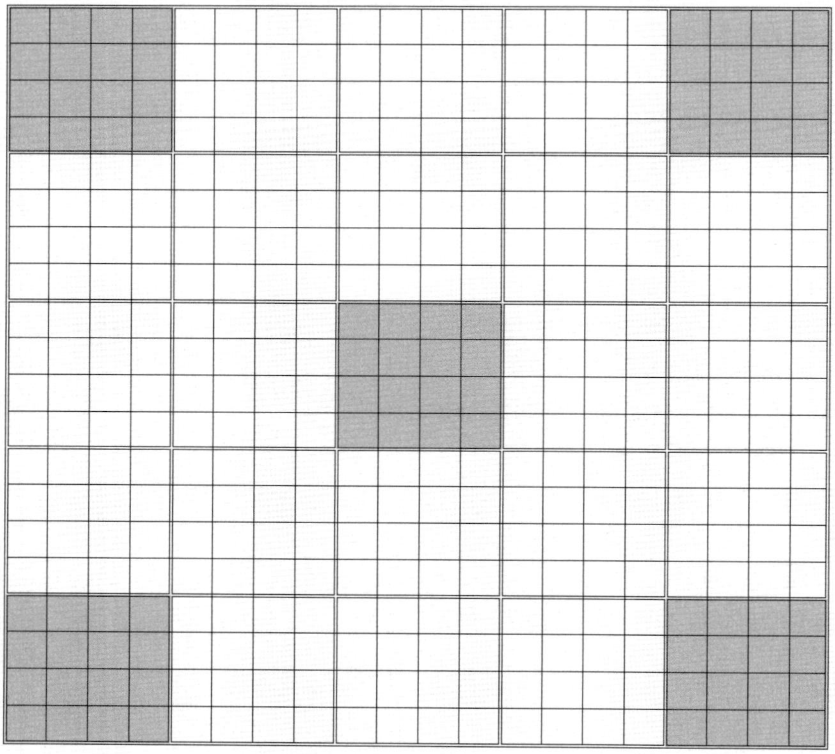

혈구 계산판의 25구획 중 임의로 5구획의 세포를 카운팅 →

3회(평균) : ml당 세포수 = 5구획의 먹이 생물 평균값 × 5 × 10,000

(7) 식물 플랑크톤의 growth curve (성장곡선)

(7)-1 먹이 생물을 배양할 때 배양 시간과 세포수의 대수(log) 관계를 나타내는 곡선으로 S자를 그리며

❶ lag phase(유도기)

❷ logarithmic phase(증식기)

❸ stationary phase(안정기)

❹ death phase(사멸기)로 구분

① lag phase(유도기, induction phase)

❶ 살아있는 세포수 〉 죽어있는 세포수

❷ 영양 성분이 많고

❸ 번식이 쉬운 단계

② logarithmic phase(증식기, 로그대수기, exponential phase)

❶ 살아있는 세포수 〉 죽어있는 세포수

❷ 영양 성분 서서히 감소

❸ 환경이 점차 악화

③ stationary phase(안정기, 정상기, maximum phase)

❶ 세포수는 일정하게 유지되고 총 세포수는 최대가 되는 시기

❷ 살아있는 세포수 = 죽어있는 세포수

❸ 영양 성분 고갈

④ death phase(사멸기, phase of decline)

❶ 세포수가 감소하는 시기

❷ 영양분 고갈과 세포의 대사 노폐물로 최악의 환경

❸ 자가 소화가 일어나며 다른 세포를 죽이는 독소 발생

❹ 세포의 용해 및 사멸

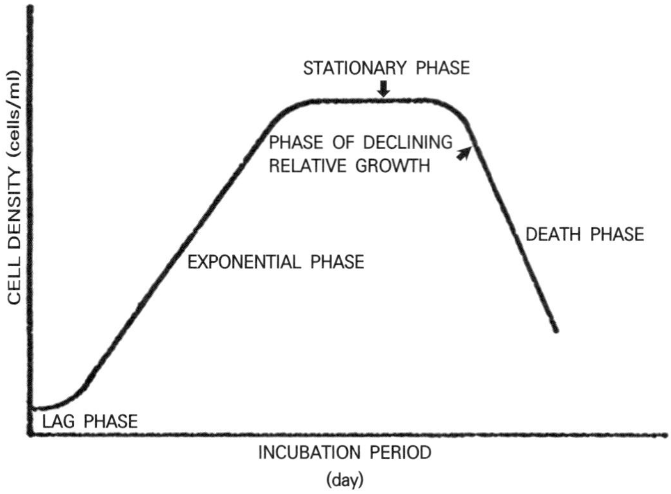

그림 2-4. 식물 플랑크톤의 growth curve

2. 동물 플랑크톤

1) 로티퍼 배양

》》 https://www.youtube.com/watch?v=OoMYn34lbtc

① batch culture method (일괄 배양법) : 10톤 규모의 소형 배양 수조 여러 개를 준비하여 배양하면서 한 개 수조의 전량을 먹이로서 공급하는 방법

② semi-continuous culture method (준 연속 배양법) : 50톤 규모의 수조에서 배양하면서 매일 일정량의 로티퍼를 채집하고 채수한 양만큼의 배양수를 먹이(식물 먹이생물 또는 이스트) 현탁액으로서 보충하는 방법

③ high-ultra-density culture method (초고밀도 배양법) : 환경 조건을 인위적으로 조절하는 배양법으로, 20,000~25,000 개체/㎖의 고밀도 배양이 가능

④ feedback-culture method (피이드백 배양법) : 배양 수조에서 생기는 부산물을 다시 식물 플랑크톤의 영양원으로 재 이용한 후 배양된 식물 플랑크톤은 다시 로티퍼의 먹이로서 이용하는 배양법

(1) 해산 로티퍼(*Brachionus plicatilis*)의 분류

*B. plicatilis*는 대형의 로티퍼를 Large(L)형, 소형을 Small(S)형, 그리고 소형보다 더 작은

크기의 로티퍼를 Super Small(SS)형

S형 : *Brachionus rotundiformis*

L형 : *Brachionus plicatilis*

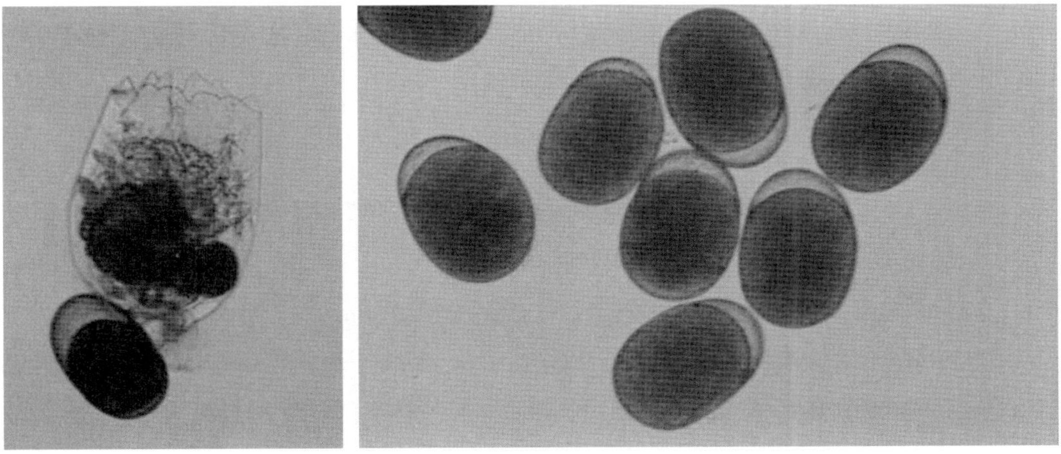

그림 2-5. 로티퍼의 내구란

(2) 생활사

① 로티퍼는 단성 생식 세대와 양성 생식 세대의 두 가지 형태의 세대

② 단성 생식은 수컷과의 교미 없이 다음 세대를 생산(처녀 생식)

③ 로티퍼의 암컷

❶ 개체군의 증식을 목적으로 한 amictic female

❷ 생식 세포의 감수 분열을 통하여 양성 생식을 하는 mictic female

❸ 한 개체군(배양군 또는 배양 세대) 중에서 두 가지 암컷형이 동시에 존재하기도 하나, 한 개체가 단성 생식과 양성 생식 두 가지로 난을 만드는 것은 드물며, 특히 먹이 생물로 이용되고 있는 해산 로티퍼는 없음

❹ 일부의 담수산 로티퍼에서는 한 개체가 단성 생식과 양성 생식을 동시에 행하는 경우가 있으며, 이러한 암컷 개체를 amphoteric female이라 함

❺ mictic female이 같은 개체군 내의 수컷과 교미할 수 없다거나, 교미는 하였어도 수정이 안 되었을 경우에는 반수체의 수컷을 만듦

❻ mictic female이 수컷과 교미한 후 수정이 된 경우에는 수정란을 형성하게 되는데 이 난은 휴면란(resting egg) 또는 내구란(cyst)이라 함

❼ 로티퍼 교미 행동은 접근(contact), 선회(circling), 교미(copulation)의 3단계로 분리

(3) 로티퍼의 중요성

① 로티퍼가 처음으로 알려진 것은 뱀장어 양식장

② 1960년 이전 로티퍼는 뱀장어 양식장에서 쉽게 관찰 → 달갑지 않은 존재로 취급

③ 뱀장어 양식장에 대량 발생한 로티퍼는 양식장의 산소를 고갈시켜 뱀장어 대량 폐사를 일으키는 해로운 생물 → 현재는 대량 배양이 쉬워 해산어 종묘 생산 과정에 필수적인 먹이 생물

(4) 로티퍼의 먹이

① 로티퍼는 대표적인 여과 섭식성(filter feeding)으로 주로 식물 플랑크톤(microalgae), 이스트(yeast), 박테리아 등을 영양원

② 로티퍼가 섭취하는 먹이의 적절한 크기는 2~20 μm

③ 로티퍼의 대표적인 먹이 : 빵 효모(대량 확보 가능, 식물 플랑크톤처럼 따로 넓은 면적의 배양 용기 불필요) → 빵 효모를 장기간 단일 공급시 로티퍼 영양 결핍 현상(영양 결핍 원인 : 먹이에 함유된 고도 불포화 지방산(HUFA)의 부족 규명 → 빵효모 대신 유지 효모, 대구 간유, 오징어 간유로 보충(로티퍼의 먹이로 이용되는 식물 플랑크톤 : *Nannochloropsis oculata*, *Tetraselmis* sp., *Dunaliella* sp.)

(5) 해산어 초기 먹이로서의 로티퍼

① 로티퍼의 장점

❶ 섭취 가능한 크기

❷ 둥근 형태

❸ 유영력

❹ 쉬운 영양 강화

❺ 높은 증식율

❻ 비병원성

(6) 로티퍼의 문제점

① 크기 문제(자어기에 입이 작은 고급 어종)

❶ 능성어류, 놀래기류, 독가시치, 보리멸 → 극소형 로티퍼(150 μm 이하) 필요

2) *Artemia* sp. 배양

〉〉 https://www.youtube.com/watch?v=3pwWuQTXRFM

그림 2-6. *Artemia* sp. nauplius.

(1) 알테미아의 특징

① 내구란으로 판매

② 취급이 용이

② 필요한 시기에 배양 가능

③ 먹이 생물로 아주 적합

④ 수온 30℃ 전후, pH 7~9, 용존산소 30% 이상의 조건에서 가장 빨리 부화

⑤ 부화율에 가장 크게 작용하는 요인은 내구란의 난질

⑥ 부화율을 높이기 위해 차아염소산소다 이용 → 외각 제거

⑦ 과산화수소수 이용 → 내구란 외벽에 부착한 세균 등 불순물 제거

❶ 알테미아(brine shrimp)는 내구란의 보존과 부화가 간편 ❷ 어류와 갑각류 유생 사육 먹이 생물로 적당 ❸ 염전에서 번식하는 식물 플랑크톤을 섭취 → 소금이 만들어지는 과정에서 착색 방지, 식용으로 사용

(2) 분류

① brine shrimp는 brine worm이라고도 하는 해수산 하등 갑각류 ② 분류학상 Arthropoda, Crustacea, Branchiopoda, Anostraca, Artemia과 ③ 무갑목은 Male의 제2촉각 또는 생식기의 형태에 의해서 과가 분류되는데 female의 경우 관찰되지 않기 때문에 종의 조사 곤란 ④ 해수와 기수에 서식하는 Anostraca의 종류에는 본종 이외에 6종 정도 있다(*Bronchinecta fercx* M. EDWARD, *Branchinectella salina* DADAY, *Chilocephalus stagnalis* D., *Parartemia contracta* LINDER, *P. zietziana* SAYCE)고 하지만, LINDER (1941)에 의하면 ⑤ *Artemia* sp.는 다행히 female의 육아낭에 특징 ⑥ 배쪽에 하나의 가시를 가지고 있는데, 이것은 ⑦ 무갑목중에서 *Tanymastix affinis, T. stagnalis*에만 해당

(3) 분포

① brine shrimp는 양극 지방 이외의 Greenland를 포함한 전 세계에 분포
② 50 straine 이상 분포

(4) 번식

① brine shrimp는 자웅이체

❶ 암수가 항상 있는 종은 유성 생식을 하며 ❷ 암컷(female)만 있는 경우에는 처녀생식 ❸ 생식 방법에는 어미의 육아낭에 있는 생식공에서 nauplius로 출산하는 난태생과 내구란으로 방란하는 난생의 2가지 양식 ❹ male의 제 2촉각은 발달하여 교미기(clasper)로 되어 있고, 제 12, 13체절은 생식 체절 ❺ 수컷은 1대의 방추상의 외부생식기를 배쪽에 가지고 있으며 female의 제 2촉각은 미발달 ❻ female의 난소는 장이 좌우로 뒤쪽에 줄지어 있고 앞부분에 있는 수란관을 통해서 육방(알보관방)에서 산란 ❼ 교미는 성숙한 male의 제 2촉각으로 female 육방의 앞부분을 잡고 배쪽을 위쪽으로 하여 같이 유영 → 복부를 많이 휘어서 교미 ❽ 교미는 1분 이내

② 출산

❶ 유성 생식에 의해 매회 교미가 필요 ❷ 수온 28℃에서 교미 후 50~80시간 사이에 출산 ❸ 1회의 산란수(卵生인 경우)와 産仔수(난태생인 경우)는 2~300개인데, 많을 때에는 80~450개 ❹ 출산 간격은 2.5日 이상(28℃에서)이고 5~10회 출산 ❺ 내구란은 육방벽에 있는 난각선에 의하여 난각으로 덮여져 있으며 ❻ 난각은 헤마틴을 많이 포함(female의 헤모글로빈이 난각선을 통하여 배출) ❼ 헤모글로빈은 환경수의 용존 산소 농도가 낮을 때에는 *Artemia*의 체내에서 생성 ❽ 용존 산소가 높을 때는 만들어지지 않으며 체내에 남아있는 것도 빨리 배출

(5) 부화

❶ 부화는 우선 바깥쪽의 두꺼운 난각과 얇은 막을 벗어버리고 얇은 막과 같이 있는 또 하나의 막에 쌓여져서 nauplius의 머리를 밑으로 하여 매달림 → ❷ 막의 머리 부분부터 째져서 nauplius가 헤엄쳐 나오는데 ❸ 앞의 단계(nauplius의 머리 부분을 밑으로 하며 매달린 때까지)를 emerge (-nce) ❹ 나중의 단계(얇은 막이 째져서 nauplius가 나오는 단계)를 hatch (-ing)이라 구별 ❺ 전자는 삼투압에 의한 각의 파괴 ❻ 후자는 부화 효소가 관여 ❼ 부화 유생 : 길이는 0.45 ㎜, 폭 0.17 ㎜, 무게 0.01 mg 정도

(6) 성장

❶ Brine shrimp는 nauplius로 부화 ❷ nauplius는 제 1슈의 말기에 소화관이 완성되고 섭취를 시작 → ❸ 탈피와 동시에 체절과 유영지의 수가 많아지고 발달하여 체장 2~3 ㎜에서 유영이 활발해지고, 외부 형태에 의해 암수 구별 ❹ 성장은 수온, 염분, 사료에 의하여 좌우되는데 28±1℃ 전후에서 부화 후 하루 내에 섭취 시작 ❺ 부화 후 2~3주 사이에 출산 ❻ 수명은 일 3개월 ❼ 성체는 체장 10~15 ㎜ 되지만 female이 최종적으로 약간 큼 ❽ 성체의 크기는 염분이 높을수록 작아지는 경향 ❾ 성장 속도와 염분 농도와는 관련 없음

(7) 먹이 섭취

❶ Brine shrimp는 protozoa, microalgae, yeast, bacteria 등을 먹는 잡식성 ❷ 전형적인 filter feeder ❸ 때에 따라서는 scraping ❹ 규조류의 *Chaetoceros*와 *Skeletonema* 등은 가장 좋은 먹이 ❺ *Chlamydomonas* sp. 해산 *Chorella*도 먹이로 적당

3) 요각류의 배양

》 https://www.youtube.com/watch?v=9KUk5a56fJc

① 최적 배양 수온은 25~28℃

② 염분 17~22 농도가 최적

③ 산란수는 조도가 높을수록 감소

④ 암흑 조건에서는 장기간에 걸친 산란

TIP 요각류 대량 배양시 주의점

① 고밀도 배양에서 암컷의 난낭을 서로 갉아 먹기 때문에 배양 밀도 조절 ② 수조 바닥에 부착을 하는 요각류는 부착판으로 기질의 면적을 확보

⑤ 배양 조건

❶ 여과 해수를 멸균 처리 사용하며, 배양수를 순환과 가스 교환을 쉽게 하기 위해 약한 포기. ❷ 대량 배양 가능한 요각류는 *Acartia clausi*, *A. tonsa*, *Eurytemora pacifica*, *Oithona davisae*, *Pseudodiaptomus coronatus*, *Tigriopus japonicus* 및 *Tisbe furcata* ❸ 최적 배양 수온 25~28℃, 염분 농도 17~22 ❹ 요각류의 산란수는 조도가 높을수록 감소, 암흑 조건에서 장기간 산란

4) 물벼룩 배양

》 https://www.youtube.com/watch?v=l3kRVYoLFRc

① 기수산 물벼룩은 알테미아의 대체 먹이 생물로 주목

② 염분에 강한 광염성으로 염분 농도 1~38에서 번식

③ 단위 생식 종

④ 기수산 물벼룩은 알테미아의 대체 먹이 생물로 주목 : ❶ 광염성(염분 농도1~38) ❷ 암컷만으로 번식이 가능 ❸ 단위 생식(처녀 생식) 증식 종 : 대량 배양 가능 ❹ 담수산 물벼룩과 비교(크기가 1.3 ㎜로 담수산의 1.5 ㎜보다 작고, 평균 수명이 18일 이하로 짧은 특징) ❺ 로티퍼와 식성 비슷 → 로티퍼 먹이 생물로 가능한 이점

3. 배합 사료

》 https://www.youtube.com/watch?v=q2fsCDyJULo

① 수분의 함량과 가공 형태에 따라서 습사료, 반 습사료, 건조 사료, 가루 사료, 반죽 사료, 펠렛 사료와 압출 성형 사료, 크럼블 사료, 미립자 사료로 구분

1) 사료 종류

(1) 습사료

① 수분 50~75% 함유된 사료

② 생사료 자체와 생사료와 가루 사료를 펠렛기를 통해 만든 사료

(2) 반 습사료

① 수분 20~30% 함유된 사료

② 국내 사용하는 반죽 뱀장어 사료와 모이스트 펠렛 형태의 사료

(3) 건조 사료

① 수분 7～13% 함유된 사료

② 일반적인 배합 사료(가루 사료, 펠렛 사료, 부상 사료 등)

(4) 가루 사료

① 원료 사료를 일정한 입자로 분쇄 또는 기타 물리적 수단을 이용하여 가루 형태로 공급

(5) 반죽 사료

① 가루 사료에 적당한 수분을 넣거나 또는 습사료에 가루 사료를 적당히 첨가한 반죽 형태의 사료

② 국내 뱀장어 사료

(6) 펠렛 사료(pellet) 및 압출 성형 사료(extruded pellet)

① 기계적인 힘으로 압착이나 밀어내기로 성형시킨 사료

② 사료의 입자 크기에 따라 다양한 주형틀을 이용한 펠렛 사료가 됨

③ 압출 성형 사료는 주형틀에 따라서 다양한 모양과 크기가 조절 → 온도, 압력 및 진행 공정에 따라 침강, 반 부상 및 부상 사료로 분류

(7) 크럼블 사료(crumble)

① 크럼블 형태로 성형한 사료

② 특정 목적에 부합되게 파쇄 선별된 사료

(8) 미립자 사료

① 아주 미세한 미립자 형태의 배합 사료

② 아주 작은 입자 내에 영양소들이 균형적으로 배합되어야 함 → 제조 방법 특이

③ 자어기 어류 관리에서 먹이 생물과 함께 미립자 사료의 사용이 갈수록 확대

④ 자어기 미립자 사료의 공급 : 종묘 생산에 필수적

TIP

① 어류의 일반적인 1일 사료 공급량은 건조 사료 중량으로 몸무게의 1~5%(보통은 2~3%)

② 먹이의 양은 수온뿐만 아니라 용존 산소, 암모니아 함량 등 수질에도 크게 좌우

③ 송어, 뱀장어, 메기 : 1일분을 1회 공급

④ 잉어(무위어) : 수회 공급

2) 사료 원료

(1) 사료원의 종류

① 단백질 사료원 : ❶ 조단백질 20% 이상 함유 ❷ 동물 단백질원인 어분, 육분, 육골분, 혈분 ❸ 식물 단백질원 : 대두박, 수지박, 콘글루텐밀, 면실박 ❹ 정제 단백질원 : 카제인과 젤라틴 ❺ 지질원 : 어유, 오징어 간유, 옥수수유, 대두유 ❻ 탄수화물원 : 전분, 밀가루, 덱스트린 ❼ 사료 제조시 첨가물 : 비타민, 무기물 및 사료 첨가제(점착제, 항산화제, 소화 촉진제, 섭취 촉진제, 색소제)

(2) 사료원의 품질 관리

① 어분과 어유는 양어용 사료에서 매우 중요

② 어분 품질 관리

❶ 제조 공장에서 액체 엑소시퀸(ethoxyquin, 항산화제 일종) 200 ㎎/㎏ 첨가

❷ 제조 공장에서 3개월 이하 보관

❸ 조단백 함량 최저 68%, 조지방 함량 8～11% 범위 및 회분 최대 15%

❹ 펩신 소화 능력 92.5% 이상

❺ $NH_{4}+$-N 0.2% 이하

❻ 염화나트륨 최대 3% 및 염소 처리한 탄화수소 최대 0.1 ppm

❻ 증기 처리 및 입자 0.25 ㎜ 미만으로 분쇄

❼ 무곰팡이, 덩어리지거나 열처리 하지 말 것

③ 어유 품질 관리

❶ 과산화 수치(PV) 10 meq 과산화물/㎏ 미만

❷ Thiobarbituric aicd value (TBA) 70 ㎎ malonadehyde/㎏ 미만

❸ 질소(N) 1% 이하 및 수분 1% 이하

❹ 액체 황산화제에 의한 처리 500 ㎎ 엑소시퀸/㎏

❺ 염소 처리한 탄화수소 최대 1 ppm

❻ 탈산소와 질소 충전 보관

TIP

① 어분 공급량 제한 → ② 가격 유지 및 단백질원의 안정적 공급 → ③ 어분 대체 단백질원의 개발 필요 → ④ 35% 이상 단백질을 함유 : ❶ 이것은 항단백질 효소의 활성 작용이 거의 없으며 ❷ 어분과 유사한 아미노산 조성과 15% 이하의 회분, 0.5% 이상의 인이 포함

④ 대두는 번호가 있고 어류와 밀은 사료 번호가 없음 → 사료원의 구분

❶ A : 어류, 청어, 전체 부위, 신선한 것

❷ B : 대두, 씨 (종자), 용매 추출 대두박, 44% 단백질

❸ C : 밀, 연함, 백색, 겨울산, 곡류

❹ 위와 같은 국제적인 명명법은 어류 사료 및 가축 사료에도 적용

3) 사료 조건

① 사료 효율(1 kg의 사료로 어체의 성장 표시)

② 적정 가격

③ 사료 품질 일정

④ 보장성(사료 보관시 변성 문제)

⑤ 기호성

⑥ 질병 저항성

⑦ 취급 간편

⑧ 수질 오염 최소화

⑨ 수중 안정성(수질오염과 성장에 직접적인 영향)

⑩ 대상 어종에 무해

4) 사료 제조

(1) 원료 반입

① 배합 사료 원료

❶ 주원료 : 어분, 콘글루텐, 대두박 → 벌크(bulk) 상태 반입

❷ 부원료 : 밀가루·전분 → 벌크 또는 포장 상태 반입

(2) 원료 저장

① 주원료 : ❶ 이물질 제거 후 → ❷ 저장 사일로에 저장

② 벌크 상태 부원료 : ❶ 주원료와 같은 과정 ❷ 직접 원료빈에 투입

(3) 분쇄

① 사료 원료 분쇄 과정 : ❶ 원료의 배합과 펠렛 작업 원활

(4) 배합

① 예비 배합 : ❶ 무기물, 비타민 소량 원료 → ❷ 부형제와 혼합해 성분을 희석시켜 저장

② 본배합 : ❶ 주원료와 부원료를 배합기에 투입하여 배합

(5) 열처리 가공

① 열·수분·압력을 가하여 일정한 입자로 성형을 하는 과정 : 제조 공정에 따라 ❶ 펠릿 ❷ 플레이크 ❸ 익스트루전

(6) 포장 및 저장

① 사료는 제품빈에 이송 저장 → ❶ 포장 사료용 ❷ 벌크 사료용으로 나누어 포장

(7) 제품 출하

① 포장 제품 출하

5) 사료 공급

(1) 사료 공급 방법

① 손으로 주는 방법 : ❶ 장점은 어류 관리 용이 ❷ 어류가 있는 적절한 곳에 공급 가능(사료 찌꺼기를 최소화) ❸ 사료 공급량 조절 가능 ❹ 단점 : 시간이 많이 소모

② 시간 자동 조절 공급기에 의한 방법 : ❶ 장점은 사료 공급 예정량 조절 ❷ 성장률을 효과적으로 계획 조정 ❸ 단점 : 사료 찌꺼기와 어류 관리 문제 발생

③ 요구 조절 공급기에 의한 방법 : ❶ 어류가 원하는 대로 사료 공급

(2) 어종별 공급 방법

(2-1) 넙치

① 부화 직후 자어 : ❶ 2일 정도 난황이나 유구의 영양으로 성장 ❷ 먹이의 종류는 처음은 로티퍼 → ❸ 10일 후부터 알테미아 유생을 병행 투여 → ❹ 자어 영양 요구를 고려하여 먹이 생물에 배합 사료 첨가 → ❺ 변태기 전후 사료로 완전 전환

② 배합 사료 순치 방법 : ❶ 아침에 배합 사료를 공급 → ❷ 30분 후 로티퍼 공급 → ❸ 30분 후 알테미아 유생 공급

③ 착저 시기 전후 : ❶ 대부분 인공 배합 사료 순치 완료 → ❷ 치어 섭취 상태 및 적정량 공급이 중요 → ❸ 치어기에는 소화관이 작기 때문에 적은 양을 자주 주어야

하며 ❹ 먹이의 크기가 부적당, ❺ 먹이량 부족 → ❻ 개체 성장 차이 → ❼ 공식 현상

(2-2) 조피볼락

① 먹이 공급 : ❶ 클로렐라를 100만 cell/㎖ 첨가 → ❷ 출산 직후부터 로티퍼는 충분히 공급 ❸ 알테미아는 짧은 기간 소량 공급 ❹ 로티퍼는 1 ㎖ 당 3개체로 출산 후 10일 공급 ❺ 출산 후 7일부터 알테미아 유생 또는 배합 사료 공급 → ❻ 출산 후 40일 전후 → ❼ 공식 현상 → ❽ 충분한 먹이 공급과 사육 관리 ❾ 배합 사료는 1일 6회 : 골고루 공급

(2-3) 뱀장어

① 부화 유생(leptocephalus) : ❶ 해류를 따라 회유 및 성장 변태 → ❷ 육지의 담수에서 성장· 성숙 → ❸ 다시 바다로 내려가 산란 번식하는 강해성 어류(catadromous fish)

② 3월(수온 8～10℃) : ❶ 소상하는 실뱀장어(길이 5～7 cm, 무게 0.15～0.18 g 정도) 채포하여 종묘 이용 ❷ 실뱀장어 10～30 g 되는 양성용 종묘를 양중물(이 시기부터 배합 사료 이용하여 성어까지 양성)

③ 최초 4주 : ❶ 이른 아침과 늦은 저녁에 하루 2번 → ❷ 3달 동안 1일 2번 사료 공급을 낮으로 전환

④ 배합 사료 먹이 붙임 : ❶ 수온은 1주일 동안 30℃ → ❷ 1일 공급 횟수는 2회

⑤ 실뱀장어 방양 밀도 : ❶ 150 g/㎡～300 g/㎡(최적 관리 수조에서 600 g/㎡～1200 g/㎡까지 증가)

⑥ 1일 사료 공급량 : ❶ 습중량 기준 실뱀장어와 작은 뱀장어 전체 체중 20～30% ❷ 큰 뱀장어는 10%

TIP

① 사료는 수분 함량에 따라 습사료, 반 습사료 및 건조 사료

② 어분은 액체 엑소시퀸(항산화제 일종)을 200 ㎎/㎏ 첨가, 조단백 함량 최저 68%, 펩신 소화 능력 92.5% 이상, 조지방 함량 8~11% 범위내, 회분 최대 15%, 입자는 0.25 ㎜ 미만으로 분쇄에 따라 품질 관리

③ 사료 공급 방법으로는 손으로 주는 방법, 시간 자동 조절 공급기에 의한 방법, 요구 조절 공급기(demand feeders) 방법

Ⅲ 유전 및 육종

1. 유전·육종

❶ 수산 생물은 고급 단백질원 제공과 인류 최후의 식량 보고 ❷ 양식 종묘 생산은 생산물의 원료 확보 → 우량 종묘 생산은 양식 생산성 향상 극대화

2. 유전·육종 기법

1) 염색체 공학

❶ 염색체 또는 염색체조의 수준에서 염색체나 염색체의 반수체 또는 2배체를 넣어 주거나 제거하는 조작

① 3배체

❶ 정자(n)와 난자(n)를 수정 → ❷ 수정란을 저온 자극, 고온 자극, 화학 약품 및 수압을 통해 제2극체(n) 방출 억제 → ❸ 3배체

② 4배체

❶ 정자와 난자 수정 → ❷ 2배체 수정란의 제1 난할을 온도 자극 및 수압 처리 → ❸ 4배체 유전 물질 증가

③ 자성 발생성 2배체

❶ 알의 유전 물질로 개체를 생산 → ❷ 자외선 조사 → ❸ 정자의 유전 물질을 불활성화 → ❹ 불활성화된 정자와 정상란과 수정된 반수체 알 → ❺ 제 2극체 방출 또는 제 1난할 억제 → ❻ 2배체 복원

④ 웅성 발생성 2배체

❶ 정자의 유전 물질로 생산 → ❷ 이온화 또는 비이온화 방사선 이용 → ❸ 난자의 유전 물질 불활성화 → 불활성화된 난자와 정상 정자와 수정된 반수체 난 → ❹ 제 1난할 억제 → 2배체

⑤ 복제 어류(클론)

❶ 제1 난할 억제형 자성 발생성 2배체 및 웅성 발생성 2배체 유도 → ❷ 생산된 동형 접합성 개체 → ❸ 1회 자성 발생성 또는 웅성 발생성 2배체 유도 → ❹ 복제 집단 생산(생산된 후손들이 부모의 유전 물질 보유)

TIP

① **3배체**

❶ 불임이므로 생식소 발달에 필요한 에너지 → ❷ 성장에 전용 → ❸ 정상 2배체 보다 사료 효율과 빠른 성장 : ❹ 회유성 어류인 연어는 산란기에 도달하면 먹이 먹는 것을 중단한 채 회유를 시작(체중과 육질 감소) → 상품 가치 하락 → 3배체 연어 생산(불임) ❺ 굴 : 산란기 독성 → 상품 가치 하락

② **4배체**

❶ 4배체는 2배체와 교배 → ❷ 3배체 생산 ❸ 또는 교배가 어려워 유도가 힘든 잡종 배수체 생산을 위하여 유도

③ **자성 발생성 2배체**

❶ 수컷의 유전인자를 완전히 제거한 암컷의 유전 물질로 생산된 2배체

❷ 제 2 감수 분열의 중기 분열을 정지시켜 자성 발생성 개체 생산 : 유전적으로 매우 순수한 개체

❸ 자성 발생성 2배체를 제 1난할을 정지시켜 유도 : 유전적으로 동질인 계통 생산

④ **웅성 발생성 2배체**

❶ 웅성 발생성 2배체 생산은 암컷 유전 인자를 불활성화 → 정상 정자와 교배 후 물리, 화학적 처리로 생산 → 생산된 2배체는 수컷의 성 결정 양식이 이형 접합형(XY) : 반수는 성염색체가 XX형인 암컷이 생산 ❷ 나머지는 YY형의 성염색체를 갖는 수컷 : 세포질을 갖고 있지 않는 정자를 동결 보존 → 난질에 저해를 받지 않고 우량 형질의 개체 대량 생산

2) 성 전환

① 어류의 성은 생리학적 성(생화학적 성)과 유전학적 성 : ❶ 생리학적 성은 성을 결정하는 유전 인자의 조절로 개체 발생시 생화학적인 기작을 통해 형성되는 성 ❷ 유전학적 성은 어류들이 진화 과정을 통해 얻어진 성으로 정자와 난자가 가지고 있는 성 유전자

에 의해 결정되는 성으로 정자와 난자가 수정할 때 성염색체 또는 성 유전자의 조합에 의해 결정 ❸ 성의 결정이 환경 요인에 의해 결정 : 넙치는 성 결정 시기에 23℃ 이상이면 암컷이 수컷으로 성 전환되는 현상이 일부 나타남

② 성 전환 기법

❶ 직접법(생리학적 성 전환 기법)

- 성호르몬을 처리하여 성을 전환시키는 방법
- 남성 호르몬 : 테스토스테론
- 여성 호르몬 : 에스트로겐
- 호르몬 농도 : 어종 별, 호르몬 종류 별, 처리 농도
- 호르몬 최초 처리 시기 : 성 전환을 위해 호르몬 처리는 성 분화 전에 함
- 호르몬 처리 기간 : 성 분화가 끝나고 전환된 성이 안정기에 접어들 때까지 충분한 기간
- 호르몬 처리 방법 : 경구 투여법과 침적법
- 생리학적 성 전환은 성 호르몬을 매회 개체에 처리하는 단점

❷ 간접법(유전학적 성 전환)

- 유전적으로 본래의 성 유전자를 지니고 있으나 기능적으로는 반대쪽 성의 기능을 수행하는 개체로부터 정자와 난자를 얻어 이들과 정상 정자와 난자를 교배시키면 그 자손은 모두 암컷 또는 수컷인 단성 집단

3) 잡종화

① 잡종 또는 잡종화는 우량 형질을 가진 서로 다른 두 종간의 교배를 통하여 단기간 내 유용 형질을 획득하여 잡종 강세

② 잡종 개체는 한 종의 정자와 다른 종의 난자가 가진 유전 물질을 인위적으로 교배시켜 생산된 개체

③ 잡종의 형태를 분석하는 형질 : ❶ 측선 비늘의 수 ❷ 지느러미의 형태와 수 ❸ 척추골 수 ❹ 아가미, 간, 신장, 비장, 및 심장의 상대적 무게도 측정

④ 발생 생리학적 형질에 대한 잡종 분석법 중 가장 쉽게 조사할 수 있는 것이 수정란의 발생 시간을 조사하는 것

⑤ 잡종은 사용된 어미로부터 전달받은 유전자가 두 종의 특징을 모두 갖게 됨

⑥ 유전 물질은 궁극적으로 DNA : 직접 DNA의 함량을 측정하는 것은 가장 정확한 방법

→ 생물의 고유한 유전 물질을 정확하게 분석

⑦ 잡종의 초기 생존율은 매우 낮음

⑧ 잡종에서 불임 : ❶ 생식소가 비정상적으로 형성되어 생식 능력을 가지지 못하는 경우 ❷ 생식소는 정상적으로 형성되나 정자 또는 난자 등 배우자가 비정상적이어서 수정 및 발생 능력을 갖지 못하는 경우 ❸ 정자와 난자는 정상적으로 생식소 내에서 생성되어도 그 숫자가 적거나 수정 시 필요한 화학 물질 등을 생성하지 못해 수정이 되지 않아 개체를 만들어 낼 수 없는 경우 ❹ 불임인 잡종 개체의 경우 산업적으로 가치가 있는 것 : 생식소 수준에서 불임이 되는 경우

⑨ 잡종의 성비는 이론적으로 암수 1:1

4) 유전자 이식

❶ 유용 외래 유전자를 생물체에 직접 이식하여 생물체가 가지고 있지 않은 산업적으로 유용한 새로운 형질을 발현 ❷ 생물체가 가지고 있던 유용 형질을 증폭시켜 단기간에 많은 생산성 향상

① 어류는 체외 수정을 하고, 수정 후 체내 주입 조작이 필요 없으며 ② 많은 수의 배우자를 동시에 확보 ③ 한 세대의 길이가 짧아 유전자가 이식된 계통의 확보 및 생식 세포로 외래 유전자의 전달에 관한 조사가 용이하고, ④ 염색체조의 조작을 통해 동형 접합성 클론을 확립하기가 매우 유리한 장점

5) 선발 육종

① 경제적으로 유용한 변이를 가진 개체를 세대를 거듭하여 교배함으로 유용 유전자 변이를 축적해 나가는 것

(1) 대상 형질

① 사료 전환 효율: 저급의 인공 사료를 효율적으로 사용할 수 있는 개체를 선발하여 교배

② 상품 크기까지 빨리 성장하는 개체의 생산에 목표

③ 사망률을 낮추는 것이 필요

④ 어패류나 갑각류는 알의 수가 많으므로 선발 육종시 중요한 형질이 될 수 없으나, 철갑상어와 같이 알이 최종 산물인 경우에는 중요한 선발 요인

⑤ 맛과 육질의 향상을 위한 방향으로 선발 육종

⑥ 성숙이 되면 육질부의 질이 떨어지고 성장이 저해 → 성숙기를 늦추는 육종 시도

⑦ 연어과 어류의 회유율이 유전과 관련 되는 점 → 선발 육종의 형질

Ⅳ 어류

1. 넙치

》 https://www.youtube.com/watch?v=Z4Wrv659XdA

1) 종류와 분포

❶ 넙치는 성장이 빠르고 먹이 효율이 높아 ❷ 우리나라 해산어류 중 양식 생산량이 가장 많음 ❸ 넙치 양성시 성장 적수온은 15~26℃ ❹ 성장과 생존율을 고려하면 21℃ 전후가 적합 ❺ 먹이 섭취 한계 수온은 10~27℃ ❻ 여름철에 폐사율이 높음 ❼ 넙치류는 세계적으로 널리 분포하며 ❽ 우리나라에 서식하는 주요 종을 보면 넙치, 별넙치, 풀넙치 ❾ 넙치는 넙치류 중에서 가장 대형이고 암컷의 성장이 수컷보다 빠름

2) 생태

(1) 성숙과 산란

① 넙치 산란기는 수온이 15℃ 전후로 상승하는 봄부터 여름 ② 다회 산란형 ③ 알은 분리부성난 ④ 난경은 0.9 ㎜

(2) 발생과 성장

① 부화 가능 수온은 10~24℃

② 부화 적정 수온은 14~19℃(최적 수온 15℃)

③ 15℃에서는 50~60시간에 부화, 부화율 아주 높음

④ 기형률은 14℃에서 상대적으로 가장 낮고, 24℃에서 가장 높음

⑤ 16~19℃의 수온(부화 후 3일) → 난황 흡수(전장은 3.7 ㎜ 내외) : 눈이 검게 되고

입이 열려 먹이 섭취 가능

⑥ 부화 후 10~15일(전장 7.0 ㎜ 이상) : ❶ 좌우 상칭이던 몸의 형태가 달라지기 시작 ❷ 눈의 이동이 시작 ❸ 40일 후 변태를 마치고 전장 15 ㎜ 치어

3) 종묘 생산

(1) 채란과 부화

① 채란용 어미 : 자연산 및 양식산 모두 가능

2) 자어 사육

① 자어 사육용 수조 크기 : 수심 1 m 정도

② 15~20℃ 사육 수온 : ❶ 수온이 높을수록 성장이 빠르고, ❷ 부화 후 3일 → 먹이 섭취 시작 ❸ 최초의 먹이는 로티퍼(*Brachionus plicatilis*) ❹ 부화 후 10일 이후부터는 *Artemia* sp. 혼합 공급 ❺ *Artemia* sp. 공급 시기에 미립자 배합 사료 혼합 공급 ❻ 넙치 자어의 사육수온은 16~19℃

3) 치어 사육

① 치어 사육

❶ 변태를 마치고 저서 생활 단계부터 종묘 크기인 전장 50 ㎜까지 사육용 ❷ 수조 : 자어 사육용 수조 동일 ❸ 치어 사육시 환수율, 사육 밀도 및 먹이 공급 중요 ❹ 치어 사육 환수율 : 3회/1일 이상 : 성장에 따라 환수율 증가 → ❺ 전장 30 ㎜(환수율 7회/1일 이상) → ❻ 사육 밀도는 전장 13~15 ㎜인 저서 초기에는 ㎡당 1만 마리 내외 ❼ 전장 30 ㎜인 치어는 ㎡당 2천마리 이하 ❽ 공식 현상은 개체간의 성장 차이가 있으면 나타나는데, 보통 전장 25 ㎜ 이후부터 50 ㎜의 크기에 심한 편 : 반드시 선별

2. 참돔

〉〉〉 https://www.youtube.com/watch?v=bDC-Jc1LGO4

① 참돔의 생존 한계 수온 : 7~30℃, 사육 적정 수온은 20~28℃

1) 생태

(1) 성숙과 산란

① 산란기가 되면 참돔 수컷은 붉은 색이 거의 없어지고 검은 색

② 붉은 색을 유지하는 암컷과 구별

③ 산란 : ❶ 제주도와 남해안 : 5월~6월 ❷ 다회 산란종

④ 산란장의 특징 : ❶ 수심이 얕고 ❷ 해저가 모래질 ❸ 해조류가 서식하는 암초 지역

⑤ 참돔 산란 수온 : 15℃ 이상(산란 성기 수온 : 18~20℃)

(2) 알의 발생

① 참돔의 완숙란은 구형

② 무색 투명한 분리부성란(난경 1 ㎜ 내외)

③ 부화 소요 시간 : ❶ 수온 14℃(85시간) ❷ 20℃ 이상(40시간 이내)

④ 수온 10℃ 이하와 30℃ 이상 : 수정란 발생 정지

⑤ 25℃ : ❶ 일부는 부화하나, 부화율과 생존율이 낮고 ❷ 15~18℃에서 부화율이 아주 높음 ⑥ 염분 농도 17 이하에서 부화율이 급격히 낮아짐

(3) 전기 자어기

① 부화 직후 자어는 전장 약 2.0 ㎜ → ❶ 4일 후 : 전장 약 3.2 ㎜ → ❷ 입, 소화관과 항문 열림 → ❸ 먹이 최초로 섭취 → ❹ 천천히 유영 시작 → ❺ 8일째 난황과 유구 완전히 없어짐 → ❻ 17일째 전장 6.0 ㎜ 정도로 각 지느러미의 기저가 생기며 꼬리 지느러미가 발달, 비늘이 생기는 외부 형태 발달 → ❼ 22일 전장 9 ㎜로 지느러미의 모양이 자어에서 치어의 형태로 변화, 각 지느러미에 연조가 생기며 행동이 활발

(4) 치어기

① 부화 후 25일(전장 12 ㎜)까지 성장 : 성체 형태인 치어기로 발달

② 먹이 섭취 : 삼키는 행동 → 물어 뜯는 행동

③ 공식 현상 관찰

④ 2개월(전장 36 ㎜ 성장, 측선 형성)

(5) 식성

① 수온 18℃ 이상 : 먹이 섭취 활발

② 17℃ 이하 : 먹이 섭취 다소 줄어듦

③ 12℃ : 동면 생활

④ 부화~2주일까지는 단세포 생물, 소형 요각류 섭취 → ❶ 체장 3 cm 이하의 치어 : 요각류, 단각류, 새우와 게 유생 ❷ 체장 3 cm 이상의 치어 : 단각류, 다모류, 새우류, 바닷거미류, 조개류, 성게, 불가사리

2) 종묘 생산

(1) 인공 종묘 생산

(가) 어미 사육

① 산란기에 어획되는 어미의 복부를 압착하여 습식법 또는 건식법으로 수정시키는 채란 방법

② 산란기에 성숙 촉진 호르몬을 주사하여 압착 또는 자연 산란을 유도하는 방법

③ 안정적인 종묘 생산을 위해서는 양성 어미를 사육하면서 자연 산란 시키는 방법 : 가장 효율적

(나) 채란

① 남해안 : ❶ 5~6월 ❷ 산란 가능 수온 : 15~22℃(적수온 17~21℃) ❸ 해수 비중은 1.020 이상 ❹ 용존산소량 높음

② 자연 산란용 어미는 암수 함께 수용 : ❶ 수용 개체 수가 많을수록 마리당 산란율 감소 ❷ 수용 개체 수는 적게 함 ❸ 참돔 알은 분리부성란

(다) 자치어의 사육

① 수정란 → 부화 자어(2일) : ❶ 입과 항문이 아직 열려있지 않고 ❷ 난황에 의해 영양 공급 : ❸ 2일 이내 먹이 공급

② 사육 일수에 따른 먹이 공급 : ❶ 부화 후 최초 먹이는 부화 2일부터 로티퍼 공급

③ 참돔 종묘 생산 과정 중 대량 폐사 시기(3번) : ❶ 첫 번째는 부화한 다음 3~5일 사이에 건강하지 못한 자어에서 관찰 ❷ 두 번째는 부화 10일째 최초 먹이 섭취에 실패하거나 필수지방산이 결핍된 로티퍼 또는 알테미아 유생을 공급한 수조에서 발

견 ❸ 세 번째는 부화 20일째에 공급된 먹이생물과 배합사료의 부패로 수질악화와 성장 차이에 따른 공식 현상

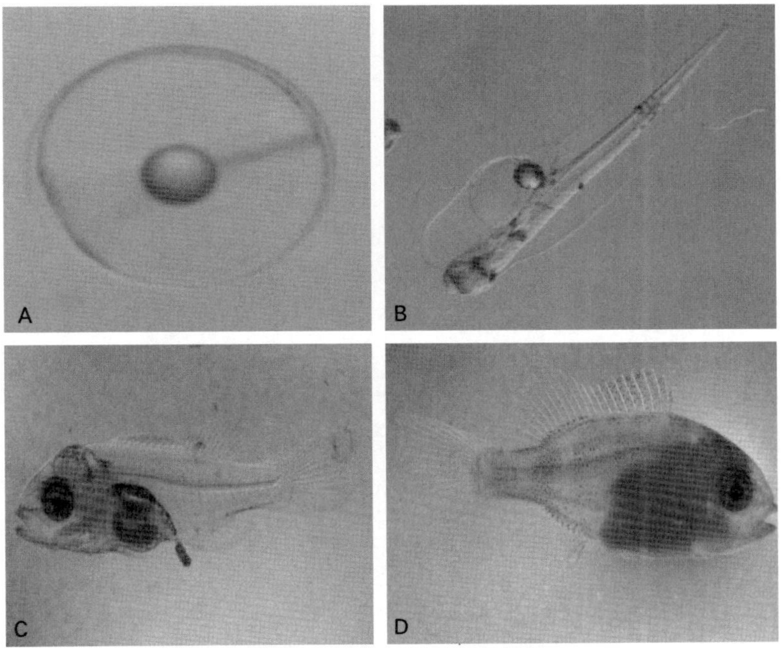

A: 수정란, B: 부화 2일, C: 부화 20일, D: 부화 40일

그림 4-1. 참돔의 발생 단계

(3) 양성

(가) 양성장의 환경 조건

① 양성장의 조건

❶ 해수 유동이 좋고 ❷ 적조나 폐수, 기타의 영향으로 환경이 악화될 염려가 없는 곳 ❸ 월동 가능 ❹ 적정 사육 수온 기간이 길고 ❺ 적정 수심을 유지하며(가두리 시설의 2배 이상) ❻ 태풍 등 풍파에 의한 시설물 유지가 가능 ❼ 도난 및 선박 사고의 위험이 적은 곳 ❽ 사료의 수송, 양성어의 출하 등 교통 및 기타 사육 관리가 편리한 곳

② 참돔 양성장에서 최우선적으로 고려할 사항은 수온 : ❶ 참돔은 수온이 20℃ 이하에서는 수온의 하강에 따라 먹이 섭취량이 줄고 ❷ 12℃에서는 식욕 현저히 감소 ❸ 10℃ 이하에서는 먹이를 먹지 않고 월동 ❹ 참돔의 먹이 섭취가 활발하고 성장이 빠른 수온은 20~28℃ → 기간이 길수록 참돔 양성 유리

3. 은어

》 https://www.youtube.com/watch?v=L87oY2tJqns

① 은어는 양성 기간이 비교적 짧고 값이 비싸며 횟감용 활어나 튀김용으로 수요 증가

1) 종류와 분포

① 은어(*Plecoglossus altivelis*) : 전장 10～30 cm → ❶ 10 cm 크기를 소은어 ❷ 30 ㎝ 크기를 대은어 ❸ 소은어는 육봉 은어가 대부분

2) 생태

(1) 성숙과 산란

① 9월 : ❶ 암수 생식선 발달 : ❶ 산란기 특유의 혼인색

② 산란 : ❶ 9～11월 ❷ 하천 하류 지역의 돌과 자갈이 많은 얕은 곳에 산란 ❸ 산란이 끝나면 폐사(수명은 1년, 육봉형 은어 2년)

(2) 발생과 성장

① 산란된 알은 13～17℃에서 2주 부화(전장 5 ㎜ 자어 → 유영력이 없는 자어는 수류에 따라 바다로 내려감)

② 바다로 밀려 내려간 자어 : ❶ 수심 10～50 m 수역에서 동물 플랑크톤 섭취 성장 및 월동 → ❷ 이듬해 1～2월 → ❸ 난류 영향 내만에서 생활 → ❹ 3월 하천 수온 상승기에 하천으로 올라감 → ❺ 비늘 생기고 전장 7 cm 내외 ❻ 식성은 규조류 먹는 초식성(동물 식성에서 초식성)

③ 하천 중·상류까지 온 치어는 6～9월까지 하천 바닥의 돌이나 바위에 부착해 있는 이끼 섭취 및 성장 : 전장 17 cm 내외(체중 50 g 내외)

④ 은어는 부화 후 바다로 하강하여 이듬해 봄까지 바다에서 월동하여 치어로 성장 → 다시 하천으로 소상하는 어류

⑤ 은어는 텃세를 형성하는 어류 : 1 ㎡ 크기의 생활 구역 만들어 다른 은어 침입 방지

3) 종묘 생산

① 은어 양식은 인공 종묘 생산으로 생산한 종묘를 사용하는 것이 바람직

(1) 채란과 부화

① 채란용 어미는 하천에서 잡은 것과 양식한 것을 다 같이 사용

② 자연산 어미는 부화율, 초기 자어의 생존율이 높아 많이 사용 → ❶ 현재 어미 사육 기술과 채란 기술 발달 → ❷ 양식 어미 사용

③ 양식 어미는 자연산 어미에 비해 알의 성숙이 빠르고 수정률과 부화율 낮음

④ 채란한 알의 수정은 건식법 : 알을 받으면 수컷의 정액을 짜서 알과 같이 고르게 혼합

⑤ 부화 적수온 : 13~20℃(최적 수온 15~18℃)

⑥ 부화 일수 : ❶ 15℃에서 20일 ❷ 18℃에서 14일 ❸ 부화율 : 50%

⑦ 직사광선은 수정란과 부화 자어에 유해 : ❶ 차광막 사용 → ❷ 1000 lux 정도 조절

⑧ 알받이에 부착한 알이 부화하기 2일 전 발안란 상태 → 부화 수조로 이동 → 부화가 끝나면 알받이 들어냄

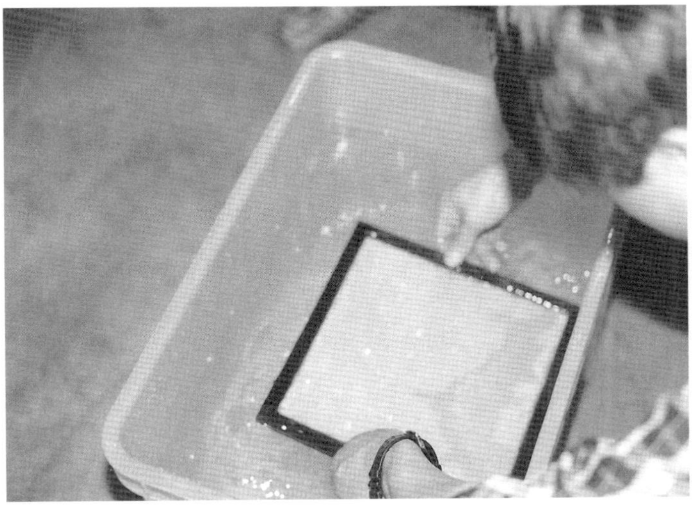

그림 4-2. 은어 수정란 부착

(2) 자어 및 치어 사육

① 부화 후 3개월(전장 4 cm) → ❶ 담수 조금씩 주입 → ❷ 2주 안에 담수로 환수 → ❸ 사육수는 부화 15일은 지수 상태 → ❹ 유수량 증가 → 환수율 : 종묘 수확 시기(5회/1시간 내외)

② 부화 자어는 이미 개구 : ❶ 로티퍼가 주 먹이 ❷ 성장에 따라 *Artemia* sp. 공급 ❸ 배합 사료는 2달 후 주 먹이

③ 사육 밀도 : ❶ 부화 직후 15마리/ℓ → ❷ 자어기 10마리/ℓ → ❸ 부화 2개월 공식으로 생존율 감소 → ❹ 전장 3 cm 이상 → ❺ 선별 ❻ 자어는 수온 13℃ 이하에서 먹이 섭취 안함

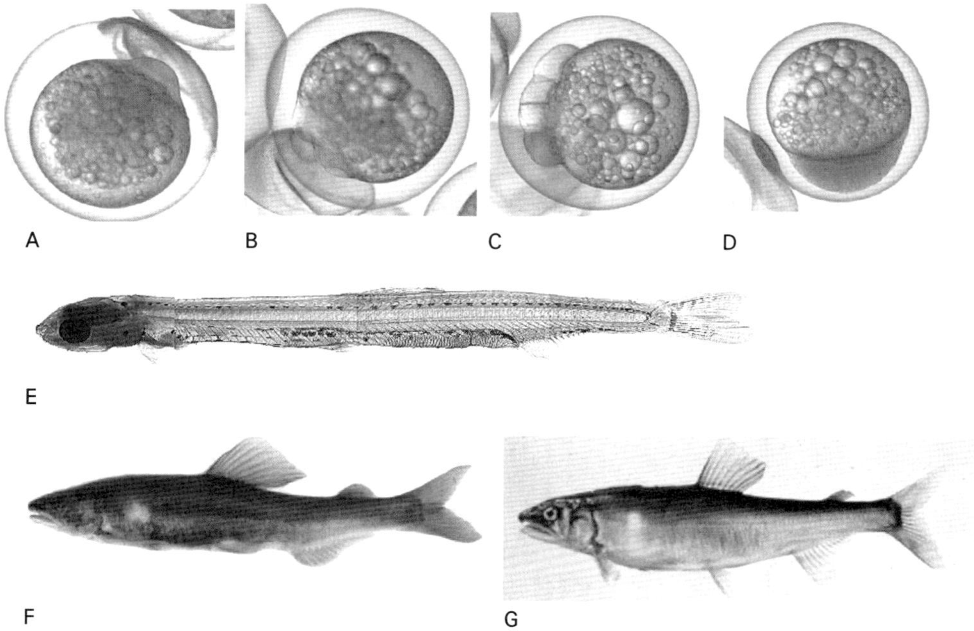

A: 배반 형성기, B: 4세포기, C: 8세포기, D: 포배기, E: 부화자어, F: 은어 수컷, G: 은어 암컷

그림 4-3. 은어의 생활사

4) 양성

(1) 육상 수조식 양성

① 육상 수조 사육수 : ❶ 하천수와 지하수 :❷ 지하수는 경제적인 부담 ❸ 수질에서 안전하여 많이 사용

② 양성장 선정시 주의 사항 : ❶ 사육 수량 충분 ❷ 성장에 알맞는 수온과 수질 ❸ 교통 편리한 곳 ❹ 동력의 인입이 쉽고 ❺ 홍수의 피해가 없는 곳 ❻ 시설하기 쉬운 지형

③ 은어 양성

❶ 단기 양성 : 초봄에 양성 시작 → 6~7월 수확

❷ 장기 양성 : 연말이나 이듬해 겨울까지 양성 → 6~7월 이후부터 주기적 대형어 선별 수확

(2) 양성 관리

① 하천수는 농약의 잔유량 등 수질이 오염되지 않아야 하므로 주기적 수질 검사

② 수조에 사육수 넣기 전 침전조를 통한 모래 및 부유물 제거

③ 지하수는 정전이나 양수기의 고장 사전 대비 → 자가 발전 장치와 여분 양수기 확보

④ 종묘 방양 밀도 : ❶ 장방형 수조(100~200마리/㎡) ❷ 원형 수조(200~400마리/㎡)

⑤ 수온 10℃ 이하나 28℃ 이상에서는 먹이 섭취 안함

⑥ 15~25℃가 성장 적수온으로 수온이 높을수록 빠른 성장

⑦ 사육 밀도는 낮을수록 빠른 성장

⑧ 먹이는 배합 사료를 사용

⑨ 사육 수조의 바닥에 쌓인 배설물이나 찌꺼기는 펌프나 사이폰식 장치 이용

⑩ 선별은 주기적 실시

⑪ 가을이 되면 성장 중지 및 생식소 성숙 : ❶ 체색은 혼인색 ❷ 수컷은 체색이 짙게 검어져 상품 가치 하락 → ❸ 방지 대책 : 인공 광선(장일 처리)

⑫ 해적 생물 : 포유류, 물새

4. 뱀장어

》》 https://www.youtube.com/watch?v=2Sghht4zvrE

1) 종류와 분포

① 우리나라에는 뱀장어와 무태장어 : ❶ 무태장어는 대형종 ❷ 제주도 ❸ 천연 기념물

2) 생태

① 담수에서 성장하여 바다에서 산란, 번식을 하는 강하성(소하성 어류와 반대 개념) 어류

② 알은 10일 후 → 렙토세팔루스(leptocephalus) 유생으로 부화(버들잎 모양의 납작한 형태)

③ 뱀장어의 유생은 1년 가량 부유 생활을 하며 변태 → ❶ 체색 투명(길이 5~6 cm) : 실과 같이 가늘고 투명하므로 실뱀장어

④ 우리나라에서는 3~5월에 강으로 소상 : ❶ 제주도 및 전라남도 지방은 빠르고 ❷ 북쪽으로 갈수록 늦으며 ❸ 동해안 보다 서해안으로 많이 감 ❹ 담수에서 1~2주 성장 → ❺ 몸에 검은 색소 형성 → ❻ 5~8년 담수에서 성장하여 어미 : 60 cm 이상 개체는 모두 암컷

⑤ 성숙한 뱀장어는 수온 하강 → ❶ 강 하류로 이동 ❷ 산란기가 되면 먹이도 먹지 않고 바다로 감

⑥ 우리나라산 뱀장어 산란 장소 : ❶ 서태평양 오키나와 동쪽 ❷ 중층 수심 400~500 m ❸ 수온 16~17℃ ❹ 염분 농도 35

⑦ 여름에 담수에 올라온 뱀장어는 수온이 20~32℃의 범위 : 먹이 섭취 활발

⑧ 뱀장어는 야행성 동물 : ❶ 동물 플랑크톤, 곤충, 조개류, 새우류, 개구리, 작은 어류 섭취

⑨ 겨울은 진흙 속으로 잠입, 10℃ 이하 먹이 섭취 안함

3) 종묘 생산

① 봄에 소상하는 실뱀장어를 양식용 종묘 : ❶ 실뱀장어에서 성장한 10~30 g 되는 종묘를 양중물

② 실뱀장어는 ❶ 추촉성 및 ❷ 야행성 ❸ 담수로 향하는 성질

그림 4-4. 순환여과 양식장

5. 조피볼락

》》 https://www.youtube.com/watch?v=3lTKSrtWjoc

① 조피볼락(*Sebastes schlegeli*)은 난태생 어종, 볼락류에서 성장이 빠른 대형종
② 저수온에 서식 가능한 북방형
③ 종묘 크기에서 상품 크기까지 성장 : 1년 6개월~2년
④ 넙치 보다는 성장이 느리나 돔류에 비해서 빠른 성장
⑤ 조피볼락은 우리나라 남해안의 자연 수온에서 월동 가능
⑥ 해상 가두리 양식에 적합
⑦ 방류를 통한 연안 자원 조성 어종

1) 생태

① 난태생 어류로 저수온에 서식 가능
② 서식 수층은 저층
③ 암초 지역 서식
④ 활동성 적은 정착성 어류
⑤ 수컷이 먼저 성숙 : ❶ 12~2월(수온 13℃ 전후) 교미 → ❷ 암컷 성숙한 후 체내 수정 3~4월 → ❸ 4월부터 5월에 자어 산출
⑥ 어미는 전장 32~34cm 이상(출산 자어의 수는 어미 전장이 클수록 증가)

(1) 성숙 및 출산

① 성숙 시기는 암컷과 수컷이 달라, 암컷의 출산 시기는 수온이 13~17℃ 범위인 3월에서 6월
② 수컷의 정소 성숙 시기 : ❶ 9~11월 → ❷ 수컷 정소가 성숙하는 시기에 암컷과 수컷이 교미 → ❸ 암컷 난소강 내에 정자를 지니고 있다가 이듬해 봄에 암컷 난모세포의 성숙 → ❹ 체내에서 수정 → ❺ 암컷 난소에서 발생, 부화하여 난황이 거의 흡수된 후에 자어로 출산

(2) 알의 형태와 발생

① 출산시까지 어미 배 속에서 난발생 진행

2) 종묘 생산

(1) 어미 선정

① 종묘 생산에 이용할 자어 확보 : ❶ 3～7년생 어미 사용

(2) 어미의 수용

① 자연산 어미를 이용 : ❶ 출산 직전의 어미 봄철 수집 → ❷ 육상 출산 수조로 옮겨 자어를 받거나 ❸ 수컷과 교미한 후 복부가 불러오기 전인 겨울철에 암컷을 채포하여 다음해 봄에 자연 출산에 의하여 자어를 받는 방법

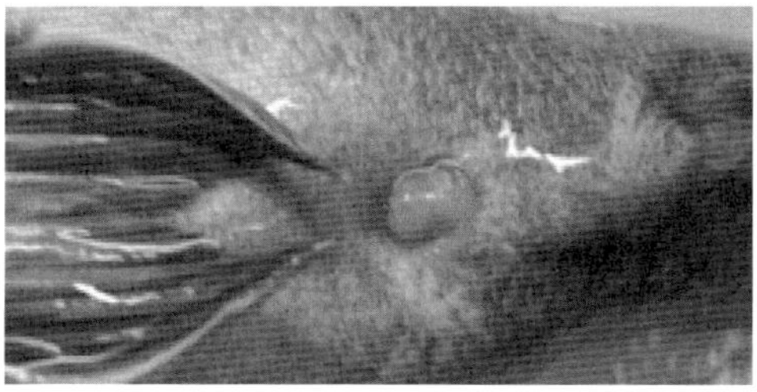

수컷

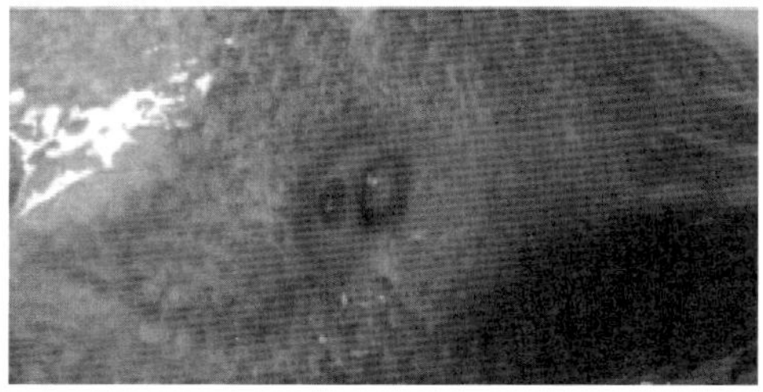

암컷

그림 4-5. 조피볼락 어미의 수컷과 암컷

(3) 출산기전 어미 관리

① 성공적인 종묘 생산 → ❶ 건강한 자어 확보 → ❷ 11～12월에 어미를 육상 수조 수용 → ❸ 변화된 환경에 빨리 적응 → ❹ 출산 시기까지 사육 환경 및 영양 관리 철저

(4) 출산 시기 추정

① 자어는 난황을 거의 다 흡수한 상태로 출산 → ❶ 출산 후 즉시 먹이 섭취 → ❷ 자어 출산 시기의 정확한 추정이 중요 → ❸ 암컷의 생식구, 항문, 비뇨돌기와 그 주변부의 변화를 관찰 : ❹ 출산 직전이 되면 항문, 생식구 및 비뇨돌기 주변은 현저히 팽출 ❺ 주변 부위 색깔 : 암청색 또는 암자색

(5) 산출 행동

① 수용한 어미는 주수구 바로 아래 또는 나무판 등의 그늘진 장소에 정지하고 낮에는 움직이지 않음 → 간혹 입을 크게 벌리고 동시에 몸을 움직이기도 함 → ② 산출이 가까워지면 전술한 동작을 자주하고 아가미 뚜껑의 개폐 운동도 활발 → ③ 먹이 섭취 개체는 위 내용물을 뱉어 냄

(6) 산출 시각 및 소요 시간

① 산출 개시 시각은 22시부터 새벽 1시

② 1회 산출 소요 시간은 1시간 이내

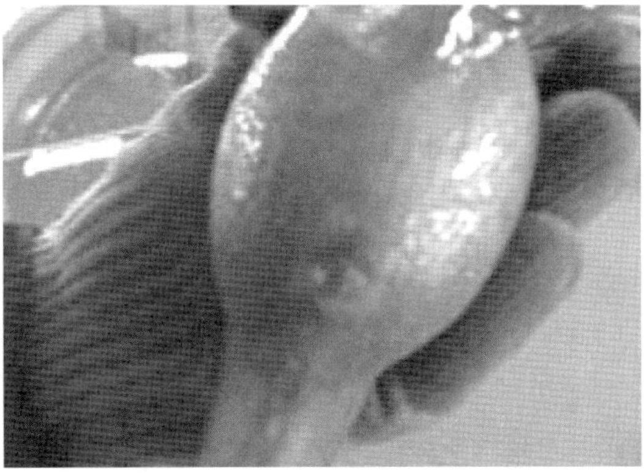

그림 4-6. 출산 직전 암컷

(7) 포란수

① 포란수는 체장 30 cm의 어미는 8만개, 체장 35 cm는 10만개, 체장 40 cm는 약 20만개, 체장 45 cm는 약 40만개 정도

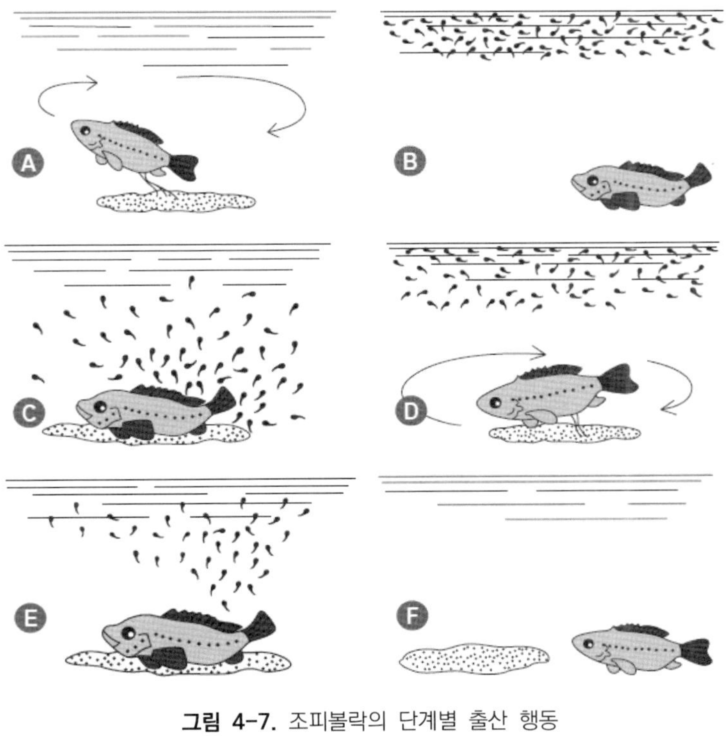

그림 4-7. 조피볼락의 단계별 출산 행동

(8) 산출 자어 수집

① 산출 자어 수집 방법

❶ 어미 사육 수조에서 자연 산출된 자어를 수집하여 자어 사육 수조로 이동

❷ 산출 직전의 어미를 자어 사육 수조로 옮겨 자어 산출이 끝난 후 어미를 꺼내는 방법

❸ 어미 사육 수조에서 산출된 자어를 수집 : 어미 관리는 낮에는 유수식 사육하다가 저녁에 지수식 관리

❹ 수조 내 산출된 자어가 수조 밖으로 빠져나가지 않도록 배수구에 도피 방지망 설치(망목 500 μm)

❺ 자어 산출이 완전히 끝난 후 산출 수조의 한 부분에만 빛을 비추고 공기 공급 중단 → ❻ 자어는 30분 내에 밝은 곳으로 모임 → ❼ 모인 자어를 물과 함께 떠서 자어 수조 이동 → ❽ 이러한 작업은 산출 당일 또는 다음 날에는 모두 완료

(9) 자어 사육 시설

① 사육 수조는 2 ㎥부터 100 ㎥ 이상까지 이용 : ❶ 안정적 종묘 생산을 위해서 큰 수조 이용 → ❷ 사육조의 수심은 1.5 m → ❸ 빛은 직사광선을 피하고 차광 시설을 설치 : 표층 조도가 100~500 lux ❹ 수조에 미리 클로렐라와 로티퍼를 넣어 자어 수용하는 것이 초기 생존율 높임

(10) 밀도 및 선별

① 산출 자어의 밀도

❶ 최초 수용 시 5,000~7,500마리/㎥

❷ 성장함에 따라 적절한 밀도로 조정 : 전장 2 cm 2,300마리/㎥, 3 cm 2,000마리/㎥

② 선별 방법

❶ 눈으로 관찰하여 큰 개체와 작은 개체를 분리 수용하는 방법

❷ 만약 개체 차이가 크지 않을 경우 숙성어만 제거

❸ 선별 전 절식, 선별 후 항생제 약욕

3) 먹이 공급

(1) 먹이 공급 시기

① 먹이 공급 : ❶ 출산 당일 또는 다음 날부터는 이루어져야 하며 ❷ 출산 후 8일까지는 로티퍼 주로 공급 ❸ 30일까지는 로티퍼와 알테미아의 부화 유생 혼합 공급 ❹ 배합 사료 먹이 붙임이 끝나는 시기까지 생물 먹이 계속 공급

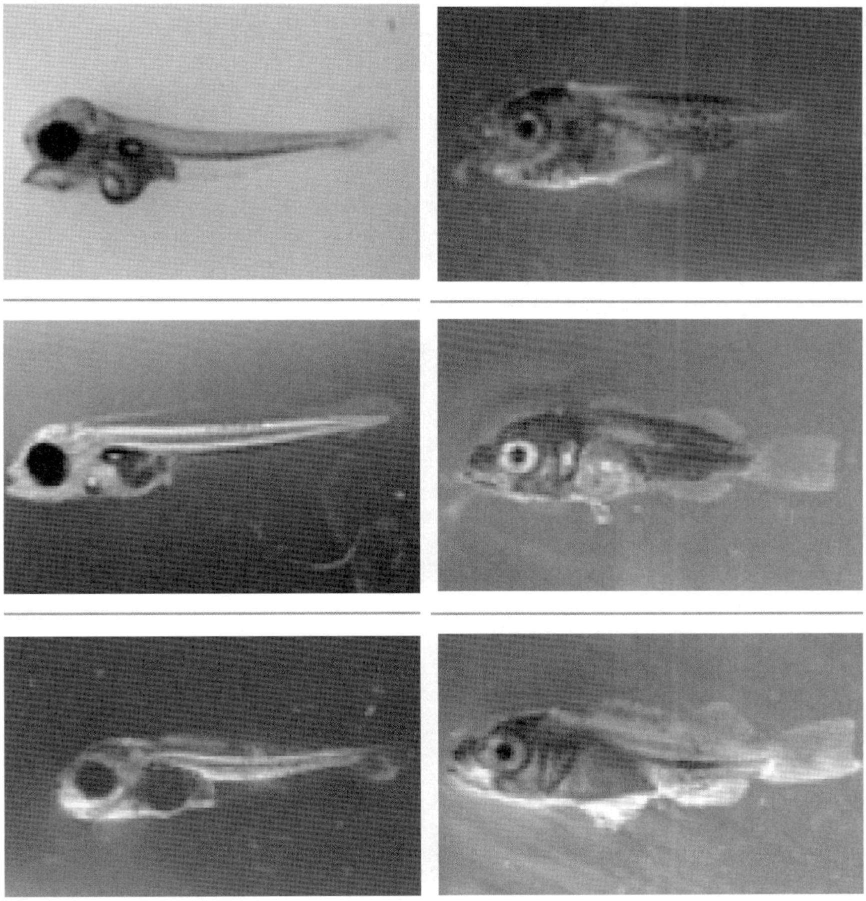

그림 4-7. 자치어의 성장 단계별 특징(출산 직후 → 30일)

4) 사육수 관리

① 사육수는 최초 산출 자어의 수용부터 10일까지 : ❶ 차광 효과, 수질 안정 효과 및 생물 먹이의 영양 유지를 위하여 ❷ 사육수에 해산 클로렐라 첨가 → ❸ 클로렐라 농도 : 50만 cell/ml

② 사육수 환수 : ❶ 최초 10일까지 지수식 사육(환수량, 30%/1일) → ❷ 유수식 전환(성장 단계별 환수량 조절)

③ 초기 사육 수온 : 15~18℃

④ 바닥 청소 : ❶ 사이폰 사용 → 먹이 찌꺼기, 배설물 및 사체 제거 ❷ 최초 사이폰 청소는 5일째 실시 → ❸ 이후 2일마다 실시 : 자어 스트레스에 주의

5) 양성

(1) 표층 가두리

① 가두리 크기 : 10×10 m 대형 사각 가두리

② 조피볼락 양성용 그물 가두리 및 크기

(2) 중층 침설식 가두리

① 경북 지방은 외양성 지형으로 풍파의 직접적인 영향을 받는 곳에 설치

② 수직 이동이 가능한 ❶ 수심 20~30 m의 자갈 또는 사니질로 형성된 지역
→ ❷ 표층 5~10 m 이하에 설치
→ ❸ 수직으로 표층까지 이동이 가능하도록 함

(3) 사육 환경

① 조피볼락은 암초 지대에 서식 : ❶ 차광 시설로 조도 낮게 조절

② 사육 온도 : ❶ 15~18℃(최적 수온)

(4) 먹이 공급

① 조피볼락은 냉수성에 가까운 어류 : ❶ 고수온 사육 관리에 주의

② 사료 공급 : ❶ 수온 12~20℃ : PE사료 공급 ❷ 12℃ 이하 또는 20℃ 이상 상승 : MP사료 전환 ❸ EP사료 공급 : 반드시 사료를 해수에 침적한 후 공급 → 성장 좋음

③ 먹이 공급 횟수 : ❶ 초기에는 3회/1일 ❷ 상품 크기 2회/1일

④ 사료 공급량 : ❶ 1주일의 포식량 조사 → ❷ 포식량의 80% 공급

6. 참다랑어

〉〉 https://www.youtube.com/watch?v=bgrHs9_WX98

1) 생물학적 특징

① 농어목 고등어과 다랑어속

② 다랑어속 : 태평양 참다랑어, 대서양 참다랑어, 남방 참다랑어 등 8종

③ 참다랑어 양식

- 장점 : ❶ 육질과 맛이 좋아 시장 가치 매우 높음 ❷ 빠른 성장 ❸ 내병성 높음
- 단점 : ❶ 자연산 종묘에 의존 ❷ 생사료 공급 ❸ 판로가 제한적

④ 적정 양성 환경

❶ 수온 범위 : 13～30℃(최적 수온 : 연중 20℃) ❷ 수심 20 m 이상 ❸ 파도 영향 적고 ❹ 용존 산소량 7 ppm 이상 ❺ 담수 유입 지역이나 탁도가 높은 곳은 피함

2) 사육 관리

① 사육 밀도 : 3 kg/m^3 유지

② 회유성 어종 : ❶ 가두리 크기, 형태 및 조류 소통 중요

③ 먹이 공급 : ❶ 2회/1일(6일/1주일) ❷ 소형어는 대형어 보다 소화 흡수 빠르므로 먹이 공급 횟수 및 공급량 증가

그림 4-8. 참다랑어 외해 양식 시설

④ 가두리용 양식 종묘 크기 : 어체중 200 g～1 kg : 우리나라에서 7～10월 사이 자연 어획 : 선박 이용한 인조 미끼(루어) 끌낚시로 채포 → 포획된 어체는 맨손 접촉 주의 : 점막과 비늘 탈락에 의한 생존율 감소

3) 운반

① 가두리 양성장에서 포획하는 방법 : ❶ 낚시, 작살, 총격, 그물망

② 포획된 어체는 즉살 처리하여 피와 신경, 아가미와 내장 제거 후 바로 빙장

③ 운반 중 온도 유지와 흔들림에 세심한 주의

V 갑각류

① 절지동물문 갑각강 십각목에 속하며 일반적으로 새우와 게를 말함

② 고단백 저칼로리 식품으로 각광

③ 갑각류는 성장에 따라 탈피를 하며 노플리우스, 조에아, 미시스, 메갈로파 등의 유생기를 지나 성체가 됨

1. 꽃게

》 https://www.youtube.com/watch?v=oexSTBwVLtE

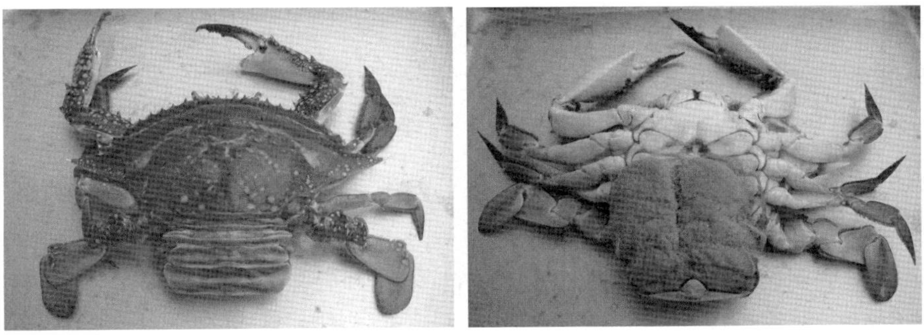

그림 5-1. 꽃게의 포란

① 꽃게(*Portunus trituberculatus*)는 십각목에 속하는 기수성 갑각류로 갑장 약 70 ㎜, 갑폭 약 149 ㎜인 대형종

② 수심 2~30 m인 뻘질 또는 모래질에 서식

③ 꽃게는 우리나라 서해 연안에 주로 분포

④ 자원 회복을 위해 인공 종묘 생산에 의한 종묘의 대량 방류 시도

1) 분포와 서식장

① 간석지가 발달한 서해안과 남해안의 담수 유입이 있는 지역

② 수온 15℃ 이하면 저질에 잠입하여 동면하는데 외해의 수심이 깊은 곳으로 월동을 위하여 이동

③ 월동을 마친 꽃게는 3월부터 연안으로 이동하여 빠른 것은 5월에 연안에서 산란

2) 자연 종묘 생산

① 상품 가치가 있는 꽃게의 크기는 350 g 이상

② 종묘 크기는 제 11기의 치해(새끼게)로 갑폭이 90 ㎜ 정도

③ 천연산 종묘는 꽃게의 어획기에 자망 어획한 상품으로 가치가 없는 치해를 대상으로 6월경에 수집

3) 인공 종묘 생산

(1) 어미 선정 및 관리

① 꽃게의 산란 적기인 6, 7월에 외란의 상태가 담황색 또는 오렌지색으로 진행된 어미 선정

② 포란한 어미게는 실내 수조에 해수를 유수하면서 1일 1회 정도 바지락이나 잡어 등을 먹이로 주고 차광막을 덮어서 안정

③ 외란을 가지고 있는 시기에 어미 선정

④ 산란 직후의 외란은 선명한 황색이며 부화 시기에는 암흑색

⑤ 암흑색인 알을 검경하여 조에아 유생이 움직이는 알을 포란하고 있는 어미를 선정하는데 3일 정도면 부화

⑥ 포란한 어미에게 환경의 급격한 변화나 어떤 자극을 주었을 경우에는 이상 부화 발생하므로 관리에 철저

⑦ 부화는 아침 일찍 일어나므로 부화용 수조의 해수는 지수 상태를 유지하고 적절한 통기

(2) 부화

① 제1일 : 갈색의 안점 1쌍

② 제2일 : 안점이 뚜렷

③ 제3일 : 배체, 복부에 흑색소

④ 제4일 : 체색소 뚜렷, 심장 박동 완만하게 시작

⑤ 제 5일 : 체색소 더욱 뚜렷, 심장 박동 1분에 60～70회

⑥ 제6일 : 심장 박동 수 1분에 100회 정도

⑦ 제7일 : 난황 거의 흡수, 심장 박동 1분에 130회 이상

⑧ 제8일 : 부화

(3) 유생 사육

① 조에아

❶ 조에아 유생 사육은 여과 해수의 지수 상태에서 통기

❷ 사육수는 처음부터 클로렐라와 같은 녹색 단세포 식물을 번식시킨 청수(green water)를 사용

❸ 먹이로는 로티퍼나 알테미아(brine shrimp) 유생

❹ 사육 밀도는 1당 50～100 개체가 기준, 먹이 농도는 조에아 유생의 10배 이상

❺ 사육조의 크기는 제한이 없으나 너무 작으면 환경 변화를 받기 쉽고 수질 유지 곤란

❻ 조에아 유생은 수온 18～21℃에서 16～18일, 22～25℃에서 12일, 28～30℃에서 9～11일에 메갈로파 유생

② 메갈로파 사육

❶ 메갈로파 유생은 가위발이 생겨서 새끼게와 비슷한 습성을 가져 유영하는 이외에도 간혹 물체에 부착하며 메갈로파 유생 보다 큰 것도 잡아먹고 공식도 심함

❷ 먹이로는 *Artemia* sp. 유생과 패류, 새우류, 어육 등을 아주 잘게 절단하여 하루 3회 이상

❸ 공식을 막기 위하여 사육 밀도를 작게 하고 그물눈이 작은 그물을 쳐서 서로 만나는 기회를 적게 하면 어느 정도 효과

③ 새끼게 사육

❶ 새끼게로 변태하면 점차 저서 생활로 들어가기 때문에 바닥 면적을 넓게 해 주고 바닥에는 모래를 깔아 유수 사육

❷ 새끼게로 변태한 후는 갑폭 약 3 ㎜, 중량 약 10 mg이고 연갑 상태

❸ 1주 사육하면 3회 탈피하고 갑폭이 1 cm면 불빛을 이용하여 유영하는 개체들을

그물로 포획

❹ 1개월 후에는 갑폭 3~4 cm로 성장하여 저서 생활, 종묘로 이용함

4) 양성

① 꽃게는 운동성이 강하고 육식성이며 잠입 생활

② 탈피를 하면서 성장한다는 점 등을 고려하여 양성

③ 간만조차를 이용한 제방식 양성과 방류 재포식 양성

TIP

① "물새의 그림자에도 게는 놀라 도망가지만, 제트기의 굉음에는 무반응"

② 간석지에서 영남게의 행동은 물체의 움직임에 극히 민감

③ 움직이지만 않으면 가까이 있는 친구와 큰 소리로 이야기 하여도 무반응

④ 소리는 감지 못해도 가위발과 보각에 있는 타원형의 고막부가 '귀'이며 이름도 '고막'

⑤ '귀'와 '고막'이 있어도 소통 기관으로 사용 여부는 불확실

⑥ 갑각류의 탈피(molting)와 변태(metamorphosis)

❶ 갑각류는 큐티클(cuticle)로 된 외골격(exoskeleton)으로 싸여 있어

→ ❷ 기존의 외골격에서 새로운 외골격으로 재포장하면서 성장이 지속

❸ 기존의 외골격으로부터 벗어나는 과정을 탈피(molting)

❹ 탈피를 하여 몸의 형태가 변하게 되는 것을 변태

발생단계	조에아	메갈로파	치해
형태	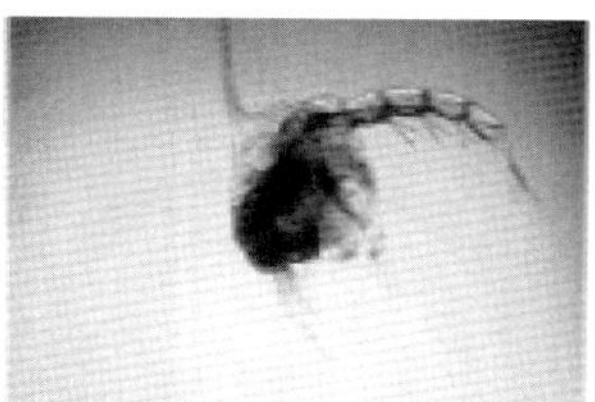	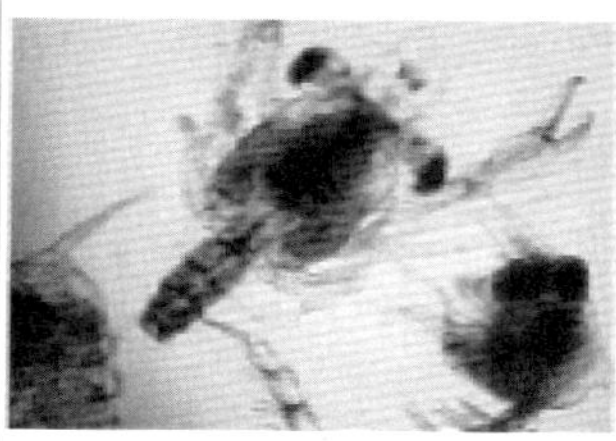	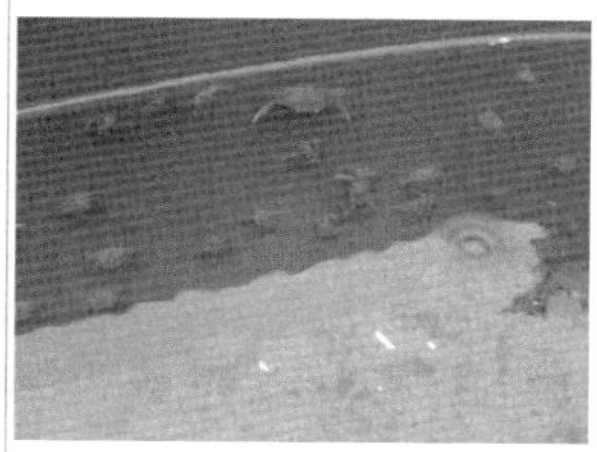
특징	조에아 4기 부유생활	반저서 생활을 시작, 공식 현상이 일어남, 사육 기간은 1주	치해 3 cm 정도, 바닥 면적을 넓히고 모래를 깔아 줌
먹이 생물	로티퍼, 알테미아	조개류, 새우류, 어류 잘게 썰어 공급	조개류, 새우류, 어류를 썰어 공급, 배합 사료

2. 보리새우류

》》 **보리새우**: https://www.youtube.com/watch?v=yLnzZe3ZV28
대하: https://www.youtube.com/watch?v=mftCMF_DGJo
흰다리새우: https://www.youtube.com/watch?v=-XZy4hDi8Ws
흰다리새우 종묘생산: https://www.youtube.com/watch?v=qgJBliG9-Gs

① 양식 대상종은 보리새우와 대하
② 보리새우는 복부의 환절에 띠가 있고, 대하는 갑각이 매끈하고 가시가 없는 것이 특징
③ 암컷이 아주 커서 체장이 220 ㎜ 이상 되는 대형종이고 성장이 빨라 1년 내에 어미가 됨
④ 최근에는 보리새우보다 대하의 양식 생산량이 더 많음
⑤ 보리새우류는 육식성이고 저질 속에 잠입, 대하는 잡식성, 유영하는 특성
⑥ 상품 크기는 마리당 평균 20 g 정도이므로 가을까지 양성함
⑦ 방양밀도가 낮으면 성장이 빠르고 생존율도 높음

1) 생태

① 보리새우의 분포 : 우리나라와 일본의 중부 이남에 분포하며 수심이 깊은 외해에 서식
② 대하 : 우리나라 남해와 황해 연안, 중국의 연안이 서식지로 알려져 있으며 월동장은 목포 서쪽 외해의 수심이 깊은 곳
③ 월동장에서 월동을 마친 대하는 3월경부터 산란장인 우리나라 연안과 중국 대륙 연안을 향해 회유함
④ 부화한 유생은 연안에서 성장하다가 수온이 내려가는 가을에 남쪽의 월동장으로 회유함

2) 성숙, 산란 및 성장

(1) 보리새우

① 우리나라 연안에서 6월 하순부터 성숙한 암컷 출현
② 성숙한 난소의 빛깔은 청록색이며 육안 식별됨
③ 외해에서 밤에 산란(암컷은 유영각으로 수류를 일으켜 알을 분산)
④ 노플리우스(nauplius), 조에아(zoea), 미시스(mysis) 및 후기 유생(post-larva)의 4단계 변태
⑤ 봄 산란 개체는 1개월 후, 체중 0.02 g, 가을까지 20 g 정도 성장

(2) 대하

⑥ 월동장으로 회유해 가기 전인 가을에 교미

⑦ 월동장 주변에서 성숙 암컷이 4월에 출현, 성숙이 늦은 것은 6월까지 출현

⑧ 성숙한 난소는 청록색 육안 식별

⑨ 대하 : 산란은 밤에 하며 보리새우와 비슷한 산란 행동

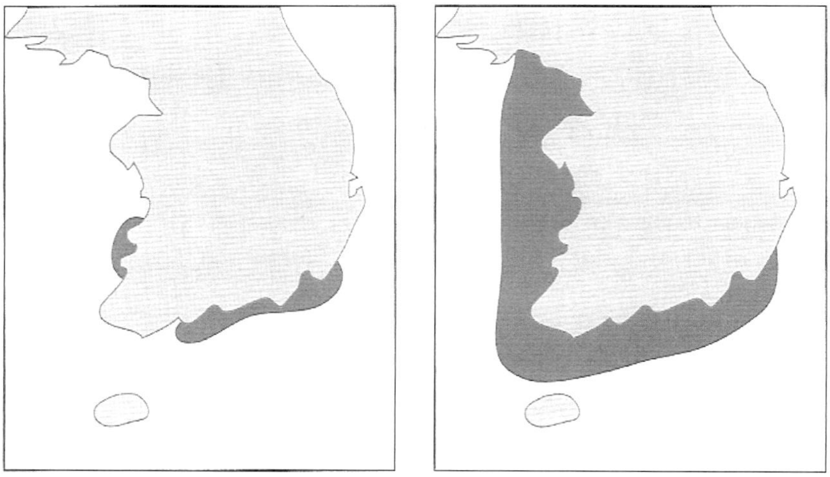

(a) (b)

그림 5-2. 보리새우(a) 및 대하(b)의 분포도

⑩ 성장은 매우 빨라 부화 후 1개월 1～2 g으로 성장 → 가을까지 큰 것은 25 g까지 성장

⑪ 보리새우 : 암컷의 성숙과는 관계없이 탈피 직후의 연갑 상태의 암컷과 경갑 생태의 수컷이 교미

⑫ 암컷은 수컷으로부터 정협을 받아 → 저정낭에 저장 → 교미한 보리새우는 생식 보조기인 교미전

⑬ 암컷은 탈피하면 교미전이나 정협이 껍데기와 함께 몸에서 떨어져 나가고 다시 교미하게 됨

⑭ 대하 : 암컷은 성숙 시기와 관계없이 월동하기 전인 가을에 수컷으로부터 정자가 들어있는 정협을 받아 저정낭에 저장함

⑮ 교미한 암컷은 생식 보조기인 교미전이 없음

3) 종묘 생산

① 천연산 종묘의 수집은 안정적이지 못하고 채집이 힘들기 때문에 인공종묘에 의한 양식이 효과적

② 현재 우리나라에서 양식용으로 사용하고 있는 보리새우 채란용 어미는 대만과 일본에서 2~3월에 수입

표 5-1. 보리새우와 대하의 특징

항 목	보리새우	대하
어미 체장	17~20 cm	18 cm
알의 지름	0.24 mm	0.14 m
채란 시기	3~4월	4월
교미전	있다	없다
부화 소요 시간	27~29℃(12~14시간)	18~19℃(48시간) 20~24℃(36시간)
알의 수	20~30만	30~40만
노플리우스기 소요 시간	10~13시간	36시간

표 5-2. 보리새우와 대하의 유생 사육

	노플리우스	조에아	미시스	포스트라바
발생단계	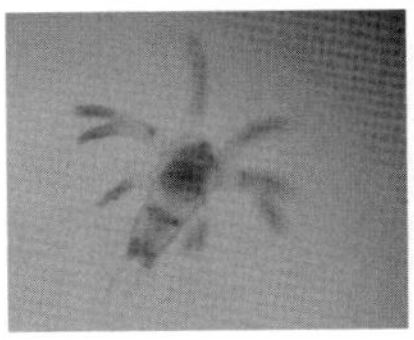	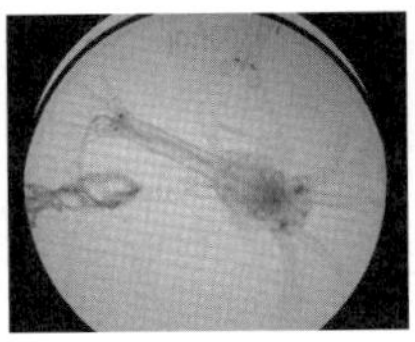	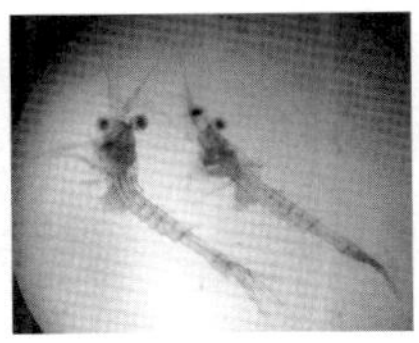	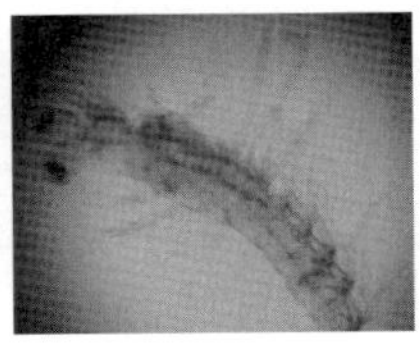
보리새우	2일 6회 탈피	4일 3회 탈피	3일 3회 탈피	2회 유영 → 저서
대하	4일 6회 탈피	5일 3회 탈피	4일 3회 탈피	3회 유영 → 저서
먹이 생물	필요 없음	부유 규조류, 부착 규조류, 해산 윤충류 참굴의 알, 따개비 유생 저서기는 바지락, 잡새우, 배합사료		

(1) 채란과 부화

① 자연에서 채집한 채란용 어미는 이미 교미하였으므로 암컷만 확보

② 성숙한 어미를 채란용 수조에 수용하고 사육 해수는 여과된 자외선 조사 해수를 사용

③ 산란 전반기에 채란하는 것이 안전하고 채란이 끝나면 어미를 들어내고 알이 충격을 받지 않을 정도로 포기(aeration)

(2) 유생 사육

① 보리새우와 대하의 유생 사육 방법은 비슷

② 사육 수조의 사육수는 먹이 공급 전에 전량 환수하고 수조의 바닥에 쌓인 먹이 찌꺼기와 배설물을 완전히 제거하는 동시에 수조 벽면을 깨끗이 씻어 줌

4) 종묘 운반

① 폴리에틸렌 용기에 해수와 종묘를 넣고 산소를 공급하여 밀봉

② 20 ℓ 폴리에틸렌 용기에 해수 7 ℓ를 채워 종묘 5000~10,000마리 수송

③ 수송 수온은 10~15℃

④ 보리새우류의 종묘 수송 방법으로 해조류나 왕겨를 이용

5) 양성

(1) 양성 방법

① 제방식 양성

해안에 둑을 쌓아 못을 만든 다음 해수 간만의 차를 이용하여 수문으로부터 주·배수를 하면서 양성

② 그물 가두리식 양성

우리나라에서는 거의 시행되지 않고 주로 일본에서 볼 수 있는 양성 형태로 경비가 적게 들고 소규모도 가능한 양성

③ 수조식 양성

수조 속에 규조류, 요각류 등 여러 동식물 먹이 생물이 자연 발생되어 수질 안정 및 먹이생물로 이용되는 장점이 있는 유생기 이후의 새우 양성

④ 순환 여과식 양성

시설 면적과 사육 해수가 많이 필요하지 않아 어느 곳에서나 시설 가능

⑤ 유수식(양수식) 양성

썰물이나 밀물과 관계없이 양수기로 사육 해수 공급하며 수심이 얕은 곳은 먹이터가 되고 수심이 깊은 곳은 잠입하는 휴식처

(2) 양성 관리

① 종묘 방양 전에 양성장 점검과 방양 후부터 수확까지 사육 관리와 양성장의 환경을 관리

② 양성장 점검은 양성장 해수 배수 후에 바닥의 찌꺼기 제거와 바닥 평탄 작업에 의하여 저질을 부드럽게 해 주고 일광욕

③ 제방식 양성장의 해수가 고여 있는 곳의 해적 생물 퇴치

④ 양성장 점검 완료 → 해수를 채워 종묘 방양

6) 수확

① 소규모 양성장에서는 배수 후에 손으로 잡거나 전류 이용

② 대규모 양성장은 배수하지 않고 낮에는 저질 잠입 개체들을 펌프(pump) 그물로 포획하고 밤에는 유영 개체들을 정치망으로 수확

TIP

① 탈피하지 않은 개체가 탈피한 개체를 포식하는 현상을 공식

② 공식 원인 : 먹이량 및 서식 공간과 관련

③ 대책 : 양식 초기에 사육 수조에 클로렐라(*Chlorella* sp.)을 대량 배양하는 방법

④ 새우류는 보리새우류(Penaeid shrimp)와 일반 새우류(Caridean shrimp)로 나누며 보리새우류는 보리새우, 대하, 중하, 꽃새우가 포함, 이외의 새우는 일반 새우류

⑤ 보리새우류는 교미한 암컷이 수컷에게 정협을 받아 난소가 완전히 성숙될 때까지 저정낭에 저장했다가 성숙이 완료되면 난자와 정자를 몸 밖으로 동시에 방출하는 체외 수정

⑥ 수정란은 부화하여 노플리우스(nauplius) 유생

VI 패류

1. 굴

>> 굴 : https://www.youtube.com/watch?v=tgL6WMNk1EY
개체굴 양식 : https://www.youtube.com/watch?v=C8J_ikeMDcs

1) 양식 현황

① 통영, 거제, 고성, 남해 및 여수 해역은 세계적인 굴의 생산 지역

② 우리나라에서 양식용 굴 종묘 확보는 바다에서 자연적으로 산란되어 발생한 부착기 유생을 대상으로 하는 천연 채묘에 의존

③ 천연 채묘가 부진하면 종묘의 안정적 확보가 어려움

④ 1990년대 중반부터 참굴 인공 종묘 생산의 산업화 기반을 구축하여 현재 우리나라 양식용 굴 종묘 소요량의 15% 정도 생산

2) 양식 과정

① 봄에 종자(종묘)를 심어 여름에 가꾸고 가을에 열매를 거두는 농사와 비슷

그림 6-1. 참굴의 밧줄 수하식 양성장

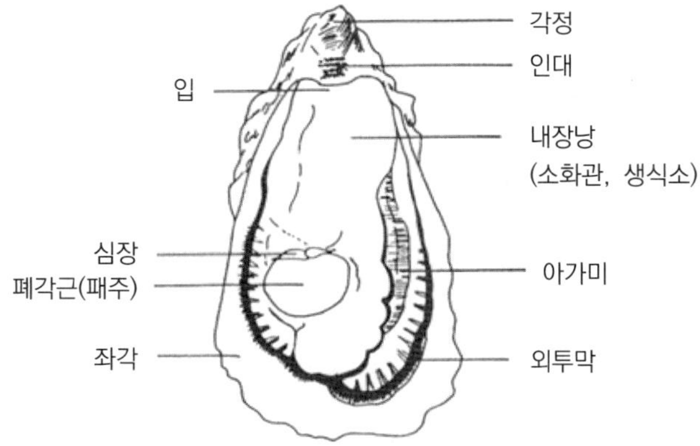

그림 6-2. 참굴의 내부적 형태

② 바닷물의 수온이 높은 여름철 (6, 7, 8월)에 자연적으로 산란하여 발생한 굴 유생을 채묘기에 부착

③ 채묘기에 굴 유생을 부착시키는 일을 채묘 → 채묘된 종자를 종묘 또는 종패

3) 분포 및 분류

① 참굴은 우리나라 전 연안에 분포하며, 특히 담수의 영향을 받는 연안(염분 농도 15~30)에 주로 분포하는 광염, 광온성 부착 패류

② 우리나라에는 참굴(*Crassostrea gigas*), 강굴(*C. rivularis*), 바윗굴(*C. nippona*), 털굴(*C. echinata*) 및 벗굴(*Ostrea denselamellosa*)이 서식

③ 우리나라의 굴 양식은 주로 참굴을 대상으로 하며, 패류 양식종 중에서 산업상 가장 중요한 종

④ 세계적으로 3속 100종 이상으로 분류

⑤ 굴의 분류 방법은 주로 유생 패각의 경첩판 형태 및 구조에 따르지만, 생식 방법이나 생태 및 성체의 패각이나 연체부 형태 등으로 분류

표 6-1. 주요 종의 생식 방법

종 명	생식 방법
참굴(*Crassostrea gigas*)	난생형(oviparous)
바윗굴(*C. nippona*)	난생형(oviparous)
강굴(*C. rivularis*)	난생형(oviparous)
벗굴(*Ostrea denselamellosa*)	유생형(larviparous)

그림 6-3. 굴 수평식 양식장

4) 산란 특성

① 참굴의 어미(모패)는 한마리가 수천만 개의 난을 방출 → 체외수정

② 참굴의 산란 수온 : 23～30℃(최적 수온 : 25℃ 이상)

③ 참굴은 1년생 이상의 각고 5～6 cm 이상에서 성숙 개체 확인

④ 수온 20℃ 이상 되면 산란을 하는데, 남해안의 경우에 6～8월까지 산란

⑤ 성숙과 산란은 온도, 먹이 조건 및 어미 굴의 서식 환경에 따라 다름

TIP

① 참굴의 성숙 기초 수온은 10℃
② 성숙 기초 수온 : 암컷의 난모 세포와 수컷의 정모 세포에서 각각 난자와 정자가 형성되는 수온
③ 적산 수온이 600℃에서 완숙하여 산란
④ 굴은 겨울철(10월에서 다음해 2월) 영양식
⑤ 서양에서는 May(5월)부터 August(8월)까지 'R' 단어가 들어가지 않은 달에는 굴이 생성하는 특정 물질이 식중독 가능성 → 굴을 먹지 않음
⑥ 특히 이 시기는 굴의 산란기여서 굴을 먹으면 다소 쓴맛이 나고 배탈이 나는 경우가 많음

5) 발생과 부착

① 수정란의 크기는 0.05 ㎜

② 수정란은 몇 시간 내에 극체 방출과 난할을 하여 상실배

③ 포배기에 이르면 섬모를 이용한 회전 운동을 하며 낭배기와 담륜자기(부화 유생)를 거쳐 면반으로 부유하는 D형 유생

④ D형 유생은 각정이 나오면서 족사샘, 발 및 안점이 발달하는 피면자기(veliger)

⑤ 부착기에 이른 유생은 면반이나 발과 같은 운동 기관을 이용하여 부착 장소 탐색 → 부착 장소가 정해지면 족사샘에서 분비물을 내어 부착

6) 인공 종묘 생산

(1) 어미 관리

① 건강한 유생과 치패 생산 : 성장이 빠르고 병해에 강한 우량 형질의 모패 확보 중요

② 인위적인 자극으로 연중 채란이 가능

③ 채란용 모패의 관리는 대량의 산란과 활력 있는 유생을 얻기 위해 필수

④ 생식소 성숙과 대사에 필요한 글리코겐과 지질의 함유량이 높은 먹이를 공급(식물 플랑크톤 단일종 공급 보다 혼합 공급이 효과적)

표 6-2. 굴의 난 및 유생 발생 단계에 대한 소요 시간

발생 단계	소요 시간	크기 (㎛)		수 온 (℃)
		각 장	각 고	
수정란	-	54.8±2.3		27.0
제 1극체 방출	30분	-		27.0
제 2극체 방출	1시간	-		27.0
2세포기	1시간 10분	-		26.5
4 세포기	2시간	-		26.5
12 세포기	3시간	-		26.4
상실기	4시간	-		26.3
포배기	5시간	-		26.2
담륜자	15시간	-		26.0
D형 유생	2일	82.2±4.8	75.6±4.0	27.5
소형 각정기	4일	101.3±8.3	105.5±10.7	27.6
중형 각정기	11일	297.7±19.3	315.5±19.8	28.0
성숙 유생	13일	310.3±16.5	328.9±19.8	27.6

(2) 채란과 유생 사육

① 참굴 채란 : 패각에 붙은 이물질 제거

② 통풍이 잘 되는 음지에서 1시간 정도 간출

③ 모패 사육 수온과 동일한 수온의 여과 살균 해수가 채워진 채란 수조에 수용

④ 수조의 수온을 천천히 3~5℃ 상승시켜 방란·방정 유도

⑤ 정충의 밀도가 높을 경우에 다정 수정이나 난막 파괴 등의 부작용이 있으므로 500~5,000마리/난의 농도로 조절

⑥ 수정란은 54 ㎛ : ❶ 수정 후 60 ㎛ 뮐러 거즈로 이물질 제거 → ❷ 40 ㎛ 뮐러 거즈를 이용하여 깨끗한 여과 살균 해수로 3회 세란 → ❸ 여분의 정자와 배설물 등 제거

⑦ D형 유생으로 발생할 때까지 지수식으로 관리한 후 유생 사육 수조로 옮겨 관리

⑧ 유생 사육은 소화 기관이 형성된 D형 유생에서 부착 기질에 부착하여 변태하기 이전까지 사육하는 과정

⑨ 유생은 크기가 작고 약하여 수질의 급격한 변화, 병원체 감염 및 해적 생물로 인한 대량 폐사가 일어나기 쉽기 때문에 사육 환경 조절, 적정 먹이 생물의 공급 및 사육수 관리에 세심한 주의

⑩ 유생 사육시 먹이는 모패 사육시의 먹이와 동일하나, 단일종을 공급하여 주는 것보다 혼합하여 공급하는 것이 효과적

⑪ 먹이 공급량은 유생 사육 밀도가 5마리/mL일 때 초기 D형 유생을 기준으로 1회에 5,000세포/mL를 1일 3회씩 공급하고 2일마다 30%씩 증가시켜 공급하는 것이 유생의 성장과 생존율 및 먹이의 허실을 줄일 수 있음

① 인공 종묘 생산을 위한 어미 성숙도 조사 ② 수온 상승 자극에 의한 산란 유발
③ 수정란의 세란

그림 6-4. 굴 인공 종묘 생산을 위한 산란 유발 및 세란

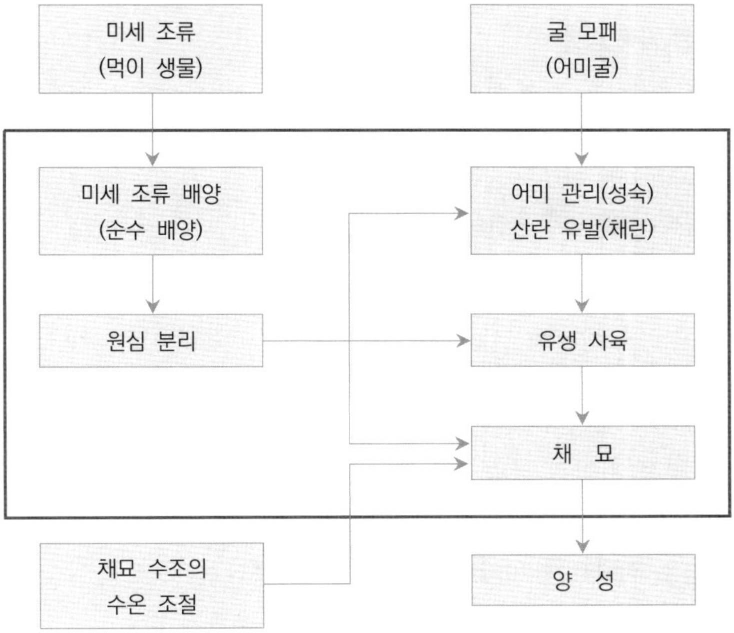

그림 6-5. 참굴의 인공 종묘 생산 과정

표 6-3. 참굴 인공 종묘 생산시 어미 관리

	원인	영향	대책
생물학적인 측면	해적 생물의 수조 내 유입	먹이와 산소 소비의 경쟁	유입수의 여과로 해적 생물의 수조 내 유입 차단
	먹이의 과다 공급	불필요한 먹이 소모와 소화 흡수 지장	어미의 크기에 따라 적당량 공급
물리학적인 측면	소음, 충격, 강한 빛, 온도 변화 등	자연 산란으로 인한 채란 계획 무산	모패 관리 수조는 한적하며, 빛과 온도 조절이 가능한 곳을 선택

표 6-4. 유생 사육시 먹이생물의 종류

	종 류
황갈색 편모 조류	*Isochrysis galbana*, *Isochrysis aff galbana*, *Pavlova luther* etc.
규조류	*Chaetoceros calcitrans*, *C. gracilis*, *C. simplex* etc.
녹조류	*Nannochlorpsis oculata*, *Tetraselmis tetrathele* etc.

TIP 참굴의 산란 자극 방법

① 간출, 수온, 암모니아수, 정자 현탁액, 과산화수소 및 serotonin에 의한 자극
② 간출과 수온 자극 동시에 사용
③ 수정란을 동시에 대량 확보
❶ 생식소 절개 → ❷ 난과 정자 → ❸ 혼합하여 수정

(3) 채묘

① 참굴의 부착기 유생 크기는 각장 310～330 ㎛
② 망목 230 ㎛ 뮐러거즈를 이용 → 성숙기 유생을 채묘용 수조에 수용
③ 유생의 부착 기질은 굴과 가리비 패각을 주로 이용
④ 채묘기당 부착 유생의 수는 일반적으로 채묘 후 바로 양성하는 굴 종묘는 30～40마리, 단련을 위해서는 70마리 이상의 부착 밀도
⑤ 실내 채묘는 바닥식, 수하식, 굴 수용망을 이용하는 방법

TIP 부착 후 유생의 변태

① 변태는 25℃에서 36～72시간이 소요
② 변태 시기에 먹이 여과 기관이 유생기의 면반에서 아가미의 형태로 전환되고 내부 소화 기관이 복잡해 짐
③ 따라서 채묘 초기의 변태기 동안은 소화 기관이 완전히 형성되지 않기 때문에 먹이 공급 불필요

표 6-5. 실내 인공 채묘 방법 비교

	장 점	단 점
바닥식	일시에 많은 양을 채묘 가능	수질 관리 및 부착 유도 곤란
수하식	고른 부착 유도	많은 노동력 소요
굴 수용망	채묘 후 관리 용이	살포식 종묘로만 가능

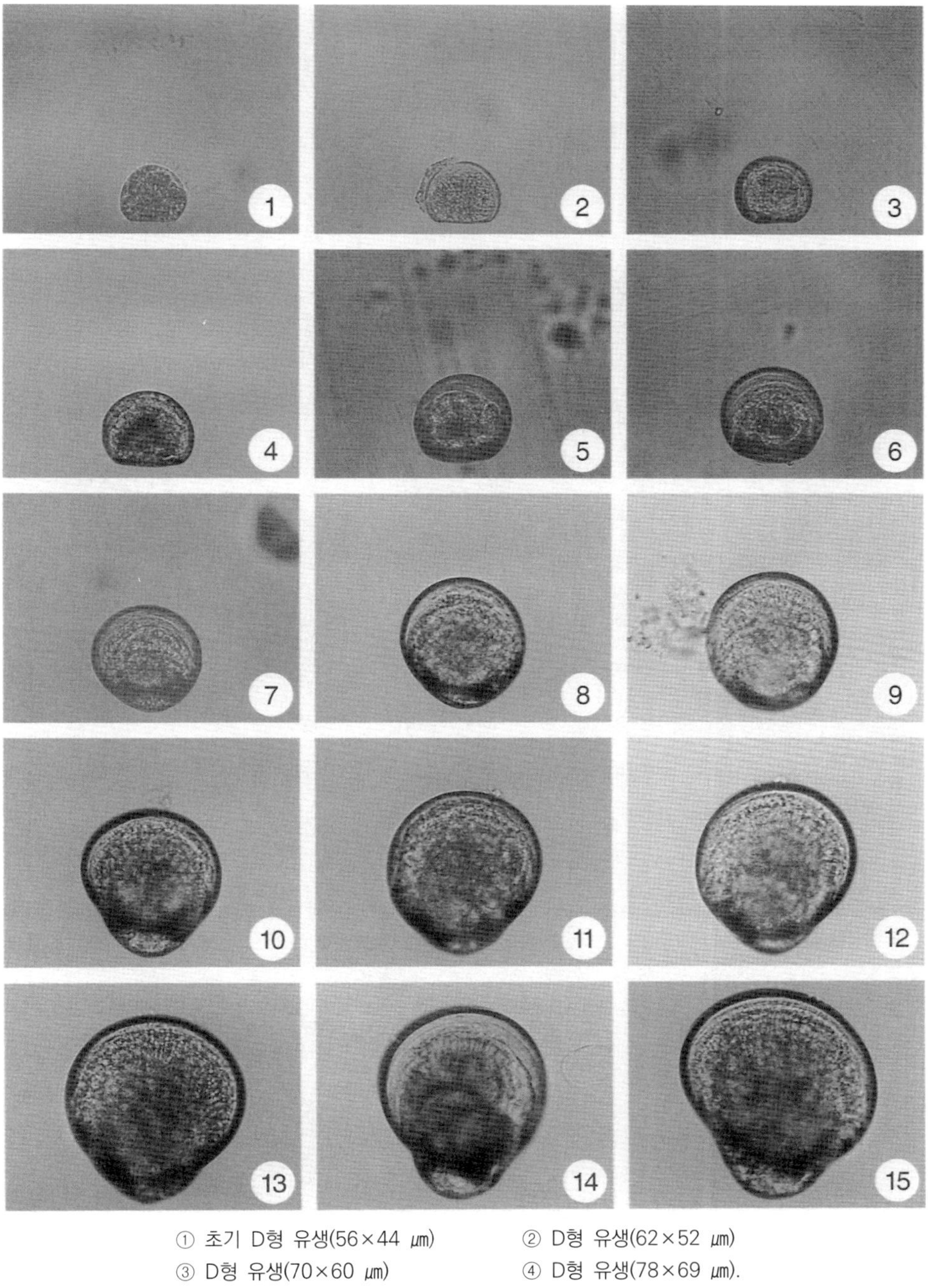

① 초기 D형 유생(56×44 ㎛) ② D형 유생(62×52 ㎛)
③ D형 유생(70×60 ㎛) ④ D형 유생(78×69 ㎛).
⑦ 각정기 유생(95×98 ㎛) ⑧ 각정기 유생(108×118 ㎛)
⑨ 각정기 유생(111×124 ㎛) ⑩ 각정기 유생(121×130 ㎛)
⑪ 각정기 유생(130×143 ㎛) ⑫ 각정기 유생(136×150 ㎛)
⑬ 각정기 유생(153×160 ㎛) ⑭ 각정기 유생 (158×175 ㎛)
⑮ 각정기 유생 (165×185 ㎛)

그림 6-6. 참굴의 유생 발생

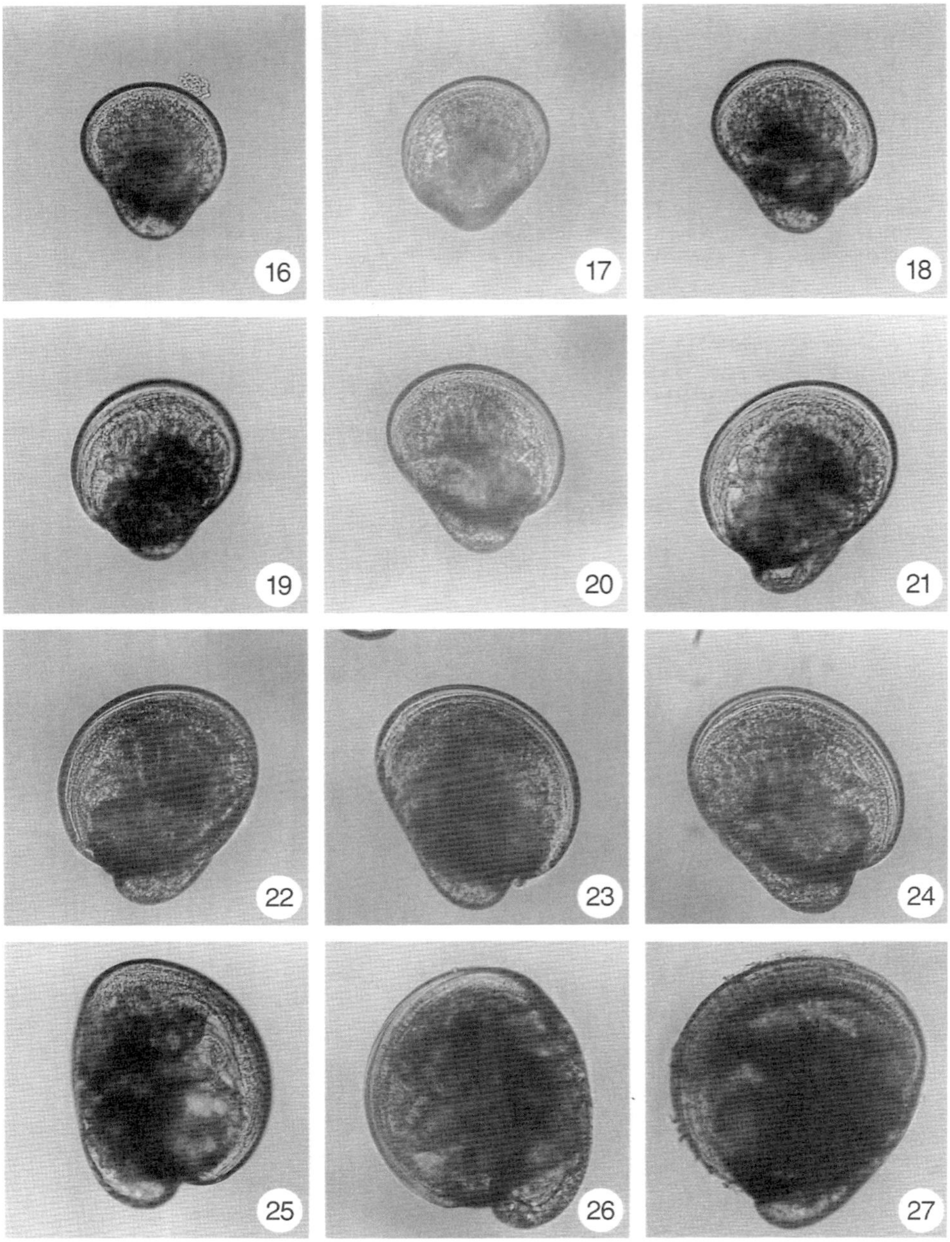

⑯ 각정기 유생(183×200 ㎛) ⑰ 각정기 유생(193×210 ㎛)
⑱ 각정기 유생(210×220 ㎛) ⑲ 각정기 유생(213×231 ㎛)
⑳ 각정기 유생(235×245 ㎛) ㉑ 각정기 유생(250×280 ㎛)
㉒ 각정기 유생(262×290 ㎛) ㉓ 각정기 유생(270×300 ㎛)
㉔ 각정기 유생(281×303 ㎛) ㉕ 각정기 유생(301×325 ㎛)
㉖ 성숙기 유생(320×355 ㎛) ㉗ 성숙기 유생(342×360 ㎛)

그림 6-7. 참굴의 유생 발생

7) 자연 종묘 생산

(1) 채묘 예보

① 참굴의 부유 유생은 부착 직전의 크기가 0.3 ㎜ 정도

② 유생의 공간적 분포는 해수 유동의 영향으로 인해 수면에서부터 2 m 수층

③ 채묘 예보 : 굴 양식에 필요한 종묘용 치패를 확보하기 위해서 바닷물에 있는 참굴 유생의 단계별 분포 상태를 조사하고 이를 토대로 부유 유생의 부착 시기 및 분포 수역을 미리 알려 주는 것

④ 부유 유생의 조사 방법 : ❶ 매일 만조시에 그물코 0.06 ㎜의 유생 채집망을 사용하여 수면으로부터 30 cm 깊이에서 50 m 가량 끌어서 채집하거나 ❷ 2 m 깊이에서 수직으로 끌어 채집 → ❸ 채집된 유생은 포르말린으로 고정 → ❹ 현미경으로 유생 단계별로 나누고 그 수를 조사하여 부착 시기 예보

⑤ 굴의 부착기 유생은 6월경(전기 채묘)과 8, 9월경(후기 채묘)으로 구분되어 출현

⑥ 채묘 시기가 다른 이유 : 종굴의 단련 유무에 따른 것으로 전기 채묘는 비단련 종굴에서 산란하고, 후기 채묘는 단련 종굴에서 산란

⑦ 시험용 채묘연을 몇 연씩 만들어 채묘 예정 장소 내에 몇 군데 수하시켜 유생의 부착 정도를 매일 점검하는 방법으로 가장 정확

⑧ 채묘 예보용 채묘기를 이용한 예보 시기는 참굴과 따개비의 부유 시기가 비슷하기 때문에 따개비 유생의 부착 유무를 확인해야 하며 따개비의 부착 수가 점차 줄어드는 시기를 적정 예보 시기로 보아야 함

⑨ 참굴의 부착 치패는 적갈색, 따개비는 장란형이며 황색

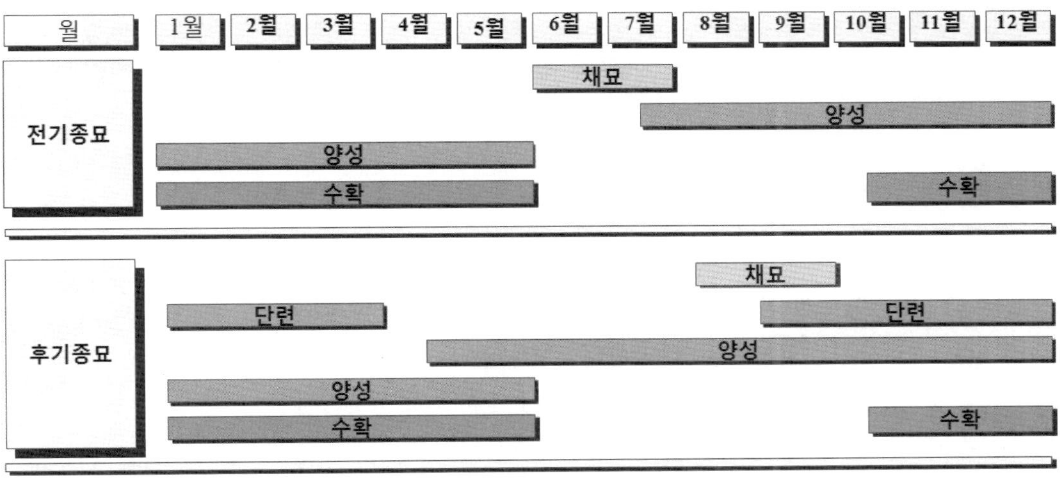

그림 6-8. 전기 종묘와 후기 종묘의 양식 과정

(2) 채묘

① 참굴 유생이 부착할 수 있는 수층은 일반적으로 만조선에서부터 간조선의 수심 1~2 m의 3~6시간 노출선

② 채묘 방법 : 고정식 채묘와 부동식 채묘

③ 고정식 채묘 : ❶ 말목식 채묘 ❷ 수심이 얕은 간석지에 말목 양성 시설과 같은 형태로 채묘상을 만들어 채묘연을 수하 채묘

④ 부동식 채묘 : ❶ 뗏목 또는 밧줄(연승) 수하식 채묘 ❷ 수심이 깊은 곳에서 양성용이나 채묘용 뗏목에 패각 채묘연을 참굴 부착층에 수직으로 수하 채묘

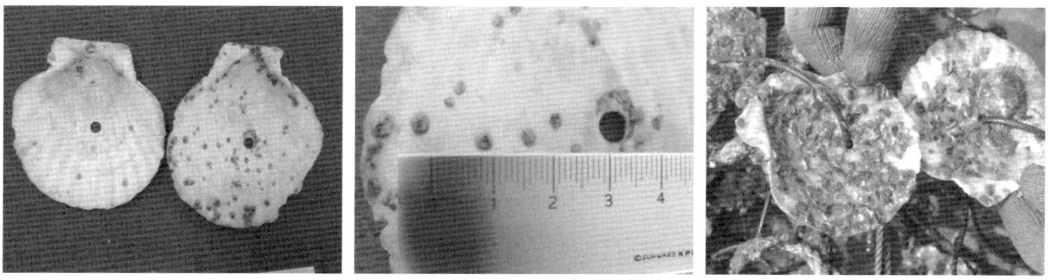

그림 6-9. 채묘기에 부착한 참굴의 치패

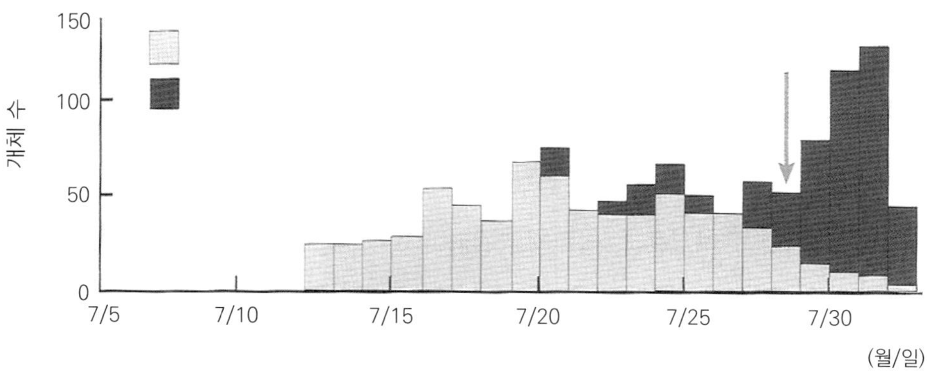

그림 6-10. 참굴과 따개비의 유생 출현 시기와 채묘기 투입 시기

TIP 굴 채묘연의 부착 기질

① 참굴, 가리비, 국자가리비 및 비단가리비 패각 이용

② 채묘연 당 필요한 조가비의 수는 조가비 종류에 따라 다름

③ 큰 조가비이면 참굴은 55개, 가리비는 50개, 국자가리비는 100개 정도

④ 모양이 편평한 가리비와 같은 조가비는 간격재를 사용하는데, 간격재의 길이는 약 1 cm

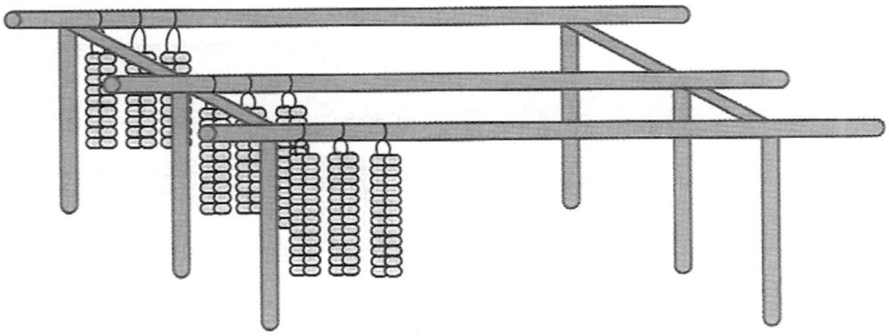

(a) 수직 채묘상

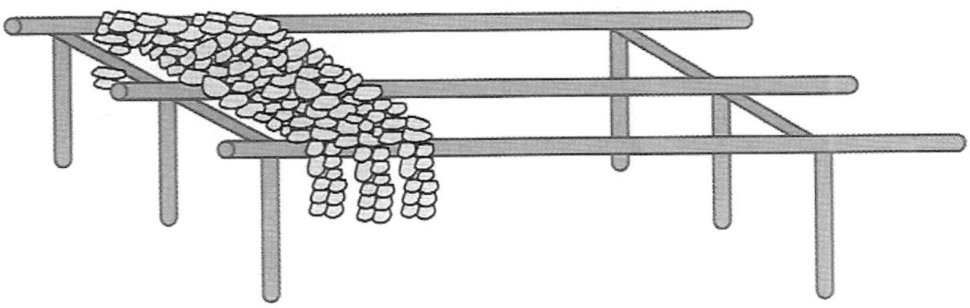

(b) 수평 채묘상

그림 6-11. 참굴의 고정식 채묘

(3) 부착 치패의 관리

① 부착 치패는 부착 1일 후에 주연각 형성, 5일 정도 지나면 2~3 ㎜로 성장

② 전기 채묘 치패는 3주 지나면 단련시키지 않고 양성용 종묘로 사용, 후기 채묘된 치패는 2주 지나면 단련장으로 이동 관리

③ 굴의 단련은 후기 채묘된 굴 치패를 조간대의 단련상에서 주기적으로 대기 중에 노출시키는 방법

④ 단련된 종굴은 크기가 작으나 생존율이 높으며 발육이 양호하여 양성 기간이 짧은 특징

⑤ 만일 채묘한 상태로 방치하면 추운 날씨 때문에 조가비의 두께가 얇고 약해져서 파손되기 쉬울 뿐만 아니라 종굴로 사용시 너무 성장해서 수송 또는 취급이 불편하고 탈락 개체 많음

⑥ 부착 치패의 단련시 주의 : 부착 치패의 성장과 생존율을 고려하여 단련장의 높이는 통영 연안은 간출 시간이 5~6시간

TIP 노출선 산출

① 노출선이란 조석에 의한 양식 생물이 공기 중에 노출되는 시간을 말하며 대조시를 표준 노출선과 현장 노출선의 평균값 산출하여 결정
② 표준 노출선은 조석표에서 기준항의 조후를 기준으로 해서 시간을 가로로, 수위를 세로로 표시하고 곡선을 그리는데 수하연 높이를 노출시키고자 하는 시간 단위 길이가 조석 곡선의 양 변과 수평으로 교차되는 수위가 구하려는 노출선이 됨
③ 현장 노출선은 검조주로 쓰일 곧은 말목에 10 cm 단위의 눈금을 그린 다음 양식장의 중심 지점이 되고 바닥의 진동이 없는 곳에 세움
④ 관측 요령은 아침 만조 때부터 다음 만조 때까지 약 13시간을 30분 간격으로 수위를 조사하여 조석 곡선을 그려서 노출선 산출

그림 6-12. 단련상의 굴 단련 종묘

8) 양성

① 수하식 양성 :

❶ 수하식 양성은 채묘된 굴이 항상 먹이를 섭취할 수 있도록 수하연이 해수에 잠겨 있도록 하는 방법
❷ 성장이 빠르고 균일할 뿐 아니라 해면을 입체적으로 이용하는 효과
❸ 저서성 해적 동물에 의한 피해가 적음
❹ 초기 시설비와 관리를 위한 일손이 많이 들지만 생산량이 높음
❺ 수하식 양성은 조류, 염분 및 먹이의 발생량이 적당한 곳에 시설하는 방법
❻ 수하연을 수직으로 늘어뜨려 양성하는 방법

그림 6-13. 굴 간이 수하식 양성장

	뗏 목	로 프	말목/우산형
시설 수심	10~20cm	10~20cm	1~2m
뜸통 사용	대나무 뗏목	발포 스티로폼	사용 안 함
특 징	내만성	내파성	말목의 바닥 고정

② 나뭇가지 양성

❶ 소조 때의 간출선에서 대조 때의 간출선보다 약간 낮은 곳에서 나뭇가지를 세워서 양성하는 방법

❷ 주로 소나무를 이용하기 때문에 송지식 양성이라고도 함

❸ 양성장은 파도가 적은 내만으로서 먹이가 풍부하며 저질이 비교적 안정된 곳이라야 함

❹ 나뭇가지가 직접 부착 기질로 이용되기 때문에 참굴의 부착 시기에 맞춰 시설비가 적게 들지만 저서성 해적 생물에 의한 피해가 많음

③ 바닥 양성

❶ 넓은 조간대를 이용하는 양성법

❷ 조간대에서부터 수심이 수 m 되는 얕은 곳에서 종굴을 뿌리거나 부착 기질인 돌이나 조가비를 넣어 부착기 유생을 부착시켜 양성하는 방법

❸ 지반이 안정되고 평탄해야 하며 먹이가 많고 해수의 유통이 잘 되는 곳

❹ 시설비가 적게 들고 관리가 쉽지만 저서성 해적 생물에 의한 피해가 가장 많은 방법

❺ 최근 내만의 황경 오염과 적조 발생들의 원인으로 나뭇가지 양성이나 바닥 양성과

다른 수하 양성보다는 내파성이 강해서 외해에 시설할 수 있는 로프식 수하 양성 방법으로 교체되어 가고 있음

❻ 생산량이 적은 말목 및 우산형 수하식 양성, 나뭇가지 양성과 바닥 양성은 양성장의 면적이 확대되지 않고 있음

❼ 그러나 로프 수하식 양성은 단위 면적에 대한 생산량이 많기 때문에 그 시설 면적이 증가 추세

(1) 양성장 관리

① 양성장의 관리는 해적 생물의 구제, 양성장의 저질 개선 및 해수 교환 증가

② 양성용 종굴의 수하 시기는 수온이 올라가는 시기 중에 일찍 할수록 성장이 많이 되나 해적 생물인 진주담치의 부착 시기인 5월까지 피해야 하므로 6월에서 7월까지 적당

③ 양성장의 노화 원인 : ❶ 연작 ❷ 밀식 → 단위 면적당 생산량이 많은 로프 수하식에서 굴의 성장 저하

④ 양성장 노화 대책

❶ 일정한 기간 동안 양성을 중지

❷ 양성 밀도 축소

❸ 바닥 침전물 제거

❹ 윤작

9) 수확

① 굴은 비만도가 높은 것을 수확하기 때문에 수확시기에 수확하는 굴은 글리코겐이나 단백질이 많음

② 굴은 이용 목적에 따라 수확시기가 다른데 생굴은 글리코겐이 많은 시기인 늦가을부터 초봄 사이에, 가공용은 단백질이 증가하는 시기인 산란기 직전의 봄철에 수확

③ 수확 방법은 수하연을 손이나 채취선의 기중기를 이용해서 끌어 올림

④ 끌어 올린 수하연은 줄을 알맞게 끊은 다음 원반에 부착한 굴을 세척통에 넣어 세척

⑤ 세척된 굴은 벨트 컨베이어를 통과시키면서 잡물을 제거하고 수송용 그릇에 담아 수송

⑥ 수확량은 양성장과 수확 시기에 따라 다르나 로프 수하식인 경우에 4 m의 수하연당 알굴의 수확량은 약 2～4 kg

그림 6-14. 굴의 수확

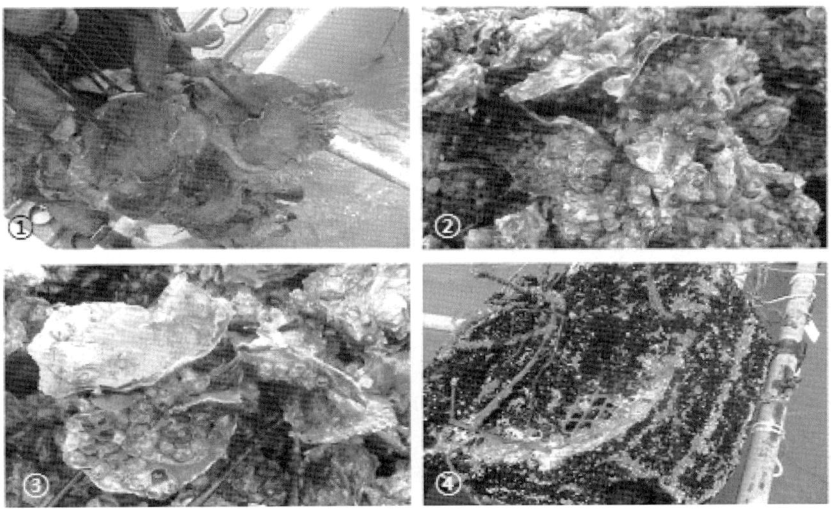

①, ②, ③ 따개비류, ④ 진주담치

그림 6-15. 굴 채묘기에 부착한 부착 생물

TIP

① 참굴의 성숙은 기초 수온 10℃를 기준으로 하여 적산 수온이 600~1500℃로 수온이 올라 갈 수록 산란량이 많음

② 완숙 상태의 참굴은 곧 산란을 하게 되는데 남해안의 경우 6~8월까지 주산란기이며 단련용 종굴은 8~9월에 산란

③ 참굴 유생은 수정 이틀 후 D형 유생으로 변태하며 부착할 때까지의 소요 기간은 수온 23℃에서 2주

④ 참굴 유생의 채묘 예보는 따개비의 부착 수가 점차 줄어들고 참굴의 부착치패 수가 증가할 때를 택해서 하며 채묘 방법에는 고정식 및 부동식 채묘가 있음
⑤ 건강한 참굴 종묘를 생산하기 위해서 부착 치패를 단련장에 옮겨서 단련 시켜야 함
⑥ 참굴의 양성에는 수하식 양성, 나뭇가지 양성, 바닥 양성 등이 있음
⑦ 참굴의 양성장 관리는 해적 생물의 구제, 양성장의 저질 개선 및 해수의 흐름 증가

2. 담치류

》》 https://www.youtube.com/watch?v=HYH_ytWYczI

1) 생물학적 특징

(1) 우리나라 서식 담치류

① 참담치(*Mytilus coruscus*) : ❶ 담치류에서 대형종 ❷ 외해성

② 진주담치(*Mytilus edulis*) : ❶ 한해성(현재 전 연안에 분포) ❷ 내만성 ❸ 강한 번식력

③ 동해담치(*Crenomytilus grayanus*) : ❶ 일부 지역 분포 ❷ 산업적 가치 낮음

2) 생태

(1) 성숙과 산란

① 참담치 : ❶ 산란 시기(수온 12~16℃, 2~6월) ❷ 산란 성기(3~4월) ❸ 생식소 색 : 암컷은 자색(빨강과 파랑의 중간색), 수컷은 담황색(옅은 노란색) ❹ 발생 2년 → 성숙 ❺ 분리침성란

② 진주담치 : ❶ 산란 시기(12~5월) ❷ 산란 성기(3~4월) ❸ 생식소 색 : 암컷은 황적색, 수컷은 담황색 ❹ 발생 1년 → 성숙

(2) 유생 발생

❶ 수온 15℃ → ❷ 담륜자기(12시간) → ❸ D형 유생(2일, 각장 122 ㎛, 각고 86 ㎛) → ❹ 각정기(12일) ❺ 비중 1.0100에서 1.0250 범위(고비중일수록 빠른 성장) : ❻ 외해성

(3) 서식장

① 참담치

❶ 해수 비중 1.0250 내외(외양성 암초)

❷ 해수 이동이 빠른 도서 지역

❸ 서식 수심 : 부착 치패(수심 5 m 내외)

② 진주담치

❶ 참담치 보다 저염분성

❷ 내만에 많이 분포

❸ 해수 비중이 1.014~1.025 범위

❹ 조류 소통이 좋고 파도가 적은 내만

❺ 서식 수심 : 간조선에서 수심 낮은 곳

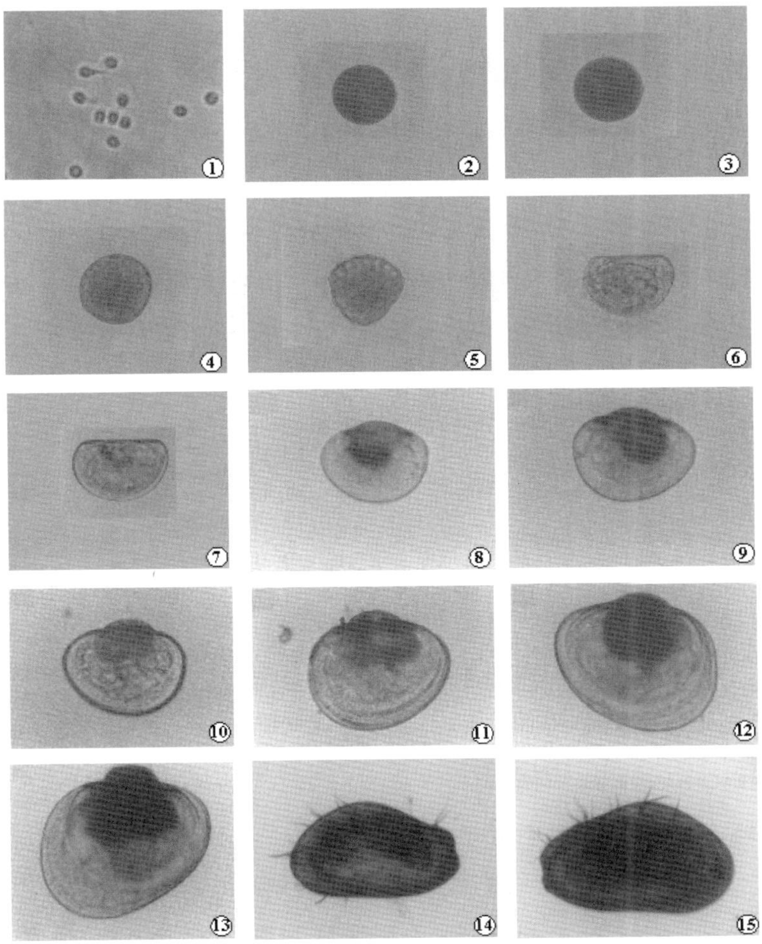

① 정자, ③ 수정란, ⑤ 담륜자기, ⑦ D형 유생, ⑧ 소형 각정기, ⑫ 대형 각정기, ⑬ 부착기, ⑮ 부착 치패

그림 6-16. 참담치의 발생

3) 종묘 생산

(1) 인공 종묘 생산

① 어미 선정

❶ 산란기 성숙 어미

❷ 어미는 산란 임계 온도 보다 3～4℃ 낮은 해수에 수용

❸ 참담치의 산란 임계 온도는 10℃ : 어미 수용 수온은 6℃ 내외

(2) 자연 종묘 생산

① 채묘 예보

❶ 참담치의 산란 성기는 5월, 진주담치의 산란 성기는 3～4월

❷ 산란 성기를 기준 → 부유 유생과 부착 치패수 조사 → 채묘 예보

② 채묘 시설

❶ 참담치의 부착층은 간조선에서부터 수심이 깊은 곳 사이

❷ 많이 부착되는 수층은 5 m 보다 깊은 외해

❸ 비중이 높고 조류가 빠른 곳에 군집 → 침설식 채묘 시설

❹ 진주담치의 부착층은 표층 : 표층에서 1～2 m 수층 → 수하식 시설

3. 전복

》 https://www.youtube.com/watch?v=RjUSXz_OwTk

1) 생물학적 특징

① 연체동물문 복종강 원시 복족목

② 남반구에서 북반구까지 약 100여 종이 분포

③ 여러 지역의 고대 패총에서 발굴

④ 식용으로는 연체부(가식부)를 이용

⑤ 패각은 색택이나 광택이 아름답기 때문에 공예품의 원료로 사용

(1) 우리나라에 서식하는 전복류

① 오분자기(*Haliotis diversicolor*)

② 마대오분자기(*Haliotis diversicolor diversicolor*)

③ 참전복(*H. discus hannai*)

④ 까막전복(*H. discus*)

⑤ 시볼트전복(*H. sieboldii*)

⑥ 말전복(*H. gigamtea*)

그림 6-17. 우리나라에 서식하는 전복류

2) 분포와 서식장

① 한류계 : 참전복

② 난류계 : 까막전복, 시볼트전복, 말전복

③ 한류계와 난류계의 경계 : 대한 해협과 제주도 북쪽을 동서로 달리는 경계 수역인 화도, 태랑도, 거문도 및 쓰시마섬과 부산 사이를 연결하는 수역

④ 한겨울의 저층 수온이 12℃인 등온선을 경계로 하여 북쪽에는 한류계인 참전복, 남쪽에는 난류계인 나머지 3종이 분포

⑤ 전복류의 서식지 : 참전복은 가장 천해인 수심 4～5 m, 까막전복은 4～10 m, 말전복은 가장 깊은 곳인 수심 30～50 m

⑥ 서식장소의 특징 : 갈조류가 많이 번식하는 곳의 암벽, 바위틈, 동굴 및 돌 밑

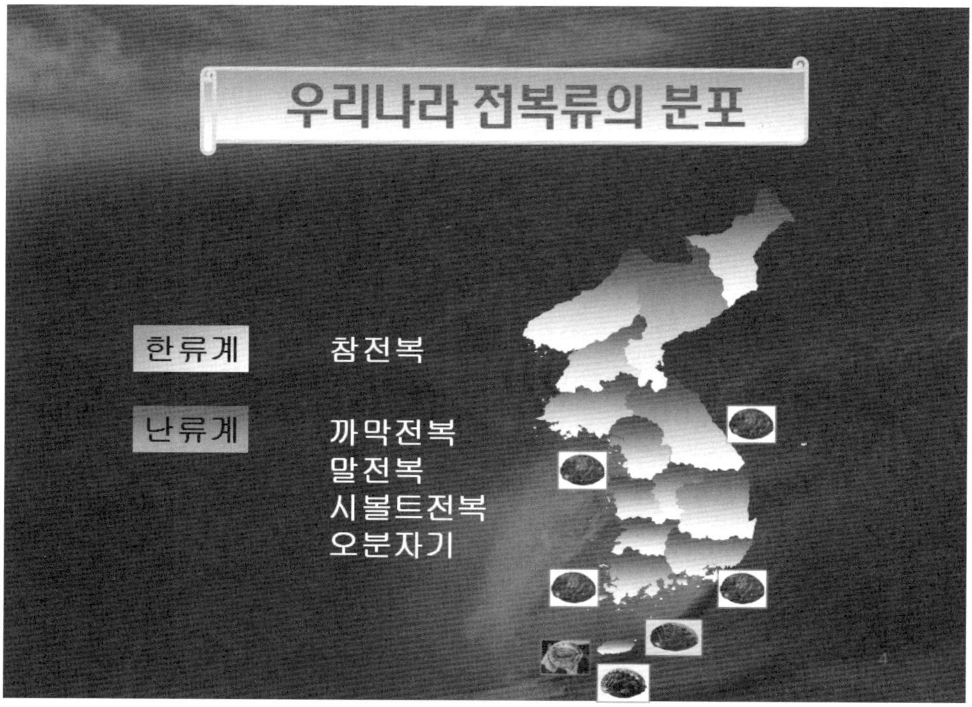

그림 6-18. 우리나라 전복류의 분포 지역

3) 성숙과 산란

(1) 생식소

① 생식소는 몸의 오른쪽 뒤에 쇠뿔 모양으로 위와 간장부에 위치

② 성숙한 난소는 짙은 녹색을 띠고, 정소는 담황색 또는 황백색으로 육안 식별 가능

③ 산란 후, 또는 미성숙 생식소는 모두 연황색으로, 암수 구별 불가능

(2) 생식주기

연중 1회 산란기를 가지며 난소의 조직학적 발달 단계

① 분열 증식기(Multiplication stage)

❶ 난원 세포가 분열 증식 ❷ 소형 난모 세포 출현 ❸ 외형상 암수 구별 안됨

② 성장기(Growing stage)

❶ 난모 세포 빠르게 성장 ❷ 난소는 황녹색

③ 성숙기(Mature stage)

❶ 난소 급격히 비대 ❷ 생식소 색깔로 암수 확인

④ 방출기(Spent stage)

❶ 난소는 최대로 비대 → ❷ 방란 시기

⑤ 회복기(Recovery stage)

❶ 난소 퇴화 흡수 ❷ 새로운 난원 세포 유사 분열하는 분열 증식기로 이행

TIP

① 적산 수온 : (매일 사육 수조의 평균 수온 − 성숙 기초 수온) × 사육 일수
② 성숙 기초 수온 : 성숙이 진행될 수 있는 최저 수온
③ 참전복의 성숙 기초 수온 : 7.6℃
④ 참전복의 적산 수온 : 500~1500℃
⑤ 까막전복의 성숙 기초 수온 : 5.3℃
⑥ 까막전복의 적산 수온 : 1,800~3,500℃
⑦ 적산 수온 범위 내에서는 적산 수온이 증가할 수록 산란 유발률이나 산란량이 증가함

(3) 산란 특성

① 산란은 생식소로부터 알이 아가미 뒤쪽에 열려 있는 제2 및 제 3 호수공을 통해 배출

② 수정된 알은 분리 침성란이며 녹색

③ 수정란의 지름 : 참전복과 까막전복이 0.22~0.23 ㎜, 시볼트전복과 말전복은 0.27~0.28 ㎜

④ 산란량 : 각장 80~100 ㎜인 참전복은 1회에 20만~80만개

표 6-6. 전복류의 산란 특성

종류	산란시기	산란성기	산란수온	생물학적 최소형
참전복	5~10월	6~8월	17~23℃	4.5 cm
씨볼트전복	11~1월	12월 하순	15~19℃	-
까막전복	11~1월	12월 중순	17~20℃	-
말전복	11~1월	12월 하순	15~19℃	-
오분자기	8~9월	8월 중순	-	3.5 cm

표 6-7. 참전복과 까막전복의 부화 시간과 성장

전복종류	부화	피면자	저서 포복 생활	수온(℃)
참전복	10시간	24시간	2~3일	20℃
까막전복	20시간	27~28시간	7일	16~17℃

(4) 전복의 성장과 패각의 색깔

① 전복의 종류와 서식 환경에 따라 성장이 다르나, 3개월 정도 지나면 약 5 ㎜, 1년이 지나면 30 ㎜ 정도로 성장

② 수조 내에서 갈조류를 먹여서 성장시키게 되면 성장은 좋으나 패각의 색이 연녹색 또는 청록색이 되지만 천연산 전복은 담갈색이나 흑갈색

③ 먹이 종류에 따라 패각의 색이 구분되므로 인공 종묘 치패를 방류 후 채포하면 수조 내에서 성장한 껍데기의 색깔로 인해 천연산과 인공산으로 구분할 수 있음

4) 인공 종묘 생산

(1) 어미의 선정 및 관리

① 동해안과 서해안에서는 한류계인 참전복만 사용

② 남해안 및 제주도에서는 한류계와 난류계가 공존하므로 종묘 생산 시 대상종 선정

③ 까막전복이나 참전복은 환경에 대한 적응성이 강하기 때문에 사육이 용이

④ 채란용 어미는 성숙한 개체일수록 좋음

⑤ 안정적이고 좋은 알을 얻기 위해서는 수온 및 광주기 조절법을 이용하여 모패 관리

⑥ 채란용 모패는 사육 밀도, 사육 장치, 해수의 유통 등 좋은 사육 조건을 유지해 주고 알맞은 먹이를 주면서 사육

(2) 채란과 부화

① 수온과 광주기를 통해 인위적으로 사육 관리된 전복의 모패는 4~5월에 성숙

② 성숙 여부는 적산 수온에 의한 방법이 편리

(3) 전복의 산란 유발 방법

① 수온 자극

② 간출 자극

③ 자외선 조사 해수 자극

④ 간출 자극과 자외선 조사 해수 자극 병행(가장 효과적)

⑤ 간출 자극된 성숙한 암수를 각각 다른 산란통에 넣고 자외선 조사 해수를 공급하면 2~3시간 내에 방란 및 방정

⑥ 알은 방란 후 1시간이 지나면 수정 능력이 낮아지므로 1시간 이내에 수정

⑦ 정충 농도는 20만개/mL 정도가 적당함

⑧ 수정 후 2~3분 내에 망목 100 ㎛ 뮐러 거즈로 알을 거른 후 세란함
(여분의 정충에 의한 이상 발생, 또는 난막 파괴 방지)

⑨ 세란 방법 : 수정란을 부화통으로 옮겨서 알을 가라앉혀 상등액만 따라 낸 후 여과 해수를 채워 주는 방법으로 3회 세란한 다음에 부화될 때까지 실온에 둠

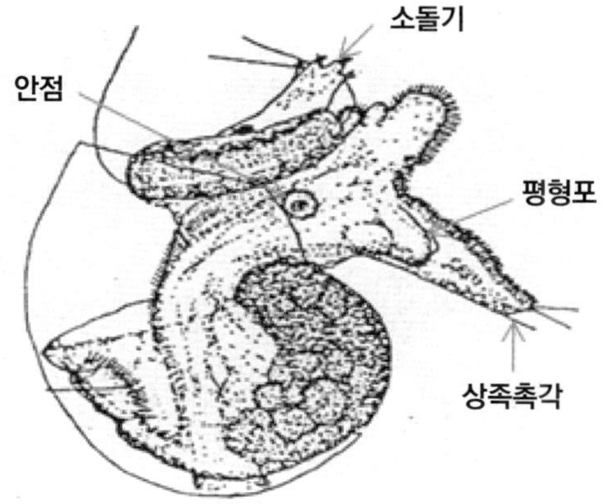

그림 6-19. 전복 부유 유생

(4) 유생 사육

① 부유 생활 기간은 3일로 사육 조건에 따라 1주일이 소요

② 부유 유생기는 부화 직후부터 패각이 생기기 전인 담륜자기와 패각이 생긴 피면자기로 구분

③ 부화 후 10~14시간이 지나면 피면자기

④ 담륜자기는 충격에 약하므로 지수 상태 유지

⑤ 피면자기가 되면 약하게 통기하고 주수

(5) 전복 유생 사육 방법

① 저밀도 사육은 해수 L당 100~200개체의 낮은 밀도를 유지하는 방법으로 채묘시에 먹이 배양 파판을 부유 유생 사육 탱크로 옮겨서 채묘할 때에 이용

② 고밀도 사육은 L당 1000개체 이상을 유지하는 방법으로 채묘 직전 부유 유생을 뮐러 거즈로 채집하여 먹이 배양 수조에서 채묘할 때에 이용

(6) 유생의 채묘

① 피면자기 말기가 되면 면반이 소실되고 패각이 발달

② 부유 유생을 뮐러 거즈로 걸러서 채묘용 파판이 있는 사육 수조에 직접 뿌려 주면서 채묘

TIP 부착 전복 치패의 먹이

① 전복의 부유 유생은 부유 기간에는 먹이를 먹지 않으나 3~4일 지나면 저서 생활로 들어가기 시작하면서 먹이를 먹게 되므로 미리 먹이생물이 부착되어 있는 채묘용 파판을 준비

② 먹이 배양은 투명한 염화비닐이나 FRP 파판을 사용하여 채란 약 15일 전에 미리 배양

③ 조도 5,000~10,000 lux

④ 나비쿨라(Navicula), 칼로네이스(Caloneis), 암포라(Amphora) 및 니츠시아(Nitzschia) 등의 저서 소형 규조류를 이용

⑤ 파판에 부착시키는 밀도는 파판당 치패 200~500개체가 좋으며 너무 많이 부착되면 저서 후기에 파판의 먹이 부족으로 대량 폐사 가능

⑥ 치패가 성장하는 데 따라 먹이를 먹는 양이 현저하게 많아지는데 치패의 각장이 2~3 ㎜ 이하일 때에는 하루에 한 마리가 약 30만 개체의 부착 규조로 충분

⑦ 3 ㎜ 이상으로 되면 350만 개체가 필요하게 되며 이 후에는 먹이를 많이 주면 그만큼 성장도 빠름

⑧ 이 시기에 먹이가 부족하기 쉬우므로 조도를 10,000~20,000 lux로 높여 주고 주수량도 증가

⑨ 먹이가 부족할 때에는 따로 규조류가 배양된 파판을 먹이가 부족한 파판 사이에 끼워서 전복이 분산되도록 해 주면 좋음

⑩ 초기 치패 사육 밀도는 부착 면적이 약 500 ㎠인 부착기는 2~3만 개체가 적당하며 각장이 약 5 ㎜로 될 때까지의 생존율은 20% 정도임

TIP 사육 과정 중의 대량 폐사 시기

① 부착 직후 주구각이 생길 단계

② 제 1 호흡공이 생기기 직전의 각장 1~2 ㎜인 단계

③ 각장 2~3 ㎜ 이상이 되면 폐사율 감소하며 부드러운 소형 해조류 섭취 가능

④ 저서 후기 치패의 각장이 3~5 ㎜ 이상 되면 파판에서 박리하여 갈파래, 미역과 같은 소형의 부드러운 해조류 공급

⑤ 생존율은 저서 후기 이후가 되면 높아지는데 각장 5 ㎜ 안팎의 치패를 각장 30 ㎜까지 사육하는 1년 동안의 생존율은 정상적인 경우에 약 90% 이상

5) 양성

① 서식 환경이 양호한 지역에 방류하여 양성하는 방법이 주를 이룸

② 고밀도 사육을 위한 양성용 종묘를 수조 또는 채롱에 수용하여 양성

(1) 수용 양성

① 수용 양성 시설에는 수용기인 수조와 채롱을 사용

② 수조 시설로는 암초 지대를 이용해서 해안의 얕은 곳에 바닥 면적이 6~7 ㎡ 되는 작은 수조를 만들거나 육지 연안과 섬 사이를 이용하여 큰 수조를 만드는 경우가 있음

③ 먹이로는 갈조류가 가장 적합하며 크기와 계절에 따라 적절하게 공급

④ 참전복 종묘가 각장 70 ㎜로 성장하는 데 2년 6개월 정도의 기간 소요

(2) 전복의 먹이 종류에 따른 성장

① 성장이 빠른 지역의 전복은 패각이 얇고 육질의 양이 많음

② 성장이 느린 지역의 전복은 패각이 두껍고 육질이 상대적으로 적음

③ 갈조류, 녹조류 및 홍조류의 순으로 성장이 빠름

(3) 전복의 시기별 먹이 공급 방법

① 여름에는 적은 양을 자주 공급(먹이로 준 미역이나 다시마가 3~4일이 지나면 부패)

② 겨울에는 7~10일 간격으로 공급(먹는 양도 적고 부패되지 않음)

③ 봄이나 가을에는 성장이 빠르고 먹이 섭취 활동이 왕성하기 때문에 신선한 먹이를 4~5일마다 충분히 주고 남은 먹이는 즉시 제거

(4) 방류 양성

① 참전복은 저위도 수역일수록 고위도 수역에 비해 성장이 빠름

② 종묘의 크기가 클수록 방류 후의 생존율이 높음

③ 종묘의 방류 수심은 1 m 안팎의 얕은 곳보다 2~3 m 정도의 깊은 곳이 초기 성장은 약간 늦으나 생존율이 현저히 높아지기 때문에 더 유리

④ 식해성 해적 동물과 먹이 경쟁 동물인 성게를 제거

⑤ 방류 양성의 효과는 종묘의 크기와 양성장에 따라 다름

(5) 전복 양성장의 조건

① 파랑이 많고 조류가 빠른 곳

② 해조가 많이 번식하는 외해성인 암초 지대

(6) 전복의 해적 동물

① 식해성 해적 생물(어류) : 가오리, 상어, 곰치, 붕장어, 돔류, 가자미류 및 쥐치

② 식해성 해적 생물(갑각류) : 톱장절게, 물맞이게, 은행게류 및 민꽃게

③ 식해성 해적 생물(극피동물류) : 불가사리

④ 식해성 해적 생물(연체동물류) : 문어, 대수리, 맛조개류

⑤ 먹이 경쟁 동물 : 성게와 소라류

TIP

① 참전복의 산란기는 7~11월로 수온은 20℃ 내외

② 참전복은 수온 20℃에서 수정 후 2~3일 후 저서 포복 생활

③ 부유 생활기에는 먹이를 먹지 않지만 초기 치패는 부착 규조류 섭취

④ 후기 치패기에는 갈파래, 미역과 같은 소형의 부드러운 해조류 공급

⑤ 갈조류, 녹조류 및 홍조류의 순으로 성장이 빠름

⑥ 먹이 종류에 따라 전복 패각의 색이 다름(자연산 전복의 패각이 담갈색이나 흑갈색, 양식전복에게 갈조류를 먹이면 연녹색 또는 청록색)

⑦ 전복의 산란 유발은 간출 자극과 자외선 조사 해수자극을 병행

⑧ 참전복은 적산 수온 1,500℃, 까막전복은 3,500℃

⑨ 치패의 먹이로는 나비쿨라(Navicula), 칼로네이스(Caloneis), 암포라(Amphora), 니츠시아(Nitzschia)

⑩ 전복 치패기 폐사는 부화 직후 주구각이 생길 무렵과 제 1호흡공이 생기는 각장 1~2 ㎜ 무렵에 발생

⑪ 참전복의 양성은 수용 양성과 방류 양성으로 구분

4. 가리비

〉〉 https://www.youtube.com/watch?v=DzD316kp_-U

1) 양식 현황

① 우리나라 : 1970년대 초까지 경북 영일만에서 자연산 어획에 의존하여 생산 ② 자연산 감소 → ③ 현재 강원도 연안에서 양식 → ④ 최근 비단가리비와 해만가리비 → ⑤ 국내 이식 → ⑥ 양식 진행 ⑦ 해가리비 : ❶ 제주도 연안에서 양식 개발 ❷ 국내 가리비 양식 : 참가리비, 비단가리비, 해만가리비 및 해가리비

A: 참가리비, B: 비단가리비, C: 국자가리비, D: 해가리비, E: 해만가리비, F: 고랑가리비

그림 6-20. 양식 가리비의 종류

(1) 종류

① 참가리비, *Patinopecten yessoensis* : ❶ 중요한 산업종 ❷ 대한민국, 일본, 러시아

② 비단가리비, *Chlamys farreri* : ❶ 중국 대량 생산

③ 해만가리비 : ❶ 미국 대서양 연안 분포 → 중국으로 이식 성공 → 중국 대량 생산

④ 국자가리비, *Pecten albicans* : ❶ 소형 종 ❷ 우리나라, 일본

(2) 우리나라의 중요종

① 참가리비 : ❶ 한류계 ❷ 동해안 분포 ❸ 동해안 20~35 m ❹ 대형(각장 200 ㎜)

② 비단가리비 : ❶ 우리나라 전 연안 분포 ❷ 조간대부터 수심 약 10 m ❸ 소형(각장 75 ㎜)

③ 국자가리비 : ❶ 우리나라 전 연안 분포 ❷ 수심 10~30 m ❸ 소형(각장 120 ㎜)

2) 생태

(1) 성숙과 산란

① 참가리비 : ❶ 산란 임계 온도 8℃ ❷ 산란기 : 3~5월(성기 : 4월) ❸ 성숙 생식소 : 암컷(선홍색 또는 적갈색) 수컷(유백색)

② 비단가리비 : ❶ 암수 1년 성숙 ❷ 산란 성기 : 6~7월 ❸ 성숙 생식소 : 암컷(선홍색 또는 분홍색) 수컷(유백색)

③ 국자가리비 : ❶ 암수한몸 ❷ 산란 성기 : 2-3월

④ 해가리비 : ❶ 서식 수온 : 12~27℃ ❷ 산란 성기 : 11~12월 ❸ 성숙 생식소 : 암컷(선홍색 또는 적갈색) 수컷(유백색)

(2) 발생과 치패

① 참가리비 : ❶ 발생 가능 수온 : 6~20℃ ❷ 적정 수온 : 10~15℃ ❸ 최적 수온 : 12℃ ❹ 적정 염분 농도 : 33~35 ❺ 수온 7~10℃ → 수정 4일 → 담륜자 → 수정 6일 → D형 유생

(3) 이동

① 이동 : ❶ 작은 가리비 > 큰 가리비 ❷ 서식 환경 악화, 또는 도피 → 이동

(4) 환경에 대한 저항성

① 아가미 섬모 운동 범위 : ❶ 5~23℃에서 정상적 ❷ 5℃(섬모 운동 완만) ❸ 0℃(정지)② 염분 농도 : ❶ 33 이상 적정 ❷ 22~24(아가미 섬모 운동 감소)

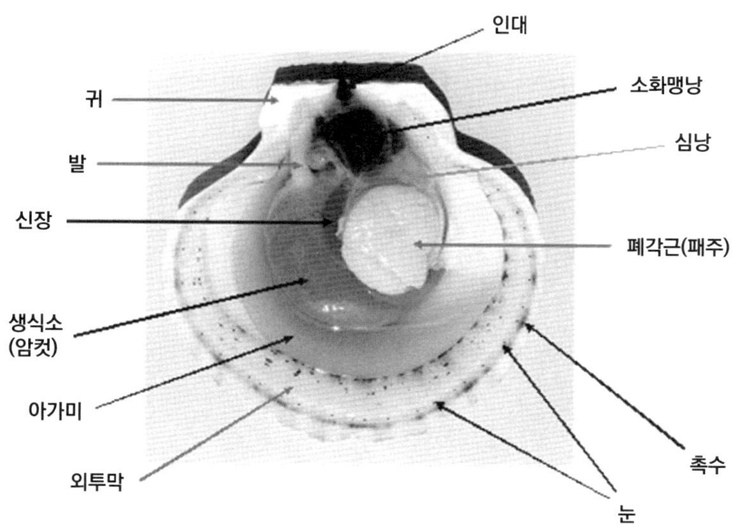

그림 6-21. 가리비의 내부 형태

(5) 서식장

① 비단가리비 : ❶ 조간대부터~수심 10 m ❷ 족사로 부착 생활 : 암석, 자갈 저질 ❸ 국자가리비, 참가리비 일정한 크기 성장 → 부착하지 못함

② 국자가리비 : ❶ 수심 10~30 m 사니질

③ 참가리비 : ❶ 동해안 수심 20~35 m ❷ 치패 발생 지역(가리비 양성장 지표 생물) : 아기군부, 옆새우류, 혹히드라충류, 갯지렁이류, 사미류, 염통성게, 미더덕

3) 종묘 생산

① 채묘 예보

❶ 동해안 참가리비 부유 유생 주 출현 시기 : 4~6월(수온 8~16℃) ❷ 유생수가 적더라도 한번의 수직 채집 때 수 개체 이상의 부착 가능한 대형 유생이 보이면 채묘 대상 ❸ 채묘 시설을 고려 최적기의 1주일 전 예보 ❹ 부유 유생은 표층 가까 적고 중층과 저층 사이에 분포(표층~6 m 수심 : 유생 수 적음)

② 채묘 시설

❶ 자연 채묘 : 밧줄 수하식

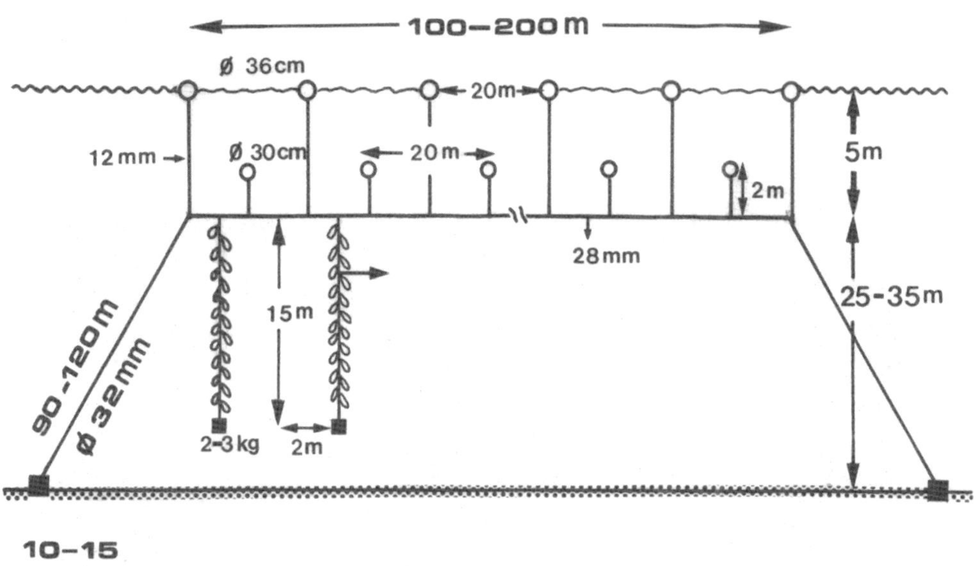

그림 6-22. 가리비의 밧줄 수하식 채묘 시설

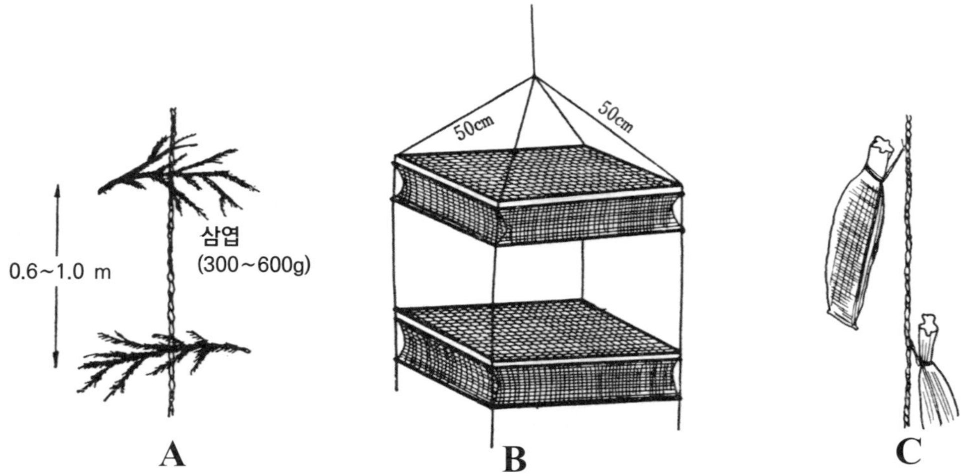

그림 6-23. 가리비 채묘기의 종류

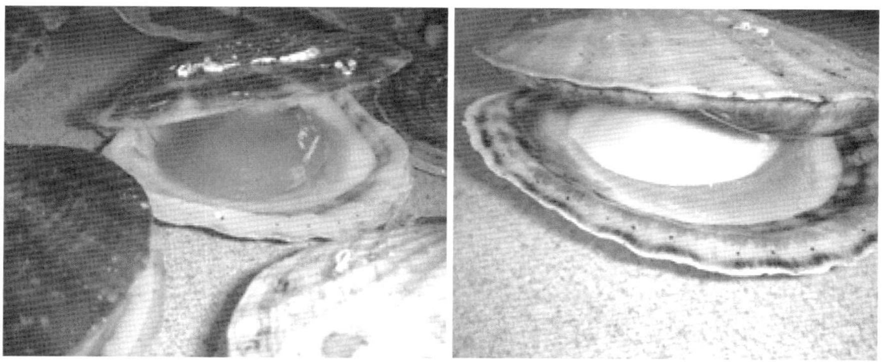

그림 6-24. 참가리비의 암수 생식소

그림 6-25. 비단가리비의 암수 생식소

(1) 참가리비 인공 종묘 생산

① 어미의 선정과 산란

❶ 산란기 : 3~6월(3~4월에 성숙한 어미 확보) → ❷ 산란 임계 온도(8℃)보다 낮은 5℃ 수용 : 장기간 산란하지 않음 → ❸ 산란 임계 온도보다 1~7℃ 높은 9~15℃ 해수에서 채란

② 유생 사육

❶ 수온 8℃ : ❶ 수정 4일 후 부화 → 담륜자 → 6일 후 D형 유생(물리적인 충격에 강함 → 환수 및 먹이 공급) ❷ 참가리비(여과 섭식 동물) ❸ D형 유생(㎖당 10,000~20,000개체) ❹ 성숙 유생(㎖당 100,000~150,000개체) ❺ 부착 시기가 된 성숙 부유 유생(흑색 안점) → ❻ 채묘

③ 부착 치패 관리

❶ 부착 치패가 안정되면 망목 2 ㎜인 보호망 → ❷ 채묘된 부착기 수용 → ❸ 내만에 수하 → ❹ 성장 단계별로 망목 큰 채롱 교체 관리 → ❺ 각장 7~8 ㎜ → ❻ 채묘기 박리 → ❼ 망목 5 ㎜ 채롱 → 이 방법으로 관리하면 채묘 6개월 후 11월에 각장 3 cm인 종묘 ❽ 치패 관리 장소 : 파도 영향 적은 곳

그림 6-26. 참가리비의 어미 관리와 산란 유발

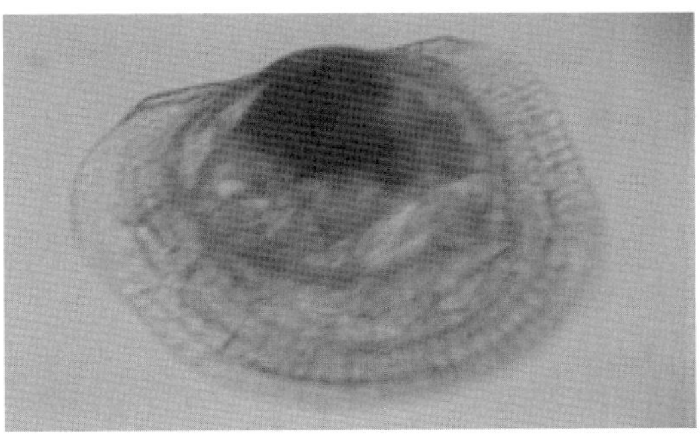

그림 6-27. 참가리비 초기 부착 치패

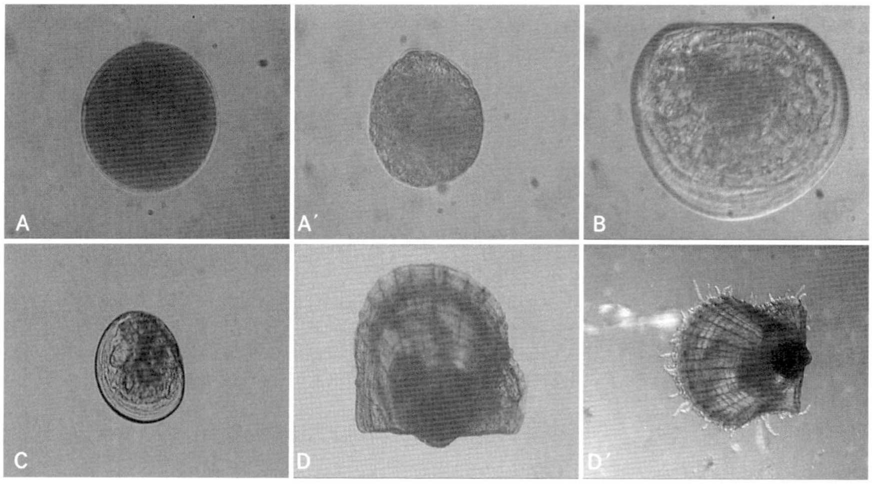

A: 수정란, B: 담륜자기, C: 각정기, D: 부착 초기 치패

그림 6-28. 비단가리비 유생 발생 단계

4) 양성

(1) 참가리비 바닥 양성

① 저질 바닥에 종묘 살포 → 수확까지 양성 관리 ② 수심 20~30 m ③ 동해안 : ❶ 고운 모래 50% 이상 ❷ 지반 변동이 적고 ❸ 평탄한 모래층 ❹ 유속이 완만 ❺ 일반 해수 염분보다 조금 낮은 곳

(1-1) 종묘 방류

① 방류용 종묘 : ❶ 중간 양성 마친 각장 3 cm → 생존율 높음 ❷ 종묘 방류 시기 : 10~12월 ❸ 종묘 방류 밀도 : 동해안 10~15개/m^2

표 6-8. 참가리비 치패의 수용 밀도와 성장

채롱 \ 치패 수	각 장 (㎜)				각장 성장 (㎜)
	10월 30일	11월 25일	12월 11일	1월 13일	
5	23.54±2.30	31.34±2.90	35.56±1.00	41.80±4.00	18.26
10	23.25±2.21	30.15±2.05	33.24±1.96	37.68±2.21	15.43
20	23.71±1.80	28.90±2.23	31.31±2.25	33.86±2.21	10.15
30	23.38±1.90	27.72±1.95	29.29±2.70	32.22±2.48	8.84
40	23.44±2.72	26.12±2.34	28.24±2.52	30.54±2.95	7.10

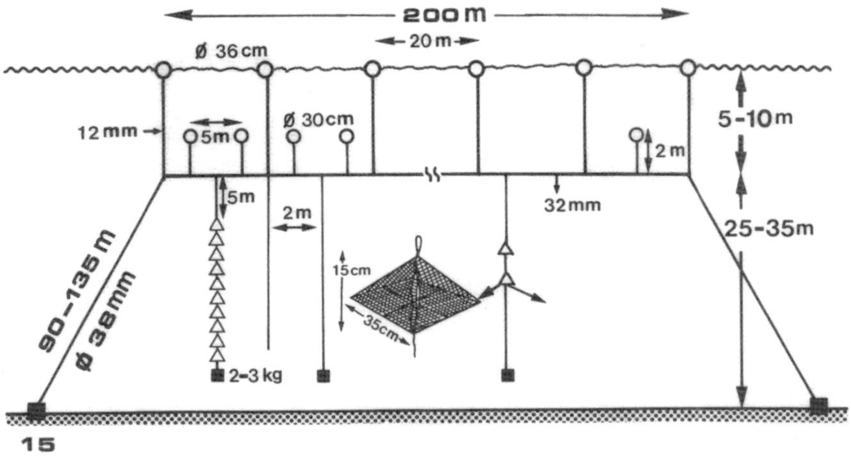

그림 6-29. 참가리비 종묘의 중간 양성 시설

(1-2) 참가리비 양성 관리

① 종묘 살포 → ❶ 이듬해 봄 각장 5~6 cm로 성장 ❷ 2년 후 성숙 ❸ 가리비 수확 : 3~4년생 ❹ 해적 생물 : 불가사리류, 두중개류, 붕넙치류

② 참가리비 : ❶ 공기중 노출, 고온 및 담수 → 저항력 약함 ❷ 부착 생물 제거 : 솔, 칼 사용

(2) 참가리비 수하식 양성

① 수하식 양성 : ❶ 동해안에서 1980년 이후 밧줄에 의한 중층 수하식 양성 시설 개발과 원형 칸막이 채롱망 귀매달기 양성 및 수심 깊은 곳에서 침설식 수하양성 장치 개발

(2-1) 양성 시설과 방법

① 파도 심한 지역 : ❶ 중층 밧줄식 수하 양성 ❷ 침설식 수하 양성생존율이 높다.

② 귀매달기 수하식 양성 : ❶ 각장 5~7 cm 종묘의 앞쪽 귀 → ❷ 드릴로 지름 2 ㎜ 구멍 → 1 ㎜ 굵기 나일론실 → ❸ 수하연에 끼워 양성 → ❹ 한 곳에 종묘를 4개체 ❺ 종묘 사이 상하 간격 : 15~20 cm ❻ 경비 저렴 ❼ 일손 많이 필요 ❽ 동해안 : 파도가 적은 중층 수역집약적 활용 → 대량생산 가능

③ 원통 칸막이 채롱 : ❶ 망목 2 cm 원형 채롱 ❷ 20 cm 채롱 → 10~15개 연결 ❸ 많은 경비 ❹ 관리 쉽고 ❺ 양성 중 형태 변형이 없으며 ❻ 부착 생물 감소 ❼ 파도가 심한 곳 :편평 칸막이 그물에 비하여 성장이나 생존율 낮음

④ 편평 칸막이 채롱 : ❶ 망목 2 cm 그물 → 주머니 나열 ❷ 많은 경비 ❸ 관리 쉽고 ❹ 형태 변형 적으며 ❺ 파도 심한 곳 : 성장 빠르고 생존율 높음

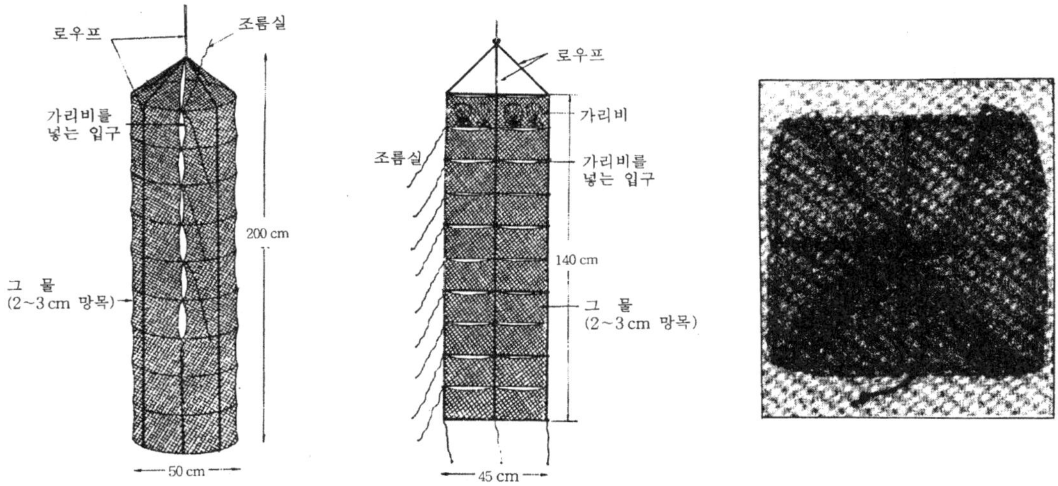

그림 6-30. 원통 칸막이, 채롱 편평 칸막이, 채롱 사각 채롱

표 6-9. 양성 수하 방법에 따른 참가리비의 성장

양성 수하법	평균 중량(g)				3개월 간의 증 중량(g)
	5월	6월	7월	8월	
귀 매 달 기	20.1	35.0	42.5	63.4	43.3
채 롱 망	26.0	39.5	55.1	72.5	46.4
편평 칸막이	26.9	39.2	61.2	79.3	52.4

(3) 비단가리비 양성

① 1994년부터 남해안과 서해안에서 참가리비 양식 방법 활용

② 자연 채묘와 인공 종묘 생산 방법 개발

③ 양성 방법 : ❶ 채롱 수하식 ❷ 귀매달기 양성 ❸ 바닥식 양성

④ 비단가리비 : ❶ 4월 각고 3 cm → ❷ 귀매달기 수하식 양성 → ❸ 1년 7 cm로 성장 ❹ 1.5년 이내 수확

(4) 해만가리비

① 해만가리비 : ❶ 외국 이식 종 ❷ 수온과 염분 변화에 강함 ❸ 빠른 성장

5. 새조개

》》 https://www.youtube.com/watch?v=KtVW-hnyWBo

1) 서식 분포

그림 6-31. 새조개 어미

① 새조개는 우리나라, 동중국해, 홍콩 및 일본 등에 분포 ② 수심 10~50 m의 사니질에 서식 ③ 새조개의 주 생산지 : 남해안 진해만과 득량만, 서해안 천수만 외해 ④ 현재는 남해안 일부 해역에서만 생산 → ⑤ 새조개의 자원량 회복과 산업화 필요

(1) 새조개 성숙

① 여수 가막만 산란기 : ❶ 3월부터 10월(주산란기 : 4~6월)

② 산란 염분 농도 : 26~28

2) 종묘 생산

(1) 성숙 및 산란

① 수정란 크기 : ❶ 65 ㎛

② 발생 단계별 각장 : ❶ D형 유생(75 ㎛) ❷ 초기 각정기(부화 후 6일, 145 ㎛) ❸ 족사 출현(약 50일, 1,500 ㎛)

③ 수온별 발생 시간 : ❶ D형 유생(14℃, 75시간; 17℃, 42시간; 20℃, 26시간; 23℃, 20시간; 26℃, 10시간) → ❷ 29℃에서 전량 폐사

4-cell : $1/h = 0.0067T - 0.0879$ ($r^2 = 0.8760$)

8-cell : $1/h = 0.0128T - 0.1794$ ($r^2 = 0.7589$)

M (상실기) : $1/h = 0.0234T - 0.3274$ ($r^2 = 0.9587$)

B (포배기) : $1/h = 0.0306T - 0.4276$ ($r^2 = 0.9236$)

T (담륜자기) : 1/h = 0.0442T−0.6224 (r^2 = 0.9121)

V (D형 유생) : 1/h = 0.0864T−1.2850 (r^2 = 0.8586)

④ 관계식에 의해 y축이 0일 때 생물학적 영도의 평균 : ❶ 0.1℃ → ❷ 생물학적 영도를 이용 → ❸ 각 발생 단계별 적산 수온 계산 → ❹ D형 유생 단계까지 적산 수온 : 약 600℃

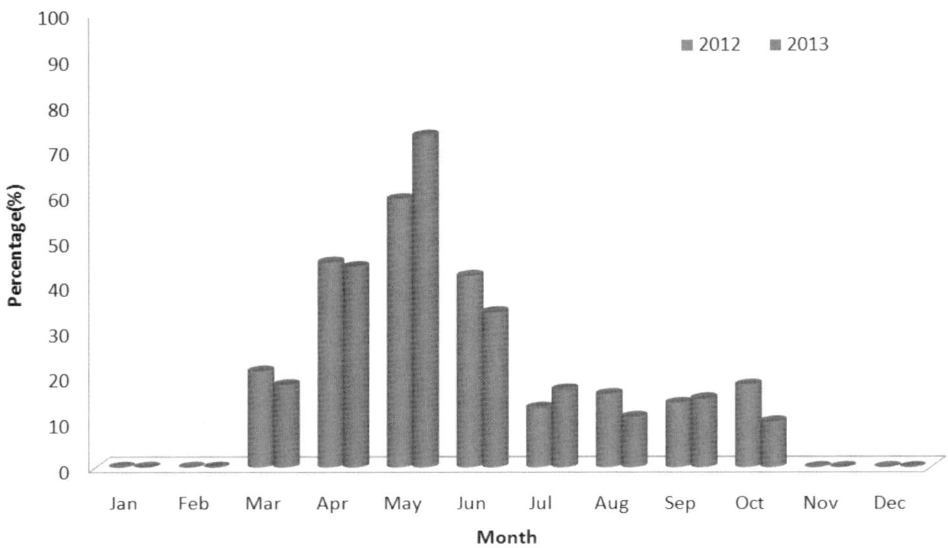

그림 6-32. 새조개 성숙 개체의 계절별 출현

(2) 치패 사육

① 실험 개시시(5.3 ㎜) → ❶ 20일 후 → 채롱식 양성과 축제식 양성, 육상 수조식 양성장이 각각 7.6 ㎜, 8.7 ㎜, 5.7 ㎜로 성장 ❷ 30일 후 → 9.4 ㎜, 12.0 ㎜, 6.4 ㎜로 성장 ❸ 60일 후 → 17.1 ㎜, 23.7 ㎜, 8.3

② 생존율 : ❶ 20일 후 채롱식 양성, 축제식 양성, 육상 수조식 양성이 각각 95%, 59%, 84%의 생존율 ❷ 30일 후 → 49%, 45%, 72%의 생존율 ❸ 60일 후 → 육상 수조식 양성이 64%, 축제식 양성장이 19%, 채롱식 양성은 5%

③ 수온과 염분 내성

❶ 5～25℃ : 100% 생존 : 30℃ : 4시간(100%) → 10시간(폐사) : 새조개는 고수온에 비하여 저수온 강한 내성

❷ 염분 20～35 : 97.5～99.5% 생존 : 15 (92.5%) → 고염분에 비해 저염분에 강한 내성

표 6-10. 난 발생과 소요 시간의 관계 (수온 : 23.0±1.0℃)

Developmental stage	Time (day)	Body length (㎛)
Fertilized egg	0	65
2-cell	1h	67
4-cell	2.5h	69
8-cell	3.1h	70
Morula	4.5h	71
Blastula	5.5h	72
Trochophore	14.0h	72
D-shaped	20.0h	75
Early μmbo	6d	145
Post μmbo	15d	190
Spat	50d	1,500

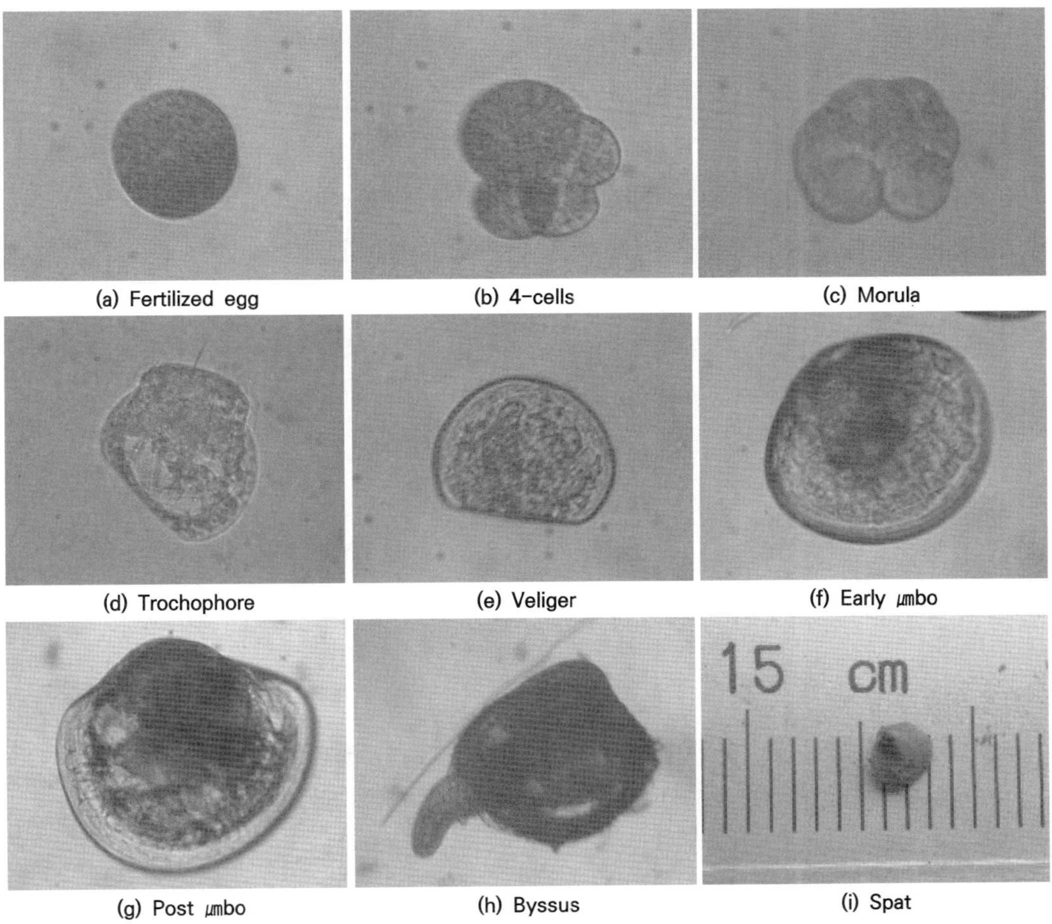

(a) Fertilized egg (b) 4-cells (c) Morula

(d) Trochophore (e) Veliger (f) Early μmbo

(g) Post μmbo (h) Byssus (i) Spat

그림 6-33. 새조개 유생의 발생

6. 고막류

》》 고막 : https://www.youtube.com/watch?v=wSueCT79a_M
피조개 : https://www.youtube.com/watch?v=ne9ZFZC7YD4

1) 양식 현황

① 고막이나 새고막을 바닥에 뿌려서 가꾸며 육질은 누렇고 맛은 달다(자산어보, 150여년 전부터 양식).

② 1970년 중반 : 피조개의 자연 채묘에 의한 종묘 생산

③ 1980년대 : 피조개는 고부가 수출 전략 품종

④ 현재 : 피조개의 양식 생산량 급격히 감소(원인 : 양식장 환경 악화 자연 채묘 부진에 의한 종묘 부족, 대책 : 인공 종묘 생산에 의한 종묘의 확보)

2) 생태

(1) 분포와 서식장

① 우리나라 진해만은 오래 전부터 피조개의 생산지로 유명

② 서식장은 파도의 영향을 적게 받고 내만에서 육수의 영향을 받는 곳

③ 저질은 연한 펄질

④ 서식 수심은 간조선에서부터 50여 m 사이로 간조선 부근에는 서식량이 적고 수심이 2～3 m 되는 곳에서부터 20 m 되는 곳

(2) 성숙과 산란

① 피조개는 2년 후부터 성숙

② 산란 시기 : 7～10월

③ 성숙한 암컷의 난소는 분홍색이고, 수컷의 정소는 담황색

(3) 발생과 성장

① 미수정난은 도홍색을 띠는 원형이며 평균 난경은 54 ㎛

② 수정난은 수온 21～25℃에서 수정 후 40분에 제1극제가 형성

③ 약 1시간 30분 후에는 난세포가 제1분열이 개시되면서 2세포기로 되며 약 2시간 30분 후에는 4세포기, 3시간 30분 후 8세포기 그리고 5시간 후에는 다세포기로 진행

④ 수정 7시간 후 포배기

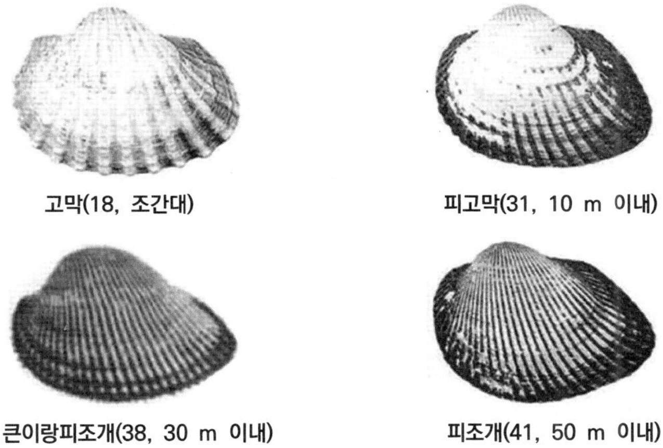

그림 6-34. 고막류의 평균 방사륵 수와 분포 수심

⑤ 약 15시간이 지나면 담륜자 유생으로 발생

⑥ 약 20시간 후에는 D형 유생이 되며 각장은 70～80 ㎛

⑦ 부화 16일이 지나면 대부분이 소형 각정기 유생으로 성장(각장 0.14 ㎜ 정도)

⑧ 부화 후 약 4주가 지나면 대형 각정기 유생(부착기 유생 0.27 ㎜ 내외)

3) 종묘 생산

(1) 인공 종묘 생산

① 어미의 확보 및 관리

❶ 자연에서 성숙한 어미를 즉시 채란에 사용하는 방법

❷ 어미를 1～3월에 확보하여 실내에서 수온 조절하고 먹이 생물 공급하며 조기에 채란하는 방법

❸ 채란용 어미의 크기는 각장 5～10 cm(100～120마리/10 kg)

❹ 어미의 패각에 붙은 이물질을 제거한 후 자연 해수 유수량을 많이 하여 어미를 안정시킨 후 본격적인 어미관리를 시작

❺ 어미는 1.2톤 사각 FRP 수조에 300마리 내외로 수용

❻ 수온은 자연 해수에서 2일에 1℃씩 상승시켜 23℃로 조절

❼ 유수량은 1일 8～10회전 정도

❽ 먹이 생물은 *Isochrysis* sp. 및 *Chaetoceros* sp. 혼합 공급

❾ 1.2톤 수조에 어미를 300마리 수용시 먹이 생물은 1일 1～2톤 공급

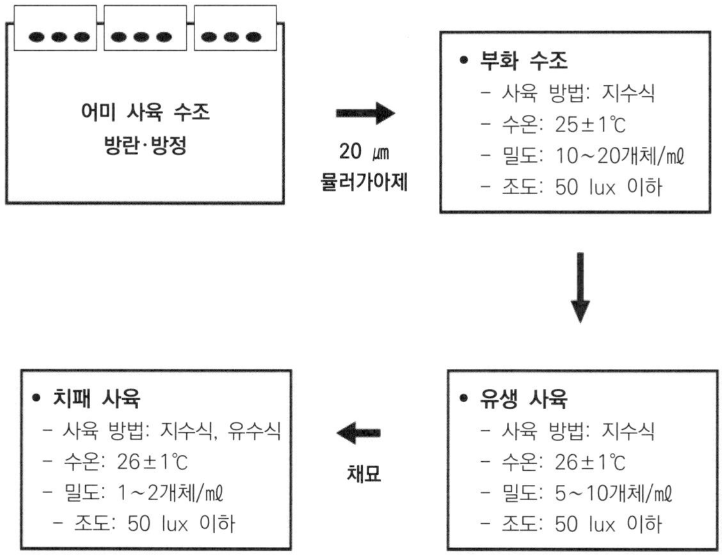

그림 6-35. 인공 종묘 생산 세부 내용

② 채란

❶ 채란용 어미는 깨끗이 세척한 후 통풍이 잘되는 그늘에서 1시간 간출시킨 후 사육 수온 보다 3~5℃ 낮은 여과 해수가 채워진 채란 수조에 수용

❷ 채란용 어미가 안정되면 사육 수온 보다 다소 높은 해수를 천천히 첨가하여 1~2시간에 사육 수온 보다 5℃ 상승

❸ 5℃ 이상 상승 자극을 하면 미성숙난이 산란되어 난질이 떨어지고 어미의 대량 폐사가 발생함

❹ 방란·방정이 시작되어 충분히 난과 정자가 방출되면 어미를 수조에서 꺼내고 수정란(54 ㎛)은 세란

❺ 세란은 망목 크기가 60~80 ㎛인 걸름망을 이용하며 방란·방정시 배출된 세포질 덩어리나 배설물 같은 큰 입자를 제거

❻ 수정난은 20 ㎛ 걸름망을 2겹으로 설치한 후 수거하여 3~4회에 걸쳐 여과 해수로 세란

❼ 세란이 완료된 수정난은 계수한 후 자외선 살균기를 통과한 여과 해수 1 ml당 10~20개 정도의 밀도로 수용

❽ 공기는 D형 유생까지 미량의 공기를 공급하며 발생 수온은 23~25℃로 조절

③ 유생 사육

❶ 부화된 D형 유생을 사육수 1 ㎖당 5마리 밀도로 수용

❷ 사육 밀도가 높으면 개체 성장의 차이가 많이 나타남

❸ 유생이 성장함에 따라 사육 밀도를 조절(부착기 유생은 1 ㎖당 1마리)

❹ 사육수는 고압 모래 여과기로 1차 여과하고 10 ㎛와 1 ㎛ 필터를 이용하여 2차 여과하며 자외선 살균 해수를 사용

❺ 2일 간격으로 전량 환수

❻ 수거된 유생은 계수한 후 밀도를 조절하여 크기별로 수용

❼ 사육 기간 중의 사육 수온은 25℃로 유지

❽ 먹이 생물은 *Isochrysis* sp., *Chaetoceros* sp., *Monochrysis* sp. 혼합 공급

❾ 유생이 성장함에 따라 공급량을 늘려 부착기 유생기에는 5만 세포까지 1일 2회 나누어 공급

❿ 조도는 100 lux 이하

④ 채묘

❶ 수온 25℃에서 16일 정도면 부착기 유생(각장 230 ㎛, 각고 169 ㎛)

❷ 부착기 유생은 망목 150 ㎛ 걸름망을 사용하여 선별

❸ 채묘기질은 여자망을 사용하여 가로 80 cm, 세로 100 cm의 채묘망을 10톤에 100~150장을 수하

❹ 부착기 유생 밀도는 10톤에 1,000만 마리를 수용

❺ 먹이 생물은 3종 이상 혼합하여 사육수 1 ㎖당 5만~6만 세포를 공급

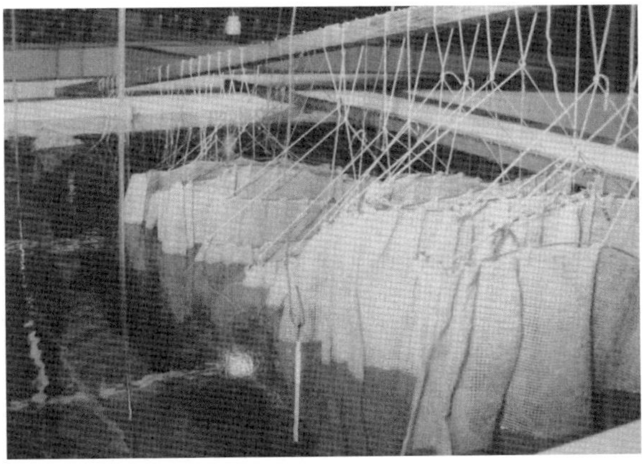

그림 6-36. 피조개의 인공 종묘 생산 채묘기

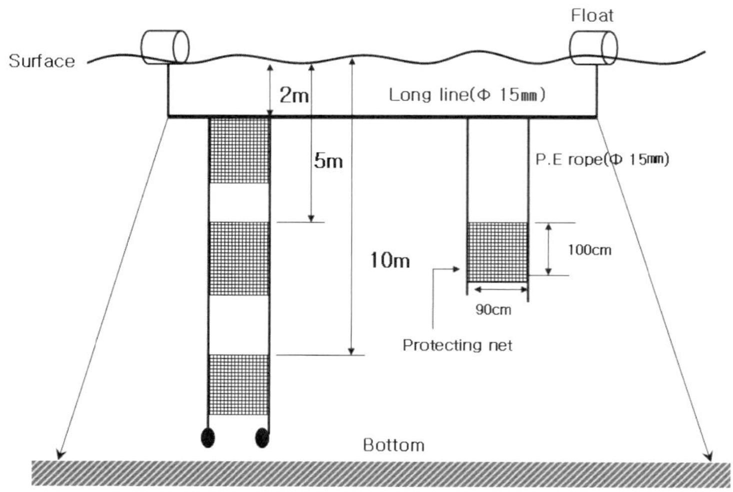

그림 6-37. 중간 양성 시설 모식도

⑤ 치패 사육

❶ 수온 25℃에서 사육하며 먹이 생물은 3종 이상을 혼합하여 사육수 1 ㎖당 6만~20만 세포까지 치패가 성장에 따라 공급량을 늘려 공급

❷ 환수는 각장 300~1,000 ㎛에서는 매일 전량 환수를 해주고 각장 1~2 ㎜는 1일 2번, 각장 2~3 ㎜에서는 먹이 공급시를 제외하고 유수식으로 사육

(2) 자연 종묘 생산

① 채묘 시기

❶ 남해안은 8월부터 9월 사이

❷ 피조개의 부착기 유생은 저층에 가까운 수역에 많이 분포

❸ 채묘 적수심은 저층으로부터 4 m 사이

② 채묘 시설

❶ 채묘 장소의 수심이나 해수의 유동 상태에 따라 다름

❷ 수심이 얕은 곳은 고정 수하식 채묘 시설

❸ 수심이 깊은 곳은 로프식 채묘 시설이나 침설 수하식 채묘 시설

❹ 침설 수하식 채묘 시설은 파도와 해수의 유동이 심한 곳에 설치

❺ 채묘 후 약 2개월이 지나 크기가 2~5 m 이상 되면 부착 기질과 함께 채롱에 수용하여 수하

❻ 부유물과 부착 생물로 인한 채롱의 주기적 관리

그림 6-38. 피조개의 산란부터 중간 양성장 수하까지 단계별 과정

4) 양성

① 바닥 양성

❶ 피조개는 내만성(육수의 영향을 받는 내만이 적지)

❷ 저질이 뻘인 곳(뻘이 너무 깊지 않은 곳과 해수의 흐름이 좋은 곳)

❸ 각장이 5~20 ㎜ 정도 되는 것을 종묘로 사용

❹ 종묘의 방양은 봄과 가을(2회)

❺ 방양 밀도는 수확 시기를 기준으로 하여 ㎡당 5~20마리

❻ 양성장 관리 : 식해성 해적 동물(불가사리, 꽃게, 어류)의 퇴치

② 수하식 양성

❶ 종묘를 채롱에 수용하여 수하

❷ 양성장은 파도가 적은 조용한 내만으로 적조의 발생이 없는 곳

❸ 파도가 심한 곳(침설 수하식 양성 시설)은 채롱에 수용한 피조개가 충격을 받지 않도록 관리

❹ 수면으로부터 2~3 m인 수층에 수하

❺ 수용 밀도는 채롱의 크기 30 cm에 100마리가 적당

❻ 채롱의 교환, 부착 생물의 제거, 해적 동물의 퇴치와 폐사된 피조개의 제거는 필수

TIP 피조개 양성시 수하식 양성의 단점을 보완한 양성법

① 2년 정도 수하식 양성시 상품 크기로 성장

② 수하식 양성은 패각의 성장은 빠르나 육질의 비만과 색깔이 희미함(상품 가치 적음)

③ 수하식으로 패각을 빨리 성장시킨 후 일정 기간 바닥 양성하여 비만과 육질의 색을 정상으로 만들어 수확하는 방법이 효과적

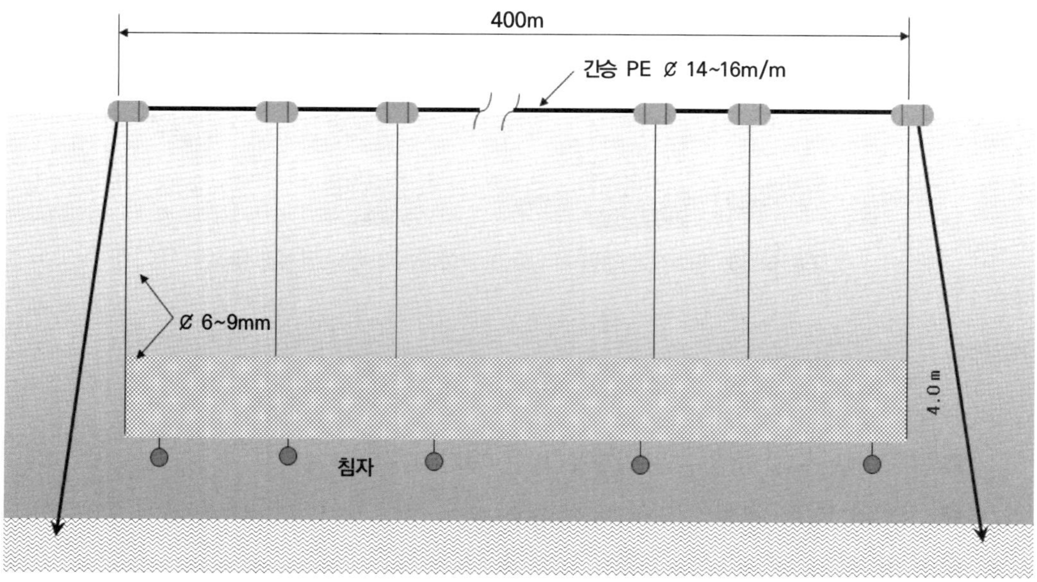

그림 6-39. 자연산 채묘 어장 시설도

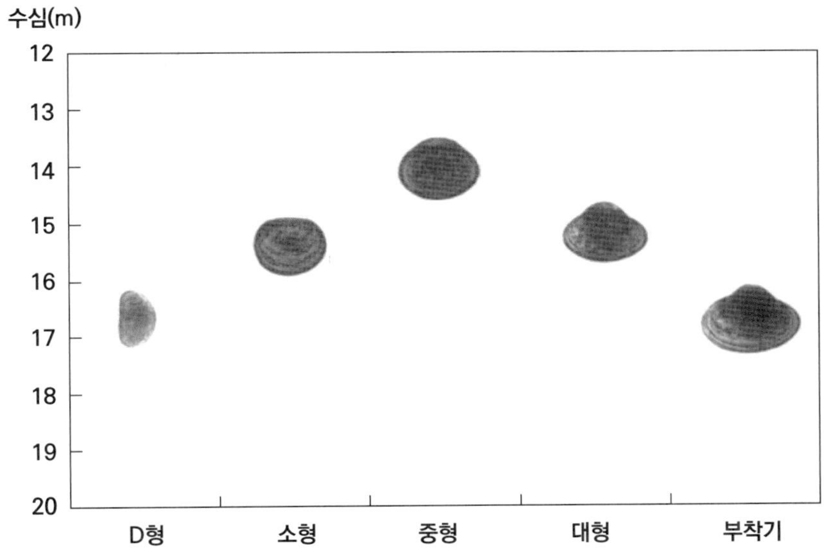

그림 6-40. 피조개 유생의 성장 단계별 분포 수심

7. 키조개

››› https://www.youtube.com/watch?v=4XxK1WfKh-M

① 우리나라 양식 대상종에서 가장 대형 패류

② 패주(후폐각근) 식용(패주 이용 대표종 : 키조개, 참가리비)

③ 부유 생활 이후 기질에 부착 → 채묘기 설치 → 채묘

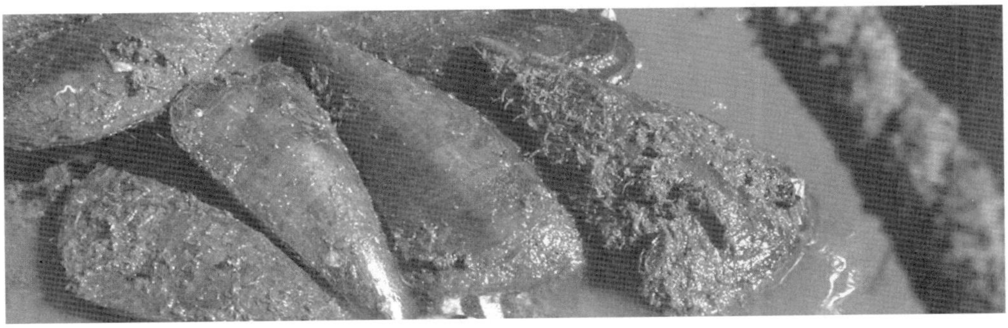

그림 6-41. 키조개 어미

1) 종류

① 핀나류(Pinnidae)속 : 3종 → 우리나라 키조개, *Atrina (Servatrina) pectinata* 한 종만 서식 ② 패각의 모양은 삼각형 : ❶ 전폐각근 각정 아래 위치 ❷ 후폐각근은 중앙에 위치(패주로 이용)

2) 분포

① 우리나라, 일본, 대만, 인도, 태평양 지역 분포

② 우리나라 서해안과 남해안에서 많이 생산

③ 조간대에서 수심 40 m 서식

3) 생태

(1) 성숙과 산란

① 성숙 수온 : ❶ 표층 20~25℃ ❷ 저층(수심 15 m) 10~22℃ ❸ 산란기 : 6~9월(성기 : 6~8월) ❹ 성숙 난소 : 적갈색 ❺ 정소 : 담황백색 ❻ 암·수를 쉽게 구별 ❼ 수정란 : 구형, 70 ㎛

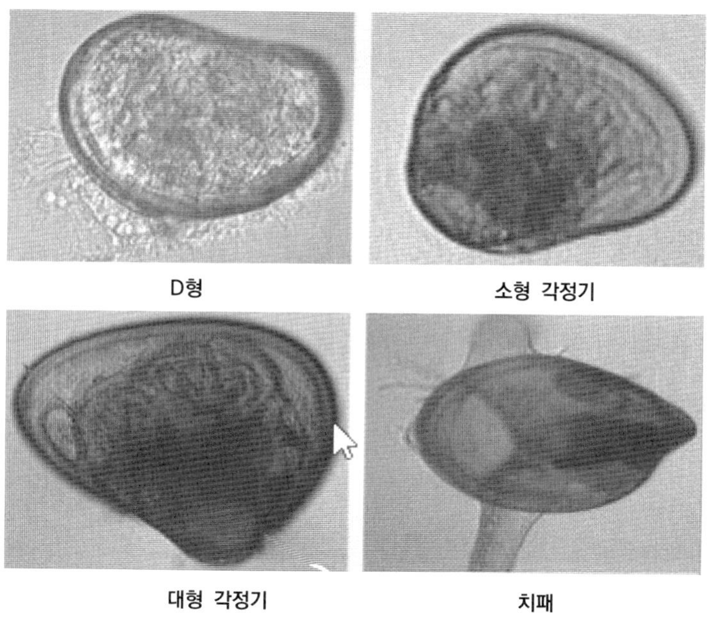

그림 6-42. 키조개 유생 발생

(2) 부유 유생과 치패

① 현재까지 알려진 조개류의 부유 유생 중에서 가장 대형

② 성숙 부유 유생 크기 : ❶ 각고 0.6 ㎜, 각장 0.5 ㎜ → ❷ 성숙 부유 유생은 각고가 0.6 ㎜ → ❸ 부유 생활 → ❹ 저서 부착 생활

③ 조간대에서 수심 3 m 이내 모래와 펄질로 된 저질에 분포(각고 6~18 ㎜)

④ 치패가 많이 발생하는 곳 : 저조선 전후, 저질은 모래질이 50~80%인 곳

(3) 성장과 패주의 크기

① 수정 후 8개월 : 각장 10.2 cm → 1년 만에 성숙 산란 → 2년(각장 19.5 ㎝) → 5년(27.3 cm)

② 패주의 크기 : 서식장과 계절에 따라 차이

4) 서식장

① 서식 수심 : 간조선 위부터 수심 40 m

② 저질 : 모래질 50~80% 되는 곳

③ 해수 비중 : 1.0200~1.0240

5) 자연 종묘 생산

(1) 채묘

① 종묘 대량 확보 : 성숙 부유 유생이 많은 곳 → 완류식 채묘

(2) 치패의 관리

① 저질이 부드러운 곳

② 지반 변동이 없는 곳

③ 치패 이식 관리 : 밀도(㎡당 100개체 이하)

6) 양성

① 키조개는 바닥 양성법 : 종묘를 하나하나 바닥의 저질에 심어 수확할 때까지 양성 관리

(1) 종묘의 방양

① 저질 : 저조선 근처, 간석지의 지반이 조금 높은 곳

② 온도에 대한 저항성이 강해 0℃ 또는 36℃에서도 단시간 생존 → 바닥이 높은 간석지에서도 폐사하는 일이 없고, 깊은 곳의 키조개보다 패주 크기가 큰 편

③ 양성장 비중 : 1.020～1.024(저비중에 대한 저항성 강함)

④ 종묘 크기 : 각장 5～10 cm(1년생이 적당)

⑤ 방양 시기 : 3～5월 사이 : ❶ 종묘를 한 개체씩 모심기 ❷ 종묘의 방향이 해수의 흐름과 평행 ❸ 들어갈 구멍을 먼저 만든 후 종묘 이식

⑥ 방양 밀도 : 10～20개/㎡

8. 대합

》 https://www.youtube.com/watch?v=Bs2iyyuydEs

1) 종류

① 대합류에는 대합(*Meretrix lusoria*)과 라마르크대합(*Meretrix lamarckii*)

② 대합 : ❶ 조개 폭의 팽출이 완만하게 돌출

③ 라마르크대합 : ❶ 패각 두텁고 ❷ 가장 자리가 평탄 ❸ 입수관 구연부의 촉수가 복잡, 가늘게 분기 ❹ 외투막 돌기도 복잡

2) 생태

(1) 성숙과 산란

① 성숙 수온 : 20～30℃(성기 : 22～27℃)

② 산란기 : 7～10월(산란 성기 8월)

④ 대합류 : 육안으로 암수 구별 안됨

(2) 발생과 치패

① 수정란 : 70 ㎛

② 수온 24～30℃ → 담륜자기(trochophore stage) → 수정 후 하루 → D형 유생기(D-shaped larval stage)

③ 수정 3주 후 : 저서 생활

④ 치패가 침강하는 곳 : ❶ 하구의 삼각주 부근 ❷ 모래질이 많고 ❸ 대조시 5～6시간 간출하는 조위가 비교적 높은 장소 → ❹ 와류 발생 장소로 부유 유생이 침강

(3) 이동

① 점액질의 끈을 3 m 정도 분비하여 조류 영향 → 부력 이용 → 바닥 위를 스쳐 조류의 방향으로 이동

② 서해안의 경우 큰 조차의 빠른 조류로 이동 많음

(4) 서식장

① 대합 : ❶ 육수의 영향을 많이 받는 하구 ❷ 내만성 ❸ 저비중의 물길 같은 곳 ❹ 서식장 비중 : 1.014~1.024

② 라마르크대합 : ❶ 하구 바깥쪽에 서식 ❷ 외해에 면한 곳 ❸ 1.017~1.024

③ 아가미의 섬모 운동 : ❶ 25.5℃ 최대(29℃ : 불규칙) ❷ 섬모 운동 적정 온도 범위 : 12~31℃

④ 겨울철 저수온기 : 저질 속 15 cm 정도 잠입하여 월동(성장 안함)

3) 종묘 생산

(1) 채묘

① 치패 침강으로 치패를 확보하는 완류식 채묘

② 치패가 침강하는 곳 : ❶ 하구의 삼각주 부근 ❷ 모래질이 많고 ❸ 대조시 5~6시간 노출되는 곳→ 와류가 생겨 부유 유생의 침강이 쉬운 곳

4) 양성

(1) 대합류 양성

① 개방식 양성 : ❶ 간석지에 종묘 방양 → ❷ 깊은 곳으로 이동해 가면서 성장하는 대합 → ❸ 양성 관리 및 수확 ❹ 개방 양성장 적지 : 외해 쪽의 저질이 자갈이나 암석 또는 외해 쪽의 수심이 급격히 깊어져서 수심 7~8 m 이상 되는 곳 ❺ 방양 밀도 : 20~50마리/㎡당 ❻ 개방식 양성이 조위망식 양성 보다 성장 빠름 ❼ 개방식 양성은 이식 후 관리나 수확시 채취가 곤란

② 조위망식 양성 : ❶ 간석지에 조위 시설(간조시 간출되는 곳) → ❷ 종묘 방양하여 양성 관리 → ❸ 성장하면서 수심 깊은 곳으로 이동하는 습성(이동에 의한 분산 방지 → 조위 시설) ❹ 방양 밀도 : 20~30마리/㎡당

③ 해적 생물 : ❶ 식해성 동물(불가사리류, 문어, 고둥류) ❷ 기생충 ❸ 적조 생물

④ 종묘 방양 시기 : 봄

표 6-11. 양성장에 따른 대합의 성장 단위 : 각장 cm

경과년수	개방 양성장	조위망식 양성장(6시간 간출)
0.0(종묘)	2.0	2.0
0.8	3.0	-
1.0	3.8	3.3
2.0	5.0	4.4
3.0	6.0	5.6
4.0	7.0~8.0	-

9. 바지락

》 https://www.youtube.com/watch?v=XbIZbBURXyo

1) 종류

① 바지락(*Tapes philippinarum*)

❶ 내만성

❷ 바지락은 촉수의 돌기가 없이 간단

② 가는줄바지락(*Tapes variegata*)

❶ 외해의 영향을 많이 받는 곳

❷ 가는줄바지락은 분지한 돌기가 있어 복잡

그림 6-43. 바지락과 가는줄바지락의 외부적 형태

2) 생태

(1) 성숙과 산란

① 서해안 : 6~9월(성기 : 7~8월)

② 남해안 : 5~11월(성기 : 6~8월)

③ 성숙 어미 생식소 : ❶ 수컷 : 다소 광택 ❷ 암컷 : 황갈색 반점 → 암수 구별 가능

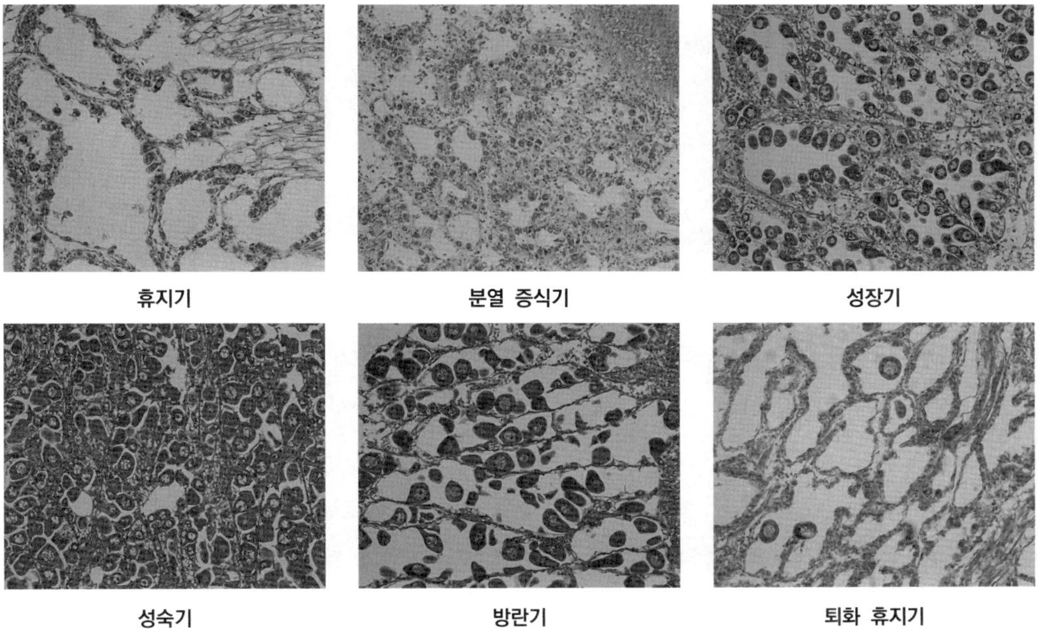

그림 6-44. 바지락 난소의 성숙 단계

(2) 발생과 치패

① 수온 22℃ : ❶ 수정 후 10시간 → 담륜자 유생 ❷ 수정 후 22시간 → D형 유생 ❸ 수정 3주 이내 저서 생활

(3) 환경 저항성

① 바지락은 고온 및 저온 저항성 강함

② 먹이 섭취 관련 아가미 섬모 운동 : ❶ 23℃ 가장 왕성 ❷ 0℃와 36℃에서 정지

③ 비중 1.018~1.027 범위 : 생존(담수 2일 생존)

④ 간출 1~5시간 지역 : 서식 개체수가 많음

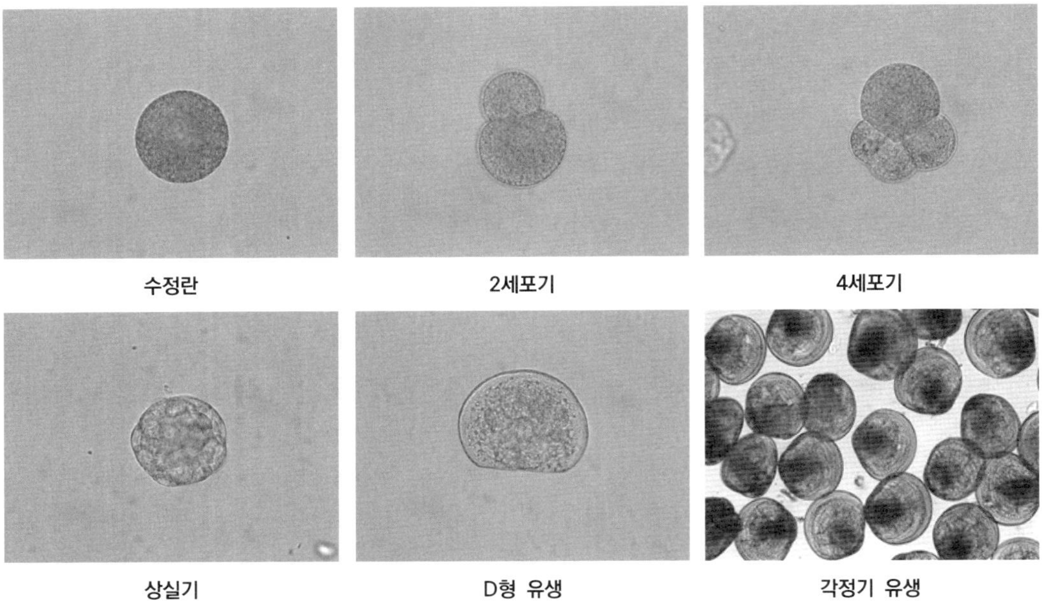

그림 6-45. 바지락 초기 유생의 발생

(4) 서식장

① 바지락 치패가 많이 발생하는 곳 : 하천수 유입으로 담수의 영향을 받는 간석지로 ❶ 해수의 유동이 심하지 않고 ❷ 지형적, 해황적으로 해수가 정체하기 쉬운 곳 ❸ 개흙질이 적은 곳

3) 종묘 생산

(1) 채묘

① 바지락은 유생 시기 때 부유 생활 → 바닥에 착저할 때는 족사로 부착 생활 → 잠입 생활

② 자연 치패가 많이 발생하는 곳 : ❶ 방파제 부근이나 하구의 삼각주 → 와류가 생기거나 흐름이 완만한 곳

③ 완류식 채묘 : ❶ 간석지에 나뭇가지나 대나무를 세우거나 기타 방법으로 해수의 흐름 완만

4) 양성

(1) 종묘의 양성

① 바지락 양성법 : 바닥 양성

② 종묘 방양 방법

❶ 석시법 : 간출시 종묘 방양 방법

장점 : 알맞고 정확히 방양

단점 : 많은 인력 필요

❷ 조시법 : 만조시 정조시에 선박 사용 → 종묘 방양

장점 : 방양 과정이 아주 편리

단점 : 정확하거나 알맞게 방양할 수 없음

③ 종묘 방양 밀도 : 2ℓ내외/㎡

(2) 양성 관리

① 양성장에 수로를 만들어 해수 유통 원활

② 저질 바닥 평탄, 경운 및 객토 작업

③ 해적 생물 : ❶ 식해동물(고둥류, 불가사리류, 어류, 게류 및 조류) ❷ 종밋 ❸ 기생충 ❹ 적조 생물

10. 나팔고둥

》》 https://www.youtube.com/watch?v=ZNrcWvnVA1E

1) 생태

(1) 분포와 서식장

① 나팔고둥 : ❶ 수염고둥과 복족류 대형종 ❷ 조간대 — 수심 50 m ❸ 육식성 : 불가사리 천적 생물 ❹ 포복 이동 ❺ 장식품, 식용 및 악기로 이용 ❻ 자원량 고갈 → 해양 멸종 위기 동물(환경부)

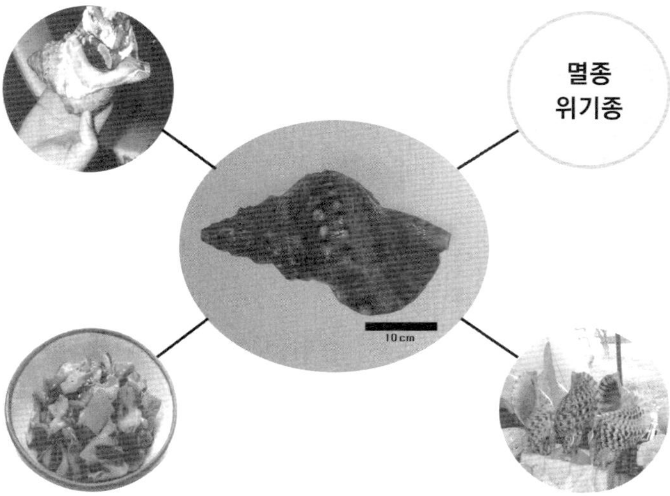

그림 6-46. 나팔고둥의 특징

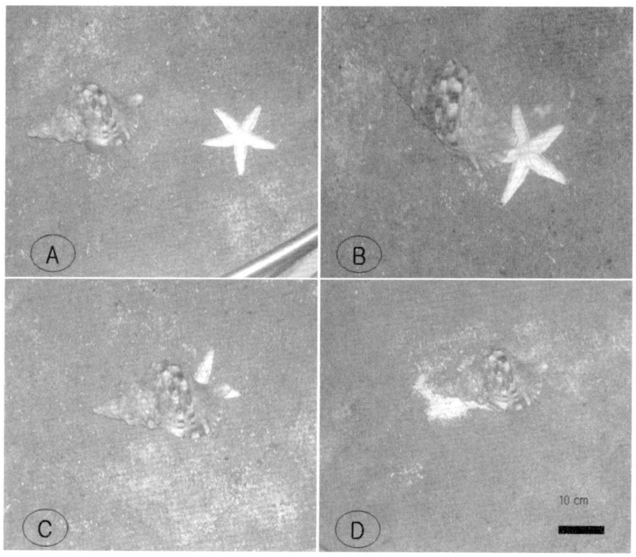

그림 6-47. 나팔고둥이 불가사리를 포식하는 단계별 모식도

2) 종묘 생산

(1) 성숙과 산란 행동

① 자웅이체

② 생식소가 성숙하면 암컷의 경우는 짙은 주홍색, 수컷의 경우 옅은 주홍색

③ 암수의 구별 : 수컷은 패각 안쪽의 오른쪽 촉수 바로 뒤쪽에 생식기(교미기)를 가짐

④ 교미 기간 : 매년 11월부터 다음해 3월까지
⑤ 교미는 수컷이 암컷에 접근하여 교미기를 암컷 패각 속의 생식공에 삽입
⑥ 암컷은 다회 교미에 다회 산란 하였고 산란은 2일 동안 지속
⑦ 산란한 어미는 난괴(egg mass)에 붙어서 알을 보호
⑧ 나팔고둥 암컷과 수컷의 교미는 1일정도 지속
⑨ 산란한 난낭 주위에는 3마리에서 4마리 정도가 집단을 이루어 난괴를 공동으로 보호

3) 채란

① 난낭의 난막은 젤라틴질로 구성
② 난낭 속의 난은 알부민성 점액질로 둘러 싸여 있어 충격으로부터 보호됨
③ 산란된 난낭의 외부적 형태는 난낭 길이 15~22 ㎜, 난낭 폭 5~7 ㎜, 난낭 무게는 0.4~0.7 g의 범위
④ 난낭 한 개 속의 난은 평균 6,000개

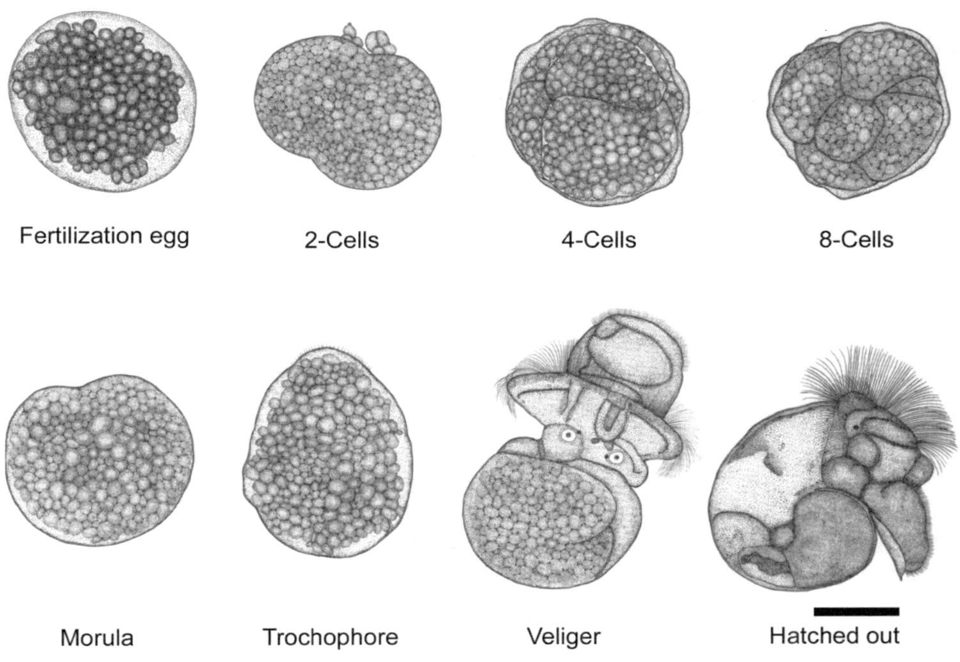

그림 6-48. 나팔고둥의 발생단계. bar: 100 ㎛

4) 난발생

① 나팔고둥의 난 발생과 유생의 성장 단계는 수정란(fertlization egg), 4세포기(4-cells), 8세포기(8-cells), 상실기(morula), 담륜자(trochophore), 피면자(veliger)로 구분

② 난낭의 막을 뚫고 부화하기까지 수온 20℃에서 54일 소요

표 6-12. 수온별 나팔고둥 난 및 부유유생의 발생 속도(일)

발생단계	수 온 (℃)					
	5	10	15	20	25	30
4 세포기	24일	10일	7일	5일	5일	-
8 세포기	-	17일	10일	8일	7일	-
상실배	-	28일	15일	12일	10일	-
담륜자	-	33일	18일	14일	12일	-
피면자	-	50일	34일	27일	24일	-
부화	-	83일	64일	54일	50일	-

5) 유생 사육

① 순수 배양된 *Chaetoceros* sp. *Tetraselmis* sp. *Phaeodactyrum* sp. 3종의 혼합 공급 및 대조구

② 혼합 공급구에서 가장 빠른 성장

③ 혼합 공급구에서 가장 높은 생존율

표 6-13. 나팔고둥 유생의 먹이 생물별 성장 및 생존율

먹이 종류	각 장 (㎛)			생존율 (%)
	0일	15일	30일	
Chaetoceros sp.	408±21	437±21	473±23	25
Phaeodactyrum sp.	408±21	452±26	502±24	16
Tetraselmis sp.	408±21	459±33	491±20	12
혼합	408±21	472±27	509±23	31
대조구	408±21	-	-	-

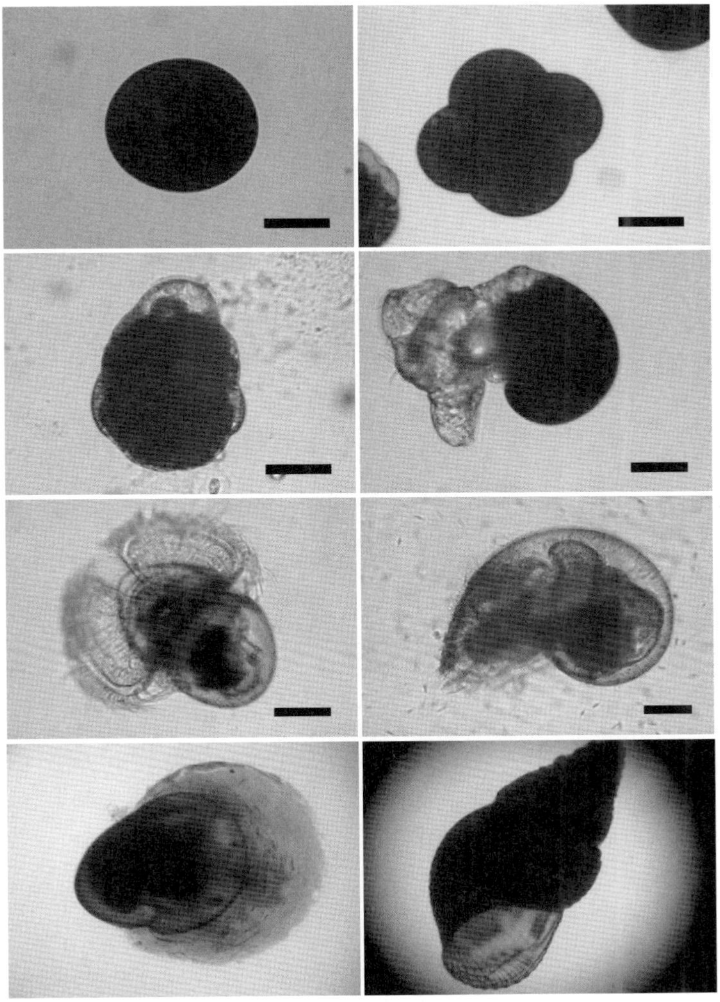

그림 6-49. 나팔고둥 유생 및 치패

6) 환경 내성

① 나팔고둥 어미의 수온과 염분에 대한 내성 관찰 결과(표 참고)

② 5~25℃의 실험구에서 실험 종료시까지 100% 생존한 반면, 30℃에서는 10시간 째에 모두 폐사

③ 나팔고둥은 고수온에 비하여 저수온에서 강한 내성

④ 염분 농도 30에서 실험 종료시인 40시간까지 100% 생존

⑤ 염분 농도 20과 40에서 실험 종료시 각각 90%와 80%의 생존율, 염분 농도 10에서 10%의 생존율로 저염분의 환경에 내성이 높음

표 6-14. 수온별 나팔고둥의 생존율

경과 시간 (시간)	수온(℃)					
	5	10	15	20	25	30
0	100	100	100	100	100	100
2	100	100	100	100	100	100
4	100	100	100	100	100	100
6	100	100	100	100	100	70
8	100	100	100	100	100	30
10	100	100	100	100	100	–
12	100	100	100	100	100	–

표 6-15. 염분별 나팔고둥의 생존율

경과 시간 (시간)	염 분				
	0	10	20	30	40
0	100	100	100	100	100
10	70	80	100	100	100
20	–	60	100	100	100
30	–	40	100	100	100
40	–	10	90	100	80

7) 나팔고둥의 포식 특성

① 나팔고둥의 포식 특성 실험에는 불가사리류와 해양 무척추동물 사용

② 아무르불가사리(*Asterias amurensis*), 별불가사리(*Asterina pectinifera*), 해삼(*Stichopus japonicus*), 말똥성게(*Hemicentrotus pulcherrimus*), 보라성게(*Anthocidaris crassispina*), 전복(*Haliotis discus hannai*), 피조개(*Anadara broughtonii*)와 바지락(*Tapes phillipinarum*)

③ 나팔고둥의 먹이 선택성 실험 결과, 불가사리류를 우선 선택하여 포식

④ 불가사리류는 공격하여 완전히 포식하는데 3시간 소요

⑤ 전복, 피조개, 바지락은 공격하지 않음

⑥ 극피동물인 해삼과 성게류는 공격하나 포식하지 않음

⑦ 우리나라에 서식하는 복족류 중 수염고둥과는 나팔고둥 속을 비롯해서 4속 7종 서식

⑧ 나팔고둥의 산란은 12월부터 다음해 4월

⑨ 나팔고둥의 난이나 난낭은 복족류 중에서 대형

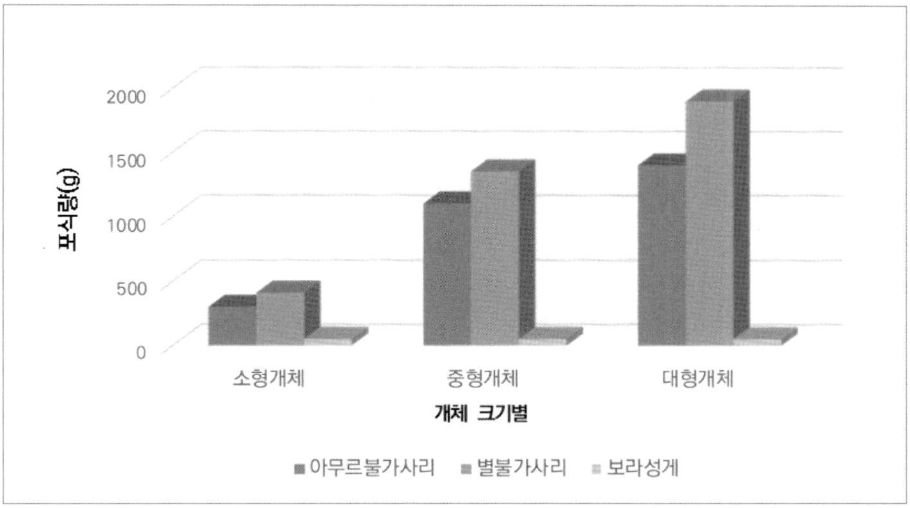

그림 6-50. 나팔고둥의 크기별 포식 특성

Ⅶ 기타 수산 동물의 양식

1. 개불

》 https://www.youtube.com/watch?v=cUy7BlwgxNA

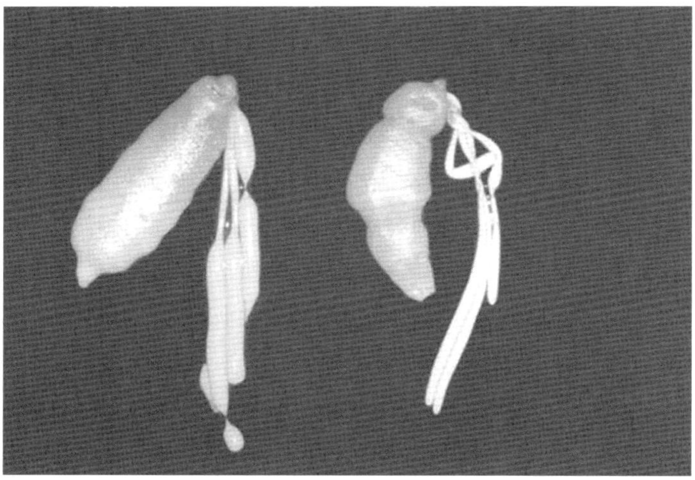

그림 7-1. 개불 암수의 생식소

1) 양식 현황

① 개불은 연안의 사니질에서 발견되는 잠입성 저서 동물

② 식용으로 이용

③ 저질에 U자형의 굴을 뚫어 해수를 순환하고 유기 성분을 변화시켜 저질 정화

④ 환형동물인 갯지렁이의 난발생과 같은 담륜자 유생기를 가짐

⑤ 인공 종묘 생산 기술 확립

2) 분포 및 분류

① 우리나라 중부 이남의 조간대 갯벌에서 수심 100 m 까지 분포

② 과거에는 환형동물로 분류, 현재 의충동물로 독립적인 분류학적 위치

3) 성숙과 산란

① 개불의 성숙 어미는 2~5월

② 3월에 성숙한 암컷 7마리와 수컷 5마리를 사용

③ 절개법으로 수정

표 7-1. 산란에 사용한 개불 어미의 외부 형태

사용한 어미		평균 체장 ±SD (㎝)	평균 체중 ±SD (g)	생식소 숙도 지수 (Female : Male)
암	수			
7	5	13.5±2.4	94.8±24.7	14.3 : 11.4

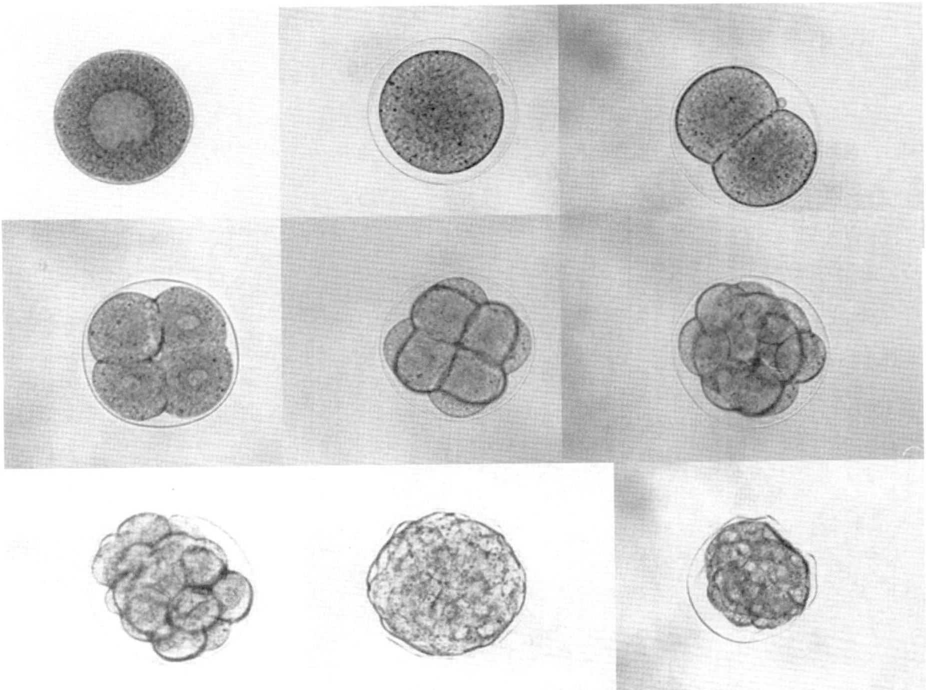

그림 7-2. 개불의 난발생 과정

4) 종묘 생산

(1) 채란과 치충 사육

① 초기 발생 속도를 파악하기위한 난 발생과 유생의 성장 단계는 수정란, 2세포기, 4세포기, 8세포기, 16세포기, 32세포기, 상실배, 낭배기, 부화 유생, 2체절기, 7체절기, 13체절기로 구분

② 부화기까지의 발생 소요 시간은 10℃에서 97시간, 20℃에서 68시간 그리고, 25℃에서 55시간이 소요

③ 13체절기 치충까지의 사육 기간은 50일 정도로 바닥에서 연동 운동에 의한 이동

④ 개불의 치충 사육시 적정 수온은 15℃에서 20℃가 적당

⑤ *Chaetoceros* sp. *Isochrysis* sp. *Pavlova* sp.를 단독, 혼합하여 먹이로 공급

⑥ *Chaetoceros* sp. *Isochrysis* sp. *Pavlova* sp. 3가지 혼합 공급구에서 성장과 생존율이 가장 좋음

⑦ 식물 플랑크톤 단독 공급하는 것 보다 혼합 공급하는 것이 효과적

표 7-2. 개불의 수온별 난 및 유생 발생 소요 시간

발생 단계	실험 수온 (℃)					
	5	10	15	20	25	30
8 세포기	-	4.2	2.8	1.9	1.2	-
상실기	-	16.3	9.8	7.9	6.8	-
낭배기	-	44.5	35.2	27.0	20.2	-
담륜자	-	97	74	68	55	-
2 체절기 치충	-	1,125	741	672	591	-
7 체절기 치충	-	-	1,019	926	-	-
13체절기 치충	-	-	1,336	1,208	-	-

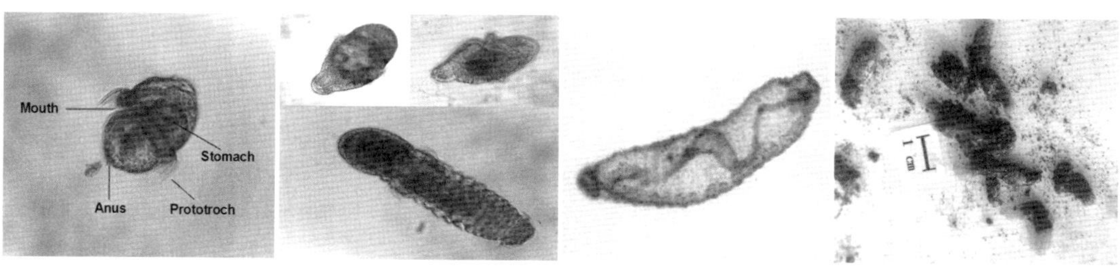

Trochophore larva　Somita larva　Worm shaped larva　Juvenile

그림 7-3. 개불 치충의 성장 단계별 특징

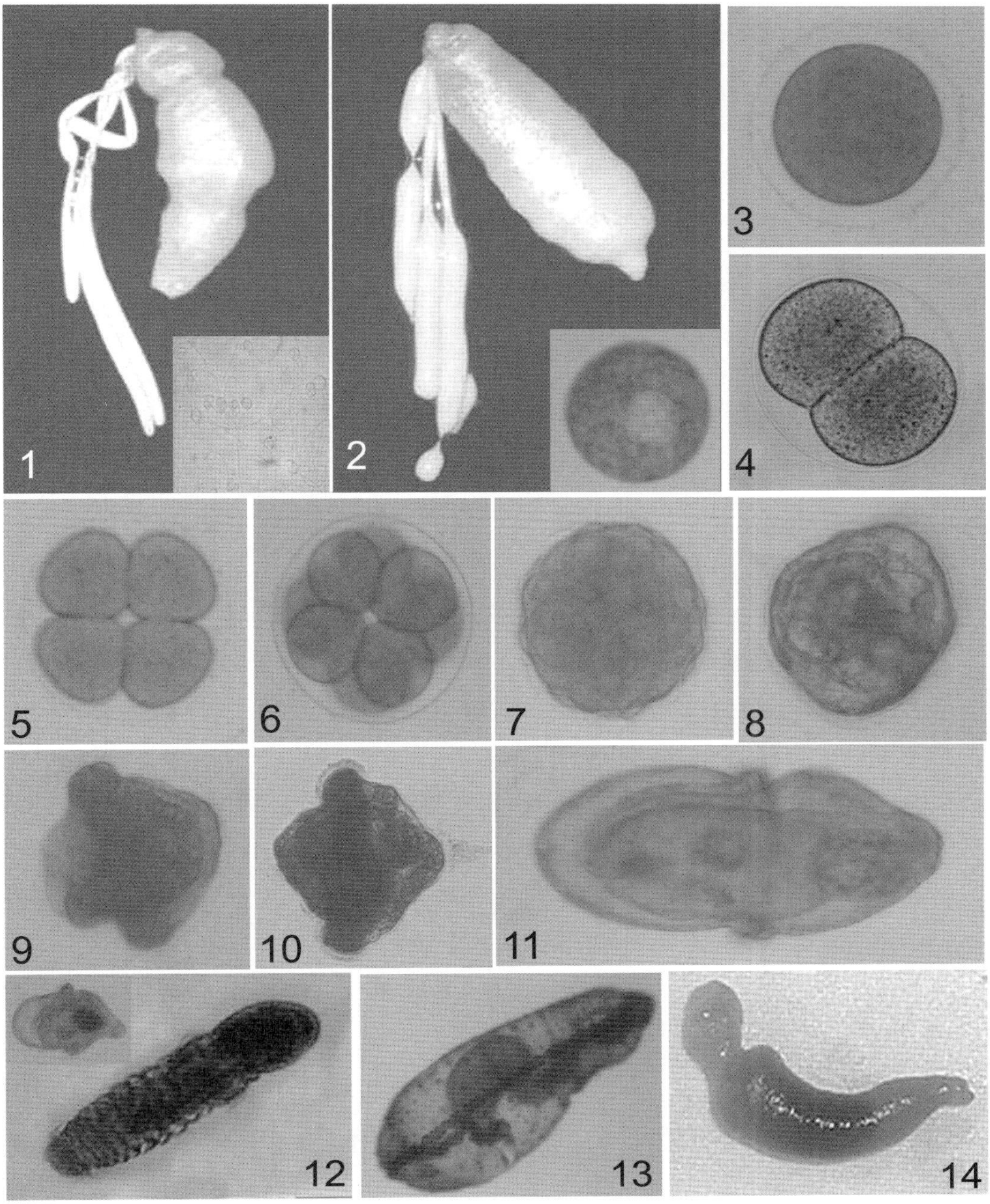

그림 7-4. 실험실 사육에 의한 개불의 발생 단계별 특징

표 7-3. 먹이 생물별 개불의 성장 및 생존율

먹이생물	체 장 (㎛)			생존율 (%)
	실험 시작	30일	60일	
아이소크라이시스 갈바나	172±5.42	427±8.34	693±19.24	7.3
파블로바 루테리	172±5.42	443±6.21	748±19.43	8.5
케토세로스 칼시트란스	172±5.42	406±6.62	663±20.33	6.3
아이소크라이시스 파블로바 혼합	172±5.42	500±7.81	942±32.18	12.0
아이소크라이시스 케토세로스 혼합	172±5.42	486±8.32	923±22.56	11.5
파블로바 케토세로스 혼합	172±5.42	492±5.66	922±28.32	12.8
아이스크라이시스 파블로바 케토세로스 혼합	172±5.42	541±8.21	978±33.21	21.6
대조구	172±5.42	-	-	-

(2) 치충의 저질 선택성

① 저질 선택성 실험구 설정은 0.1 ㎜ 이하의 뻘을 A

② 직경 1.01~2.0 ㎜의 모래를 B

③ 직경 3.0 ㎜ 이상의 조개껍질과 모래의 혼합구를 C

④ 뻘과 모래의 혼합구를 D

⑤ 뻘, 모래, 조개껍질 3가지 혼합을 E로 설정

⑥ 체장 1 cm 치충 500마리 수용하여 30일 후 관찰

⑦ 조사 결과 A구에서 31마리, C구에서 23마리, D구에서 21마리, E구에서 32마리가 관찰되었으나 저질이 모래인 B구는 잠입 개체 없음

표 7-4. 개불 치충의 저질 선택성

조사 항목	저질 입도별 실험구				
	A실험구	B실험구	C실험구	D실험구	E실험구
잠입 개체 수	31	-	23	21	32
생존율 (%)	6.2	-	4.6	4.2	6.4

2. 해삼

》》 https://www.youtube.com/watch?v=Mh-w4MVHzGo

1) 종류와 분포

① 우리나라에서는 해삼(*Stichopus japonicus*)과 광삼(*Cucumaria japonica*)

② 광삼은 북방형으로서 동해안의 북부 연안에만 분포

③ 해삼은 분포가 넓어 우리나라 전 연안에 서식

④ 내만성 해삼과 외해성 해삼(흔히 홍삼이라고 함)으로 구분이 되지만 분류학적으로는 같은 종으로 취급함

⑤ 내만성 해삼은 저염분에 대한 저항성이 강하지만 외해성 해삼은 약함

2) 생태

① 생식소가 발달하는 생물학적 최소형은 체중 60 g 정도이고 난소는 약간 홍색, 정소는 유백색

② 해삼의 산란기는 3월에서 7월이지만 성기는 5월에서 7월

③ 수정란은 180 ㎛, 10시간 후에 부화 → 3일 후, 오우리클라리아(auricularia)로 변태하여 먹이를 섭취하고 14일 후에는 돌리올라리아(doliolaria)로 성장

④ 수온 19℃ 이하에서는 성장이 아주 빠르나 20℃ 이상이 되면 성장이 정지 되고 고수온에서는 체중이 감소함

TIP 해삼의 하면(여름잠)

① 수온이 높은 여름에는 수온의 영향을 적게 받기 위하여 적극적으로 은신하고 25℃ 이상 되면 소화관이 작아져 최소로 되는데 이 시기가 "하면기"

② 하면기에는 먹이를 거의 먹지 않음

③ 가을이 되어 수온이 내려가면 회복기로 되고 수온이 19℃ 이하에서 활동기

④ 수온 10℃ 이하에서 소화관은 최대로 발달

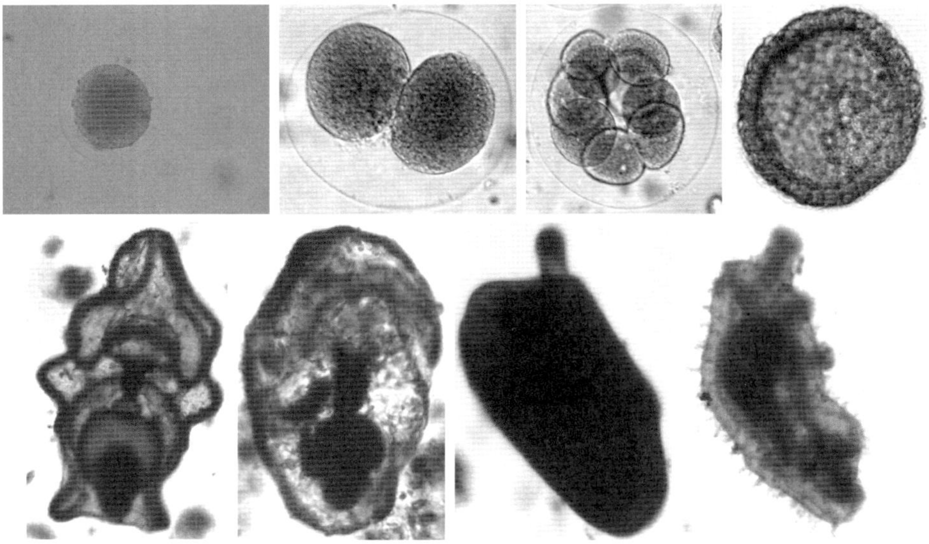

1: 아우리쿨라리아(수정 후 11일)
2: 돌리올라리아 유생(수정 후 14일)
3: 펜탁툴라 유생(수정 후 17일)
4: 새끼 해삼(수정 후 20일)

그림 7-5. 해삼 유생과 치충의 발생 단계

해삼의 재생

① 소화관이나 호흡수를 제거하면 3개월 정도 후에는 원상태로 재생

② 몸통을 종으로 절단하면 재생하지 않으나 횡으로 절단했을 때 재생함

3) 양성

① 해삼의 활동은 일주기성이 있어 낮에는 그늘이 있는 곳에서 활동하지 않고 밤에 활동함

② 투석식 양성장은 해삼이 서식하거나 번식을 하기에 좋은 산란장이고 먹이를 풍부하게 하며 하면기의 장소로도 양호

③ 투석 장소는 염분이 너무 낮거나 해수 유동이 심한 곳, 부니가 거의 없는 곳은 적당하지 않음

④ 투석 장소는 어두운 해저 보다는 밝은 곳, 수심이 깊은 곳 보다는 저조대의 수심이 얕은 곳이 적당함

3. 성게

》》 https://www.youtube.com/watch?v=XWPn_yBSFWs

① 운단 : 성게의 생식소를 가공하여 만든 식품

1) 양식 대상 종

① 보라성게(*Anthocidaris crassispina*)

② 말똥성게(*Hemicentrotus pulcherrimus*)

③ 북쪽말똥성게(*Strongylocentrotus intermedius*)

④ 분홍성게(*Pseudocentrotus depressus*)

2) 분포

(1) 남방계

① 보라성게 : ❶ 남방계 3종 중에서 가장 수심 깊은 곳에 서식

② 말똥성게 : ❶ 가장 천해성 종 ❷ 수심 4 m 이내 주로 서식

③ 분홍성게 : ❶ 수심 5 m 이내 주로 서식

(2) 북방계

① 북쪽말똥성게 : ❶ 동해안 서식 ❷ 조간대-수심 35 m까지 분포 ❸ 우리나라 성게류 중 가장 심해성

3) 생태

(1) 성숙과 산란

① 보라성게 : ❶ 생식소 : 적황색의 중간색 ❷ 서식장 환경에 따른 생식소의 색 : 내만산은 밝지만, 외해산은 혼탁 ❸ 산란 수온 : 23℃ 내외인 5~8월(7월 성기)

② 말똥성게 : ❶ 성숙한 난소 : 적황색으로 적색에 가깝고, 정소는 백색 ❷ 서식장의 환경에 따른 생식소의 색 : 내만산은 황색, 외해산은 적색 ❸ 산란 수온 : 13℃ 내외인 12~4월 (1~3월 성기)

③ 북쪽말똥성게 : ❶ 성숙한 난소 : 황갈색, 정소는 황백색 ❷ 산란 수온 : 20~25℃ 내외인 7~10월(8~9월 성기)

④ 분홍성게 : ❶ 생식소 색 : 황색에 가까운 적황색 ❷ 생식소 색은 내만산이 밝고, 외해산은 혼탁 ❸ 산란 수온 : 15℃ 내외 10~12월(10~11월 성기)

(2) 발생과 성장

① 알은 침성란 → 1일이 지나면 포배기로 부화 → 수면에 부상 → 4일 정도 지나면 에키노플루테우스 유생(echinopluteus larva)으로 부유 생활

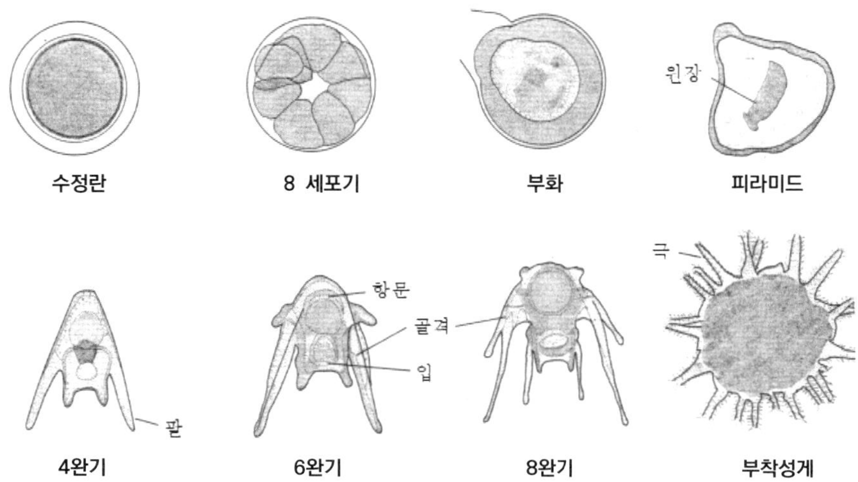

그림 7-6. 말똥성게 에키노플루테우스(echinopluteus) 유생의 변태

(3) 식성

① 부유 유생과 저서 생활 초기 : 식물 플랑크톤 및 부착 규조류 → ② 성장함에 따라 대형 해조류 섭취

(4) 서식장

① 연안의 자갈이 많거나 ② 저질이 암초로 된 곳 ③ 일반적으로 외해에 면한 곳 ④ 외해의 영향을 받는 연안

(5) 해양 생태계에서 성게의 위치

① 해양 생태계에서 성게류는 해조류를 먹이로 하는 전복류와 먹이 경쟁 관계

② 해조류에 대한 공격적 먹이 섭취 → 해조류 서식지 사막화 현상 가속 원인(추정)

③ 천적 생물인 해달을 이용한 성게류 자원량 조절

4. 문어

》》 https://www.youtube.com/watch?v=4emkA4ngxxg

① 문어는 시장 가치가 높고 ② 성장이 빠르며 ③ 높은 생존율 ④ 먹이 선택성이 적은 점 ⑤ 문어 단지와 비슷한 용기에 잠입 산란 ⑥ 서식지에서 이동력이 크지 않아 관리가 쉬운 종

1) 종류와 분포

문어류는 연체동물 두족강(Cephalopoda)

(1) 참문어(*Octopus vulgaris*)

① 왜문어, 피문어, 팔초어

② 생식팔은 수컷의 오른쪽 3번째 팔 : 왼쪽 3번째 팔보다 짧음

(2) 낙지(*Octopus minor*)

① 바닥에 굴을 만들어 그 속에 살기 때문에 저질이 펄질인 천해에 서식

(3) 주꾸미(*Octopus ocellatus*)

① 저질이 사력질인 곳에 살고 남해안에 주로 서식

(4) 대문어(*Paroctopus dofleini*)

① 대형종으로 육질이 연하고 맛이 좋은 편

② 동해안의 깊은 곳에 분포

③ 수명은 3~5년

2) 생태

(1) 성숙, 수정 및 산란

① 생식소의 성숙 상태는 생식소 숙도 지수(GSI)

$$GSI = \frac{\text{생식소 중량} \times 100}{\text{체중} - (\text{생식소 중량} + \text{위 내용물 중량})}$$

② 발생 후 1년이면 성숙

③ 산란기는 초여름부터 초가을(성기는 연안 수온이 21~26℃ 되는 8월에서 9월)

④ 문어는 자웅이체

⑤ 교접시 생식팔의 유무로 암수를 쉽게 구별

⑥ 수컷은 오른쪽 3번째 팔이 생식팔(생식팔은 교접완 또는 교접기)

⑦ 암컷은 생식팔이 없음

⑧ 산란 : ❶ 암초 사이의 오목한 곳 ❷ 해저에 투입된 문어 단지와 비슷한 곳

⑨ 산란은 다회성(산란 수온은 25~26℃, 주 산란기는 5~6월과 9~10월의 2회)

⑩ 산란 수는 한 마리가 1회에 10~15만개를 수회에 걸쳐 산란

⑪ 문어는 산란을 마치고 알들이 부화 후 폐사

(2) 발생과 성장

① 알은 단황란(등황란과의 차이를 설명해 보세요)

② 부화한 새끼 문어는 45일 정도 지나면 전장 10~13 ㎜

(3) 환경 변화에 대한 반응

① 환경 악화 또는 위험한 상황에서 추진력으로 빠른 이동

② 서식하는 장소와 비슷한 체색(보호색 기능)

③ 문어는 피부에 3종의 색소포 : ❶ 황색소포 ❷ 적색소포 ❸ 흑자색소포

④ 자위수단으로 먹물 분출

(4) 서식장

① 서식 장소 : ❶ 담수의 영향이 없는 천해의 해저 ❷ 자갈 및 해초가 있는 곳 ❸ 염분도가 높은 수역 ❹ 조간대에서 수심 100 m 되는 담수의 영향이 미치지 않는 천해의 해저 ❺ 주간에는 암반이나 굴 속에 잠복, 야간에 먹이 활동

② 문어는 수온 10~26℃의 수역에 서식(적수온은 15~25℃)

③ 여름이 가까운 수온 20~25℃에서 성장 최고

④ 수온 26℃ 이상 : 활동은 거의 없음

⑤ 28℃ 이상 : 폐사 가능

⑥ 13℃ : 먹이 섭취 중지

⑦ 10℃에서 동면 상태

⑧ 7℃ 이하 : 저항력이 약하여 깊은 바다로 이동하거나 폐사

⑨ 문어는 저비중에 약한 편으로 서식 비중은 1.023~1.025 적당

3) 종묘 생산

(1) 인공 종묘 생산

① 산란기에 채란용 문어 단지로 채란

② 부유 생활기에는 추광성 및 부유하는 먹이 섭취

③ 저서 생활기에는 배광성, 야행성, 육식성 및 공식 현상 발생

4) 양성

(1) 양성장과 시설

① 서식 수온은 7～26℃(양성 적수온 15～23℃) : 양성 적수온 기간이 긴 곳이 적합

② 양성 시설 : 상자형 가두리 또는 양파망

③ 양성 시설시 주의할 점 : 탈출

(2) 양성 시기와 기간

① 양성 적수온은 15～23℃(서식 수온 범위는 7～26℃)

② 해적 생물 : 곰치나 불가사리류

5. 우렁쉥이(멍게)

》》 https://www.youtube.com/watch?v=n5DDGPuNmrw

① 척색 동물 (Chordata), 발생 초기의 배에 척색이 형성

② 이들은 모두 원구가 항문으로 되고 2차적으로 생긴 입을 가지는 후구 동물

③ 가장 중요한 분류학적 특징은 소화관 등쪽에 몸의 지지 기관인 막대 모양의 척색을 일생 또는 생활사의 초기에 가짐

1) 종류와 분포

① 우렁쉥이는 멍게라고도 하고 유생기에는 올챙이와 같은 모양을 하며 척색을 가짐

② 우리나라에서 산업적 가치가 있는 종은 우렁쉥이(*Halocynthia roretzi*)이고 부산물로 취급되는 미더덕(*Styela clava*)과 오만둥이(*Styela plicata*)가 서식

③ 우리나라 전 연안에 분포하지만 동해안과 남해안에 주로 서식

④ 수심 수 m인 곳에서 20 m까지의 수직 분포를 보임

그림 7-7. 우렁쉥이의 내부적 특징

2) 생태

① 우렁쉥이는 암수동체이고 외해성

② 우렁쉥이는 불포화 알코올인 신티올(cynthiol)을 함유하고 있어 독특한 향과 맛을 가지며 다른 동물에 비해 글리코겐 함유량이 많은 종

③ 산란기는 11월부터 이듬해인 3월까지로 겨울에 산란

④ 서식장의 수온 범위는 5~24℃로 외해의 영향을 많이 받는 곳에 서식

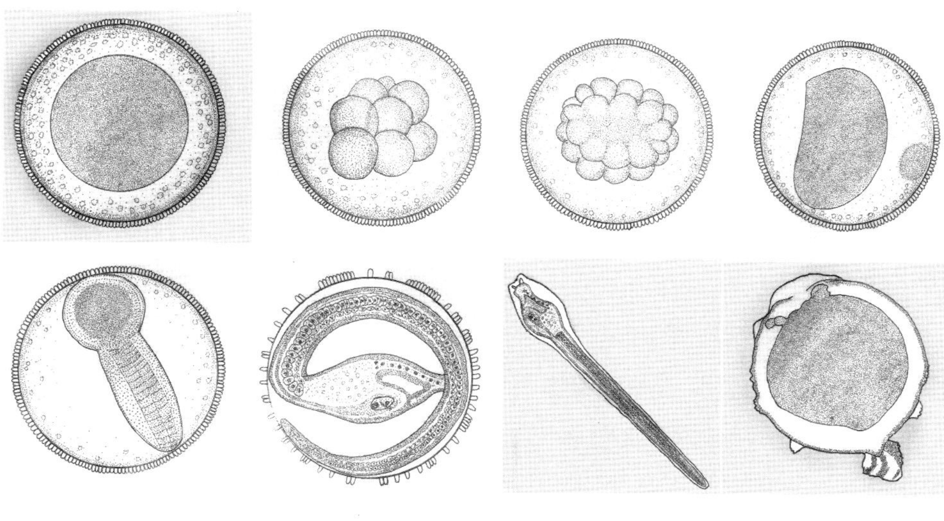

그림 7-8. 우렁쉥이의 난 및 유생의 단계별 성장

3) 성숙과 발생

① 2년 정도 되면 성숙하여 자웅동체로 위새강 외벽에 암수의 생식 기관 형성

② 산란기는 11월에서 3월로 겨울이며 수온은 8~13℃

③ 1시간 정도에 6~10회의 산란을 하며 1회에 5만개 정도로 많이 하기도 함

표 7-5. 우렁쉥이 유생 발생 단계별 특징

구 분	형 태	경과 시간
1. 수정란	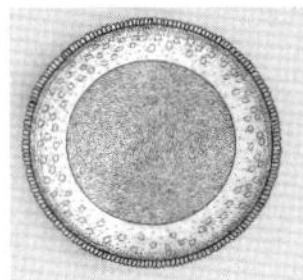	수중에 고루 부상
2. 부화 직전	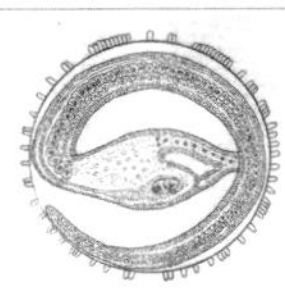	30~40시간
3. 미충형 유생	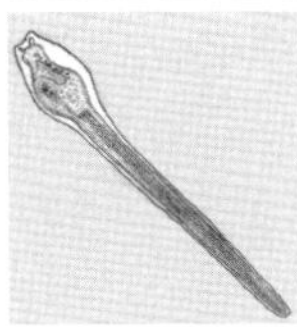	40~48시간 (유영)
4. 변태 완료 유생	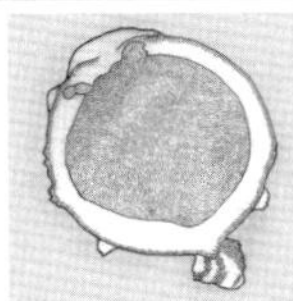	약 1개월 이내 (완전 부착)

그림 7-9. 수하연에 부착한 우렁쉥이

4) 종묘 생산

① 성숙 시기에 체고 10 cm 이상 되는 성숙한 어미 선정
② 사육 수조의 수온은 최저 수온 8℃, 13~14℃가 적정
③ 부착기까지 2일 정도로 짧아 먹이를 줄 필요가 없음
④ 채묘기를 만드는 부착 기질은 팜 코드(palm cord)가 주로 이용되며 사용 전에 물에 담가 유해 성분 제거

(1) 어미 선정 및 관리

① 어미의 크기와 포란 상태를 조사하여 채란 시기 결정
② 채란용 어미는 체고 10 cm 이상 성숙 개체

(2) 채란 및 수정란 관리

① 수온 자극은 어미를 수용하여 자연 해수보다 3℃ 상승
② 출수공을 통하여 해수 중으로 방출된 난과 정자는 체외 수정
③ 산란이 끝나면 알을 비이커로 3회 채수하여 알의 수를 계산하여 산란량 추정

(3) 발생 과정 관찰과 유생 관리

① 난 발생 과정 관찰
② 올챙이형 부화 유생 관찰

(4) 채묘

① 부착 기질은 사용하기 전 2주일 정도 물에 담가 유해 성분 제거
② 바닥 채묘와 수하 채묘 방법
③ 부착수는 팜 코드 10 cm당 20~40마리 정도가 적당

5) 자연 채묘

① 우렁쉥이는 산란 후 2일 정도에 부착기로 성장하므로 1, 2월 사이의 수온 8~12℃인 때가 채묘 시기
② 채묘장은 어미들이 많이 서식하는 곳으로 외해의 영향을 많이 받으며 비중이 비교적 높고 저질은 암초 또는 사력질로 된 수심 6~10 m 되는 곳
③ 부착 기질은 산포도 덩굴, 팜 코드, 패각, 말목 및 시멘트 등인데, 해수에서 쉽게 변질하지 않아야 함

6) 양성

(1) 중간 양성

① 자연 상태에서 채묘한 우렁쉥이는 내만으로 옮겨 부착 생물이 적은 수층에 수하 관리

② 26℃ 이상 또는 담수 직접 영향 → 대량 폐사(양성장 선정이 대단히 중요)

③ 인공 종묘 생산으로 부착이 끝난 채묘기는 중층이나 저층 가까이 수하하는 것이 안전

④ 여름이 지나면 부착한 우렁쉥이는 2 cm 크기로 성장하며 양성용 종묘로 사용

(2) 본양성

① 우렁쉥이는 여과 섭식 동물로 부착 생활

② 해수 중에 자연 발생하는 먹이를 먹고 성장하며 수하식 양성에 적합

③ 양성장은 육수의 영향을 직접 받지 않고 수온이 26℃ 이하인 곳으로 먹이가 많이 발생하는 곳

④ 로프식 뜸틀에 양성용 수하줄을 매달며 수하 시기는 가을이고 수하 수층은 성장이 빠른 수심 5~10 m 사이

⑤ 수하줄은 길이가 약 2 m로 수하줄에 부착한 우렁쉥이는 수확할 때 기준으로 하여 한 줄에 100개체 내외

⑥ 양성 방법은 시멘트 블록을 투입하는 양성, 말목을 침설하는 양성 및 수하 양성

⑦ 굴 수하 양성 시설과 같이 양성하면 굴 성장에 이용되지 않는 깊은 수심을 이용할 수 있기 때문에 바다를 입체적으로 이용

그림 7-10. 비정상적인 우렁쉥이의 수하연

그림 7-11. 상품 크기로 성장한 우렁쉥이

6. 갯지렁이

1) 생물학적 특징

① 갯지렁이류는 생활사가 비교적 짧고 번식력이 강함

② 해양의 풍부한 2차 생산자 역할

③ 섭취 활동을 통하여 저질의 유기 성분을 변화시켜 저질을 정화

④ 해양 오염의 지표 생물로 이용

⑤ 저서 어류의 주된 먹이 및 낚시 미끼로 어민 부업의 대상

⑥ 갯지렁이류는 남획으로 인하여 생산량 감소 추세

⑦ 우리나라에서 산업적으로 중요한 갯지렁이는 두토막눈썹참갯지렁이, 바위털갯지렁이, 넓적발갯지렁이, 털보집갯지렁이

⑧ 두토막눈썹참갯지렁이는 갯지렁이류 중에서 수출량이 가장 많은 종

⑨ 갯지렁이류는 몸체를 절단해도 절단된 부분에서 재생되는 원기가 관찰되며 정상적으로 재생이 되지만 재생력이 미약함

2) 분류 및 서식지

① 두토막눈썹참갯지렁이는 환형동물문 다모강, 유재목, 참갯지렁이과에 속하며 흔히 청충이라고 함

② 조간대, 기수 지역, 외해까지 우리나라 전 연안에 다양하게 분포

③ 자연 상태에서 두토막눈썹참갯지렁이 서식 지역의 저질 입도 조성은 점토질 실트, 사질 실트, 실트 등으로 두토막눈썹참갯지렁이는 펄질에 서식함

3) 성숙과 산란

① 두토막눈썹참갯지렁이의 산란기는 6~9월로 기간이 짧음

② 자연 상태에서 산란이 끝나는 10월 말부터 가온한 20℃와 25℃ 실험구에서 3개월 정도 지난 이듬해 2월부터 산란 개체가 출현함

③ 두토막눈썹참갯지렁이를 양식할 경우, 가온 처리에 의해 연중 채란이 가능

④ 두토막눈썹참갯지렁이의 산란량은 48,600~356,000개

⑤ 수정란은 담록색, 크기는 220 ㎛로 분리침성란

⑥ 암수 구별은 체색이나 체절수와 같은 외형상의 특징으로는 구분 불가능

⑦ 두토막눈썹참갯지렁이 어미는 성숙하면 변태를 하게 됨

⑧ 성숙한 개체의 다리는 더 비대해지고 부채 모양으로 펴져서 수면을 헤엄쳐 다님

⑨ 생식형 암컷의 69%는 1차 산란이 끝나면 폐사하나 3차까지 산란하는 개체도 30% 정도 됨

표 7-6. 두토막눈썹참갯지렁이의 난 발생 및 부화까지의 소요시간

발생 단계	경과 시간
수정란	0
젤리층 형성	0.08
제 1극체	2.17
2세포기	4.5
4세포기	5.3
8세포기	6.0
16세포기	7.3
32세포기	8.0
상실기	10.0
전기 담륜자기	23.0
후기 담륜자기	41.0
부화	56.0

4) 유생 사육

① 수정 후, 2시간이 지나면 극체가 방출되고 23시간에는 전기 담륜자 유생이 되어 젤리층 안에서 회전 운동을 함

② 40시간이 지나면 담륜자 유생이 되어 안점이 출현

③ 그 후 몸의 양쪽에 측각의 원기가 생기며 56시간 만에 부화되어 젤리층을 뚫고 나옴

④ 부화 유생은 기어 다니기도 하고 유영하기도 하지만 하루 정도 지나 평균 2개의 체절이 되면 저질 위를 다니며 먹이 섭취

⑤ 부화한 12일에는 10체절, 23일에는 19체절(체장 3.0 cm)로 성장

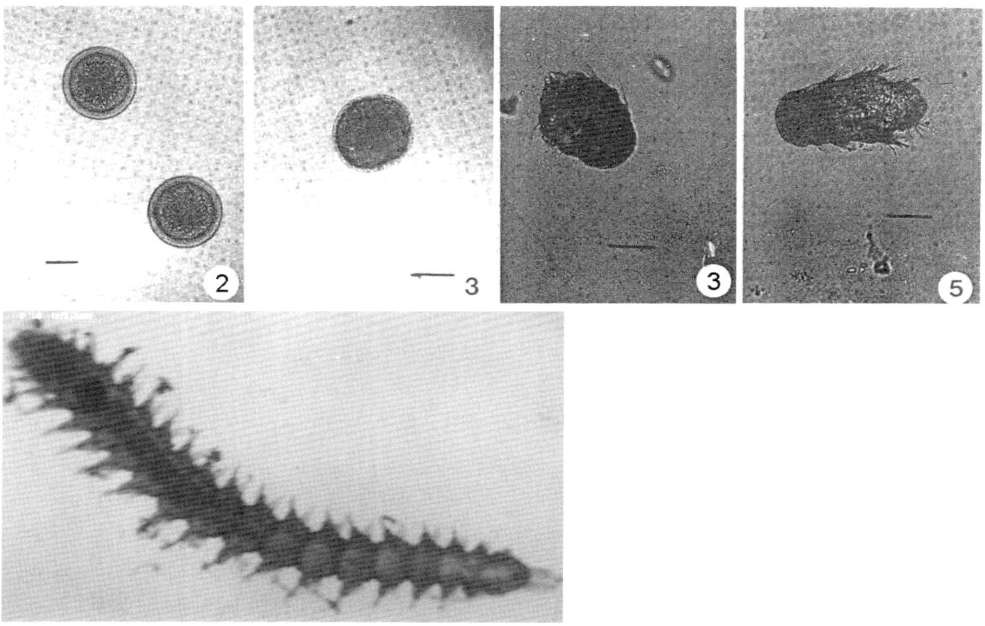

그림 7-12. 두토막눈썹참갯지렁이의 난 발생 및 치충 성장

5) 사육 관리

① 잡식성인 갯지렁이류는 저서 동물, 해조류, 유기물을 저질과 함께 닥치는 대로 섭취

② 먹이별 성장 및 생존율은 분말 사료를 공급한 실험구에서 일간 성장율과 생존율이 각각 0.79와 90%로 가장 좋음

③ 수온 5～30℃에서 100% 생존(72시간 실험)

④ 10～40℃에서 24시간 생존

Ⅷ 해조류

① 세계적으로 양식되고 있는 해조류 : 90여종 → 주요 생산국은 중국, 인도네시아, 필리핀, 대한민국, 북한, 일본, 말레이시아 → 중국 해조 생산량(세계의 절반 이상) → 우리나라의 해조류 양식 생산량 전국 대비 전라남도 생산량은 80% 이상(과제 : 연도별 해조류 생산량) → 주요 양식종은 김, 미역, 다시마, 톳, 파래, 매생이, 청각, 모자반, 개꼬시래기, 우뭇가사리, 쇠미역, 미역쇠 등으로 우리나라에서 양식 또는 시험 양식되는 해조류는 24종

1. 해조류의 산업적 특징

1) 산업적 배경

① 종자 산업 : 국제 식물 신품종 보호 조약에 따라 우리나라도 2012년부터 해조류를 포함한 수산 식물의 신품종 보호 제도 실시로 인한 수산 식물 종자 산업이 중요

② 양식 산업 : 고소득 해조류의 양식 생산

③ 식품 산업 : 해조류를 이용한 다양한 식품, 식품 첨가제, 음료, 주류, 사료 첨가제

④ 의약 보건 산업 : 해조류의 생리 활성 물질을 이용한 의약 보건용 소재와 제품, 비만 치료제, 식이 요법제, 해조욕 요법

⑤ 화학 산업 : 해조류의 성분을 이용한 고분자 재료, 시약류, 바이오센서, 미용· 화장품, 생활 용품, 생물 농약, 비료, 펄프 및 종이, 섬유

⑥ 환경 산업 : 해조류를 이용한 연안 생태계 복원과 바다숲 조성·관리 및 수산 자원 회복, 연안 수질 정화, 이산화탄소 저감

⑦ 바이오 에너지 산업 : 해조 바이오 연료, 해조류의 이산화탄소 저감 청정 개발 체제 인증

⑧ 해양에서 빛의 투과는 수심이 깊어질수록 그 양이 감소하고, 파장도 선택적으로 흡수

⑨ 해조류의 분포 : ❶ 수심이 얕은 곳(녹조류, 갈조류) ❷ 깊은 곳(홍조류) → 광합성 색소인 엽록소, 카로티노이드, 피코빌린 등의 색소 조성 차이에 의함

⑩ 식물의 광합성 : 이산화탄소 → 탄수화물을 만들어내는데 ❶ 탄수화물 중에서 가장 유용한 것은 다당류 ❷ 엽체의 골격을 이루는 골격 다당류 ❸ 세포와 세포사이에 들어있는 점질 다당류 및 저장성 다당류로 나눌 수 있음 ❹ 해조류는 점질 다당류 ❺ 홍조류에서 추출한 한천, 카라기닌, 푸노란, 포르피린 ❻ 갈조류의 알긴산, 푸코이단, 라미나란

⑪ green tide : ❶ 조간대에서부터 얕은 바다까지 한 종류의 녹조류가 대량 발생하는 현상 ❷ 갈파래 종류를 포함하는 녹조류의 대번식은 세계적으로 자주 발생(제주도) ❸ 특성 : 햇볕에 강하고, 성장 속도가 빠르며, 해조류 서식지 덮어버림 → 대량 발생은 부영양화된 연안에서 영양염을 흡수하여 성장한 결과

2) 해양의 기초 생산

① 해양 식물은 식물 플랑크톤과 녹조류, 갈조류, 홍조류 및 거머리말 등의 해초류(해산현화 식물 종류)로 나눔

② 해양 식물의 기초 생산은 태양 빛에너지의 광합성 작용으로 이루어짐

③ 저서 해조류는 조간대 하부와 조하대 상부에 종별로 환경에 맞는 생육대에 밀집하여 서식

④ 조하대(저조선 아래의 해수에 항상 잠겨 있는 곳)

⑤ 바다숲 : ❶ 어패류의 먹이원 ❷ 서식 공간

3) 서식과 환경 변화

① 내만과 연안에 서식하는 해조류 → 인간 활동의 영향 → ❶ 하천수는 비료, 농약, 생활하수, 공장 폐수 등 해조류에 유해한 성분 함유 ❷ 매립, 항만 건설, 환경 변화와 조식동물에 의한 해조류 서식지 감소 등으로 무절석회조가 암반을 뒤덮어 바다숲이 사라짐 → 이러한 갯녹음 현상은 바다숲을 이용하는 생물 자원을 감소

4) 연안 환경 정화

① 해조류 : ❶ 엽체에서 질소, 인 등의 영양염 흡수 ❷ 광합성과 호흡에 의해 이산화탄소

의 고정과 방출 및 산소의 소비와 생산 → 양식장 등의 연안 환경 정화에 이용 가능 : 홍조류(김, 진두발, 꼬시래기, 개도박), 갈조류(다시마, 미역 모자반), 녹조류(갈파래의 수질 정화 능력 우수) → 이 목적으로 이용되는 해조류는 ❶ 배양, 양식 및 수확이 쉽고 ❷ 분포역이 넓고 ❸ 성장 속도가 빠르며, ❹ 영양염 또는 이산화탄소의 흡수 속도가 빠르며 ❺ 스트레스에 강하고 ❻ 수확 후 경제적 가치 등이 필요

5) 용어 정리

① 과포자 : 홍조류의 암배우체에서 수정하여 만들어지는 포자로 핵상이 2n → 방출되면 발아 과정 거쳐 사분 포자체 : 김은 조가비에 잠입하여 사상체로 성장 : 과포자낭에서 만들어지며, 이들이 있는 엽상체를 과포자체

② 구상체 : 홑파래의 경우에 방출된 배우자들이 접합하여 접합자가 되고, 편모는 떨어져 침강 → 다음에 둥글게 자라 많은 포자를 만들며, 환경 조건 악화시 휴면

③ 결합수 : 토양이나 생물체에는 결합수와 유리수가 존재 → 두 가지 구별 곤란 : 세포질 내에 많이 존재하는 유리수는 이동이 자유롭고 수분 함유량 변동이 많지만, 결합수로 존재하는 물은 변동이 없음. 즉, 단백질에서 결합수로 존재

④ 유주자 : 무성 생식을 하는 포자, 얇은 유주자낭에서 만들어지나, 미역의 경우에는 포자엽(성실엽 또는 미역귀)에서 자람. 파래류에서는 유주자가 직접 새로운 개체로 자라기도 하지만, 미역이나 다시마의 경우는 암·수배우체로 자람

⑤ 엽상체 : 해조류는 식물체의 각 부분이 확실하지 않고, 기능적인 분화(잎은 광합성, 줄기는 지지, 뿌리는 흡수)가 애매

⑥ 1차 생산자 : 클로로필을 가지고 광합성을 하여 무기물을 유기물로 변환시키는 생물체 : 화학 합성을 하는 박테리아를 제외하면, 모든 생물은 1차 생산자와 먹이 그물로 연결. 해양의 1차 생산자는 식물 플랑크톤(phytoplankton)과 해조(seaweeds), 종자식물인 해초(seagrass, 잘피류)

⑦ 중성 포자 : 홍조류(김류)에서 체세포 구성 세포가 떨어져 새로운 개체로 자라는 경우

⑧ 복합 양식 : 양식장 배출수 오염의 해결책으로 자연 생태계의 원리를 적용한 해양 생물의 혼합 양식

⑨ 식물 공장 : ❶ 통제된 일정한 시설에 LED 조명, 온·습도, 이산화탄소 농도, 배양액으로 식물이 자랄 수 있는 환경 조건을 조성 → 극한 조건이나 장소에 관계없이 안정적으로 식물을 생산하는 시스템 ❷ 인위적인 환경 조성 → 식물을 공산품처럼 생산하는 시

스템 ❸ 온도, 냉·난방, 습도, 환기를 기계 설비로 조절하고 파종·이식·접목·수확·선별 포장에 이르는 모든 생산 라인이 자동화

2. 김

》 김 : https://www.youtube.com/watch?v=AJJ7nSe8iiw
김 종묘 생산 : https://www.youtube.com/watch?v=AJJ7nSe8iiw

1) 생물학적 특징

① 우리나라에는 16종
② 양식의 주종은 참김이었으나,
③ 번식력이 강한 방사무늬김 위주로 양식
④ 참김과 방사무늬김에서 선발 육종된 품종 : ❶ 생산성이 높고 ❷ 병해에 강하여 ❸ 양식 대상 종으로 선호도가 높음
⑤ 1980년대 후반부터 잇바디 돌김, 모무늬 돌김 양식
⑥ 조기산으로 잇바디 돌김, 만기산으로 모무늬 돌김 사용

그림 8-1. 김 엽체와 돌김의 암반 서식

2) 생활사

(1) 참김

① 엽상체는 12월에 출현하여 1월부터 3월까지 활발하다가 4월부터 사라짐
② 엽상체는 암수 한몸이나 소수의 경우 배우체 세대(정자만 만드는 수배우체)가 있음

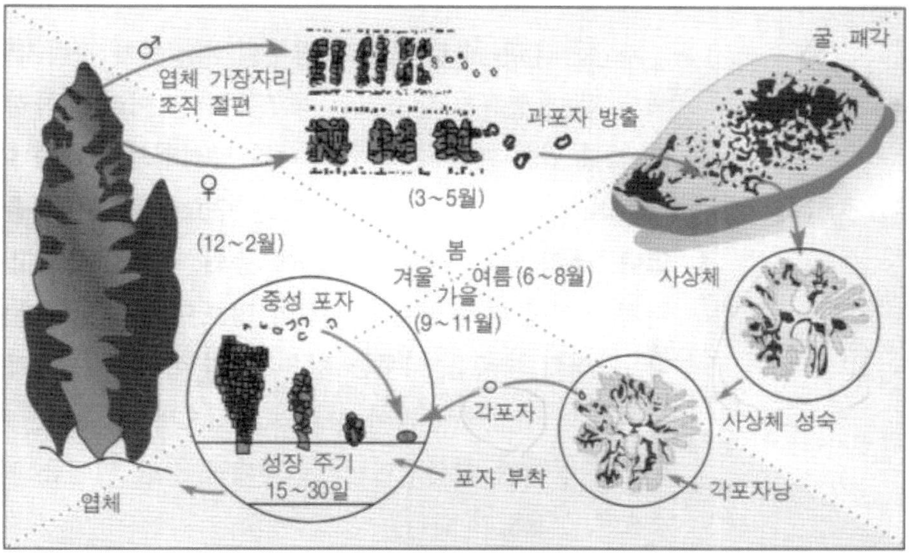

그림 8-2. 김의 생활사

③ 성숙한 조과기는 정자와 수정하여 과포자가 되고 성숙하면 방출됨

④ 과포자는 해저의 조가비 진주층 속에서 사상체로 성장하며 여름철 고수온기를 보냄 (포자체 세대)

⑤ 수온 24℃ 이하에서 사상체에서 각포자 방출 → 부착 기질에 붙어 엽상체로 성장

⑥ 중성 포자는 유아기(엽장 1 ㎜ 이하)에 엽상체의 가장자리에서 탈락되는 배우체인 엽상체와 포자체인 사상체가 교대하는 이형 세대 교대형의 생활사를 가지며 엽상체를 식용으로 함

(2) 방사무늬김

① 엽상체는 12월에서 1월에 출현, 5월까지 활발, 7월에는 사라짐

② 암수한몸, 간혹 수배우체 출현

③ 이형 세대 교대형의 생활사

④ 엽상체가 성숙 → 세포 탈락 부분이 방사 빗살무늬가 특징

(3) 잇바디돌김

① 12월에 출현하여 4월에 사라짐

② 중성 포자 방출은 거의 없음

(4) 모무늬돌김

① 12월에 출현, 4월까지 활발, 6월에 사라짐

② 암수 딴몸

③ 중성 포자 방출 안함

④ 엽상체가 성숙 → 세포 탈락 부분이 네모 모양

(5) 긴잎돌김

① 12월에 출현, 4월에 사라짐

② 중성 포자 방출 안함

③ 잇바디돌김과 매우 비슷

④ 울릉도와 동해안 조간대 암반

3) 종묘 생산

(1) 김 양식은 우량 종묘의 확보에 좌우 → 모조(성숙한 우량 엽상체)에서 과포자를 받아 유리 사상체(무기질 사상체라고도 함)를 배양하여 보존

(2) 채묘(각포자 붙이기와 발아) :

① 자연 채묘법(자연 채묘장에 발을 설치 → 자연적인 각포자 착생)

② 인공 채묘법(배양한 조가비 사상체 → 각포자 방출 조절, 즉 채묘 시기 조절) : 현재 인공 채묘법 이용

③ 채묘 장소에 따라

■ 육상 채묘(실내 채묘) : ❶ 물레식 채묘(회전식 장치를 이용, 일반적으로 사용)
❷ 교반식(통기식) 방법
❸ 유수식 방법

■ 해상 채묘(야외 채묘) : ❶ 봉투식 채묘(대봉투식과 소봉투식으로 나눔, 장점 : 1회에 대량 채묘 가능, 각포자의 손실 없음, 각포자 부착 밀도 조절, 식해 생물부착 감소)
❷ 수조식 채묘(해상에 수조 장치 시설)
❸ 수하식 채묘

(3) 조가비 사상체 만들기

❶ 엽상체 방출 과포자의 발아 후 조가비에 잠입한 사상체를 이용 ❷ 유리 사상체를 가정용 분쇄기로 30초 정도 잘게 갈라 조가비에 이식하는 방법(우량 품종의 선발과 관리의 편리성이 좋아 일반적으로 사용)

(4) 조가비 사상체 배양은 조가비의 설치 방법에 따라 ❶ 평면식 배양법과 ❷ 수하식 배양법으로 나눔

(5) 배양 조건

① 광선의 밝기 조절 : ❶ 빛의 종류, 주변 여건, 계절과 날씨에 따라 변함

② 적절한 수온 유지 : ❶ 사상체는 내온성이 강함

❷ 조가비에 과포자 부착(10~15℃ 유지) 및 25℃ 이하로 관리

❸ 사상체의 성장 조절 온도(25℃ 이하)와 각포자 방출 온도(23℃ 이하) 관리 철저

③ 비중 관리 : ❶ 과포자 붙이기와 잠입 기간 초기의 비중은 1.020~1.024 ❷ 수온 상승기에도 1.025 이하로 유지

(6) 각포자 방출

① 사상체가 각포자낭 만들기 시작하는 시기는 고수온기인 여름

② 25℃ 이하 하강 시기에 각포자낭 분열 → 각포자 → 방출 구멍 형성

③ 각포자의 방출량은 21~22℃에서 최고

④ 각포자 방출 억제법 : ❶ 고비중 처리(1.040~1.050에서 10일) ❷ 습도 처리(촉촉한 상태로 1주일) ❸ 암흑 처리 ❹ 고열 처리(27~28℃) ❺ 연속 명기 처리 ❻ 냉장 처리(0~5℃, 채묘 4일 전 정상 배양하여 채묘)

⑤ 각포자 방출 촉진법 : ❶ 저온 처리(채묘 8일 전에 10~15℃ 촉촉한 상태 7일) ❷ 단일 처리(채묘 1주일 전 명기 8시간, 암기 16시간) ❸ 물갈이 처리(채묘 전 25℃ 이하 해수 2일 환수) ❹ 동결 처리(비닐 주머니에 사상체 조가비 밀봉 → -10℃ 이하 보존 → 채묘 4일 전 해동하여 채묘)

(7) 중성 포자에 의한 번식 방법

① 김의 생활사 : ❶ 엽상체 → 과포자 방출 → 사상체 → 각포자 방출 → 새로운 엽상체 ❷ 어린 엽상체 → 중성 포자 방출 → 엽상체가 되는 영양 번식과정(중성

포자 사용한 김양식에서 다회 수확 → 중성 포자에 의한 영양 번식과 수확시 남은 엽상체의 영양 생장 때문)

(8) 냉장 김발(저온에서 건조 내성이 강한 어린 싹을 장기간 보존하여 양식에 사용 가능한 특성을 응용)의 활용

❶ 갯병, 태풍 등의 재해에 능동적 대처 가능

❷ 양식 기간이 연장됨

❸ 착생한 식해 생물 구제

❹ 생산량 증가에 필수적

❺ 질 좋은 김 생산

① 냉장 김발의 냉장 시기 : ❶ 수온 13~18℃ ❷ 건강한 싹(건묘)이 부착한 김발 선택

② 냉장 조건 : ❶ 건전도 ❷ 크기 ❸ 부착 밀도 ❹ 함수율(20%) ❺ 싹의 크기(3 cm), 부착 밀도(300개/cm) ❻ 싹이 클수록 손상 가능성 ❼ 밀도 높을수록 질병 및 활력 감소

③ 냉장 김발의 설치 : ❶ 냉장 보관 김발을 출고 4시간 이내에 어장에 설치 ❷ 3~5 cm 싹은 1~2월에 설치 ❸ 3 cm 이상의 싹은 손상 가능성 크지만 20일 이내에 채취 가능 ❹ 발을 설치시 병해 질병 원인 제거 및 질병시 밀도 낮은 김발이 유리

④ 양성

❶ 수온, 비중, 광선, 영양염이 중요 요인 ❷ 김의 성장기 수온은 15℃ 이하, 최적 수온은 5~8℃, 4℃ 이하에서는 생장 늦음 ❸ 비중은 1.018~1.025 ❹ 중성 포자는 23℃ 이하에서 김발에 부착하여 유엽으로 성장

(9) 뜬발 양식

① 뜬발 양식은 김발을 항상 뜨도록 함

② 광합성 조건을 최대로 만들어 김 엽상체의 성장을 촉진시키는 양식 방법

③ 늦가을에서 초겨울에 3회 정도, 어장의 성기에 4회 정도 김을 채취했을 경우, 새로운 냉장 김발과 교체해야함

④ 한번 채취한 김발로 전 어기 동안 양식할 수 없음

⑤ 건강한 성장과 품질 향상위해 하루 4시간 노출

⑥ 양식 시설 고정하기에 단단한 저질과 수심 4~50 m 범위 가능

⑦ 뜬발은 새싹의 증가를 기대할 수 없음(부착 생물 피해 고려)

⑧ 냉장발의 개발에 의해서만 특성 발휘됨

4) 마른 김 만들기와 보관

(1) 마른 김 제조 과정

"뜯기 → 세척 → 자르기 → 김뜨기 → 건조 → 결속 → 위판"의 제조 과정이 "뜯기 → 임가공 → 위판"으로 축소

(2) 김뜯기(김 채취)

① 초사리 김채취 : ❶ 채묘 후 50일 전후(45~60일) 가능 ❷ 초사리 김은 갯병의 위험 → ❸ 일찍 채취 → ❹ 이후에는 3주 간격 채취

② 김발 잡물 제거

③ 엽상체 기부에서 3~5 cm 남기고 상부 채취

(3) 마른 김 만들기

① 채취한 원조 → ❶ 잡태(주로 파래) 혼입도 구별 → ❷ 민물 세척 → ❸ 전자동 마른 김 기계 사용(3,000~5,000장/시간) → ❹ 제조

② 제조 과정 : 생김 → 교반 수조 → 해수 세척기 → 세단기 → 민물 세정기 → 숙성기 → 농도 조절기 → 전자동 마른김 제조 기계(초제 → 압착 탈수 → 건조 → 김때기(박리) → 선별(기) → 계수(기) → 결속(기) → 보관

(4) 보관과 열처리(화입)

① 마른김은 장기 보관 → 품질 유지 필요

② 열풍 건조 김 : 함수율 10~15% 이상

③ 변질 : 광선, 온도, 습도 영향 → 변질 방지 : 광선과 공기 차단

④ 열 처리로 마른김의 함수을 5% 이하로 저감

⑤ 라미에이트 봉투에 밀봉

TIP 해조의 부착 기질에 따른 양성 방법

① 해조는 바닥이나 암반에 붙어 사는 저서 생물

② 조간대 서식 엽상형 해조(김, 홑파래, 파래, 매생이) : 그물망에 포자를 붙여 노출

③ 미역, 쇠미역, 다시마 : 로프 수하식(항상 해수에 잠기는 형태)

④ 우뭇가사리 군락 조성과 해조숲 조성 : 자연석이나 인공 암초 조하대 투석 → 해조 착생

5) 사상체 만들기

(1) 조가비 사상체

① 방출된 과포자를 피펫으로 조가비 석회질 위에 뿌림 → ② 수온 15~20℃, 조도 500~2000 lux → ③ 3일 후 천공 확인 → ④ 새로운 해수에서 배양 → 조가비는 부착 생물 등 잡물 제거 후 멸균 사용

(2) 유리 사상체

① 20 ㎤ 시험관에 10 ㎤ 정도 배양액을 넣어 과포자 현탁액 주입 → ② 2주 후 시험관 벽면과 바닥에 발아한 사상체 육안 확인 가능 → ③ 부착한 사상체를 플라스크 배양 → 배양 방법 : ① 정치 배양법 ② 통기 배양법 ③ 진탕 배양법

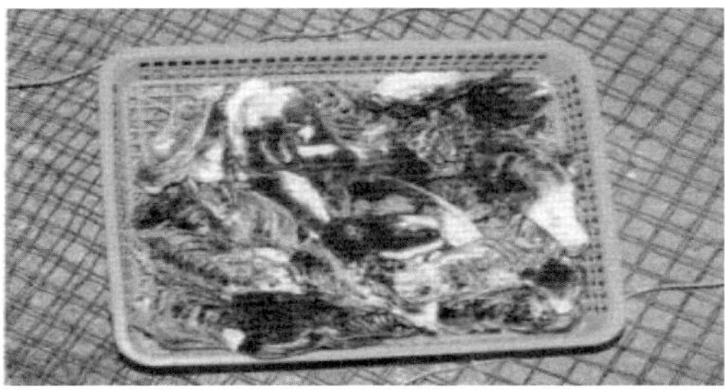

조가비 사상체

유리 사상체

그림 8-3. 사상체 배양

그림 8-4. 냉장발을 전개한 김 양식장

(3) 배양 조건

① 조가비 사상체와 유리 사상체, 엽상체의 배양액 : PES (Provasoli's Enriched Seawater) → ② 수온 18~23℃, 광주기(LD=14 : 10), 조도 1,000~2,000 lux → ③ 2개월 후 조가비 사상체는 반점상, 유리 사상체는 덩어리 모양이 됨 → ④ 배양액의 교환 2회/1개월) → ⑤ 유리 사상체는 200~300 ㎛의 크기로 절단하여 배양(배양액에 1~5 ppm의 이산화게르마늄(GeO_2)를 첨가 → 규조류 증식 억제)

수중에 노출된 김발

김발 뒤집기

그림 8-5. 뜬발 양식

TIP

김 양식은 자랑스런 대한민국에서 550년 이전에 전라남도 광양만에서 섶꽂이 방법으로 세계에서 처음 시작 되어 일본의 김 양식 보다 200년 빨랐던 것으로 추정

① 섶 양식 : 김 양식을 하는 가장 원시적인 방법

② 떼발(염홍)은 대쪽으로 발을 엮어서 한쪽은 말목에 고정시키고 다른 한쪽은 물 표면에 떠서 움직이므로 김 부착층이 수평으로 떠 있을 때에 각 포자가 골고루 잘 붙을 뿐만 아니라, 수위의 상하에 따라 부동을 많이 하는 쪽의 김 성장이 빨라져 생산량이 향상되는 반부동식발

③ 뜬발은 조석으로 인한 수위의 변동에 따라 노출 시간을 조절할 수 있게 고안된 것으로 지네발, 세울발과 서선형 지네발(서선형 부홍, 엘리베이터발)로 개량

④ 그믈말(망홍)은 일본에서 새끼에 김이 붙어 자라는 것을 보고 노출을 없애고 수면을 수평으로 활용하려는 목적으로 시작 → ① 재질 합성 섬유 ② 말목을 이용한 부동식발(반부동부류식발) ③ 뜬흘림발(부류식발)

⑤ 무노출 뜬흘림발(1970년대 보급) → 노출 방식을 여러 형태로 고안 → 전라남도 완도 지역에서 그물 밑에 30 cm의 스티로폼을 매달아 그물말을 상하로 뒤엎는 방식으로 노출 시간을 조절할 수 있는 독창적 방법 → 뒤집기식 개발

TIP 김의 갯병

① 기생성 갯병(붉은갯병, 호상균병, 사상세균 부착증, 녹반병, 구멍갯병)
② 생리적 갯병(흰갯병, 의사흰갯병, 삭갯병, 암종병, 쪼그랑병, 동상)
③ 수온 12℃ 이상인 ① 11~12월 또는 2월 중순 이후 ② 날씨 온화 ③ 바람 없고 ④ 많은 비로 토사물 흘러온 뒤 ⑤ 노출과 광선 부족 ⑥ 고염분 ⑦ 물이 정체 ⑧ 오폐수 ⑨ 노출 과다 ⑩ 추위 장기간 노출 → 발생 쉬움
④ 냉동 보존 시(함수율 20~30%) ① 호상균은 장기간 생존 ② 붉은갯병균은 2주 후 사멸

TIP 엽상체의 육안 관찰(외부 증상)

① 붉은 갯병 : ① 미소한 붉은 쇠녹색 둥근 반점 → ② 환부 5~20 mm 정도 원형 반점 → ③ 환부 가장자리는 붉은색 ④ 중앙부는 청녹색, 녹황색, 담황색 ⑤ 중앙부는 탈락후 구멍
② 호상균병 : ① 엽상체의 각 세포에 기생 → ② 환부가 불확실 → ③ 400배 대안렌즈 당 호상균 100개 이상 : ❶ 엽상체 끝부분이 황록색이 되어 유실 → ❷ 전체 녹백색

3. 우뭇가사리

〉〉 https://www.youtube.com/watch?v=LboCcLwaP6k

1) 생태

① 우뭇가사리류는 진정홍조아강의 우뭇가사리목의 우뭇가사리과
② 우리나라 서식종
❶ 우뭇가사리속 : 산업적 중요종
❷ 개우뭇가사리속
❸ 새발속
③ 우뭇가사리와 유사종의 구별 : ❶ 내부 형태에 사상 조직이 있어 ❷ 가지가 길이로 찢어지는 특징 ❸ 유사한 종들은 쉽게 끊어짐
④ 개우무류는 사상 조직은 있으나 생식기 모양 다름
⑤ 우뭇가사리 : ❶ 동형 세대 교번 ❷ 다년생 해초 ❸ 엽상체는 한천 원료 ❹ 조하대 수심 5 m 이하 지역에 군락 ❺ 여름 장마철 이전 수확

2) 생물학적 특징

① 한천 원료로 사용

② 부착기는 매우 가는 실 모양이고 가는 실에서 새싹이 나옴

③ 크기는 12～15 cm

④ 생식 세포는 가시 모양의 매우 작은 가지에 모여 생김

⑤ 사분 포자낭(tetrasporangia)은 주걱 모양으로 납작하게 된 작은 가지에 모여 생김 → 사분 포자 가지(stichidia)

⑥ 외해의 영향을 받는 암초 지역에 군집

⑦ 서식 수심 : 저조선 주변 2～5 m 수심

⑧ 우뭇가사리의 바위 닦기(갯닦기) : 7～8월

3) 생활사

① 암·수 배우체(n) → 난자와 정자 생성 → 정자가 암배우체에 도달 → 난자와 수정 → 수정한 암배우체 → 과포자체(2n) → 성숙하면 과포자 방출 → 방출된 과포자 → 기질에 착생 → 사분 포자체로 성장 → 사분 포자체 → 감수 분열 과정을 거친 사분 포자(n) 방출 → 새로운 암·수 배우체로 자라는 생활사 반복 : ❶ 겨울에서 초봄 : 암·수 배우체가 많고 ❷ 봄에서 초여름 : 성숙한 과포자체가 많이 나타남

② 자연 상태 : 유성 생식보다는 포복지에 의한 무성 생식이 활발함

③ 암수 배우체(gametophyte)가 따로 있고

④ 유성 생식 → ❶ 과포자 → ❷ 과포자 발아 → ❸ 사분 포자체(tetrasporophyte) → ❹ 사분 포자(tetraspore) → ❺ 암수 배우체로 발아 : 동형 세대 교번(암수의 형태가 육안적으로 동일)

⑤ 포자 번식(과포자, 사분 포자)과 영양 번식(포복지, 재생)

⑥ 다년생

(1) 포자 번식

① 포자 방출 : 5～11월(성기는 여름, 수온 21～27℃)

② 포자 방출은 저비중에서 매우 적음(발아체 성장도 저해)

③ 성장 적수온 : 10～20℃

④ 성장 저해 요인 : ❶ 저비중 ❷ 모래나 펄의 퇴적 ❸ 해적 동물의 식해

(2) 영양 번식

① 포복지(stolon) : ❶ 직립체 하부에 실 모양 포복지 → ❷ 새로운 직립체 생성 → ❸ 번식

② 재생 : ❶ 우뭇가사리는 재생력이 뛰어남 → ❷ 재생력을 이용하여 번식

4) 자원 조성

(1) 투석에 의한 우뭇가사리 군락 조성

① 투석 적지

❶ 평균 수온 10~20℃ ❷ 비중 1.015 이상 ❸ 담수 유입 없는 곳

② 우리나라에서 우뭇가사리 양식은 자연에서 우뭇가사리 군락이 형성되는 것에 의존

③ 해조의 부착면 확대 방법 : ❶ 투석 ❷ 바위닦기(잡초 제거)

TIP 꼬시래기 천연 한천 제조

① 한천의 품질 향상

② 수율 증가 → 우뭇가사리류를 원조로 하면서 유사종을 배합조로 사용 → 꼬시래기류도 배합조 또는 단독으로 사용

4. 톳

》》 https://www.youtube.com/watch?v=IVV1I1KKVio

1) 생물학적 특징

① 톳은 우리나라 남부 이남의 수역에 분포

② 제주도와 남서 해역이 주산지. 제주에서는 예부터 식용으로 이용, 근래에는 이 식물체에 많이 함유되어 있는 항산화제가 알려지면서 식품으로서의 가치가 더 높아짐

③ 국내의 소비보다는 수출량이 훨씬 많으며, 수요 증가로 인하여 주요 양식 대상종이 됨

④ 갈조 식물의 모자반과 유성 세대만 있는 다년생 해조류

⑤ 생식의 두 가지 방법 : ❶ 정자와 난이 수정하여 새 개체를 만드는 유성 생식 ❷ 포복지에 의해 새 개체를 만드는 영양 번식

⑥ 톳의 수명은 보통 3년 이상으로 알려져 있는데, 엄밀히 말하면 포복지에 의한 영양 번식만을 매년 되풀이 하고 있는 셈

⑦ 우리가 이용하는 톳은 배우체 세대, 암수 이주의 성 세대만이 존재하는 다년생 해조류, 체장은 1～2 m

⑧ 방출된 알과 정자는 수정하여 발생을 시작하는 어린 배가 가근 세포로 착생, 여름에 유체로 자람

⑨ 가을이 되면 육안적인 크기의 유체가 나타나 겨울철에 들어가면서 성장을 시작 3, 4월에 왕성하게 자라 성체가 됨

⑩ 조체는 외줄기이지만, 여러 개의 줄기를 가지는 것도 나타남

⑪ 5, 6월에는 성숙하여 알과 정자를 방출하면 점차 엽상체는 소실되고, 뿌리 부분만 남음

⑫ 가을에는 남아 있던 뿌리 부분에서 포복지가 3, 4개 생기게 되면, 끝 부분에서 직립지가 생성되어 새로운 톳으로 자라고, 묵은 뿌리 부분은 없어짐

⑬ 자연 상태에서는 유배에 의한 번식보다는 포복지에 의한 영양 번식이 우세

⑭ 암·수 배우체에서 나온 난자와 정자가 접합하여 유배를 만들고 발아하여 새로운 개체로 자라는 유성 생식과 남아 있던 가근부에서 새싹이 나와 새로운 개체로 자라는 무성 생식의 두 가지 생식법

2) 유성 생식

① 자연 생태계의 톳 서식지는 지충이와 혼합 서식하는 경우가 많음

② 새로운 어장을 조성할 때에는 유배액을 밀물 직전에 암면에 살포하면 1년 생 톳의 출현율이 높아질 수 있고, 강한 재생력을 가진 포복지를 이식하는 방법 → 조체가 부착한 돌을 서식지와 같은 수심에 옮기면, 유배 착생과 포복지 재생력의 두 가지 효과 기대

3) 인공 채묘

① 성숙한 모조를 0.5톤 수조에 수용 → 그물코 1 ㎜ 나일론망을 이용 → 엽체는 부유 상태 → 유배만 망 밑에 설치한 채묘틀로 떨어지도록 하여 채묘

② 채묘 수조의 수온은 20～24℃를 유지, 조도는 8,000～15,000 lux

③ 유배의 탈락 정도를 확인하여 70～80%의 유배가 방출되면 엽체는 건져 내고, 채묘틀은 다른 수조로 옮겨 10일 정도 지수 상태에서 공기만 공급

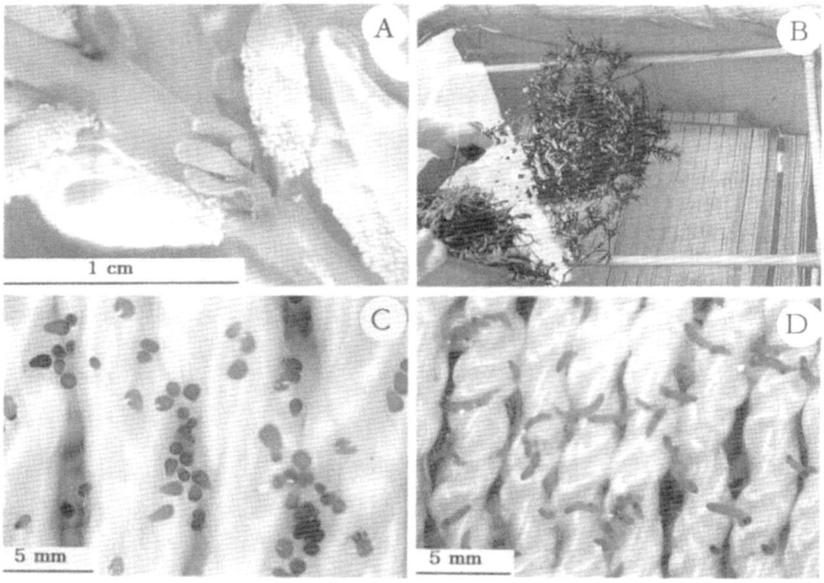

A: 수정란, B: 톳 부착 과정, C: 유배 부착, D: 유배 성장

그림 8-6. 톳 인공 채묘

5. 미역

》》 **미역 종묘생산** : https://www.youtube.com/watch?v=aWJeAnRPeJ0
미역 양성 : https://www.youtube.com/watch?v=0dw0yWt-mXc

1) 생태

① 우리나라 전 연안에 분포 → 외해성 수역의 바위에 부착 : 저조선 이심의 조하대 지역에 분포

2) 생활사

① 미역은 1년생 해조류 : 늦가을부터 어린 엽상체가 나타나기 시작 → 봄부터 초여름까지 성숙 → 포자엽에서 유주자 방출 → 유주자는 바닥에 부착하여 발아, 현미경적인 실모양의 배우체 → 여름철 고수온기에는 휴면 → 가을이 되면 암·수배우체에서 알과 정자가 생겨 수정 → 수정란 발아 → 아포체 → 유엽(어린 엽상체) : 겨울부터 초봄 사이 빠른 성장 → 미역은 포자체 세대와 배우체 세대가 모양이 다른 이형 세대 해조류

3) 성장

① 유주자 방출

❶ 엽상부와 부착부 사이에 주름(포자엽)이 생성 → 유주자낭 생김 → 유주자(봄철 14℃부터 방출 시작 → 미역이 없어지는 22℃까지 계속(17～22℃에서 유주자 방출 최고)

② 배우체의 발아 및 생장

❶ 배우체의 발아와 생장 : 17～20℃에서 가장 활발(27℃ 이상 불가) → 발아 배우체는 23℃까지 생장 → 23℃ 이상 휴면 상태

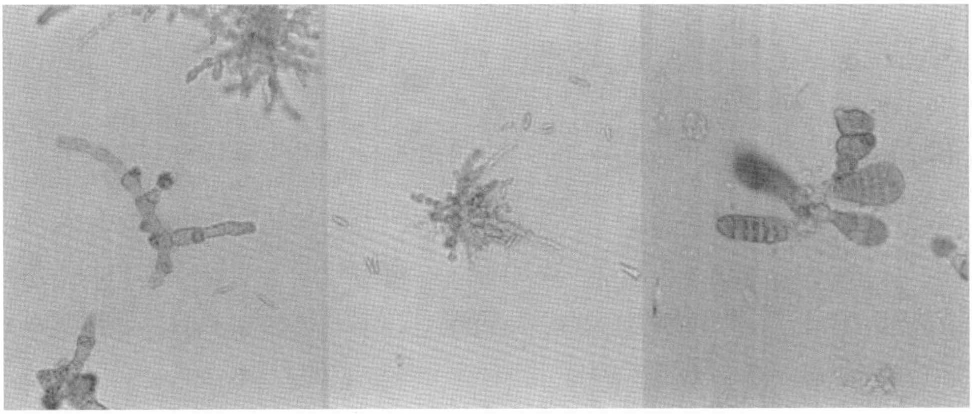

그림 8-7. 미역 배우체와 아포체

③ 아포체와 홑잎으로 된 유엽의 몸 전체가 성장 → 수온 15～17℃ 생장 활발 → 10℃ 이하 늦어짐

④ 조도 : ❶ 고수온 : 약간 어두운 곳(깊은 곳) ❷ 저수온 : 약간 밝은 곳(얕은 곳)

TIP 배우체의 휴면 관리

① 8월 말 수온 하강 시작 → 배우체는 휴면에서 깨어나 성숙이 시작 → 수온 24℃ 이하 : 조도 높여 성숙 촉진

② 물갈이 효과적 : 유수식(급격한 수온 변화 주의)

③ 배우체 배양 기간 : 수온과 배우체의 발육 단계에 따라 조도 조절 : ❶ 채묘틀 상하 교체(배양 초기와 말기 : 5일에 1회, 휴면기 : 10일에 1회) → 유수식은 거름 주기 불필요

4) 종묘 생산

① 미역 양식장은 실내 인공 채묘로 양성된 종묘를 어장에서 단련시킨 다음에 본 양성 → 생미역의 조기 출하 가능(경제성 높음)

(1) 채묘

① 씨줄의 준비 : ❶ 채묘틀에 3～5 ㎜ 간격으로 감고, ❷ 잔털은 불로 살짝 태워 없앰

② 포자엽 선정 :

❶ 포자엽은 충분히 성숙하여 크고 두꺼운 것 : 광택이 있는 다갈색이나 흑갈색, 부드러우며 점액이 많은 것

❷ 포자엽 그늘 말리기(음건) : 공기 중에서 유주자낭에 삼투압의 변화를 주어 일시에 많은 양의 유주자를 방출시키는 목적

❸ 미역의 채묘 : 포자액 1방울(현미경 100배율) → 활발한 유주자 30～50개

(2) 채묘 순서

① 두께 2 ㎜의 합성 섬유 연사를 슬라이드 글라스에 치밀하게 감아 기질판을 제작. 연사는 잔털이 나 있으므로, 슬라이드 글라스에 감은 다음에 불로 약간 그을린 후 수돗물로 헹굼

② 1 L 비커에 멸균한 배양액을 900 ml 넣고, 유주자액을 2～10 ml 가해서 천천히 섞은 다음, 연사를 감은 기질판을 1.5～2 cm 간격으로 평행하게 아래로 늘어뜨려서 유주자를 착생

③ 배양 개시 후 1～2일 이내에 착생한 유주자는 발아관을 내어서 발아를 시작하고, 발아체는 1주간 경과하면 암배우체(2～10개의 두께 15～18 ㎛의 세포에서 되는 사상체)와 수배우체(10～20개의 두께 5～10 ㎛의 세포에서 분자가 많은 사상체)의 구별이 가능함. 약 2주간 후에는 암배우체상에 생란기, 수배우체상에 조정기가 형성되고, 수정한 난세포는 수일 후에는 발아를 개시하여 암배우체 위에 포자체의 유아가 형성됨

④ 배양액은 직사광이 들지 않는 실내의 북쪽의 밝은 창가에 두는 것이 적당함. 유주자 착생 후에는 수온이 24～25℃ 이하의 기간은 조도를 1,000～3,000 lux 정도로, 수온이 24～25℃를 넘는 여름에는 배우체가 휴면하므로 조도를 500 lux 이하가 되도록 조절함. 9월 중순 이후 수온이 23～24℃ 이하가 되면 배우체는 휴면에서 성장, 성숙기로 되므로, 조도를 2,000～3,000 lux로 조절해서 성숙과 포자체의 발아를 촉진함

배양액은 1개월에 한 번씩 교환함

⑤ 10월 하순에서 11월 하순에 1～3 ㎜의 포자체가 생육한 연사를 합성섬유 로프(두께 20 ㎜ 정도)에 감아서 수온이 20℃ 전후에 가이식

(3) 종묘의 배양 관리

① 종묘의 생육 정도에 따라 배양 조건에 차이가 있으며, 배우체로 자라는 시기와 휴면 시기로 나누어 관리

② 배우체로 자라는 시기는 수온에 따라 조도를 2,000～5,000 lux정도로 조절. 야간에는 조명이 필요하지 않음

③ 채묘한 지 1주일 후에 물갈이를 하고, 휴면기에 배우체가 떨어지는 것을 막기 위해서는 초기에 배우체의 세포 수가 암배우체는 3개, 수배우체는 12개로 되었을 때 성장 억제

④ 가이식은 해수의 온도가 21℃ 이하면 씨줄이 틀에 감긴 채로 해면 아래 2～4 m에 수하 → 아포체의 성장을 촉진시키기 위함 → 씨줄이 틀에 감긴 채로 가이식을 하는 것은 씨줄에 번식한 돌말류를 손쉽게 제거

⑤ 가이식은 아포체가 돌말류나 부니에 묻히지 않을 정도의 크기(5～10 ㎜)까지

⑥ 가이식 적지는 조류 소통 원활 → 싹녹음 병해 방지

(4) 종묘의 휴면 시기

① 고수온을 극복하기 위해 휴면 시기는 수온에 따라 다르므로, 수온이 23℃ 이상으로 되지 않도록 배양실 통풍

② 조도는 수온에 따라 1,000 lux 이하로 조절 → 조도 조절 → 배양실 지붕 → 차광막

③ 휴면 중 배우체 탈락 방지 → 물갈이 하지 않음

④ 수질 악화 또는 염분 농도 높은 경우에 하루당 1/3 정도 교체

5) 양성

(1) 종묘의 크기

① 가이식 후 5～10 ㎜로 성장하면 본이식

② 아포체의 발아가 늦어 수조 내에서 크기가 아직 0.5 ㎜ 이하인 것일지라도, 바다의 수온이 20℃ 이하에는 즉시 본이식

③ 어미줄이 처지지 않게 하고 돌말류의 제거 → 가이식 종묘와 동일 성장 가능

(2) 양식 시설

① 시설 제작 및 설치, 종묘 이식, 시설 관리, 수확이 가장 편리하고 밀식 염려가 없는 것 → 수평 외줄식

② 조류가 강한 외양 → 사각 조립식 : 양식장의 효율적 이용 및 어미줄 전체를 최적 수위로 유지 가능

(3) 어미줄

① 씨줄에 붙은 유엽이 자라서 나뭇가지 모양의 부착기를 형성하여 단단히 착생할 수 있는 기질을 만들어 주기 위해 어미줄을 설치

② 이 어미줄은 파도에 잘 견딜 수 있어야 함. 널리 보급되어 구입이 손쉬운 폴리에틸렌계의 합성 섬유 로프가 어미줄로 주로 사용되고 있으나, 파도가 센 동해안 남부의 일부 해역에서는 타이어를 로프처럼 절개하여 대용하기도 함

③ 로프의 굵기는 시설의 길이에 따라 지름 12~16 ㎜

④ 합성 섬유 로프는 수명이 길지만, 손질 필요

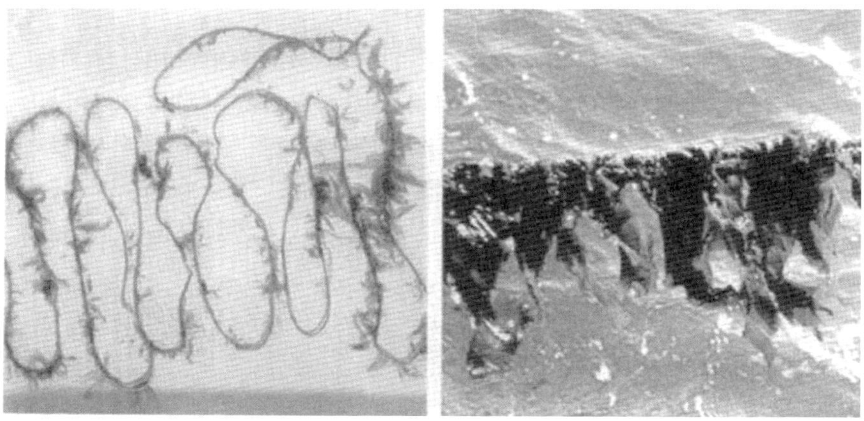

어린 미역 엽체 성장

그림 8-8. 씨줄에 부착된 어린 미역 엽체와 성장

TIP 어미줄을 설치하는 깊이

① 양식장의 수심은 5~8 m가 이상적임

② 어미줄을 설치하는 깊이는 해수의 투명도와 일사량에 따라 차이가 있으나, 대체로 남해안에서는 2~3 m, 동해안 북쪽에서는 0.5~1 m를 기준으로 하여 조절함

③ 따라서 양식장마다 시기별 최적 성장 깊이를 파악하여 설치하는 깊이를 정해야 함

(4) 씨줄 붙이기

① 씨줄을 어미줄에 붙일 때에는 씨줄이 건조되지 않도록 해야 함

② 씨줄 붙이기에는 그대로 어미줄에 감는 방식과 씨줄을 잘라서 어미줄에 끼우는 방식의 두 가지가 있으나, 감는 방식 중에서 어미줄의 꼬임 방향과 반대방향으로 감는 방식이 일반적으로 사용

(5) 수확

① 미역의 생장 특성을 이용한 수확 방법 : ❶ 일제 수확 ❷ 솎음 수확 ❸ 잎자르기 수확

② 일제 수확 : 15℃ 이하 기간이 짧은 곳

③ 솎음 수확 : 15℃ 이하 기간이 긴 곳(50일 이상) → 일찍 자란 것부터 수확

④ 잎자르기 수확 : 미역 길이가 5～10 cm 남도록 생장대 윗부분만 수확 : 발아 수가 적을 때 효과적

⑤ 솎음 수확과 잎자르기 수확은 미역의 생장 수온인 15℃ 이하인 기간이 길 때 가능

⑥ 고수온기에는 끝녹음에 의한 미역 감량 방지 위해 전량 수확

TIP 환경 요인에 따른 미역의 생장 변화

① 미역의 생장은 밝기(깊이)에 따라 다르지만, 생장 단계에 따라서도 다름

② 유엽은 15～17℃에 잘 자라고, 중륵맥이 생긴 이후에는 13℃에서 생장이 빨라지며, 이후 수온이 하강함에 따라 생장은 더욱 촉진

③ 미역은 생장대가 줄기와 우상엽의 경계 부분에 있으므로 아래쪽에서 위쪽으로 자라게 되고, 잎의 끝 부분은 수온이 올라감에 따라 녹아 없어짐

④ 수온이 낮은 겨울철에는 끝녹음보다 생장이 빠르지만 봄철에 수온이 13～14℃로 되면 끝녹음과 생장은 비슷

⑤ 수온 14～15℃ : 끝녹음이 더욱 높아지고 → 17～18℃에서 끝녹음만 하게 되므로 미역의 길이가 짧아짐

TIP 쇠미역

① 쇠미역은 미역과는 달리 포자엽이 없고, 다시마처럼 엽체의 자낭반에서 유주자가 방출

② 엽체의 길이는 1～2 m이고, 나비는 10～30 cm이며, 엽체의 노화에 따라 구멍이 형성

③ 엽체의 색깔은 황갈색, 암갈색으로 엽질은 두껍고 혁질. 미역이나 다시마와는 달리 끈적끈적한 점액은 나오지 않음

④ 쇠미역은 동해안 중부 이북의 저조선 이하에 서식하는 한해성 특산 해조류로서 다시마에 비해 점액질이 없는데다가 엽체가 쫄깃하고 맛이 독특하여 쌈용, 건제품, 염장용으로 판매

⑤ 군락을 형성하는 특성이 약하여 해녀나 잠수부에 의해 소량 생산되어 왔는데, 1995년 국립 수산과학원에서 최초로 양식에 성공함으로써 양식 어민들에게 공급되어, 현재는 동해안과 남해 연안에서 대량 공급

6. 다시마

〉〉 https://www.youtube.com/watch?v=LI2uaLiGqxk

1) 생태

① 다시마는 미역처럼 무성 세대인 포자체와 유성 세대인 현미경적인 배우체가 세대 교번을 하는 생활사는 같으나, 수명에는 차이가 있음. 미역은 1년생이고, 다시마의 수명은 3~4년

② 자연 상태에서 애기다시마가 나타나는 것은 12~4월이며, 7, 8월에는 충분히 자라지만, 그 때까지는 충실하지 못함. 이러한 1년생 다시마를 물다시마라 함. 그러나 2년째의 여름에는 매우 두꺼워서 이것을 채취함

③ 다시마의 번식 시기는 6월에서 다음 해 3월까지의 장기간이고, 그 수명에 따라 유주자낭이 생기는 정도와 시기에 차이가 있음. 유주자가 방출되면 유주자를 방출하는 부분은 녹아 없어지고, 봄에 남은 부분에서 다음 해에 다시 엽상부가 자라남

2) 종묘 생산

① 종묘 생산은 6월 초에 채묘하여 여름의 휴면기를 거쳐 11월 초에 양성을 시작하는 방법. 9월 하순에 채묘하여 약 40일 동안 배양한 종묘로 11월 초에 양성을 시작하는 방법이 있음

② 종묘의 배양은 실온에서는 불가능 하므로, 수온을 15~16℃로 조절할 수 있는 시설이 있는 곳이어야 가능

③ 가을에 기온과 수온이 내려간 후에 실온에서 종묘를 배양할 경우에는 종묘 생산이 늦어지며, 따라서 바다에서 양식 가능한 저수온기가 그만큼 짧아지게 됨

④ 늦어진 종묘로 양성할 경우에는 여름까지 충실한 다시마가 되지 못하므로, 여름 동안에 성장시켜 다음 해에 수확하는 2년 양식을 해야 함

⑤ 여름에는 수온이 25℃ 이하로 유지되도록 양성, 관리하는 데에 경제성과 기술상의 문제가 있음

⑥ 6월경에 채묘를 하는 경우, 엽상체의 일부분이 약간 부풀게 되는데, 이러한 곳에서 포자가 방출. 이런 부분이 10% 이상의 면적을 차지하고 있으면, 포자를 받기에 충분

⑦ 유주자의 방출을 효과적으로 하는 방법은 미역의 포자엽 그늘 말리기의 방법이 동일하지만, 점액질이 많은 다시마의 특성으로 소요되는 시간은 24~48시간이 필요함

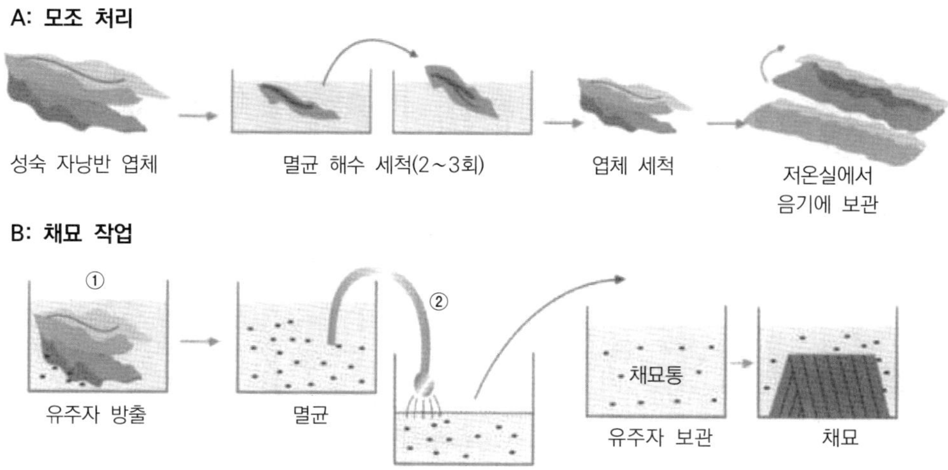

그림 8-9. 다시마 채묘 과정

⑧ 유주자액을 만들 때에는 다시마를 자르지 않고, 성숙한 부분만 물에 담가서 유주자를 방출. 발아율은 미역에 비해 높기 때문에, 부유하는 포자의 밀도가 미역 포자 밀도의 1/2이라도 2배 이상의 부착 밀도가 나타남

3) 양성

(1) 씨줄 붙이기

① 다시마를 어미줄에 착생시키는 밀도는 수확시의 1 m 당 25~50개체 기준

② 착생 밀도가 높으면 품질이 저하되므로, 유엽 때부터 솎아줌

③ 씨줄을 어미줄에 감는 방법보다, 씨줄을 잘라서 어미줄에 30 cm 간격으로 끼우는 방법이 편리

④ 어미줄에서 씨줄이 1 cm 정도 유지하도록 하는데, 씨줄을 잘라서 어미줄에 끼우는 것보다 어미줄에 묶어 주는 것이 작업이 쉽고 효과적

(2) 양성 시설

① 양성 시설은 중층 수평 외줄식이 가장 유리

② 일반적으로, 다시마의 생산량이 어미줄 1m 당 20~30 kg에 달하므로, 어미줄에 매우 큰 장력이 걸림. 따라서 그림에 나타난 기준을 지켜야 하며, 초기 때의 성장을 촉진시키기 위하여 어미줄에 추를 매다는 것이 중요

(3) 다시마의 효과적인 양성 방법 3가지

① 2년 양식: 2년생 다시마를 뿌리 묶기, 잡해초 제거, 솎음 등을 하여 2년간 양성

② 속성 양식: 9월 초순에 인공 채묘한 종묘를 수조 내 15~16℃, 3,000~4,000 lux로 45일 동안 배양한 뒤, 수온이 하강하는 시기에 본 양성

③ 억제 양식: 5~6월에 인공 채묘한 배우체를 고수온기에 억제 배양했다가 9~10월에 발아 관리하여 수온 18℃ 이하일 때 본 양성

TIP 속성 배양

① 6월에 채묘를 하여 배우체의 생장을 억제시키기 위해서는 수온 18℃ 정도에서 배양을 시작하지만, 하루 건너 0.5℃씩 수온을 내려 15℃ 유지

② 수면 조도는 밝은 날 정오에 5,000 lux 로 하여 약 2주일 동안 성장시킴. 그 후 조도를 700~800 lux 로 낮추고, 수온은 15℃로 유지하다가, 양성을 시작하기 직전에 18℃가 되게 점차 상승

③ 속성 배양을 위해 9월 초에 채묘할 경우에는 실온 15~16℃, 조도 3,000~4,000 lux(1일 18시간 백색 형광등으로 조명)로 하여 투명한 수조에서 영양 염류와 공기를 공급하면서 배양하면 45일 만에 5~10 mm 크기의 종묘를 생산 할 수 있음

④ 항온 시설이 없는 경우, 배양 초기에 실온이 약 20℃라도 발아, 성장에는 지장이 없고, 영양 염류의 공급 대신에 유수식으로 물갈이를 해주어도 됨. 이때의 조도는 7,000 lux로 하루에 12시간 유지

(4) 어미줄 설치 깊이 및 장소

① 어미줄을 설치하는 깊이는 3월까지는 수면 아래 약 1 m, 4, 5월에는 약 1.5 m, 6, 7월에는 2~2.5 m, 8월에는 3~3.5 m로 함

② 끝녹음을 방지하기 위해서 너무 깊이 설치하면, 다시마가 충실하지 못하게 됨

③ 어미줄을 설치하는 장소는 수심이 5~10 m이고, 지질이 사니질로서 닻의 고정력이 충분이 있는 곳이 좋음. 미역보다 더 생장력이 좋으므로, 영양 염류가 풍부한 곳을 택함

7. 파래

》 https://www.youtube.com/watch?v=Pbc2RXLSIZI

1) 생물학적 특징

① 양식되고 있는 파래류 : 파래속(*Enteromorpha*)과 홑파래속(*Monostroma*) 파래류는 김의 경우와 같이 그물발에 양식

② 파래속은 자웅 배우체와 포자체가 같은 모양을 서로 번갈아 가며 나타내는 동형 세대 교번을 하는 반면, 홑파래 속은 다른 모양의 이형 세대 교번

그림 8-10. 파래 양식장

TIP 파래의 종류와 형태

○ 흔히 파래라고 부르는 종류에는 홑파래속, 갈파래속, 파래속의 세 부류가 있음

○ 홑파래류는 1층의 엽상체이고, 갈파래류는 2층, 그리고 파래류는 근본적으로 관상의 엽상체를 가짐
→ 현재 양식되고 있는 종은 홑파래류와 파래류

홑파래

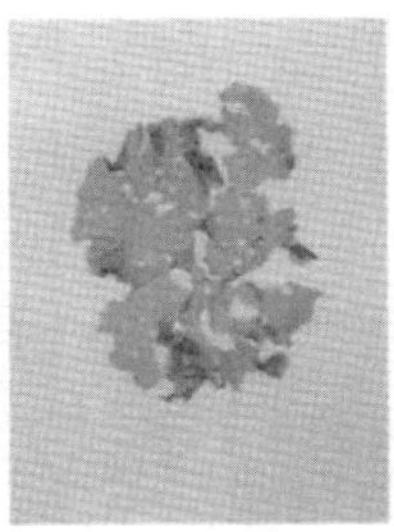

구멍갈파래

가시파래

그림 8-11. 파래의 종류

8. 홑파래

1) 생태

① 양식 대상이 되고 있는 홑파래는 가을에서 다음 해의 초여름에 걸쳐 나타나는 유성 세대의 엽상체(배우체)와 무성 세대의 구상체가 번갈아 나타나는 이형 세대 교번을 함
② 엽상체는 4~5월에 많이 성숙

2) 종묘 생산

① 실험실에서의 엽상체는 수온 23℃ 전후, 강한 광산(조도 약 8,000 lux)에 장일 조건(1일 14~16시간 조명)에서 성숙
② 성숙 엽체를 상당 시일 건조시켜서 밀봉하여 가정용 냉장고에 저온으로 5~10일 보관한 것도 정상적으로 배우자가 방출
③ 8월 하순부터 약 1개월 간 수온이 23~27℃로 저하되고, 단일 조건으로 되면 구상체는 성숙
④ 인위적으로 성숙을 촉진시키기 위해서는 10일 전후의 암처리를 하면 효과적. 구상체의 성숙어제는 수온 29~30℃에서 약광(500~1,000 lux)의 연속 조명
⑤ 자연 상태의 유주자 방출은 9월 상·중순경이 성기이고, 특히 대조 때의 이른 아침에 많이 방출
⑥ 실내에서는 암처리에 의해 충분히 성숙된 구상체를 수온 23-27℃에서 강한 광선(8,000~10,000 lux)에 두었다가 30분에서 1시간 후에 대량 방출. 방출 직후의 유주자는 배우자처럼 양성 주광성이 있고, 주광성이 뚜렷할수록 활발히 운동하며 착생률도 좋음
⑦ 홑파래의 자연 채묘는 9월 중·하순에 1일 평균 2~4시간의 노출선에 발을 설치
⑧ 확실한 채묘를 위해서는 인공 채묘를 해야 함

TIP

동형 세대 교번과 이형 세대 교번이 어떻게 다른지 알아보고, 파래류를 종류에 따라 연중 어떻게 생육하는지 알아보자.

3) 인공 채묘

① 홑파래의 종묘에는 유주자나 접합자를 사용

② 홑파래의 유주자는 그들 스스로 다시 암·수배우체로 자라나는데, 이들 배우체가 방출시킨 암·수배우체가 서로 접합하여 접합자를 생성

③ 실습에서는 접합자 포자액을 사용함

④ 홑파래의 접합자를 만들기 위해서 홑파래 배우체를 멸균해수로 세척 수 12시간 어두운 곳에서 음건

⑤ 2 L 비커에 홑파래 10 g 넣고, 조도 5,000∼8,000 lux가 되는 백색 형광등 아래에 두어 배우자를 방출시킴

⑥ 홑파래 방출용 비커에 1 ㎜ 두께의 플라스틱 접합 자판을 넣고, 배우자들이 접합 후 착생

⑦ 접합 자판은 투명 플라스틱 수조에 넣어 수온 18℃, 광도 4000 lux, 광주기는 12시간 명기, 12시간 암기로 배양

접합 자판의 준비

접합 자판 설치

채묘 후 배양

홑파래의 유엽

그림 8-12. 홑파래 채묘 작업

4) 양성

① 인공 채묘된 엽상체는 약 1개월 후에 수 ㎜ 크기가 되어 육안으로도 확인이 가능

② 양식할 채묘된 망을 1장씩 펼쳐서 약 4시간 노출선에 설치하여 양성

③ 유아기에는 잡조의 부착을 막으려고 발을 높게 설치하지만, 번무기에는 낮게 설치

④ 생장은 양식장의 환경에 따라 다름 : ❶ 1월 중순에는 약 10 cm 정도로 되어 수확이 가능 ❷ 4월 상순 까지 3, 4회의 수확을 함. 수온이 20℃를 넘어 낮의 노출 시간이 길어지면, 성숙된 엽체가 많아지고 양식도 끝남

⑤ 현재는 말목식 김 양식법과 거의 동일하게 양식, 뜬발식 양식도 시도

그림 8-13. 매생이 양식장

TIP

① 해조 자원은 바다에서 기초 생산자로서 뿐 아니라, 바다의 수질 환경을 정화시키기도 하고, 어패류와 서식처가 되기도 함. 우리나라는 세계적으로도 주요한 해조 생산국이며, 전통적으로 김과 미역을 자연식으로 이용하여 왔음. 해조류의 이용이 식용 이외에 화장품, 공업용, 의약품으로서 점차 다양해지고 있으며, 매년 유통되는 양이 늘어나고 있음

② 우리나라의 해조류 양식은 김과 미역 양식이 중심이 되고 있음. 양식 대상 생물의 전 생활사를 관리하는 완전 양식이며, 경제적인 규모에서도 다른 종류보다 월등함. 최근에 다시마, 쇠미역, 톳, 파래 등의 양식이 남해안에서 보편화되고 있어서, 양식종이 다양화되고 있음

③ 김 양식에서 종묘의 우수성은 지속적인 양식의 성패를 좌우하므로, 우수 종묘인 사상체 관리가 필요함. 사상체 배양 관리는 조가비 사상체 및 유리 사상체 배양 관리의 두 가지 방법이 있음. 맛과 수확성이 좋고 병해에 건강한 양성 방법의 기술 개발이 요구됨

④ 뜬발 양식은 김발을 항상 뜨도록 하여 김 엽상체의 성장을 촉진시키는 방법. 해역의 환경 수질이 좋은 곳이면 수심이나 저질에 관계없이 시설이 가능하여, 바다 바깥 어장을 활용할 수 있음. 냉장 김발을 교체하여 엽체의 건전한 생육과 품질을 향상시킬 수 있음

⑤ 집단적으로 양식을 하는 모든 어장에서는 병해가 발생할 수 있음. 실내에서 관리할 경우에는 화학적인 처치가 가능하지만, 최우선은 병발 요인을 없애는 것이고, 다음이 자연적인 처치임. 화학적인 물질을 투여하는 것은 될 수 있는 대로 피해야 하고, 항상 주변 환경이 먼저 고려되어야 함

⑥ 홍조 중에서 한천의 원료가 되는 주요 해조류는 우뭇가사리 및 꼬시래기 종류임. 한천의 수요 증가로 이 종류의 생산량 증대가 필요함. 우뭇가사리는 양식되기보다는 자연 암초에 서식하는 엽체를 채취하고 있어서, 연안이 오염되지 않도록 환경 보호가 절대적임. 꼬시래기는 외국에서 자연 채취와 이용이 적극적으로 이루어지고 있음

⑦ 미역은 우리나라 전 연안에 분포하는 온대성 종류로 예로부터 식용으로 이용됨. 엽상체에서 유주자가 방출되고 암·수배우체가 만들어지며 이들에서 암·수 배우자가 수정되어 아포체가 되는 이형 세대 교번은 다시마와 같은 생활사를 가지고 있음. 우수한 엽체에서 포자를 받고 여름에 배우체 세대를 잘 관리하여 가을부터 이듬해 봄까지 바다 양성 기간을 거치게 됨

⑧ 다시마는 강원도 연안의 한류성 영향이 있는 곳에만 분포했으나, 근래에 남해안에서 다시마 양식이 보편화 되고 있음. 다시마의 건강식품에 관심이 많아지면서 수요가 증가하고 있음. 자연에서는 미역과 달리 수명이 1, 2년생, 또는 3, 4년생의 다년생으로 성장 시기가 단년생과 다년생이 다르게 나타남. 서식 환경에 따라 종류의 특성을 파악하여 효율적인 자원 관리가 필요함

⑨ 우리나라에서 양식되고 있는 파래의 종류는 홑파래 및 갈파래 속. 홑파래는 이형 세대, 갈파래는 동형 세대 교번을 하는 종. 채묘자재와 시설은 김 양식 방법과 거의 동일하지만, 채묘는 주로 자연 채묘에 의존하고 있음. 김보다 노출에 약한 성질이 있기 때문에, 발이 간조 시에도 노출되지 않도록 수위를 조절하는 것이 좋음. 생장은 본양성 1개월 후에도 첫 수확이 가능할 정도로 매우 빠름

부록

1. 수산 양식 기사 필기 기출 문제 (2015 - 2021년)
2. 수산 양식 기사 실기 기출 문제 (2010 - 2022년)

※ 학습 효과를 극대화하기 위하여 문제의 정답은 오류가 있으므로 교재와 참고 도서를 이용하여 정답을 확인하면서 열공합시다^^

1. 수산 양식 기사 필기 기출 문제(2015 - 2021년)

(※ 문제의 정답은 확인 필요)

2015년 3월

1. 참돔은 환경 조건, 먹이와 성숙에 따라 체색이 변화된다. 참돔의 체색 변화와 관계없는 것은?

① 표층의 강한 광(光)에서 양성한 것은 검은색이 많다.
② 카로티노이드 색소가 많은 갑각류를 먹은 것은 붉은색이다.
③ 산란기 때는 암·수 모두 혼인 색을 띠게 되어 체색이 검게 변한다.
④ 성숙한 수컷은 두부가 약간 날카롭고 몸 빛깔은 검은색이 짙다.

2. 실뱀장어 소상에 대한 설명으로 가장 거리가 먼 것은?

① 조금 때 많이 올라오고 사리 때는 거의 올라오지 않는다.
② 하천 수온이 8~10℃가 되는 2~4월에 많이 올라온다.
③ 밀물 때 많이 올라오고 썰물 때는 감소한다.
④ 일출시보다 일몰시에 많이 소상한다.

3. $300m^2$ 이상의 양만지에서 용존 산소 보급 시 공기 분산기보다 수차를 더 많이 사용하는 주된 목적은?

① 더 많은 용존 산소량을 주입시킬 수 있기 때문
② 물의 흐름을 일으켜 오물 제거에 도움을 주기 때문
③ 가동 비용이 적게 들기 때문
④ 뱀장어에 충격을 주어 단련된 뱀장어를 만들 수 있기 때문

4. 어류의 혈액 고에 필수적인 성분으로, 어분과 알팔파 밀에 많이 함유되어 있는 비타민은?

① 비타민 D ② 비타민 K
③ 비타민 B ④ 비타민 E

5. 무지개송어의 친어를 사육하고자 할 때 친어용 먹이의 양에 대한 설명이 옳은 것은? (단, 일반적으로 큰 식용어의 급이량 기준임)

① 산란 후 1개월부터 다음 산란 전 2개월까지는 30%
② 산란 전 2개월에서 산란기까지는 50%
③ 산란 기간 중에는 70%
④ 산란을 촉진하기 위해 산란 2~3일전부터는 100%

6. 해산 은어 치어를 운반할 때 사용되는 용수의 담수와 해수의 비는?

① 1:5 ② 5:1 ③ 1:1 ④ 1:2

7. 양어 사료 제작 시 사료의 물 속에서의 안정성을 증대시키고 펠렛의 성형을 돕기 위하여 사료에 첨가하는 것은?

① 점착제 ② 식품안정제 ③ 황산화제 ④ 착색제

8. 어류 종묘 생산 시 먹이 공급 체계로 옳은 것은?

① 알테미아 유생 → 로티퍼 → 배합사료
② 알테미아 유생 → 배합사료 → 로티퍼
③ 로티퍼 → 알테미아 유생 → 배합사료
④ 로티퍼 → 배합사료 → 알테미아 유생

9. 어류 먹이 생물의 조건으로 틀린 것은?

① 유생의 입의 크기에 적당해야 한다.
② 대량 배양이 용이해야 한다.
③ 운동성이 빨라야 한다.
④ 영양가가 있는 것이어야 한다.

10. 다음 중 질병을 일으키기 쉬운 방어 양식장의 조건과 가장 거리가 먼 것은?

① 담수 유입이 적은 양식장
② 수용 밀도가 높은 양식장
③ 장기간 연작한 양식장
④ 관리가 충분하지 못한 양식장

11. 체중 5 g 되는 방어 치어를 1005 g 되도록 기르는데 소요된 사료의 양은 7000 g 이었다고 가정할 때 사료계수는?

① 1005 ② 5.0 ③ 7.0 ④ 10.0

12. 다음 중 어류가 암모니아 독성으로부터 영향을 가장 많이 받을 수 있는 수질 조건은?

① 용존 산소량이 높은 담수
② 용존 산소량이 낮은 담수

③ 용존 산소량이 높은 해수
④ 용존 산소량이 낮은 해수

13. 은연어의 해수 양식에서 사방 5~10 m 되는 사각가두리에 1 m^3 당 몇 kg 정도까지 수용하면 적정한가?

① 2 kg ② 5 kg ③ 10 kg ④ 15 kg

14. 방어의 우량 종묘를 고르는 기준으로 틀린 것은?

① 겉보기에 둥글둥글하게 살이 쪄 있는 것
② 체색은 황백색을 띠고 있는 것
③ 떼를 지어 정상적인 유영을 하는 것
④ 기생충의 기생이 없고 어체의 크기가 고른 것

15. 양식 생물 관리의 조건과 양식업 종사자의 자세로 구분할 때 양식 생물 관리의 기본 요건이 아닌 것은?

① 적절한 수질 환경을 갖추어 주어야 한다.
② 열심히 일하고 항상 물고기를 지켜보고 정성을 다한다.
③ 양식 생물이 필요로 하는 영양을 마련해 주어야 한다.
④ 질병과 해적 그 밖의 장해로부터 보호되어야 한다.

16. 우리나라 능성어류의 생식 생태에 대한 설명으로 가장 적합한 것은?

① 능성어류는 자성선숙어 자웅동체형이다.
② 붉바리는 2~3년어부터는 암컷으로 성전환 한다.
③ 능성어는 5~7년어부터 암컷으로 성전환 한다.
④ 붉바리는 웅성선숙어 자웅이체형이다.

17. 잉어알을 부화기(병)로 부화하고자 하는 경우 그 과정이 올바르게 설명된 것은?

① 0.85%의 요오드액에 알을 넣고 150~160분간 교반한 후 링거액으로 씻고, 소금 10 g, 요소 10 g을 물 10 L에 녹인 용액에 60~120분간 교반한다. 이 과정이 끝나면 알을 부화병에 담아서 유수식으로 부화시킨다.
② 0.85%의 요오드액에 알을 넣고 100분간 교반한 후 링거액으로 씻고, 소금 40 g, 요소 40 g을 물 10 L에 녹인 용액에 200분간 교반한다. 이 과정이 끝나면 알을 부화병에 담아서 유수식으로 부화시킨다.
③ 소금 40 g, 요소 40 g을 물 10 L에 녹인 용액에 60~120분간 교반한 후 링거액으로 씻고, 0.85%의 요오드액에 알을 넣고 150~160분간 교반한다. 이 과정이 끝나면 알을 부화병에 담아서 유수식으로 부화시킨다.
④ 소금 10 g, 요소 10 g을 물 10 L에 녹인 용액에 60~120분간 교반한 후 링거액으로 씻고, 0.85%의 요오드액에 알을 넣고 100분간 교반한다. 이 과정이 끝나면 알을 부화병에 담아서 유수식으로 부화시킨다.

18. 넙치의 산란, 부화 및 발생 등에 대한 설명 중 틀린 것은?

① 자연에서의 산란 가능 수온은 11~17℃이다.
② 수온이 18℃ 전후이면 부화 후 30일 정도에서 몸길이가 11 mm 전후로 된 후 변태하게 된다.
③ 수온 13~18℃에서는 수정 후 50~78시간 정도에서 부화한다.
④ 부화된 자어를 수용할 못의 수온은 13℃로 유지하고, 광선의 밝기는 50,000 lx로 한다.

19. 넙치 알의 성질은?

① 점착성란 ② 분리 침성란
③ 분리 부성란 ④ 점착성 부성란

20. 틸라피아는 암컷이 수컷보다 성장이 어떠한가?

① 빠르다 ② 늦다
③ 같다 ④ 처음에는 늦다가 뒤에는 빨라진다

21. 참굴의 부착 치패 관리법에 대한 설명으로 옳은 것은?

① 부착 치패는 4~5일이 지나면 주연각이 형성된다.
② 전기 채묘한 치패는 약 2주일이 지나면 단련 장으로 옮긴다.
③ 후기 채묘한 치패는 2,3주일이 지나면 단련시키지 않고 양성장으로 옮긴다.
④ 단련 종굴은 그 크기가 작지만 생존율은 높은 편이다.

22. 다음 중 전복 치패의 먹이로 가장 거리가 먼 것은?

① *Cocconeis* sp. ② *Navicula* sp.
③ *Amphora* sp. ④ *Skeletonema* sp.

23. 닭새우 phyllosoma기의 적당한 먹이가 아닌 것은?

① 미소 Zooplankton ② 브라인슈림프의 부화유생
③ Copepoda ④ *Pavlova lutheri*

24. 다음 중 피조개류의 자연 채묘 방법으로 적당한 것은?

① 침설식 수하 채묘시설 ② 완류식 채묘시설
③ 부동식 채묘시설 ④ 간출식 채묘시설

25. 보리새우 암수의 교미에 대한 설명으로 맞지 않는 것은?

① 탈피직후의 암컷과 경갑상태의 수컷 사이에 교미

가 이루어진다.

② 암컷은 수컷으로부터 정협을 받아 저정낭에 저장한다.

③ 교미한 보리새우 암컷은 교미전을 가지지 않는다.

④ 탈피하면 교미전과 정협이 탈피각과 함께 떨어져 나간다.

26. 3 m 크기의 전복 인공 종묘의 방류수심으로 가장 적합한 것은?

① 3~5 m ② 5~10 m ③ 5~8 m ④ 1~3 m

27. 전복의 서식 장소로서 적합하지 않는 곳은?

① 해조류가 많이 번무하는 곳

② 외양수 영향을 받는 연안인 곳

③ 저질이 사질인 곳

④ 수심 20 m 내외 되는 곳

28. 다음 중 조개류의 비만도(condition index)를 가장 잘 설명한 것은?

① 각내 용적분의 연체부 건조중량에 1,000을 곱한 값

② 각내 용적분의 연체부 생식소중량에 1,000을 곱한 값

③ 각내 용적분의 연체부 중량에 1,000을 곱한 값

④ 각내 용적분의 연체부 글리코겐 축적량에 1,000을 곱한 값

29. 저서성 해적생물의 피해를 가장 적게 받는 양식법은?

① 수하식 ② 나뭇가지식 ③ 투석식 ④ 우산형식

30. 대합의 이동 특성을 이용한 양성 방법은?

① 조위망식 양성 ② 채롱 수하식 양성

③ 귀매달이 양성 ④ 개방식 양성

31. 꽃게 인공 종묘 생산에 대한 설명 중 알맞은 것은?

① 산란 성기는 10~11월이다.

② 안병절제를 통하여 성숙을 유도한다.

③ 수온 30℃에서 부화기간은 20일 정도이다.

④ 부화유생의 적정 수용밀도는 5~10만 마리/톤이다.

32. 다음 양식 생물 중 유생기의 이름이 잘못 짝지어진 것은?

① 보리새우 – 미시스 유생

② 우렁쉥이 – 미충형(tadpole) 유생

③ 가리비 – D상 유생

④ 참굴 – 노우플리우스 유생

33. 다음 중 부착 생물에 속하지 않는 것은?

① 참가리비 ② 진주조개 ③ 진주담치 ④ 참굴

34. 진주조개의 유생 채묘를 위한 채묘기 수하 수심은?

① 0.1~0.3 m ② 0.5~3 m

③ 5~10 m ④ 15~20 m

35. 다음 전복의 채란에 많이 이용되고 있는 방법 중 가장 효과적인 인위적 자극 방법은?

① 염분 자극 ② 간출 자극

③ 자외선 조사 자극 ④ 생식선 첨가 자극

36. 다음 중 대합의 양식용 종패로서 가장 적합한 크기는?

① 각장 2 cm 정도 ② 각장 4 cm 정도

③ 각장 6 cm 정도 ④ 각장 8 cm 정도

37. 키조개에 대한 설명으로 가장 거리가 먼 것은?

① 패각의 모양은 삼각형이며 후폐각근을 주로 식용으로 이용한다.

② 생식소는 암컷이 적갈색, 수컷이 담황백색으로 구분이 쉽다.

③ 부유 유생은 각고 550㎛ 정도로 조개류 유생 중 가장 크다.

④ 주로 사용되는 양성 방법은 밧줄 수하식 양성과 채롱식 양성이다.

38. 참굴 채묘장에서 따개비의 부착이 많을 때 그 부착을 최대한으로 방지하는 방법으로 가장 적합한 것은?

① 적정 참굴 채묘 수심보다 채묘 수심을 약 30 cm 정도 높인다.

② 노출 시간을 짧게 하여 채묘한다.

③ 와류 수역을 형성한다.

④ 조류 소통을 잘 되게 한다.

39. 고막류의 양식을 위해 알아두어야 할 내용으로 틀린 것은?

① 고막류는 피조개만이 양식되고 있다.

② 고막류의 성숙기는 대체로 7월부터 10월 사이이다.

③ 유생의 색은 새고막은 희미한 적색이고 피조개는 적색에 가깝다.

④ 피조개와 새고막은 서식 깊이는 다르지만 해저물길 같은 곳에 많다.

40. 우렁쉥이가 여름철에 맛이 좋은 것은 어떤 성분 때문인가?

① 단백질 ② 지방 ③ 글리코겐 ④ 비타민

41. 미역 종묘 배양에 있어서 다음 중 처리 방법에 대한 설명으로 가장 거리가 먼 것은?

① 초기에 온도 상승과 함께 조도를 낮추어 준다.

② 1주일에 1회 채묘틀의 상하를 바꾸어 준다.
③ 가을에 성숙을 촉진시키기 위해서 직사 광선을 장시간 매일 쪼인다.
④ 채묘 3~4일 후에 물갈이를 해준다.

42. 뜬 흘림발의 닻의 고정력과 관계된 설명 중 옳지 않은 것은?
① 무른 저질에서는 닻손이 넓고 각도가 작을수록 좋다.
② 단단한 저질에서는 닻손이 좁고 길며 각도가 큰 것이 좋다.
③ 수심에 대한 닻줄의 길이는 길수록 좋다.
④ 수심에 대한 닻줄의 길이가 짧을수록 닻의 고정력은 커진다.

43. 우뭇가사리의 생태 조건과 관련이 없는 것은?
① 포자 방출은 16~18시에 많다.
② 조류가 크게 왕복 운동 하는 곳에 많다.
③ 포자의 방출 성기는 여름(수온 21~27℃)이다.
④ 12~2월중의 수온과 생산의 풍흉은 역상관(逆相關)관계이다.

44. 다시마 양성법 중 성숙시기가 가장 빠른 것은?
① 2년 양식　② 촉성 양식
③ 억제배양 양식　④ 1년 양식

45. 다음 중 김 양식장에서 일반적으로 해수 교환에 가장 큰 역할을 하는 것은?
① 조석류　② 파랑류　③ 취송류　④ 하구류

46. 미역의 생장대가 있는 부분은?
① 잎과 줄기 사이　② 잎의 끝 부분
③ 줄기 중앙 부분　④ 줄기 기부 부근

47. 무기질(Free-living) 김 사상체 배양의 특성으로 틀린 것은?
① 선발 육종(選拔育種)을 간단하게 할 수 있다.
② 배양을 위한 넓은 장소가 필요하지 않다.
③ 과포자는 매년 구하여야 하나 채묘 시기를 쉽게 조절 할 수 있다.
④ 병의 침범이 적고 배양 관리가 쉽고 경제적이다.

48. 미역의 배우체와 아포체의 성숙 및 발아 조건의 설명이 옳은 것은?
① 20℃ 이상에서 잘 된다.
② 150 lux 이하에서는 성숙하지 않는다.
③ 일조시간이 긴 편이 좋다.
④ 비중은 1.020 이상이면 성숙이나 발아가 늦어진다.

49. 다음 중 풀가사리의 좌에 대한 설명으로 틀린 것은?
① 모체에서 방출된 포자가 발아하여 얇은 세포층으로 된 편평한 반상체를 말한다.
② 타원형으로 긴 지름이 4~8 mm 정도이며, 인접한 것과 접착하기도 한다.
③ 좌의 형성은 7월 상·중순에 시작되고 10월 중에 그친다.
④ 수온이 낮아지면 좌에서 직립체가 발생하는데 10월 하순에 시작되어 익년 1월 하순에 그친다.

50. 김의 사상체와 조도 및 광주기와의 관계 설명이 틀린 것은?
① 고온 장일하에서는 가지가 많아진다.
② 고조도와 장일 하에서는 색이 붉다.
③ 고조도에서 자라면 각포자의 방출이 고르다.
④ 고조도하에서는 사상체가 깊게 파고 들어간다.

51. 유용 해조를 위한 갯닦기의 주 대상이 되지 않는 것은?
① 대형 다년생 해조　② 소형 다년생 해조
③ 1년생 해조　④ 말잘피류

52. 알긴(algin)산의 원료가 되는 해조가 속하는 문은?
① 홍조식물　② 녹조식물　③ 남조식물　④ 갈조식물

53. 외양의 깊은 곳에 가장 알맞은 김 양식 시설은?
① 섶　② 뜬흘림발　③ 뜬발(지네발)　④ 뜬발(그물발)

54. 몸 가장자리가 톱니 모양으로 된 것은?
① 둥근김　② 방사무늬김　③ 긴잎돌김　④ 둥근돌김

55. 중성 포자를 방출한 후 김의 엽형은?
① 둥근형　② 장엽형　③ 삼각형　④ 역삼각형

56. 참다시마의 양식 관리에서 솎음의 요령으로 가장 적합한 설명은?
① 4~5월까지 두었다가 20~50개체/m 되게 한 번에 솎아주어야 손상이 적다.
② 1월 초에 20~50개체/m 되게 솎아주고 탈락이 심해지면 다시 보충한다.
③ 처음부터 20~50개체/m로 드물게 솎아주어야 성장이 잘 된다.
④ 몇 차례로 나누어서 솎아주고 4~5월경 20~50개체/m 되게 한다.

57. 다음 중 서해연안에서 솎음의 요령으로 가장 적합한 설명은?
① 전부동 그물발식　② 수평 외줄 연승식
③ 뗏목식　④ 조립연승식

58. **생식 세포를 이용하여 증식을 하면 3년이 경과한 뒤에야 그 효과가 크게 나타나는 해조류는?**
① 돌김 ② 톳 ③ 자연산 미역 ④ 꼬시래기

59. **김 종묘생산 과정 중 채묘 작업이란 어떤 일을 의미하는가?**
① 각포자의 투입 ② 사상체의 배양
③ 각포자의 부착 ④ 중성 포자의 방출 촉진

60. **세대 교번을 하지 않는 해조류는?**
① 미역 ② 김 ③ 다시마 ④ 청각

61. **질화 과정에 관여하는 질화 세균의 특징으로 가장 적합한 것은?**
① 종속 영양 세균 - 호기성 세균
② 독립 영양 세균 - 호기성 세균
③ 종속 영양 세균 - 혐기성 세균
④ 독립 영양 세균 - 혐기성 세균

62. **순환 여과 시스템에서 생물 여과조 기능의 최종목표는?**
① 암모니아를 아질산으로 산화시킴
② 질산염을 암모니아로 환원시킴
③ 질산염을 질소로 환원시킴
④ 암모니아를 질산염으로 산화시킴

63. **수계에서 환경의 조절 인자로서 매우 중요한 영양염류에 대한 설명으로 옳은 것은?**
① 담수에서는 질소, 인, 칼슘이 부족하기 쉽다.
② 오래된 김 양식장에서는 칼륨이 부족해지기 쉽다.
③ 해수에서 칼륨은 풍부하지만 규산염이 부족하기 쉽다.
④ 집약적 양식장에서 시비는 생산량 증대에 필수적이다.

64. **해수의 COD를 측정할 때 염소 이온이 방해가 된다. 이것을 제거하기 위하여 필요한 물질은?**
① Ag_2SO_4 ② Hg_2SO_4 ③ Hg_2Cl_2 ④ $Zn(NO_3)_2$

65. **폐쇄적 순환 양식장에서 사용하는 생물학적 여과의 무기물화 과정에 대한 설명이 옳은 것은?**
① 여과조에 살고 있는 타가 영양 세균의 분해 작용으로 유기물이 무기물로 된다.
② 무기물화 시키는 과정이 생물학적 여과의 최종단계이다.
③ 무기물화 과정의 효율은 고형 유기물의 양이 많을수록 높아진다.
④ 이 과정은 혐기적 조건하에서 그 반응이 활발해지므로 밀폐된 곳일수록 분해 반응이 효율적이다.

66. **시료수 채취와 분석 시 지켜야 할 기본적 사항 중 틀린 것은?**
① 채취 일시, 지점, 천기, 수심, 수위, 유량, 저질 등의 기록을 유지한다.
② 수질을 대표하는 시료가 채취되어야 한다.
③ 유리 용기 또는 중성 플라스틱 용기를 시료수병으로 사용한다.
④ 한번 해동한 시료는 다시 동결한 후 재분석에 사용할 수 있다.

67. **하천에서 오염물이 유입되는 유입점인 하류 지역의 특징은?**
① 용존 산소 농도가 높아지고 탁도가 낮다.
② 용존 산소 농도가 높아지고 탁도가 높다.
③ 용존 산소 농도가 낮아지고 탁도가 높다.
④ 용존 산소 농도가 낮아지고 탁도가 낮다.

68. **다음 중 순환 여과식 양식장에서 pH 안정을 위해서 사용하는 것은?**
① 탄산가스 ② 중탄산나트륨
③ 탄산칼륨 ④ 염분

69. **다음 중 임펠러(impeller)의 회전에 의해 작동되는 펌프는?**
① 피스톤 펌프 ② 왕복 펌프
③ 원심력 펌프 ④ 공기 양수기

70. **고속 모래 여과 장치의 주 기능은?**
① 생물학적 여과 ② 물리적 여과
③ 물리적 흡착 ④ 이온교환

71. **굴 양식장의 수질 환경 요인 중 부적합한 조건은?**
① 화학적 산소 요구량 2ppm 이하인 수질
② 용존 산소 포화율 85% 이상의 수질
③ 부유 물질량 25ppm 이하의 수질
④ 수소 이온 농도 5.0~6.0인 수질

72. **양어장의 수질 문제에 큰 비중을 차지하는 암모니아는 다음 어느 것에서 유래하는가?**
① 단백질 ② 탄수화물 ③ 지방 ④ 비타민

73. **다음 그림은 양식 시설의 장치 중 무엇을 나타낸 모식도인가?**
① 원뿔형 중앙 배수 장치
② 벤튜리 배수 장치

③ 순환 여과식 사육장치

④ 순환 수류 이용 찌꺼기제거 장치

74. 암모니아 독성에 영향을 주는 환경 인자와 가장 거리가 먼 것은?

① 온도 ② 염분 ③ 광선 ④ pH

75. 환경 조건이 동일한 상태에서 다음 양식장을 같은 규모로 신설할 경우 어장 노화를 가장 빨리 초래할 것으로 생각되는 양식 방법은?

① 조피볼락의 가두리 양식

② 김의 뜬흘림발 양식

③ 우렁쉥이 밧줄 수하식 양식

④ 피조개 바닥 양식

76. 양어장에서 자연수의 미세 현탁물을 제거하기 위해 일반적으로 사용하고 있는 모래 여과 방식에 관한 설명 중 틀린 것은?

① 가장 많이 쓰이는 모래 여과재는 유효 지름이 0.6 mm이고, 일반적인 범위는 0.3～0.7 mm, 균등계수는 1.4 이하이다.

② 고속 여과의 결점을 보완한 연속 역세정 여과는 역여과 과정에서 중앙의 설치된 에어리프트 펌프에 의해서 여과층의 모래가 계속 세정되도록 함으로서 연속적인 여과가 가능하다.

③ 한번 사용한 물을 찌꺼기 등의 고형물만 제거하고, 계속적으로 순환시켜 사용하는 순환 여과 양식장에서는 물속에 녹아 있는 유해 물질을 빠르게 산화시켜야 한다.

④ 저수조에 오는 물은 모래, 자갈 여과기를 거쳐 장기간 가동하게 되면 미세한 세사나 펄들이 저면에 쌓이기 때문에 이러한 물질을 쉽게 배출될 수 있도록 저면의 구배를 30～50%의 경사를 주는 것이 좋다.

77. 양어지에서 물을 뺀 다음 마지막으로 남은 물고기를 모으기 위하여 배수구 앞에 만든 웅덩이는?

① 모임지 ② 휴식터 ③ 집수부 ④ 축양지

78. 다음 중 적조 발생에 미량 금속이 자극 요인으로 작용하기 위해서 가장 필요한 조건은?

① 고염분 ② 저염분 ③ 고수온 ④ 유기물

79. 기기 자체의 무게에 의해서 해저면을 일정한 거리로 끌어서 시료를 채취하는 채니 방법은?

① 그래브식 ② 드레지식 ③ 코어식 ④ 아지드식

80. 소독은 패류 등 무척추 동물의 산란, 부화 용수 또는 해조류의 포자 배양에 사용할 용수 속의 병원 미생물을 죽이기 위해서 이용되는데 다음 소독과 관련된 내용 중 틀린 것은?

① 자외선을 쬐면 물 속 미생물 세포 속의 DNA를 비활성화시킴으로서 직접적으로 이들 생물을 죽인다.

② 물속에 현탁되어 있는 용존 유기물량이 많으면, 자외선의 투과력이 감소하여 그 효과가 떨어진다.

③ 오존 발생기는 자외선을 쬐는 것보다 효과가 더욱 크나. 오존 처리된 배출수는 에어레이션을 시켜 여분의 오존과 산소를 배출시킨 다음 사육조로 보내야 한다.

④ 수중에 남아있는 오존은 어류와 무척추 동물에 직접 해를 끼치게 되며, 오존이 분해 될 때 형성된 산소는 물속에서 과포화상태로 되어서 양식 동물에 기포병을 일으킬 수 있다.

81. 넙치의 에드와드증과 연쇄구균증의 복합 감염에 관한 설명 중 틀린 것은?

① 1～2 마리의 병어가 발생될 때 조기 진단을 하여 약제를 투여해야 효과를 거둘 수 있다.

② 먼저, 에드와드증을 치료하여 폐사율을 줄인 다음 연쇄구균증을 치료하여야 한다.

③ 실제 수온이 25℃ 이상 유지되면 약제 투여 효과가 나타나지 않는다.

④ 밀식된 양식장에서 약제를 투여하면 효과를 나타내기 어렵다.

82. 양식 어류가 복부를 수면에 노출시키면서 운동하는 모습이 관찰된다면 어떤 경우인가?

① 먹이를 많이 먹었을 경우

② 부레가 파열되었을 경우

③ 점액포자충에 감염되었을 경우

④ 복수가 많이 고여 있을 경우

83. Trichodina 증의 특징이라고 볼 수 없는 것은?

① 수중을 활발히 운동하며 기생 숙주를 옮기기도 한다.

② 아가미에 기생하면 병변은 생기나 호흡 장애는 생기지 않는다.

③ 기생 부위는 체표, 지느러미, 비공, 아가미 등이다.

④ 담수 및 해산어의 체표에 기생하면 피해가 크다.

84. RNA virus 가 아닌 것은?

① IPNV ② SVCV ③ HIRRV ④ FHV

85. Epizootic hematopoietic necrosis의 설명으로 맞지 않는 것은?
① OIE 지정 질병이다.
② Australia 에서만 발생이 확인된다.
③ 감염어는 red perch이다.
④ 병원체는 herpesvirus이다.

86. 봄철 저수온기에 잉어, 송어류, 메기의 체표나 아가미에 기생, 많은 점액 분비와 함께 대량 폐사되는 Chilodnella 증의 원인과 치료 대책을 설명한 것 중 옳지 못한 것은?
① 좌측 9~15열, 우측 8~13열의 섬모열이 있는 섬모층으로 세포구를 어류 표피 조직에 삽입시켜 영양분을 흡수한다.
② 많이 기생한 아가미는 상피 세포의 증식이 뚜렷하며, 새판은 유착되고 곤봉화되어 그 상피 세포는 변성 괴사한다.
③ 숙주 특이성이 있으며, 증식 가능 온도는 21~30℃이며 최적 온도는 25~27℃이다.
④ 조건성 병원체로서 잉어, 금붕어 등의 치어기에 대량 번식 하는데 저수온에서 고밀도 사육이 번식 조건이 된다.

87. 충체가 지느러미나 체표에 기생하여도 숙주 어류에 피해가 거의 없는 것은?
① 방어의 미포자충증 ② Dactylogyrus증
③ 방어의 피부흡충증 ④ 담수어의 흑점병

88. *Saprolegnia parasitica*의 발육에 가장 적당한 수온은?
① 5℃ 내외 ② 14℃ 내외
③ 20℃ 내외 ④ 25℃ 내외

89. 잉어의 봄 Virus(SVC)병이 발생하는 수온은?
① 30℃ 이상 ② 24~29℃
③ 13~20℃ ④ 10℃ 이하

90. 다음 세균성 질병을 예방하기 위한 여러 가지 방법 중 가장 적합한 것은?
① 고밀도로 단기간 사육해서 상품화 한다.
② 모든 기구와 사육 수조를 소독하고 구입한 고기도 약욕시킨다.
③ 구입한 고기를 약욕 시킨 후, 기존의 어류와 혼합 양성 시킨다.
④ 수온 변화를 피하기 위하여 순환 여과식으로 사육한다.

91. 연어과 어류의 세균성 신장병의 원인균은?
① *Aeromonas salmonicida*
② *Renibacterium salmoninarum*
③ *Flexibacter maritimus*
④ *Pseudomonas* sp.

92. 김 사상체가 병으로 죽을 때 처음에 나타나는 색은?
① 붉은색 ② 녹색 ③ 황색 ④ 백색

93. 넙치에 안구돌출이 일어난 경우 그 원인이 될 수 없는 것은?
① 에드워드병 ② 활주세균병
③ 비브리오병 ④ 연쇄구균병

94. 넙치의 연쇄구균증이 치료하기가 힘든 이유와 가장 거리가 먼 것은?
① 장관 내에 항시 정착하여 증식을 반복하기 때문에
② 유효한 약제일지라도 투약 방법이 적절하지 못했기 때문에
③ 병어의 조직 내 육아종을 형성하기 때문에
④ 발병 시 사료 공급을 7일간 중지하기 때문에

95. 김 갯병 중 저염분의 영양 하에서 기계적인 자극으로 생기는 것은?
① 구멍갯병 ② 흰갯병 ③ 붉은갯병 ④ 싹갯병

96. 뱀장어에 기적병을 일으키는 세균은?
① *Pseudomonas fluorescens*
② *Pseudomonas angilliseptioca*
③ *Aeromonas salmonicida*
④ *Aeromonas hydrophila*

97. 미꾸라지를 축양하기 위해 유수식 축양지에 넣은 것이 갑자기 피부가 희게 벗겨지며 대량 폐사가 일어났으나 정수식 못에 높은 밀도로 수용한 것은 이상이 없었다면 이 경우 감염의 가능성이 가장 큰 균은?
① *Flavobacterium columnare*
② *Aeromonas salmonicida*
③ *Pasteurella piscicida*
④ *Vibrio anguillarum*

98. Columnaris 병이 지수식보다 유수식 양어지에서 많이 생기는 이유로 가장 적합한 것은?
① 병원균이 자랄 수 있는 영양분이 많기 때문이다.
② 미꾸라지의 생활 환경에 적합하지 않기 때문이다.
③ 수중 산소량이 풍부하기 때문이다.
④ 수온이 일정 유지되기 때문이다.

99. DNA Virus 에 의한 질병과 관계가 있는 것은?
① 바이러스성 출혈성 패혈증(VHS)
② 바이러스성 적혈구괴사증(VEN)
③ 전염성 췌장괴사증(IPN)
④ 넙치 랍도바이러스병(HRV)

100. 다음 중 어류의 골격이 기형화되는 조건과 가장 큰 관계가 있는 것은?
① 지방 결핍 ② Myxidium 감염
③ 비타민 C의 부족 ④ 비타민 B의 부족

2015년 8월

1. 미꾸리의 초기 종묘 육성에 대한 설명으로 틀린 것은?
① 부화 직후 3~4 mm인 자어를 약 10일간 양성하여 5~10 mm로 기르는 과정이다.
② 수조는 비교적 작은 것으로 사용하고 수조의 길이는 2~3 m, 너비 1~1.5 m, 길이 30 cm 정도가 좋다.
③ 양성 밀도는 1 m^2 당 10,000~11,000마리이다.
④ 부화 후 약 3일이 지나면 먹이를 먹기 시작하는데 이때 로티퍼와 물벼룩의 작은 것을 준다.

2. 관상 어류의 주요 원산지에 해당되는 지역은?
① 지중해 ② 알류산 열도
③ 페루 남단 해역 ④ 인도네시아 군도

3. 잉어 양식을 위한 저수지의 조건과 거리가 먼 것은?
① 바닥이 평탄하고 갈수기에도 수면적이 만수 면적의 1/4 이상으로 넓게 유지되고 완전 배수가 되지 않는 곳
② 바닥이 무르지 않고 수심이 1~4 m(최적수심 2m)인 곳
③ 일조시간이 긴 곳
④ 수면적이 1~10 ha 정도이고, 소형 화물차의 출입이 가능하며 완전 배수가 가능한 곳

4. 사육 어류의 평균 체중이 50 g인 잉어 치어를 사육할 때 일일 공급되어야 할 사료량은? (단, 사육마릿수는 10,000마리, 공급율은 5.4%, 수온이 28℃이다.)
① 27 kg ② 270 kg ③ 756 kg ④ 2,700 kg

5. 다음 중 수중 내 안정성을 위하여 α-녹말(전분) 함량을 가장 높게 함유시켜야 하는 것은?
① 잉어용 배합 사료 ② 메기용 배합 사료
③ 틸라피아용 배합 사료 ④ 뱀장어용 배합 사료

6. 산소 보충을 하지 않는 상태에서 정수식 못양식으로 잉어를 양성하려고 한다. 물을 교환하지 않는 상태에서의 잉어의 최대 수용량은?
① 1m^2 당 약 500 g ② 1m^2당 약 100 g
③ 1m^2 당 약 1,000 g ④ 1m^2 당 약 1,500 g

7. 넙치의 자연 산란 수온 범위는?
① 8 ~ 10℃ ② 11 ~ 17℃
③ 18 ~ 22℃ ④ 23 ~ 25℃

8. 지수식 뱀장어 양어장의 물 변화에 대한 설명이 틀린 것은?
① 양어장의 물 색깔이 갑자기 유백색으로 변한다.
② 대체로수온이 17~20℃일 때 많이 일어난다.
③ 녹조류가 많이 번식한 못에서 일어나기 쉽다.
④ 윤충류의 증식이 끝날 때 많이 일어난다.

9. 송어알이 발안기에 이르는 기간은? (단, 부화수온은 10℃ 정도이다.)
① 12일 ② 14일 ③ 16일 ④ 18일

10. 일반적으로 건식법으로 수정시키는 어류는?
① 은어 ② 미꾸라지 ③ 농어 ④ 자주복

11. 넙치 치어의 공식 현상이 가장 심해지는 크기는?
① 전장 5 ~ 10 mm 전후
② 전장 25 ~ 50 mm 전후
③ 전장 55 ~ 80 mm 전후
④ 정장 100 mm 전후

12. 조피볼락 종묘 생산시 어미의 주 산출 시간대는?
① 06 ~ 09시 ② 12 ~ 15시
③ 18 ~ 21시 ④ 21 ~ 익일 03시

13. 먹이생물이 갖추어야 할 조건이 아닌 것은?
① 적당한 크기 및 모양을 갖추어야 한다.
② 영양 성분이 확보되어야 한다.
③ 대량 배양이 용이해야 한다.
④ 빠른 운동성을 가져야 한다.

14. 다음 중 방어의 성장 최적수온으로 가장 적합한 것은?
① 8 ~ 12℃ ② 13 ~ 18℃

③ 18 ~ 25℃　　④ 28 ~ 32℃

15. 다음 중 양식 어류의 사료 계수에 관한 설명으로 옳은 것은?

① 양식 어류가 섭취한 사료량과 배설시킨 배출분 량과의 비.

② 양식 어류를 단위 무게만큼 중량을 증가시키는데 필요한 사료량.

③ 양식 어류를 단위 무게만큼 중량을 증가시키는데 필요한 단백질 량.

④ 사료 1kg으로 증육시킬 수 있는 어류의 체중.

16. 참돔 종묘 생산 시 참돔 치어의 먹이로 적합하지 않은 것은?

① 로티퍼　② 클로렐라　③ 코페포다　④ 성게 유생

17. 틸라피아를 수컷으로 성전환 시키기 위해 호르몬을 처리하고자 할 때 그 방법으로 틀린 것은?

① 배합 사료 1kg에 메틸테스테론을 5～6 g 첨가한다.

② 생식선이 분화되기 전에 처리하여야 한다.

③ 대체로 20～30일간 처리한다.

④ 호르몬제를 사료에 섞어서 공급한다.

18. 다음 중 어란의 특성 연결이 잘못된 것은?

① 부착란 – 잉어, 메기

② 불부착란 – 틸라피아, 연어

③ 부유란 – 초어, 은어

④ 침성란 – 복어, 아귀

19. 무지개송어 친어용 먹이의 양에 대한 설명 중 틀린 것은?

① 산란 후 1개월부터 다음 산란 전 2개월 까지는 50%

② 산란 전 2개월에서 산란기까지는 50%

③ 산란기에서 산란 후 1개월까지는 50%

④ 산란 2～3일 전부터 먹이 중지

20. 순환 여과식 양식을 할 경우 특별히 유의해야 할 점이 아닌 것은?

① 사육 시설의 고장시 긴급 대비 시설이 있어야 한다.

② 사육도중 사육 어류의 먹이량을 갑자기 올려도 된다.

③ 여과식 양성 시설에 수용할 경우에 처음부터 너무 많은 양을 방양해서는 안된다.

④ 정상적인 성장을 하고 있는 동안이라도 너무 과식시키는 일은 없어야 한다.

21. 전복의 해적 생물이 아닌 것은?

① 수랑　② 농어　③ 문어　④ 민꽃게

22. 진주조개의 핵 삽입 위치로 가장 부적합한 곳은?

① 외투막　② 생식소

③ 장관부근　④ 소화맹낭 부근

23. 진주조개의 소제에 대한 설명으로 옳지 않은 것은?

① 수술패의 성장이나 폐사 방지를 위해 필요하다.

② 굴 및 따개비류의 소제가 효과적이다.

③ 부착 생물의 소제는 수온이 낮은 시기(수온 15도 이상)에서 2회 이상 해주는 것이 적당하다.

④ 진주의 성장에는 좋지 않은 영향을 준다.

24. 이동이 심한 조개류의 양성 시설로 우리나라 서해안과 남해안의 간석지에 널리 보급되어 있는 방식은?

① 제방식　② 그물가두리식

③ 조위망식　④ 나뭇가지식

25. 전복의 먹이로서 파래를 주었을 때 사료 계수는 2였다. 이때의 사료 효율은?

① 400%　② 200%　③ 50%　④ 25%

26. 양식 생물의 유생의 발달 과정이 잘못된 것은?

① 진주조개 : 알 → 담륜자 → D상 유생 → 성숙부유자패

② 대하 : 알 → 노우플리우스 → 미시스 → 조에아 → 포스트 라바

③ 전복 : 알 → 담륜자 → 피면자 → 포복기 유생

④ 해삼 : 알 → 오우리쿨라리아 → 돌리올라리아 → 저서유생

27. 큰우럭의 양식 가치성과 생태에 대한 내용이 틀린 것은?

① 키조개나 개조개와 같이 살고 있는 경우가 많다.

② 연한 개흙질로 된 물길 같은 곳에 많이 서식한다.

③ 폐수 등에 의한 환경 변화의 저항성이 대합, 새고막, 굴 등에 비해 강하다.

④ 부위 중 패주가 가장 상품 가치가 있고 고가이며 남해 연안에 주로 서식한다.

28. 전복의 인공 채묘시 유생의 부착기로 적합한 것은?

① 나무판자　② 함석재나 양철 파판

③ 판유리　④ 합성수지로 된 파판

29. 보리새우의 조에아 유생기의 먹이가 아닌 것은?

① 윤충류　② 참굴의 알

③ 부유규조류　④ 요각류 성체

30. 우리나라에서 닭새우의 주산지는?

① 제주도 연안 ② 거제도 연안
③ 울릉도 연안 ④ 연평도 연안

31. 다음 중 십완류에 속하는 종은?

① 참문어 ② 꼴뚜기 ③ 쭈꾸미 ④ 낙지

32. 가리비 치패를 수용·관리하는 중간 육성의 주목적은?

① 성장 억제 ② 성장의 촉진
③ 대량 폐사 방지 ④ 해적 생물의 피해 방지

33. 진주조개에 핵과 세포를 수술하는 내용 중 틀린 것은?

① 생식 세포가 충만한 모패를 선별하여 수술한다.
② 세포는 외투막 절편을 말하며 여기에 사용하는 모패를 세포패라고 한다.
③ 삽핵 위치는 생식소와 장관 소화맹낭 부근을 택한다.
④ 핵은 세리핵, 이핵, 소핵, 중핵, 대핵 등으로 나눈다.

34. 다음 생물의 식성에 관한 설명으로 틀린 것은?

① 바지락의 부유 유생은 Chlorella 등의 식물플랑크톤을 먹는다.
② 전복류는 부유 생활 후 저서 생활로 들어가면서 다시마 등의 갈조류를 주로 먹는다.
③ 게류는 부화한 다음 조에아(zoea)기부터 먹이를 먹기 시작한다.
④ 성게류의 부화 유생은 미소한 규조류를 먹는다.

35. 다음 중 참굴의 종패 단련 목적이 아닌 것은?

① 성장억제 및 저항력 강화
② 취급시 탈락방지 및 양성시 폐사율의 감소
③ 양성시 부착 및 식해 생물의 피해 감소
④ 양성시 성장속도의 증가

36. 참가리비의 인공 종묘 생산에 관한 설명으로 올바른 것은?

① 채란용 어미는 지수에 수용하며 수온은 8℃ 내외가 알맞다.
② 채란은 9～15℃인 해수에 옮겨서 하는 것이 편리하고 2～3시간 지나면 산란한다.
③ 수정란을 깨끗이 씻은 후 곧 부화 탱크로 옮겨 유수 상태에서 부화를 기다린다.
④ 부착기 유생이 되면 환수하고 먹이를 주며 환수도 2～3일 만에 한 번씩 한다.

37. 참가리비 치패가 저서 생활로 들어가게 되는 각장의 범위는?

① 1～4 mm ② 6～5 mm
③ 20～5 mm ④ 30～40 mm

38. 다음 중 완류식 채묘시설이 적합한 종은?

① 새고막 ② 전복 ③ 바지락 ④ 진주조개

39. 발생도중에 트로코포라(Trochophora) 유생기를 거치는 것은?

① 갯지렁이 ② 문어 ③ 우렁쉥이 ④ 보리새우

40. 패류의 양성 방법 중 그물과 말목으로 간석지를 막고 그 안에 종패를 방양하여 양성하는 방법은?

① 완류식 양성 ② 조위망식 양성
③ 침설식 수하양성 ④ 그물 가두리식 양성

41. 다시마 채묘에 관한 내용 중 옳은 것은?

① 17～20℃에서 채묘하며 채묘 도중에 23℃ 이상 되어서는 안된다.
② 11월 중에 채묘하여 12월에 본 양성을 할 수 있게 촉성 배양한다.
③ 가장자리에 색이 짙으며 질이 부드러운 것을 모조로 사용한다.
④ 100배 시야에 유주자가 300～500개 정도 보이면 적절하다.

42. 엽면 살포법으로 김양식장에 시비를 할 때 가장 효과적인 시기는?

① 발이 노출된 직후
② 노출 후 엽체가 건조됐을 때
③ 발이 물에 잠기기 직전
④ 발이 수면에 부동할 때

43. 미역 채묘를 할 때 그늘 말리기를 한 포자엽을 담가두는 가장 알맞은 시간은?

① 20～30분 ② 40～50분 ③ 1시간 ④ 2시간

44. 다음 중 긴잎돌김의 특성은?

① 조생종이다. ② 색택이 나쁘다.
③ 질이 부드럽다. ④ 자웅동주이다.

45. 청각의 생활사 순서로 옳은 것은?

① 청각 → 유주자 → 배우체 → 아포체 → 청각
② 청각 → 배우자낭 → 배우자 → 접합자 → 청각
③ 청각 → 과포자 → 중성포자 → 청각
④ 청각 → 유주자 → 접합자 → 배우체 → 청각

46. 암처리하여 성숙된 홑파래의 구성체에서 유주자의 방출을 촉진시키는 방법은?
① 23 ~ 27℃에서 8,000 ~ 10,000 lx의 강한 광선을 비추어준다.
② 20 ~ 24℃에서 배양액을 자주 교반한다.
③ 200 ~ 400 lx의 약한 광선을 연속 조명한다.
④ 1 ~ 2시간 접합자판을 음건하였다가 물에 넣어준다.

47. 김의 각포자 방출에 있어서 억제 효과가 있는 것은?
① 비중을 1.035 이하로 한다.
② 수온을 27 ~ 28℃로 한다.
③ 단일 처리(명기 8시간, 암기 16시간) 한다.
④ 물갈이 처리를 한다.

48. 실내 채묘한 김의 씨 발의 2차 전개는 채묘 후 언제 실시하는가?
① 5 ~ 10일 ② 10 ~ 15일
③ 20 ~ 25일 ④ 15 ~ 20일

49. 유리 사상체(무기질 사상체) 배양에 대한 내용이 아닌 것은?
① 선택된 품종 유지가 어렵다.
② 좁은 공간에서도 가능하다.
③ 병원균의 침입이 적다.
④ 채묘 시기 조절이 용이하다.

50. 김싹이 3~5 cm 정도 자란 씨발을 5장씩 포개서 관리하는 중에 싹갯병의 증상이 보이면 어떻게 해야 하는가? (단, 이때의 수온 변화는 순조롭게 하강하고 있다.)
① 빨리 뜬흘림발이나 지주식으로 전개한다.
② 고노출선으로 옮겨서 단련시킨다.
③ 시비를 하여 김을 건강하게 한다.
④ 단기냉동실로 옮겨서 싹갯병을 피해야 한다.

51. 우뭇가사리의 생활사 설명에서 틀린 것은?
① 암, 수의 배우체가 따로 있다.
② 유성 생식에 의하여 과포자를 만든다.
③ 사분포자(4分胞子)는 암배우체로만 발아 한다.
④ 포복지에서 새싹이 나와 번식도 한다.

52. 냉장발 싹은 크기와 부착 상태에 따라서 냉장 시기와 설치 시기가 달라진다. 다음 중 관련한 설명이 틀린 것은?
① 5 mm 이하의 어린 싹은 적응성이 좋다.
② 30 ~ 50 mm되는 큰 싹은 채취가 빠르다.
③ 싹이 크면 병든 것이 섞일 염려가 있다.
④ 싹이 크고 성긴 것은 갯병 대체용, 만기생산에 적합하다.

53. 한천이나 캐러기닌의 원료가 되는 해조류는?
① 꼬시래기 ② 미역 ③ 청각 ④ 다시마

54. 미역의 가이식에 대해 바르게 설명한 것은?
① 외해에서 17 ~ 18℃에 이르는 기간이 좋다.
② 수온 23℃에서 크기는 1 mm 이하의 유아가 좋다.
③ 대조 직후에 시작하여야 성장이 잘 된다.
④ 내만에서는 20℃ 이하에서 시작하여 18℃ 전후에 한다.

55. 미역의 배우체 배양에 관하여 틀린 것은?
① 배우체 성장의 적수온은 17 ~ 20℃이다.
② 배우체는 수온 28℃에서는 다 죽는다.
③ 해수비중이 1.022 ~ 1.024 범위가 배우체 성장에 적합하다.
④ 배양 중 수온이 23℃ 정도일 때의 조도는 1,000 lx 정도로 조절한다.

56. 다음 중 다시마의 실내 촉성 종묘 배양 방법으로 가장 적당한 것은? (단, 실온은 15~16℃ 정도로 유지한다.)
① 조도 1,000 lx로 하루 18시간 유지
② 조도 3,500 lx로 하루 16시간 유지
③ 조도 5,000 lx로 하루 16시간 유지
④ 조도 10,000 lx로 하루 18시간 유지

57. 톳 양식에 관한 설명 중 옳은 것은?
① 톳은 조체가 크고 부력이 있어서 언제나 수면에 떠있다.
② 톳은 영양 번식성이 있어서 한번 시설한 친승을 해마다 바꿀 필요가 없다.
③ 톳은 미역보다 성장이 늦다.
④ 톳은 조수가 빠른 곳에서 주로 양식된다.

58. 미역 종묘의 가이식을 같은 장소에 같은 시기에 하였는데도 5 cm 까지 생장하는 데는 소요일수가 35~50일로 차이가 많았고, 5 cm부터 40 cm까지 자라는데 25~28일로 큰 차이가 없었다면 그 주된 원은인?
① 품종이 달랐기 때문이다.
② 종묘가 밴 것과 드문 것과의 차이이다.
③ 싹의 크기가 달랐기 때문이다.

④ 부니가 끼는 정도에서 오는 차이 때문이다.

59. 미역의 유엽이 가장 잘 자라는 수온은?

① 14 ~ 22℃ ② 17 ~ 24℃
③ 24 ~ 28℃ ④ 15 ~ 17℃

60. 냉장 김발의 이용 목적으로 가장 거리가 먼 것은?

① 갯병 대책 ② 양식 기간의 연장
③ 해적 생물의 구제 ④ 양식장의 입체적 이용

61. 내만의 입구를 막은 양식장에 대한 설명 중 옳은 것은?

① 물고기를 달아나지 못하게 하므로 많은 양의 양식을 할 수 있다.
② 먹이나 배설물이 퇴적되므로 양어장으로 적합하지 않다.
③ 저층에 많은 먹이 생물이 발생하므로 어류양식장으로 적합하다.
④ 질병 발생의 우려가 없어서 고밀도 사육이 가능하다.

62. 다음 중 어류 부화장이나 배양장에서 많은 용량의 유입수를 처리하는데 이용되는 물리적 여과장치로 가장 적합한 것은?

① 살수 여과 장치 ② 침수 여과 장치
③ 거품 분리 제거 장치 ④ 고속 모래 여과 장치

63. 다음 중 수계의 pH 에 대한 설명으로 옳은 것은?

① 해수는 산성이며 완충 능력이 매우 약하다.
② 담수는 알칼리성이며 완충 능력이 매우 강하다.
③ 소독용 생석회를 살포하면 pH 가 더욱 낮아진다.
④ 노지양식장에서 일반적으로 맑은 날 아침에는 pH 가 낮고 오후에는 pH 가 높아진다.

64. 다음 중 노화된 양식장과 관계가 가장 먼 것은?

① 메탄가스 ② 황화수소
③ 호기성 세균 ④ 혐기성 세균

65. 다음 설명 중 정수식(지수식) 양식의 특징이 아닌 것은?

① 생산량에 비하여 시설비나 면적이 적게 든다.
② 각종 담수 어류의양성이나 종묘 생산에 이용된다.
③ 호소의 침수지대나 연안의 염분이 스며드는 저지대의 이용이 가능하다.
④ 호흡에 필요한 산소는 주로 공기 중의 산소가 물 표면을 통과하여 용해·공급된다.

66. 다음 중 수초와 식물 플랑크톤이 많은 호소에서 pH 가 가장 높은 시간대는?

① 정오 ② 해뜨기 전 ③ 해지기 전 ④ 자정

67. 해수 중의 부족하기 쉬운 조요한 영양 염류의 설명 중 가장 알맞은 것은?

① 주요 영양 염류는 질소, 인, 칼륨염이다.
② 주요 영양 염류는 인, 칼륨염, 규산염이다.
③ 질소, 인, 규산염이 중요한 영양 염류이다.
④ 질소, 인, 칼륨염, 탄산염이 중요한 영얌 염류이다.

68. 식물 플랑크톤이 양식장 수질에 미치는 영향의 설명이 올바른 것은?

① 부영양화시킨다.
② pH 변화에 영향을 미치지 않는다.
③ 수중의 질소를 제거한다.
④ 야간에 산소 보충을 한다.

69. 해수의 질산염을 측정할 때 사용하는 방법은?

① 네슬러법 ② 인도페놀법
③ 페네이트법 ④ 카드뮴 구리 환원 칼럼법

70. 해산어를 육상 탱크에서 양성할 때 사육수에 공기를 자연적으로 주입하여 산소를 수중에 용해되게 하는 포기 장치는?

① 낙차 포기 장치 ② 벤츄리관 포기 장치
③ Air lift 장치 ④ 표면 포기 장치

71. 다음 중 우리나라에서 냉수성 어류의 양식에 가장 적합한 수온 및 수질 조건을 갖춘 곳은?

① 연중 수온이 5 ~ 10℃로 물의 경도가 낮은 곳
② 수온 범위가 0 ~ 18℃의 범위인 계곡수를 이용할 수 있는 곳
③ 수온 범위가 0 ~ 20℃의 범위인 하천수를 이용할 수 있는 곳
④ 수온 범위가 12 ~ 18℃인 지하수로 물의 경도가 높은 곳

72. 동일한 환경 조건에서 가두리 내의 물 교환율에 가장 크게 영향을 미치는 조건은?

① 가두리의 크기 ② 가두리의 모양
③ 가두리의 설치수심 ④ 가두리의 그물코 크기

73. BOD 측정용 시수의 예비 처리 조작 중 옳지 않은 것은?

① 모든 시수에는 세균을 보강해 주어야 한다.
② 너무 산성인 경우 수산화나트륨 용액으로 중화시

킨다.

③ 20℃에서 용존 산소 과포화 시료는 교반이나 포기로 포화 농도를 감소시킨다.

④ 잔류 염소를 함유한 시수는 아황산나트륨 용액으로 처리한다.

74. 오존을 이용한 해산어 양식장 사육수 살균 시독성을 나타낼 수 있는 용존 물질은?

① 요오드 ② 질소 ③ 탄소 ④ 카드뮴

75. 침투수를 집수하는 경우 집수관 내부의 평균 유속은 초당 어느 정도를 유지하는가?

① 100 cm 이하 ② 200 cm
③ 300 cm ④ 500 cm 이상

76. 양식장에서 발생하는 아질산성 질소의 해작용에 대한 설명이 옳은 것은?

① 잉어나 뱀장어에 대한 독성이 강하다.

② 혈중의 헤모글로빈과 결합한 메트헤모글로빈은 청색을 띠게 된다.

③ 무지개송어의 아질산성 질소에 대한 안전 농도는 0.03 ppm 이하로 추정된다.

④ 메트헤모글로빈의 산소 결합 능력은 헤모글로빈과 별 차이 없다.

77. 순환 여과식 양식장에서 사육수 내 용존 암모니아 농도를 감소시킬 수 있는 가장 효율적인 방법은?

① pH의 조정 ② 물의 온도 상승
③ 기계적 여과 ④ 생물학적 여과

78. 순환 여과식 양식의 장점이 아닌 것은?

① 용수량의 절약 ② 다양한 어종의 양식
③ 시설 투자비의 절약 ④ 손쉬운 질병 대책

79. 사육수내 암모니아 이온이 질산화 세균에 의해 분해될 때 최종 산물은?

① NH_3 ② NO_3 ③ NO_2 ④ NO

80. 육상 수조식 양식장에서 배출되는 오염 물질을 처리하기 위해 수질 환경 보전법 시행 규칙에서 반드시 시설하도록 규정한 것은?

① 스크린 여과장치 ② 침전조
③ 산화조 ④ 활성 오니조

81. 연어류 췌장병에 관한 설명으로 맞지 않는 것은?

① 대서양 연어에서 처음 발생하였다.

② 수직 감염으로만 발병한다.

③ 수온이 상승할 때 급성으로 발병한다.

④ 원인 바이러스는 *Salmonid alphavurus*이다.

82. 다음 기생충 중 어류의 아가미나 피부에 기생하여도 폐사에 주요한 영향을 미치는 원인이 되지 않는 종류는?

① 잉어의 피부 흡충

② 뱀장어의 슈도닥틸로기루스충

③ 붕어의 흑점충

④ 방어의 아가미 흡충

83. 그램 음성의 어류 병원세균이 아닌 것은?

① *Vibrio* sp. ② *Renibacterium* sp.
③ *Flavobacterium* sp. ④ *Pseudomonas* sp.

84. 진균류 중 고등균류에 해당하지 않는 것은?

① 편모균류 ② 자낭균류
③ 담자균류 ④ 불완전균류

85. 다음 질병 중 원인이 되는 세균의 분류학적 위치가 나머지 셋과 다른 것은?

① 세균성 아가미병 ② 세균성 냉수병
③ 담수어의 부식병 ④ 세균성 신장병

86. 뱀장어 적점병은 수온과 밀접한 관계가 있는 세균성 질병이다. 이 병의 주 유행 수온은?

① 7℃ ② 17℃ ③ 27℃ ④ 37℃

87. 미역 엽면에 나타나는 바늘구멍증의 주 원인 생물은?

① 선충류 ② 요각류 ③ 히드라 ④ 대벌레

88. 우리나라에서 월동기 이후에 알레라충의 기생으로 많은 피해가 있는 어류는?

① 감성돔 ② 넙치 ③ 메기 ④ 잉어

89. 금붕어에 궤양병을 일으키는 원인 세균이 아닌 것은?

① *Aeromonas hydrophila*

② *Aeromonas salmonicida*

③ *Renibacterium salmoninarum*

④ *Flavobacterium columnare*

90. 메기의 머리, 몸통, 지느러미, 아가미에 희고 작은 점이 관찰되는 질병의 원인은?

① *Ichthyophthirius multifiliis*

② *Heterobothrium tetrodonis*

③ *Heterosporis anguillarum*

④ *Amenophia orientalis*

91. 어류의 영양소와 결핍증의 연결이 옳지 않은 것은?

① Vitamin E – 근이영양증

② Vitamin A - 성장불량, 각막연화
③ Vitamin C - 척추변형
④ Vitamin B - 평형감각 상실 및 흥분

92. 양식 넙치에 여름철 고수온기에 발생하는 질병으로서 탈장, 복부 팽만, 간 출혈을 나타내며, 병원균은 TCBS 배지상에서 황색 또는 녹색의 집락을 보이는 병은?
① 적점병　② 에드워드병
③ 하베이병　④ 연쇄구균병

93. 무지개송어나 은연어 치어의 꼬리부 피부에 세균의 증식으로 궤양이 생기므로 미병병(Peduncle disease)으로 불리는 병의 원인은?
① *Flavobacterium psychrophilum*
② *Flavobacterium branchiophila*
③ *Pseudomonas fluorescens*
④ *Streptococcus faecalis*

94. 패각으로 사상체를 배양할 때 호염성 세균에 의해 생기는 병으로 전염성이 강하고 가장 무서운 것은?
① 적변병　② 녹변병　③ 녹반병　④ 황반병

95. 다음 중 뱀장어의 적점병의 증세와 관계가 가장 먼 것은?
① 지느러미 출혈　② 장관의 뚜렷한 카타르성염
③ 복막에 점상 출혈　④ 내장의 모세 혈관 확장

96. DNA virus 가 아닌 것은?
① LCDV　② RSIV　③ CCV　④ VHSV

97. 채란용 어미 고기를 죽이지 않고 체내 병원 미생물의 감염 유무를 확인하려고 할 때 적용할 수 없는 방법은?
① PCR법　② ELISA법
③ 혈액검사법　④ 조직검사법

98. 수서 동물의 질병 발생 유발 요인과 가장 거리가 먼 것은?
① 풍향의 변동　② 수온의 변동
③ 강수량의 증가　④ 사육수의 교환

99. 넙치의 장에 심한 염증이 확인되었을 때의 주요 원인으로 가장 적합한 것은?
① 장내 흡충의 기생　② 장내 원충류의 기생
③ 장내 선충류의 기생　④ 에드워드병의 감염

100. 다음 중 연어, 송어류에 발병되는 IHN, IPN, VHS의 공통되는 외부 증상은?
① 안구백탁　② 지느러미부식
③ 체색흑화　④ 척추만곡

2016년 3월

1. 잉어 양식에 있어서 사용 수량 당 생산량이 가장 많은 양식 방법은?
① 지수 양식　② 방류 재포 양식
③ 유수식 양식　④ 순환 여과식 양식

2. 조피볼락 종묘 생산 시 부화된 아르테미아를 영양강화 한 후에 공급하는 것은 주로 어떤 영양소를 보충하기 위해서인가?
① 비타민 A　② 포화지방산
③ 필수아미노산　④ DHA

3. 어류 양식 과정 중 일반적으로 단백질이 가장 많이 요구되는 시기는?
① 치어기　② 성어기　③ 산란기　④ 부화기

4. 틸라피아의 전 수컷 생산에 사용되는 약품은?
① Ethynyl-testosterone
② Giemsa R-66
③ Human chorionic gonadtropin
④ Estradiol-17β

5. 영양소인 단백질에 함유된 질소(N) 성분의 평균값은?
① 약 11%　② 약 16%　③ 약 21%　④ 약 26%

6. 어류 유생 사육에 필요한 먹이생물인 로티퍼(rotifer)의 배양과 먹이 공급 방법에 대한 내용 중 적합하지 않은 것은?
① 로티퍼 1마리가 먹는 클로렐라 양은 하루에 약 20~30만 개체이다.
② 빵효모로 로티퍼를 배양할 경우 채취한 즉시 유생의 먹이로 사용한다.
③ L-type 로티퍼는 수온을 20~25℃로 배양한다.
④ S-type 로티퍼는 수온을 25~30℃로 배양한다.

7. 넙치 양성 시 적수온 범위인 15~26℃에서 수조의 환수율이 하루에 10~12회전일 때 m^2당 양성 밀도로 가장 적합한 것은?

① 1~5 kg ② 5~15 kg
③ 20~30 kg ④ 30~40 kg

8. 1 m^2당 적절한 무지개송어 치어의 방양 밀도는? (단, 수온 15℃, 개체 당 무게는 4 g 내외임)

① 300~400마리 ② 400~600마리
③ 600~900마리 ④ 900~1,300마리

9. 먹이생물로 주로 공급되는 아르테미아(artemia)의 발달 단계는?

① 휴면난(resting egg) ② 미시스(mysis)
③ 조에아(zoea) ④ 노플리우스(nauplius)

10. 생산성 향상을 위해 전 수컷 집단 생산이 필요한 어종은?

① 미꾸라지 ② 무지개송어 ③ 넙치 ④ 틸라피아

11. 다음 중 넙치 자어를 사육하기에 가장 적절한 수온 범위는?

① 5~10℃ ② 10~15℃
③ 15~20℃ ④ 20~25℃

12. 무지개송어 양식장 용수의 이상적인 용존 산소량은?

① 2~3 mg/ℓ ② 4~5 mg/ℓ
③ 6~7 mg/ℓ ④ 10~11 mg/ℓ

13. 뱀장어(참장어)에 대한 설명으로 틀린 것은?

① Leptocephalus를 잡아서 기른다.
② 어미 한 마리는 700~1300만 개 전후의 알을 낳는다.
③ 실뱀장어는 1마리의 무게가 0.15g 정도이다.
④ 수온이 27~28℃ 정도로 높으면 잘 자란다.

14. 조피볼락에 대한 설명 중 틀린 것은?

① 12~2월에 교미한다.
② 3~4월에 알이 수정된다.
③ 체내 수정을 한다.
④ 출산 수온은 22~26℃이다.

15. 금붕어의 선별 기준으로 가장 거리가 먼 것은?

① 몸길이와 체고
② 각 지느러미의 모양
③ 비늘의 투명성과 불투명성
④ 눈의 크기

16. 자주복을 양성하고자 할 때 m^3당 치어의 방양 밀도는?

① 9~14마리 ② 6~9마리
③ 4~6마리 ④ 2~4마리

17. 참돔 자·치어 사육에 대한 설명이 틀린 것은?

① 수정란은 수온 20℃ 전후에서 약 45시간 만에 부화한다.
② 알의 침하 방지를 위해 해수의 비중을 알의 비중보다 낮게 한다.
③ 갓 부화된 자어의 크기는 대부분 2.0~2.3㎜이다.
④ 부화 후 30~40일을 전후하여 공식 방지를 위해 치어의 선별과 먹이 공급 시기 등을 조절한다.

18. 체중이 0.2~2g 사이의 뱀장어 명칭은?

① 실뱀장어 ② 검둥뱀장어
③ 새끼뱀장어 ④ 렙토세팔루스

19. 양식업의 가장 중요한 목적은?

① 미끼용 어류 또는 기타 동물의 생산
② 유기 폐기물의 재생
③ 인류의 식량 생산
④ 산업용 재료 또는 원료 생산

20. 200 kg의 넙치에게 900 kg의 사료를 공급하여 700 kg으로 성장시켰을 경우 사료 계수는?

① 1.6 ② 1.7 ③ 1.8 ④ 1.9

21. 키조개의 산란용 모패를 보호하기 위한 금어기는?

① 1~2월 ② 4~5월 ③ 7~8월 ④ 10~11월

22. 가리비 양성장 선정에 있어서 지표종으로만 짝지어진 것은?

① 갯지렁이 - 염통성게 - 미더덕
② 사미류(거미불가사리류) - 보라성게 - 따개비류
③ 미더덕 - 붕넙치류 - 별불가사리
④ 연닙성게 - 갯지렁이 - 둑중개류

23. 참담치의 서식장으로 적합하지 않은 곳은?

① 해수의 비중이 높은 외양성 암초
② 간조선에서부터 수심 10 m 정도 되는 곳
③ 조류가 빠른 수역의 단단한 고형물이 있는 곳
④ 조류의 소통이 느리고 파도가 적은 내만

24. 멍게(우렁쉥이)와 관련된 내용이 아닌 것은?

① 물렁증 ② 자웅이체 ③ 적색 ④ 신티올(Cynthiol)

25. 문어에 대한 설명 중 맞는 것은?

① 10개의 팔을 가진다.

② 암수 모두 생식팔(교접완)을 가진다.
③ 산란수온은 15~20℃로 낮은 편이다.
④ 보호색 기능을 가진다.

26. 적조(Red tides 또는 Harmful algal blooms)에 대한 가장 근본적인 대책은?
① 양식장을 옮기거나, 양식 대상종을 피난시킨다.
② 화학 약품 등을 사용하여 적조 생물이 발생하기 시작하는 초기에 제거한다.
③ 해저의 오염된 개흙을 미리 제거해 준다.
④ 질소나 인 등이 수역 내에 유입되는 양을 줄인다.

27. 패류 유생의 먹이로서 이용될 수 없는 종은?
① 클로렐라(Chlorella) ② 나비쿨라(Navicula)
③ 케토세로스(Chaetoceros) ④ 아르테미아(Artemia)

28. 귀매달기식 양성법으로 양성이 가능한 종은?
① 전복 ② 키조개 ③ 진주조개 ④ 우렁쉥이

29. 바지락 서식처로 적합하지 않은 곳은?
① 태풍, 홍수 등에 의한 지반 변동이 없는 곳
② 간출 시간 2~3시간 정도 되는 곳부터 수심 3~4 m 사이인 곳
③ 지반이 안정되고 해수 유통이 좋고 환원층이 발달한 곳
④ 먹이 생물이 많은 곳

30. 단련 종굴의 생산 과정을 4단계로 나눌 때 3단계에 해당하는 것은?
① 채묘 예보 ② 해적 구제 ③ 단련 ④ 채묘

31. 전복의 모패 선정 관리에 대한 내용 중 틀린 것은?
① 인공 종묘 생산에서는 까막전복이나 참전복이 유리하다.
② 참전복은 가온 해수 사육으로 5~6월에 조기 산란시킨다.
③ 참전복의 채란에 적합한 적산 수온은 3500℃ 이상이다.
④ 산란 유발은 간출과 자외선 조사 해수 자극을 병행하는 것이 좋다.

32. 고막의 주 서식지에 관한 내용으로 올바른 것은?
① 조하대~30 m ② 조하대~50 m
③ 간조 시 노출되는 조간대 ④ 조간대~조하대 10 m

33. 양식 생물의 식성에 따른 주요 먹이의 종류가 틀린 것은?
① 멍게(우렁쉥이)류 : 식물 플랑크톤, 연체동물 유생
② 고막류 : 유기물 찌꺼기, 소형 동·식물 플랑크톤
③ 전복류 : 부착 규조류, 대형 해조류
④ 해삼류 : 소형 새우나 어류

34. 400 g 크기인 문어 종묘를 방양 후 60일간 양성하여 50 kg/m^{3}을 수확하였다면, 방양 당시의 밀도(kg/m^3)는? (단, 일간 성장률은 0.04, 생존율은 70%)
① 약 10 ② 약 20 ③ 약 30 ④ 약 40

35. 분홍성게의 주산란기는?
① 1월부터 3월 사이
② 5월부터 7월 사이
③ 8월 상순부터 9월 하순 사이
④ 10월 하순부터 11월 상순 사이

36. 다음 중 방양 효과가 가장 큰 참가리비 종묘의 각장은?
① 3.0 cm ② 2.0 cm ③ 1.0 cm ④ 0.5 cm

37. 클로렐라(Chlorella)는 어느 분류군에 속하는 먹이 생물인가?
① 녹조류 ② 갈조류 ③ 남조류 ④ 홍조류

38. 기초 수온이 7.6℃인 참전복의 실용적인 채란을 위해서는 20℃에서 며칠 이상 사육해야 하는가?
① 55일 ② 75일 ③ 95일 ④ 105일

39. 서식지 저질의 특성이 다른 양식 생물은?
① 대합 ② 바지락 ③ 개량조개 ④ 왕우럭

40. 보리새우의 종묘 생산 시 볼 수 있는 불완전 산란이 가장 많은 시기는?
① 5월 하순 ② 6월 하순 ③ 7월 하순 ④ 8월 하순

41. 톳의 정자와 난자가 형성되는 곳은?
① 자낭반 ② 포자엽 ③ 생식기집 ④ 엽체 전체

42. 미역 포자엽을 음건(그늘말리기)한 후에 포자를 방출시키는 주 이유는?
① 자극에 의해 단속적으로 방출시키기 위해
② 유주자의 착생율을 좋게 하기 위해
③ 축적된 유주자를 단시간에 대량 방출시키기 위해
④ 유주자의 운동성을 높이기 위해

43. 3월 중순~4월의 사상체 영양 생장기의 관리 조건으로서 좋지 않은 것은?
① 조도 2,000~3,000 lx (수하식)
② 조도 1,000~2,000 lx (평면식)
③ 수온 16~24℃

④ 비중 1.020 이하

44. 다시마의 형태학적 특징에 대한 설명으로 틀린 것은?
① 엽체의 내부 조직은 표층, 피층, 속으로 구분된다.
② 엽체의 비대 생장은 형성 표피에서 일어난다.
③ 엽면에는 미역과 같이 털집이 산재한다.
④ 점액 강도는 피층 세포에서 나타난다.

45. 풀가사리의 수직 분포가 좁은 범위에 한정된 이유와 가장 거리가 먼 것은?
① 상층의 과소한 노출
② 하층에서의 광선 부족
③ 하층에서의 타 해조와의 경합
④ 파도에 대한 적응력 약화

46. 다음 김 부류식(뜬흘림발)시설 중 내파성이 가장 높은 것은?
① 사다리식 ② 강관식 ③ 연구조식 ④ 뒤집기식

47. 우리나라 동·서·남해안의 천연 미역 채취 시기를 결정하는 가장 중요한 요인은?
① 영양염 ② 염분 ③ 조류 ④ 수온

48. 청각의 채묘 시 대상 포자는?
① 과포자 ② 접합자 ③ 유주자 ④ 수정란

49. 곰피의 종묘 생산에서 채묘하기 위하여 성숙된 모조를 준비하기에 적당한 시기는?
① 4~5월경 ② 7~8월경
③ 10~11월경 ④ 1~2월경

50. 2년생 다시마를 저수온기에 최대한 활용하여 단기간에 생장시키는 양식 방법은?
① 2년 양식 ② 촉성 양식
③ 억제 배양 양식 ④ 억제 양식

51. 다시마의 상품가치가 되는 주된 기준은?
① 비대도 ② 엽체 폭 ③ 엽장 ④ 엽목

52. 다음 중 억제 배양하는 다시마의 종묘를 월하시키는데 가장 알맞은 조도는?
① 800 lx ② 1,000 lx ③ 1,200 lx ④ 1,400 lx

53. 우뭇가사리가 번식할 수 있는 적지가 아닌 것은?
① 연 평균 수온 10~20℃
② 비중 1.015 이상
③ 하천수가 유입되는 장소
④ 자연 암반이 발달된 장소

54. 인공 해수로 김을 배양할 때 미량 금속 이온의 흡수를 촉진시킬 목적으로 사용하는 것은?
① 비타민 B_{12} ② 글루탐산염
③ 황화나트륨 ④ EDTA

55. 미역 종묘 배양에서 초기 관리로 잘못된 것은?
① 수온은 23℃를 초과하지 않도록 한다.
② 수온상승과 더불어 조도를 차차 높힌다.
③ 조도는 처음은 5,000~6,000 lx로 한다.
④ 1개월에 1, 2회 채묘틀의 상하를 바꾼다.

56. 김 양식 시의 각포자 방출 억제법이 아닌 것은?
① 고비중 처리 ② 단일 처리
③ 100% 습도처리 ④ 암흑 처리

57. 인공 채묘된 김발을 이식할 때 운반 도중 건조의 피해를 예방하기 위하여 임시 시설을 하는데 그 임시 시설의 적정기간은?
① 1~2일 ② 3~7일 ③ 1~2주 ④ 3주 이상

58. 다음 표는 김의 채묘 일자와 수온이 13℃로 된 날을 기록한 것이다. 가장 흉작이 예상되는 것은?
① 가 ② 나 ③ 다 ④ 라

59. 양식 김에 대한 설명이 맞는 것은?
① 둥근돌김은 엽체의 가장자리에 거치가 있다.
② 잇바디돌김은 웅성이주이고 만생종이다.
③ 방사무늬돌김은 자웅이주이고 염성이 약하다.
④ 긴잎돌김은 자웅동주이고 만생종이다.

60. 김 생활사 중 핵상에 대한 내용이 옳은 것은?
① 과포자는 단상이다. ② 배우체는 복상이다.
③ 사상체는 단상이다. ④ 각포자는 단상이다.

61. 생물학적 여과를 시작하면 비교적 초기 과정에서 아질산염이 일시적으로 많이 나타나는 이유는?
① 처음에 어류가 아질산을 많이 내기 때문에
② 질산 세균은 번식하기 힘든 세균이기 때문에
③ pH의 영향 때문에
④ Nitrosomonas가 Nitrobacter보다 먼저 번식하기 때문에

62. 해수의 염소량을 측정해서 염분량으로 환산하는 식으로 옳은 것은?
① S = 1.805Cl ② S = 1.80655Cl
③ S = 0.03+1.80655Cl ④ S = 0.30+1.805Cl

63. 열 물길이 필요한 양어장은?
① 저수지 양어 ② 댐호 양어

③ 순환 여과식 양어 ④ 가두리 양어

64. 다음 중 사육 수조에서 고형 오물의 제거 시 가장 영향을 주는 주요 요인은?

① 수조 내 질소 화합물의 비율
② 수용된 물고기의 성별
③ 사육 수조의 크기
④ 사육수의 수온

65. 일반적으로 산소가 가장 많이 녹아있는 곳에 사는 어류는?

① 온수 지수 환경에서 사는 어류
② 온수 유수 환경에서 사는 어류
③ 냉수 유수 환경에서 사는 어류
④ 냉수 지수 환경에서 사는 어류

66. 적조에 관한 설명으로 가장 적합한 것은?

① 내만의 연안에서만 발생한다.
② 강우와 직접적인 관계가 반드시 있다.
③ 고수온기에만 발생한다.
④ 적조 생물의 종에 따라 피해에 차가 있다.

67. 일반적으로 양어지에서 가스병을 예방할 수 있는 질소가스의 상한농도로 가장 적합한 것은?

① 100% ② 110～115%
③ 145～150% ④ 160～165%

68. 개방적 수질환경을 띠고 있는 것은?

① 정수식 못 양식 ② 유수식 수조 양식
③ 순환 여과 양식 ④ 식물 플랑크톤 배양

69. 순환 여과식 사육 장치에서 필요 없는 시설은?

① 사육조 ② 부유조
③ 1차 침전조 ④ 생물 여과조

70. 산소 소비에 관여하는 요소는?

① 세균에 의한 유기물의 산화
② 질산염의 환원
③ 식물 플랑크톤의 광합성
④ 대기에서의 산소용해

71. 다음 중 대규모 간석지가 형성되기 위한 조건과 가장 거리가 먼 경우는?

① 대량의 모래질흙 또는 점토질이 하천수에 의해 운반되는 경우
② 외해와의 물교류가 적은 내해이거나 만(灣)일 경우
③ 간만의 차가 크기 때문에 먼 곳까지 바닥이 노출되었다가 물속으로 잠기는 경우
④ 유속이 빠르고 고운(깨끗한)모래가 많은 경우

72. 패류 양식 어업의 종류가 아닌 것은? (단, 수산업법 시행령의 양식 어업 종류에 준한다.)

① 가두리 양식 어업 ② 수하식 양식 어업
③ 바닥식 양식 어업 ④ 축제식 양식 어업

73. 질소 화합물이 아닌 것은?

① 암모니아 ② 인 ③ 아질산염 ④ 질산염

74. ( )안에 적합한 내용으로 짝지어진 것은?

① A: 알칼리 B: 산화제 ② A: 산성 B: 산화제
③ A: 알칼리 B: 환원제 ④ A: 산성 B: 환원제

75. 양식 생물의 대사와 성장 과정에서 일어나는 노폐물에 의한 오염된 수질을 정화 처리하면서 사용한 물을 다시 사용하여 양식하는 폐쇄적 양식장의 대표적인 예는?

① 송어류의 유수식 양식장 ② 순환 여과식 양식장
③ 그물 가두리식 양식장 ④ 바닥 양식장

76. 부영양화의 발생 및 진행이 촉진되는 조건은?

① 물이 머무는 시간이 짧을 것
② 물의 교환율이 높을 것
③ 식물 플랑크톤이 잘 자라며 유속이 느릴 것
④ 산소 농도의 변동범위가 작을 것

77. 오존 발생기를 이용한 오존 소독에 관한 내용으로 가장 적절한 것은?

① 수중 현탁 물질이 많을수록 효능이 크다.
② 오존 처리는 유기물을 분해하는 데는 효과가 없다.
③ 오존 처리는 사육조 안에서 시행해야 한다.
④ 오존이 남아 있으면 사육중의 어류나 무척추 동물에 해를 끼친다.

78. 0.01 M NaOH의 농도를 ppm으로 나타내면?

① 400 ppm ② 40 ppm ③ 4 ppm ④ 0.4 ppm

79. 외부로부터 새로운 물을 공급할 때 여러 가지 잡물을 걸러내기 위한 물리적인 여과의 목적으로 모래, 자갈 여과조가 유효하게 쓰이고 있다. 이 때, 여과조가 막히는 것을 방지하기 위해서 사용하는 자갈에 대한 설명으로 가장 적합한 것은?

① 여과재 사이에 큰 공간이 생길 수 있도록 큰 자갈을 사용한다.
② 여과용 자갈은 크기와 관계없이 여과조에 가득 채운다.

③ 여과용 자갈은 크고 작은 것을 적당히 섞어서 사용한다.
④ 여과용 자갈은 입자가 작은 것만 골라서 사용한다.

80. 공기양수기에서 실용적인 최소 침수율은?
① 약 40% ② 약 60% ③ 약 80% ④ 약 100%

81. 방어의 세균성 질병으로 Lactococcus 균의 감염에 의한 연쇄구균증의 피해가 크다. 이 병이 쉽게 치유되지 않는 이유는?
① 병원체가 쉽게 내성균으로 변하기 때문이다.
② 환부가 육아종으로 변해 그 속에 병원균이 있기 때문이다.
③ 이 병원균이 혈액 내에서 포자를 형성하기 때문이다.
④ 이 병원균이 근육 내에서 협막을 만들기 때문이다.

82. 무지개송어의 전염성 췌장괴사증(IPN)과 관계가 먼 것은?
① 위장의 카타르성 염증이 생긴다.
② 초기에 죽는 개체는 나선형 운동을 하다가 바닥에 가라앉아 죽는다.
③ 50 g 이상 크기의 어류에 감염된다.
④ 체색이 검어진다.

83. 편성병원균의 특징이 아닌 것은?
① 병원성이 강함
② 침지 공격이 성립하지 않음
③ 환경수 중에 보통은 존재하지 않음
④ 예방 대책은 방역 및 면역임

84. ( )안에 해당하는 불포화 지방산은?
① 치아민 ② EPA ③ DHA ④ 엽산

85. 송어의 Furunculosis를 일으키는 병원균은?
① *Aeromonas hydrophila*
② *Aeromonas salmonicida*
③ *Pseudomonas fluorescens*
④ *Pseudomonas anguilliseptica*

86. DNA virus에 속하는 것은?
① IPNV ② VHSV ③ IPNV ④ OMV

87. 어류에 물곰팡이가 기생하여 발병하는 조건은?
① 수온 변화가 있으면 연중 계속해서 발병한다.
② 상피세포에 상처가 생긴 부위에만 발병한다.
③ 위장 장애가 있어서 염증이 생길 때 발병한다.
④ 수온이 높아지면 언제나 발병할 수 있다.

88. 아가미 부식병 증상에 대한 설명으로 옳지 않은 것은?
① 아가미에 황색 부착물이 보인다.
② 아가미는 울혈로 암적색을 띈다.
③ 아가미 조직이 붕괴된다.
④ 아가미 뚜껑의 출혈과 함께 아가미 뚜껑이 부식

89. 조균류(藻菌類)에 의해 발생되는 갯병은?
① 붉은갯병 ② 흰갯병
③ 싹갯병 ④ 쪼그랑병

90. 김양식장에서 발생하는 갯병 중 생리적 장해로 인한 갯병은?
① 싹갯병 ② 붉은갯병
③ 호상균병 ④ 사상세균부착증

91. 연쇄구균 감염에 의한 대표적 증상이 아닌 것은?
① 아가미 부식과 상피 탈락 ② 안구돌출과 안구출혈
③ 아가미뚜껑의 출혈 ④ 꼬리자루의 궤양 형성

92. 전염 속도가 빠르고 대량 폐사를 일으켜 지속적인 감시와 관리가 필요한 수산 동물 질병으로 수산 생물 질병 관리법에서 정한 수산 동물 전염병에 해당하지 않는 것은?
① 노랑머리병 ② 타우라증후군
③ 흰반점병 ④ 흑점병

93. 냉수성 어류에 유행되는 virus성 질병은 많은 어류를 폐사시키는데, 이러한 폐사를 최소한으로 감소시킬 수 있는 방법은?
① 신선한 사료를 투여한다.
② 항생 물질 같은 약을 투여한다.
③ pH를 일정하게 유지시킨다.
④ 사육 수온보다 수온을 높인다.

94. 틸라피아가 항문에 길게 배설물을 달고 다닌다면 그 원인으로 가장 적합한 것은?
① 과식으로 인한 소화 불량 때문이다.
② 에드와드 병에 감염되었기 때문이다.
③ 배합 사료만으로 사육했기 때문이다.
④ 사료의 비타민이 부족했기 때문이다.

95. 방어를 양식하던 중 폐사가 생기기 시작하여 관찰해 보니 피부에 혹 같은 작은 돌기나 반구형의 농양이 생겨 있었다면 감염균은?
① *Vibrio anguillalum* ② *Nocardia seriolae*
③ *Edwardsiella tarda* ④ *Aeromonas hydrophila*

96. **복수에 의한 복부 팽만, 체색 흑화, 탈장, 간과 신장 등에 유백색 농양 형성 등의 증상을 나타내는 넙치 질병은?**
① 비브리오병 ② 에드와드병
③ 연쇄구균증 ④ 아가미부식병

97. **폐사어를 부검하였을 때 용존 산소 결핍증으로 볼 수 없는 증상은?**
① 죽은 고기는 대부분이 입을 닫고 있었다.
② 아가미가 충혈되어 있었다.
③ 아가미의 혈관이 확장되어 있었다.
④ 몸에서 용혈현상을 볼 수 있었다.

98. **틸라피아의 체표가 회백색 점액으로 덮여있다. 다음 중 어느 것 때문인가?**
① *Caligus* sp.의 기생 ② *Saprolegnia* sp.의 기생
③ Nutritional deficiency ④ *Trichodina* sp.의 기생

99. **다음 중 비바기나충이 주로 기생하는 어류는?**
① 금붕어 ② 송어 ③ 참돔 ④ 넙치

100. **잉어의 아가미에 포자낭이 형성되어 죽는 질병은?**
① Trichophyra 증 ② Myxobolus 증
③ Cryptocaryon 증 ④ Epistylis 증

2016년 8월

1. **자주복의 부화에 대한 설명으로 가장 거리가 먼 것은?**
① 부화는 아르테미아의 부화기를 사용하고, 알의 안정을 위해 환수는 하지 않는 것이 좋다.
② 광선을 약 500 lx로 한다.
③ 약 180 L의 부화기에 50만~100만개 정도의 알을 수용한다.
④ 부화 직전 난의 수용 밀도는 30만개 정도로 낮추는게 좋다.

2. **성어와 비교하여 치어의 먹이 공급 간격은?**
① 대사율이 높아 일반적으로 짧다.
② 크기가 작아 많이 먹지 않으므로 길다.
③ 사료의 크기가 작기 때문에 결과적으로 같다.
④ 어류의 크기와는 상관이 없이 같다.

3. **어류의 1차 성징에 속하는 것은?**
① 수컷에서는 진한 혼인색, 추성이 나타난다.
② 생식소가 성호르몬의 지배를 받아 정소나 난소로 분화된다.
③ 지느러미(특히, 꼬리지느러미)가 확대된다.
④ 암컷에서는 복부의 팽대, 동그스름한 체형이 나타난다.

4. **어류의 조합이 먹이 연쇄 혼합 양식에 적합한 것은?**
① 잉어 – 붕어 ② 블루길 – 베스
③ 초어 – 백련어 ④ 뱀장어 – 숭어

5. **다음 중 잉어의 가두리 양식 적지 조건으로 가장 거리가 먼 것은?**
① 갈수기에도 수심 5~6 m 이상인 곳
② 4월 하순과 10월 초순의 수온이 15°C 정도 되는 곳
③ 가두리 밑바닥에 수초가 번무하여 산소 공급이 충분한 곳
④ 호소 내에 물의 소통이 잘되는 환경 조건을 갖춘 곳

6. **세계 최초의 국립 양어장은 언제, 어디서 만들어졌다고 알려져 있는가?**
① 기원전 300년경 일본
② 기원전 500년경 스페인
③ 기원전 100년경 로마
④ 기원전 1800년경 이집트

7. **넙치 난의 특징이 아닌 것은?**
① 분리 부성란이다.
② 완숙 시 난경은 0.94~0.98 mm 정도이다.
③ 유구는 1개이다.
④ 수온 18~20°C 범위에서 약 36시간 후 부화한다.

8. **채널메기의 산란 습성을 바르게 설명한 것은?**
① 산란은 움푹 패인 곳, 돌이나 나무토막 사이 등의 으슥한 곳에서 한다.
② 암수는 1년에 여러 번 산란한다.
③ 알은 분리 부성란으로 물밑의 그늘진 곳이나 적당한 장소가 없으면 구덩이를 파고 알을 낳는다.
④ 산란 후에 암컷이 알을 지키면서 지느러미로 수류를 일으켜 산소를 공급한다.

9. ***Artemia*의 부화 조건으로 틀린 것은?**
① 적정 농도의 해수를 사용한다.
② 부화 수온은 28°C 전후이다.

③ 강한 에어레이션을 계속한다.
④ 조도는 7,000 lx로 유지한다.

10. 산란기 무지개송어의 성숙 상태를 조사하기위한 MS-022의 마취농도는?
① 0.1～0.15 ppm ② 1～1.5 ppm
③ 10～15 ppm ④ 100～150 ppm

11. 감성돔의 자어 난황 흡수기 이후의 초기먹이로 가장 적합한 것은?
① 아르테미아 ② 로티퍼
③ 클로렐라 ④ 스피룰리나

12. 방어의 종묘를 선택할 때 고려해야 하는 내용과 거리가 먼 것은?
① 겉보기에 둥글둥글하게 살이 쪄 있는 것
② 몸 빛깔이 검은색을 띠고 어체의 크기가 고른 것
③ 다른 개체와 무리를 지어 정상적인 유영을 하고 있는 것
④ 운반하기 용이하게 종묘의 크기가 8～30 g정도 되는 것

13. 미지성장인자(U.G.F.)의 효과를 위해서 쓰일 수 있는 사료의 원료는?
① 효모 ② 어분
③ 육분 및 골분 ④ 기름을 짠 찌꺼기

14. 카와찌붕어의 특징이 아닌 것은?
① 산란의 예상이 힘들다.
② 월동 중의 체중 감소가 적다
③ 질병은 체표의 손상에 기인되는 경우가 많다.
④ 사람과 잘 익숙해진다.

15. 넙치의 산란이 가장 활발히 일어나는 시간은?
① 18～21시 ② 10～12시
③ 24～03시 ④ 06～09시

16. 방어 양식에서 생사료 공급 시 주의해야 할 사항이 아닌 것은?
① 멸치는 단독 사료로 장기간 공급하지 않는다.
② 냉동시킨 생선은 해동시키지 않고 바로 초퍼에 갈아서 공급한다.
③ 하루에 2～3회 먹이를 공급하는 것이 성장에 좋다.
④ 방어는 탐식성이어서 표층과 바닥에서 모두 먹이를 잘 먹으므로 여유 있게 공급한다.

17. 냉수성 해산어류에서 주로 요구되는 필수 지방산은?
① 리놀렌산(18:2n-6) ② 올레산(18:1n-9)
③ 아라키돈산(20:4n-6)
④ 오메가-3 고도불포화지방산

18. 다음 중 실뱀장어의 먹이 붙임용으로 가장 좋은 것은?
① 고등어 ② 쇠고기 ③ 실지렁이 ④ 어분

19. 방류 재포 양식에 적합한 어종은?
① 연어 ② 송어 ③ 가자미 ④ 잉어

20. 은어의 성숙을 억제시키는 가장 좋은 방법은?
① 물을 교환해 준다. ② 먹이를 충분히 준다.
③ 광선을 쬐어준다. ④ 수온을 높여준다.

21. 수술이 끝난 진주조개를 직접 양성장에다 옮겨서 양성하지 않고 중간양성을 하는 주된 이유는?
① 탈핵과 폐사 개체수를 파악하기 위해
② 환경에 잘 적응시키기 위해
③ 양성관리 작업량을 적게 하기 위해
④ 폐사를 방지하고 성장을 촉진시키기 위해

22. 종굴의 수송 시 주의할 점이 아닌 것은?
① 되도록 수송시간을 짧게 한다.
② 종굴의 색채가 비슷한 것끼리 모아서 수송한다.
③ 기온이 낮은 대일수록 좋다.
④ 습도는 높은 편이 좋다.

23. 다음 중 보리새우 조에아기의 먹이로 가장 적절한 것은?
① *Skeletonema costatum* ② *Brachionus plicatilis*
③ *Calanus* sp. ④ *Artemia* sp.

24. 노화 현상이 진행 중인 양성장에 대한 시급한 대책이 아닌 것은?
① 양식 품종 전환 ② 밀식 방지
③ 윤작 ④ 바닥 환경 개선

25. 참전복 양식에 있어서 초기 치패 관리에 관한 내용으로 적절하지 못한 것은?
① 치패는 성패보다 단위 체중당 산소 소비량이 많기 때문에 산소를 충분히 공급해야 한다.
② 치패는 한해성 특성으로 인해 고수온기에는 주의해야 하지만, 2°C 이하의 저수온에서는 잘 견딘다.
③ 폐사율이 높은 시기는 주구각이 생길 무렵과 제1 호흡공이 생길 때이다.
④ 각장이 2 cm 이상 되면 먹이가 부족하게 되므로 소형 해조류를 공급해준다.

26. **보리새우의 종묘생산 과정 중에서 유생의 폐사율이 가장 높은 시기는?**
① 포스트라바(Postlarva) 기
② 노플리우스(Naauplius) 기
③ 미시스(Mysis) 기
④ 조에아(Zoea) 기

27. **부착 시기에 도달한 참굴 성숙 부유 유생의 크기는?**
① 250 μm 이하 ② 300 μm 내외
③ 350~400 μm ④ 400 μm 이상

28. **다음 양식 동물 중 유생의 부유 기간이 가장 짧은 종은?**
① 멍게(우렁쉥이) ② 까막전복
③ 피조개 ④ 진주조개

29. **다음 중 조개류의 유생 사육용 먹이로써 가장 알맞은 종은?**
① *Brachionus plicatilis* ② *Skeletonema costatum*
③ *Isochrysis* sp. ④ *Platymonas* sp.

30. **대부분의 모패가 방란 가능한 완숙기로 되는 참전복의 적산수온은?**
① 500℃ ② 1,000℃ ③ 1,500℃ ④ 2,000℃

31. **굴의 수하 양성법으로 적합하지 않은 것은?**
① 뗏목식 ② 밧줄식 ③ 말목식 ④ 조위망식

32. **참문어를 연중 양식할 수 있는 수온 조건을 갖춘 수역은?**
① 제주도 연안 ② 남해안
③ 서해 중부 연안 ④ 동해 남부 연안

33. **바지락 양식에 관한 설명으로 적절하지 못한 것은?**
① 완류식 채묘법으로 섶꽂이식을 많이 사용한다.
② 지반 변동이 일어나기 쉬운 하구 근처에서 치패가 많이 발생한다.
③ 종묘의 방양 방법에는 석시법과 조시법이 있으며, 조시법의 일손이 더 많이 들어간다.
④ 양성장의 지반은 바지락이 잠입하기 쉽게 갈이를 해 주어야 한다.

34. **무척추 동물 유생 발달 단계의 명칭이 틀린 것은?**
① 굴 : 수정란 → 담륜자 → D상 유생 → 각정기 유생 → 성숙 부유 유생
② 전복 : 수정란 → 담륜자 → 피면자 → 포복기 유생
③ 대하 : 노플리우스 → 조에아 → 미시스 → 메갈로파
④ 해삼 : 수정란 → 오우리쿨라리아 → 돌리올라리아

35. **고막의 주 서식장으로 가장 적합한 것은?**
① 간조 시에 노출되는 부드러운 펄질의 조간대
② 수심 10~30 m 정도의 사니질
③ 저조선으로부터 20 m 정도의 개흙질
④ 간출되지 않은 암반

36. **고막류 중 평균 방사늑수가 가장 적은 종은?**
① 고막 ② 피조개 ③ 새고막 ④ 큰이랑피조개

37. **참가리비의 수하식 양성에 대한 설명으로 틀린 것은?**
① 수심 30~40 m인 지역에서 채롱을 이용할 수 있다.
② 수하식 채롱양성은 출하까지 3년 이상 걸린다.
③ 채롱식 양성에서 패각 물림 현상은 패각의 크기가 작을수록 빈번하게 나타난다.
④ 귀매달기 양성에서는 각장이 5 cm정도의 1년생 가리비가 적합하다.

38. **다음 중에서 이동성을 고려하여 양성 시설을 해야 하는 종은?**
① 피조개 ② 진주담치 ③ 대합 ④ 새고막

39. **전복의 일간먹이 섭취율 계산식의 항목이 아닌 것은?**
① 사육일수 ② 각장크기
③ 공급한 먹이량 ④ 먹고 남은 잔량

40. **진주담치의 양식에 대한 설명으로 틀린 것은?**
① 남해안에서 주 산란기는 3~4월이다.
② 유생의 부착층은 표층으로부터 1~2m이다.
③ 유생 출현 시기가 짧다.
④ 산란 적정 수온은 12~14℃ 이다.

41. **실내수조의 미역 채묘에서 유주자의 착생은?**
① 밝은 쪽에 잘 붙는다.
② 어두운 쪽에 잘 붙는다.
③ 수조의 위쪽에 잘붙는다.
④ 수조의 전면에 잘 붙는다.

42. **각포자 방출 촉진에 알맞은 조건은?**
① 5℃ 이하에서 단일처리
② 10~20℃에서 단일처리
③ 5℃ 이하에서 장일처리
④ 10~20℃ 애서 장일처리

43. **재생력을 이용하여 양식할 수 있는 해조류는?**
① 김 ② 다시마 ③ 우뭇가사리 ④ 홑파래

44. 다음 중 감태의 유주자 방출시기로 가장 적절한 것은?
① 봄~여름 ② 여름 ③ 가을~겨울 ④ 겨울

45. 유주자의 주광성을 채묘에 활용하는 종류는?
① 김 ② 미역 ③ 홑파래 ④ 다시마

46. 다시마 양성 시 시기별로 수위 조절을 하는 방법이 틀린 것은?
① 가을에서 3월까지는 수면 하 1 m
② 봄 4~5월에는 수면 하 1.5 m
③ 여름 6~7월에는 수면 하 2~2.5 m
④ 한 여름의 8월에는 수면 하 8~10 m

47. 규조류의 부착이 심한 김을 제품으로 만들기 전에 처리하는 내용으로 적합하지 않은 것은?
① 김을 보자기에 넣어 밟아준다.
② 하루 정도 음건시킨다.
③ 탄산나트륨($NaCO_3$)용액에 담가 두었다가 씻어낸다.
④ 고속 탈수기로 탈수한 뒤 냉장한다.

48. 다음 중 꼬시래기의 발아가 가장 잘되는 장소는?
① 간조 시 완전히 노출되는 모래밭
② 조수 웅덩이가 형성되어 있는 모래밭
③ 해안에 돌출한 암반
④ 하구 부근의 저조선 아래

49. 톳의 증식을 위해여 씨뿌림을 할 때 뿌리는 씨는?
① 어린배 ② 접합자 ③ 유주자 ④ 과포자

50. 조가비 사상체의 각포자 방출 상태를 바르게 설명한 것은?
① 각포자낭지의 끝 개구부를 통하여 방출된다.
② 각포자낭마다 개구부가 있어서 그곳으로 방출된다.
③ 조가비 안에서 방출된 포자가 석회질을 녹이면서 표면으로 나온다.
④ 각포자낭지마다 모두 표면까지 올라와서 각각 독자적으로 방출된다.

51. 미역 종묘 가이식 시기를 결정하는 요소로 옳지 않은 것은?
① 내만의 경우 22~23℃ 이하, 외해의 경우 20℃ 이하에서 가이식을 시작한다.
② 생장은 가이식이 빠를수록, 또 그 때의 아포체가 클수록 빠르다.
③ 싹녹음을 피하기 위하여 9월 하순까지는 가이식을 끝낸다.
④ 조석상으로는 소조 직후가 가이식의 적기이다.

52. 다음은 어느 김의 특성을 설명한 것인가?
① 참김 ② 둥근돌김 ③ 큰참김 ④ 큰방사무늬김

53. 다시마의 종묘 배양 과정에서 배우체의 수정률이 가장 좋은 조도는? (단, 수온은 13˚C 전후일 경우)
① 500 lx ② 2,000 lx ③ 3,000 lx ④ 5,000 lx

54. 미역의 인공 채묘용으로 가장 적합한 포자엽(성실엽)의 처리 방법은?
① 채취 즉시 사용한다.
② 담수에다 5분간 담근 후 사용한다.
③ 찬 해수에다 5분간 담근 후 사용한다.
④ 수 시간에서 하룻밤 정도 그늘에다 둔 후 사용한다.

55. 1년생 다시마가 포자를 방출하는 시기는?
① 초여름 ~ 초가을 ② 초가을 ~ 초겨울
③ 초겨울 ~ 초봄 ④ 초봄 ~ 초여름

56. 굵은 자갈이나 돌 등이 산재한 간석지에서 양식 가능성이 가장 높은 종은?
① 청각 ② 곰피 ③ 풀가사리 ④ 톳

57. 김 엽체가 함유하고 있는 색소가 아닌 것은?
① 푸코크산틴 ② 클로로필 a
③ 피코에리드린 ④ 피코시아닌

58. 김 양식에서 봉투식 야외 인공 채묘에 대한 내용이 아닌 것은?
① 제한된 어장에서만 채묘할 수 있다.
② 사상체의 양이 적게 소요된다.
③ 포자의 부착이 균일하다.
④ 해적생물의 부착이 적다.

59. 김 냉장발의 장점과 가장 관계가 먼 것은?
① 초기의 김갯병 피해 극복
② 2차아에 의한 번식
③ 양식기간의 연장
④ 해적생물의 구제

60. 김 양식장에서 소비가 가장 많은 비료분은?
① 규산염 ② 질산염 ③ 인산염 ④ 칼슘염

61. 환경 정책 기본법상 해역의 생태기반 해수수질 기준에서 등급 Ⅱ(좋음)의 수질 평가 지수값(Water Quality Index)은?
① 23 이하 ② 24~33 ③ 34~46 ④ 47~59

62. **육상에서 종묘 배양장이나 양식장을 시설할 때 주로 대형 수조의 하누바 건물 등의 외형을 유지하는데 사용되는 재료로 주로 쓰이는 것은?**

① 콘크리트와 금속 재료 ② FRP나 합성 고무
③ 목재 및 코르타르 ④ PP, PE 등의 합성 수지

63. **기본형 에어레이션법이 아닌 것은?**

① 낙차 에어레이션법 ② 확산 에어레이션법
③ 벤투리관 에어레이션법 ④ 표면 에어레이션법

64. **용존 물질을 제거하는 여과 장치 중 그 원리가 다른 것과 차이가 나는 것은?**

① 살수식 여과 ② 침수식 여과
③ 회전식 여과 ④ 활성 오니법 여과

65. **수역의 자정 작용에 대한 내용이 틀린 것은?**

① 현탁물이 해수와 같은 전해질과 혼합되면 응집침전 분리된다.
② 알칼리도가 높은 물은 중화되어 pH변화가 크게 없다.
③ 생화학 반응에 의한 유기 물질의 무기와나 그 생성 물질을 다시 유기화하여 고정하는 동화 작용을 말한다.
④ 수역에 있어서는 혐기성 조건만을 포함한다.

66. **질산염과 인삼염이수중의 식물성 플랑크톤에 의해 섭취되거나 분해결과 수중에 용출되어 나올 때 각각 어떤 비율로 일어나는가?**

① N : P = 1 : 16 ② N : P = 16 : 1
③ N : P = 8 : 1 ④ N : P = 1 : 8

67. **다음 중 호소에서의 부영양화와 관계가 가장 먼 것은?**

① 탁도가 높다.
② 생물군의 다양성이 낮아진다.
③ 나쁜 냄새를 내어 물맛을 나쁘게 한다.
④ 투명도가 높다.

68. **생물학적 여과 중 질산화 과정에 참여하는 세균은?**

① 슈도모나스(*Pseudomonas*)
② 에로모나스(*Aeromonas*)
③ 니트로소모나스(*Nitrosomonas*)
④ 스트렙토코쿠스(*Streptococcus*)

69. **수역의 자정작용에 대한 내용이 틀린 것은?**

① 해수에 유출된 기름은 해면에 기름막을 만들어 대기 중의 산소 유입을 막는다.
② 기름은 물에 혼합되지 않기 때문에 부유성 생물에만 영향을 미친다.
③ 해수 중에 유입된 기름은 박테리아에 의하여 서서히 분해된다.
④ 기름을 제거하기 위한 유화제가 오히려 생물에 해를 줄 수 도 있다.

70. **다음 중 유기물에 의한 오염 정도를 파악하기 위한 환경 조사 항목으로 가장 적합한 것은?**

① BOD ② DO ③ pH ④ Salinity

71. **생물학적 여과의 1차 대상 오염 성분은?**

① 암모니아 ② 질산염 ③ 이산화탄소 ④ 질소가스

72. **효과적인 자외선 조사에 대한 설명으로 가장 적합한 것은?**

① 자외선 등을 물위에 높게 매달아 자외선이 물 표면에 고르게 비치도록 한다.
② 많이 오염된 물일수록 소독효 과가 더 크다.
③ 자외선 등을 수중에 설치할 경우 물 표면에 설치할 때 보다 물 깊이를 얕게 해준다.
④ 수면, 수중 조사 방법 모두 별다른 차이가 나지 않는다.

73. **하천의 일반적인 특성과 다른 것은?**

① 유속이 가장 빠른 곳은 하류 쪽이다.
② 하류의 바닥에는 모래나 점토가 많다.
③ 상류의 바닥에는 돌들이 많다.
④ 하류 쪽은 상류에 비하여 수온의 변화가 적다.

74. **1기압 하에서 용존 산소의 포화도가 가장 큰 물은?**

① 0℃ 해수 ② 4℃ 해수 ③ 0℃ 담수 ④ 4℃ 담수

75. **새우 종묘 생산 시설은 충분한 양의 공기가 공급되도록 설계되어야 한다. 소형 에어스톤(Ø2~3 cm)을 설치하려고 할 때 가장 적합한 설치 조건은?**

① 수조 1개당 에어스톤 10개 정도
② 물 1 ton당 에어스톤 1개 정도
③ 수면적 1 m^2당 에어스톤 1개 정도
④ 수심 10 cm 당 에어스톤 1개 정도

76. **해수의 질산염 분석 방법은?**

① Nessler 법 ② Indo phenol 법
③ GR ④ 구리 카드뮴 환원법

77. **식물 플랑크톤에 대한 설명이 옳은 것은?**

① 낮에 O_2를 생산하고 밤에 CO_2를 생산한다.
② 낮에 CO_2를 생산하고 밤에 O_2를 생산한다.

③ 낮과 밤 모두 O_2만 생산한다.
④ 낮과 밤 모두 CO_2만 생산한다.

78. 다음 중 정수식 못 양식에서 물의 보충에 관한 내용으로 가장 적합한 것은?
① 증발과 누수에 의한 물의 감소량 만큼 보충한다.
② 매일 총 수면적의 5%를 보충한다.
③ 매주 어류 방양량의 2%를 보충한다.
④ 자연적으로 해결되므로 보충할 필요가 없다.

79. 다음 중 틸라피아를 원형 수조에서 양성하고자 할 때 탱크내의 오물을 잘 제거할 수 있고 또 사육어류의 적절한 운동을 위한 탱크 내의 유속으로 가장 적절한 것은?
① 초당 0.5～10 cm ② 초당 3.5～5.0 cm
③ 초당 7.5～10.0 cm ④ 초당 20 cm 이상

80. BOD 시험 시 사용되는 지시약은?
① 페놀프탈레인 ② 메틸오렌지
③ 녹말 용액 ④ 리트머스 시험지

81. 새우류의 바이러스 질병 중 원인 바이러스가 공통점이 없는 것은?
① WSSV ② SEMBV ③ HHNBV ④ IMNV

82. 금붕어의 체표에 궤양병이 생겼다면 다음 중 그 원인으로 가능성이 가장 높은 것은?
① *Nocardia* sp.에 의한 것이다.
② *Vibrio* sp.에 의한 것이다.
③ *Aeromonas salmonicida*에 의한 것이다.
④ *Ichthyophonus hoferi*에 의한 것이다.

83. 환경수에서 검출되기도 하며 인간의 건강에 영향을 줄 수 있는 것으로 인식되고 있어 위생에 주의를 요하는 병원체가 아닌 것은?
① *Vibrio vulnificus*
② *Vibrio cholerae* Non-01
③ *Vibrio parahaemolyticus*
④ *Vibrio anguillarum*

84. 먹이 중 a-Toclpherol(비타민 E)이 부족할 때 잉어에 발생할 가능성이 가장 높은 증상은?
① 지느러미가 부식된다. ② 아가미가 부식된다.
③ 피부가 부식된다. ④ 등이 굽어진다.

85. 연어과 어류의 세균성 신장병(BKD)의 주요 증상은?
① 신장과 그 외 장기에 백점 및 백반상의 병소 형성
② 두부, 등, 꼬리 지느러미에 두터운 점액막 형성
③ 체표 전면에 점상 출혈과 모세 혈관 확장
④ 아가미 표면에 팽윤된 환부 형성

86. 효모가 포함된 사료를 송어에 먹였더니 위에 가스가 발생하여 복부가 팽창되었다면 가장 관련이 깊은 균은?
① *Ichthyophonus* sp. ② *Saprolegina* sp.
③ *Candida* sp. ④ *Fusarium* sp.

87. 어류의 바이러스병을 PCR법으로 진단하고자 할 때 원인 바이러스가 RNA 바이러스 군에 속하는 것은?
① 블루길 바이러스병
② 차넬메기 바이러스병
③ 산천어 헤르페스 바이러스병
④ 잉어 폭스병

88. 무지개송어의 바이러스성 출혈성 패혈증의 주 감염 경로는?
① 사료 ② 닻벌레
③ 함께 사육되는 병어 ④ 지느러미

89. 병리성 갯병으로써 김 사상체에도 기생하는 병원성 미생물은?
① *Pythium* 속 ② *Olpidiopsis* 속
③ *Licomphora* 속 ④ *Leucothrix* 속

90. 방어의 연쇄구균증에 관한 설명 중 틀린 것은?
① 안구돌출과 아가미 뚜껑이 적변된다.
② *Streptococcus* sp.균이 감염되어 발병하며, 발육 최적온도는 20～37°C이다.
③ 병리학적으로는 지느러미 출혈, 항문의 탈장 및 주둥이 부식이 특징적이다.
④ 멸치만을 장기간 투여하거나 선도 불량한 먹이를 투여하면 발병하기 쉽다.

91. 방어 내장의 각 장기에 결절이 생기는 특색이 있는 병원균은?
① *Vibrio anguillarum* ② *Nocardia seriolae*
③ *Lactococcus garviae* ④ *Aeromonas hydrophila*

92. 영양분의 부족에 의하여 발생하는 김 사상체의 질병은?
① 황반병 ② 닭살 ③ 녹변병 ④ 적변병

93. 담수산 어종에서 질병을 일으킬 수 있는 것은?
① *Tenacibaculumm maritimum*
② Viral Nervous Necrosis virus
③ *Benedenia seriolae*

④ *Aeromonas hydrophila*

94. 방어의 아가미에 기생하여 피해를 주는 기생충은?

① *Argulus japonicus* ② *Caligus spinosus*

③ *Pseudoergasilus zacconis* ④ *Lernaea cyprinacea*

95. 수심이 얕은(50 cm) 잉어 양어지에서는 월동 후 폐사하는 잉어를 많이 볼 수 있는데 이 경우 잉어가 심한 피하 출혈로 죽었다면 어떤 균에 의한 감염으로 생각할 수 있는가?

① *Flavobacterium columnare*

② *Vibrio anguillarum*

③ *Pasteurella piscicida*

④ *Aeromonas hydrophila*

96. 방어 및 참돔의 피부에 작은 수포가 산재되어 있거나 또는 집단적으로 형성되어 피부 결합 조직 세포가 거대화됨으로써 외관상 불쾌감을 주는 질병은?

① Birnavirus 병 ② Herpesvirus 병(OMV)

③ Lymphocystis 병 ④ Rhabdovirus 병

97. Hexamita증의 설명이라고 볼 수 없는 것은?

① 경구적으로 감염되며, 불량 사료를 먹였을 때 잘 감염된다.

② 병어는 회전 운동을 하고 복부 팽만, 안구 돌출의 증상을 나타낸다.

③ 창자를 절개해보면 먹이가 가득 차 있다.

④ 기생성 편모충이며 연어 치어의 장관 점막 상피세포에 기생한다.

98. ( )안에 가장 적합한 것은?

① 암모니아 중독증 ② 아질산 중독증

③ 가스병 ④ 산소 결핍증

99. 어류 병원세균 중 편성 병원세균은?

① *Edwardsiella tarda*

② *Vibrio anguillarum*

③ *Photobacterium damselae* subsp. *piscicida*

④ *Aeromonas hydrophila*

100. 킬로도넬라병의 병원체에 대한 설명으로 틀린 것은?

① 원충류 중 섬모충의 일종이다.

② 성충의 모양은 구형이다.

③ 충체의 내부에 큰 핵과 작은 핵이 있다.

④ 생활 환경이 악화되면 피낭체를 형성한다.

2017년 3월

1. 가공 형태에 따른 사료의 종류가 아닌 것은?

① 건조 사료 ② 가루 사료

③ 크럼블 사료 ④ 미립자 사료

2. 다음 어류 중 구중(口中)화 하는 어류는?

① 조피볼락 ② 틸라피아 ③ 초어 ④ 감성돔

3. 넙치 부화 자어를 20~50 m수조에서 사육할 때 적당한 수용 밀도(개체/1,000L)는?

① 1,000 ② 5,000 ③ 20,000 ④ 40,000

4. 선발 육종(Selective breeding)에서 가장 많이, 쉽게 취급하는 형질은?

① 관상성 ② 내병성 ③ 성장력 ④ 산란력

5. 틸라피아의 생태에 관한 사항으로 틀린 것은?

① 우리나라 남부의 경우 야외 못에서는 여름철 3~4개월 정도밖에 사육할 수 없다.

② 주로 식물 식성이며, 광범위한 염분 농도에 견디는 종류들이 있다.

③ 저산소 농도에 강해 고밀도로 양식할 수 있다.

④ 사육 밀도가 낮으면 성장은 빠르나 번식은 억제된다.

6. 어류에서 뇌하수체를 추출한 후 보관하는 방법으로 맞는 것은?

① 증류수에 넣어 보관

② 아세톤에 건조시켜 보관

③ 포르말린에 고정시켜 보관

④ 링거액(생리식염수)에 보관

7. 넙치알의 특성은?

① 분리 침성란 ② 분리 부성란

③ 점착 부성란 ④ 점착 침성란

8. 무지개송어를 양식할 수 있는 용수의 최저 용존 산소량은?

① 5 mg/L ② 7 mg/L ③ 11 mg/L ④ 15 mg/L

9. 자주복의 부화 후 공식 현상이 생기기 시작하는 크기는?

① 부화 직후의 전장 2.6~2.9 mm

② 전장 5 mm 전후

③ 치아가 발달한 전장 50 mm
④ 먹이 활동이 활발한 전장 100 mm

10. 참돔에 대한 설명으로 맞는 것은?

① 산란기의 성숙한 암컷은 머리가 둥글고 검은색을 띤다.
② 22℃에서의 부화시간은 84시간 정도이다.
③ 알은 일반 해수에서 분리 침성란이다.
④ 부화 후 운동력과 시각이 발달하면 먹이를 선택적으로 먹는다.

11. 미꾸리의 생활 습성에 대한 설명으로 가장 거리가 먼 것은?

① 아가미 호흡과 창자 호흡을 한다.
② 수심이 깊은 곳을 선호한다.
③ 산란 후 항문 옆에 타원형의 흰 자국이 생긴다.
④ 산란기는 5~8월 이다.

12. 조피볼락 종묘 생산 시, 출산 후 약 10일간 공급하는 로티퍼의 밀도는?

① 2~3개체　② 20~30개체
③ 200~300개체　④ 2,000~3,000개체

13. 실뱀장어 사육에서 인공 배합 사료 사용의 장점은?

① 먹이에 의한 오염이 적어 수질 관리가 용이하다.
② 먹이에 의한 에드워드병의 감염이 없다.
③ 일반적으로 초기 성장이 우수하다.
④ 일반적으로 실지렁이보다 기호성이 좋다.

14. 은어 종묘 생산 시 초기사육의 적수온은?

① 5~10℃　② 10~15℃
③ 15~20℃　④ 25~30℃

15. 사료 중 지방질의 변질 방지를 위해 첨가하는 성분은?

① 탄수화물　② 단백질　③ 비타민C　④ 비타민E

16. 사료 내에 부족할 경우 빛 공포증, 백내장, 피부병 및 지느러미 출혈 증상이 나타나는 영양소는?

① 비타민B_2　② 비타민B_{12}　③ 비타민C　④ 비타민A

17. 어류의 성숙 촉진 또는 산란 유발과 가장 거리가 먼 것은?

① 간출(노출)자극　② 수온 자극
③ 광주기 조절 자극　④ HCG 주사

18. 조피볼락의 친어 관리 및 생태에 관한 내용으로 틀린 것은?

① 친어 대상은 자연에서 포획한 것 또는 종묘 생산하여 양식된 것으로 한다.
② 교미 시기의 사육 수온은 10~13℃로 유지한다.
③ 출산 시기의 사육 수온은 13~15℃로 유지한다.
④ 친어의 교미 후 즉시 체내에서 미성숙란의 수정이 이루어진다.

19. 일반적으로 사용되고 있는 잉어알 부화 병의 크기는?

① 지름 10~15 cm, 높이 50~60 cm
② 지름 20~30 cm, 높이 30~40 cm
③ 지름 35~40 cm, 높이 20~30 cm
④ 지름 50~60 cm, 높이 10~15 cm

20. 난황의 크기가 크고 부화 자어의 입이 커서 부화된 자어에게 동물 플랑크톤을 먹이로 공급하지 않아도 되는 어종은?

① 잉어　② 붕어　③ 송어　④ 은어

21. 성게류 부화 유생의 먹이로 틀린 것은?

① *Clamydomonas* sp.　② *Chaetoceros* sp.
③ *Nitzschia* sp.　④ *Calanus* sp.

22. 후기 채묘한 굴을 단련상에 옮겨 단련시키는 주된 목적은?

① 성장 억제
② 공중 활력 증강
③ 원반당 부착 밀도 조절
④ 해적 생물에 의한 피해 방지

23. 우리나라에서 대하나 흰다리새우를 양성하는 일반적인 방법은?

① 제방식(축제식)　② 나뭇가지식
③ 채롱식　④ 바닥식

24. 채묘된 진주담치 치패를 수심이 다소 깊은 수층으로 옮겨 두었다가 일정 시간 경과 후 다시 양성 수층으로 옮겨 양성하는 주목적은?

① 수확 시의 크기를 균일하게 하기 위하여
② 성장을 촉진하기 위하여
③ 해적 생물 부착을 방지하기 위하여
④ 대량 폐사를 방지하기 위하여

25. 진주조개가 동면으로 들어가는 수온은?

① 8℃　② 10℃　③ 13℃　④ 15℃

26. 우리나라 성게류 중 가장 깊은 바다에서 사는 종은?

① 북쪽말똥성게　② 분홍성게
③ 보라성게　④ 말똥성게

27. 라마르크 대합과 비교하여 대합의 성태적 특징을 가장 잘 나타낸 것은?
① 외투막돌기는 가늘게 분기하여 복잡하다.
② 패각의 무늬는 성장한 후에는 변화가 없다.
③ 입수관 구연부에 있는 촉수의 구조가 단조롭다.
④ 패각의 두께가 두꺼운 편이다.

28. 인공 종묘 생산 시 부유 유생 시기에 먹이 생물을 공급하지 않아도 되는 종은?
① 성게 ② 해삼
③ 피조개 ④ 멍게(우렁쉥이)

29. 산란 시기에 성숙한 암컷만으로 인공 종묘 생산이 가능한 양식생물은?
① 전복 ② 참굴 ③ 보리새우 ④ 진주조개

30. 참가리비 바닥 양식장의 지표종이 아닌 것은?
① 아기군부 ② 옆새우류
③ 대형 혹히드라충류 ④ 개우렁쉥이류

31. 키조개의 서식 환경에 대한 설명으로 옳은 것은?
① 서식 수심은 간조선 아래의 지반이 비교적 낮은 곳
② 저질은 모래질이 50~80% 되는 곳
③ 해수 비중은 1.0200 이하인 곳
④ 저질 중에 족사로 부착하여 수평으로 몸을 지지할 수 있는 곳

32. 꽃게의 성장 과정에서 저서 생활을 시작하는 시기는?
① 메갈로파기(3 mm) ② 5기 치해(1~2 cm)
③ 11기 치해(9 cm) ④ 조에아기

33. 보리새우가 먹이를 먹기 시작하는 단계는?
① 노플리우스 ② 조에아 ③ 메갈로파 ④ 미시스

34. 참전복을 이식할 경우, 환경 조건에 따른 성장에 관한 내용으로 옳은 것은?
① 환경 조건이 좋은 수역에서는 패각이 얇아진다.
② 환경 조건이 좋은 수역에서는 패각이 원형에 가깝다.
③ 온대수역 내의 저위도 지역보다 고위도 지역에서 성장이 더 잘된다.
④ 자갈밭과 암반 지대에서의 전체 생산량은 차이가 없다.

35. 양식용 먹이 생물의 조건으로 틀린 것은?
① 대량 배양이 가능해야 한다.
② 운동성이 활발한 것일수록 좋다.
③ 칼로리의 함량이 높을수록 좋다.
④ 쉽게 소화되어야 한다.

36. 연안 양식장의 부영양화 방지 대책을 세울 때 질소화합물과 함께 가장 문제가 되는 것은?
① 인 ② 철 ③ 규소 ④ 비타민류

37. 우리나라에서 산업적으로 이용되는 이매패류 중 가장 대형인 것은?
① 참가리비 ② 큰우럭 ③ 벗굴 ④ 키조개

38. 진주조개에 소핵을 수술했을 때 일반적인 양성기간은 약 몇 개월인가?
① 2~4개월 ② 5~7개월
③ 8~10개월 ④ 11~13개월

39. 참전복 수용 양성에 적합하지 않은 장소는?
① 육수가 유입되어 영양염이 풍부한 곳
② 오염 해수의 영향을 받지 않는 깨끗한 곳
③ 암초 지대로서 그 주변에 사니질이 없는 곳
④ 지형이 천연적으로 재해를 방지할 수 있는 곳

40. 우럭의 종묘 생산 및 양성 과정에 대한 설명으로 틀린 것은?
① 유생의 부착성이 약해 천연에선 완류식 채묘가 가장 좋다.
② 간출 시간 1~2시간으로 얕은 곳이 치패관리장으로 가장 좋다.
③ 방양에는 알맞은 종묘의 크기는 약 20 mm이고, 밀도는 1 m당 25~30개체이다.
④ 양성장은 하구 부근으로 연한 개흙질이 많고 간출 시간이 2~4시간인 곳이 좋다.

41. 미역의 초기 종묘 배양 시 조도의 조건으로 적합한 것은?
① 수온이 19~20℃일 때 3,000~4,000 lux
② 수온이 22~24℃일 때 3,000~4,000 lux
③ 수온이 19~20℃일 때 5,000~6,000 lux
④ 수온이 22~24℃일 때 5,000~6,000 lux

42. 한천의 원료로 주로 사용되는 해조류가 아닌 것은?
① 우뭇가사리 ② 꼬시래기 ③ 개우무 ④ 잎파래

43. 미역 배우체의 휴면 온도 기준은?
① 5℃ 이하 ② 10℃ 이하
③ 20℃ 이상 ④ 24℃ 이상

44. 김 각포자 방출 촉진법에 대한 설명으로 옳은 것은?
① 배양수의 빙중을 1.040~1.050으로 조절한다.

② 배양수의 수온을 10~20℃로 저온 처리한다.
③ 채묘 1주일 전부터 광선을 받는 시간을 늘려준다.
④ 조가비를 해수에서 들어내어 100% 습도 처리한다.

45. **유리 사상체를 조가비에 이식할 때의 주의 사항으로 옳은 것은?**
① 배양수를 움직이지 않게 하고, 조도는 이식 후 4~5일 정도는 500 lux정도로 어둡게 관리한다.
② 배양수를 자주 흔들어 주고, 조도는 이식 후 4~5일 정도는 500 lux 정도로 어둡게 관리한다.
③ 통기 배양을 하면서, 조도는 이식 후 4~5일 정도는 3,000 lux 정도로 밝게 관리한다.
④ 배양수를 움직이지 않게 하고, 조도는 이식 후 4~5일 정도는 3,000 lux 정도로 밝게 관리한다.

46. **다시마 종묘 배양에 관한 설명으로 틀린 것은?**
① 배우체 배양 시의 수온은 16℃ 이하가 좋다.
② 배우체는 암수로 구별된다.
③ 속성으로 종묘 배양 시 투입하는 영양염류 중 인(P)과 질소(N)의 비는 10:1로 하여 인을 많이 투입한다.
④ 봄철에 채묘하여도 겨울철에 다시마 양식이 가능하다.

47. **생활사에서 중성 포자를 만들지 않는 김은?**
① 참김 ② 둥근김 ③ 방사무늬김 ④ 긴잎돌김

48. **홑파래가 자연 상태에서 가장 좋은 성숙 정도를 보이는 조건은?**
① 강한 광선과 장일 조건하에서
② 약한 광선과 단일 조건하에서
③ 강한 광선과 단일 조건하에서
④ 약한 광선과 장일 조건하에서

49. **톳과 혼성 군락을 형성하여 잡해조로 여겨지는 해조류는?**
① 지충이 ② 감태 ③ 다시마 ④ 미역

50. **김사상체의 각포자 방출 억제 방법이 아닌 것은?**
① 암흑 처리 ② 고비중 처리
③ 냉장 처리 ④ 물갈이 처리

51. **미역 양식의 수확 방법에 대한 설명으로 틀린 것은?**
① 양성 기간이 긴 곳에서 밀식된 미역은 되도록 자주 솎음 채취를 한다.
② 양성 기간이 짧은 곳에서 종묘가 적을 경우 미역이 충분히 자랐을 때 일제히 체취한다.
③ 양성 기간이 짧은 곳에서 종묘가 밀식된 미역은 솎음 채취를 한다.
④ 양성 기간이 길고 종묘가 적을 경우 기부의 생장대를 남기는 잎자르기 채취를 한다.

52. **강우가 계속되어 해수 비중이 낮아졌을 때 김발의 관리 요령은?**
① 발의 높이를 낮추고 고정시킨다.
② 발의 높이를 높이고 고정시킨다.
③ 발을 수면에 띄우는 정도로 유지한다.
④ 김은 해수 비중의 영향을 받지 않으므로 발의 높이를 조절하지 않는다.

53. **자연 상태에서 김 각포자의 방출이 가장 많은 조건은?**
① 수온 20~23℃의 대조 시
② 수온 20~22℃의 소조 시
③ 수온 25~28℃의 대조 시
④ 수온 25~28℃의 소조 시

54. **카라기난(Carrageenan)의 원료가 될 수 있는 해조류는?**
① 진두발 ② 미역 ③ 톳 ④ 청각

55. **다시마 양성 시 생장, 성숙 촉진 및 끝녹음 방지를 위한 양성수위 조절방식으로 적합하지 않은 것은?**
① 가을에서 3월까지는 수면 하 1 m
② 봄인 4~5월에는 수면 하 1.5 m
③ 초여름인 6~7월에는 수면 하 2~2.5 m
④ 한여름인 8월에는 수면 하 7~10 m

56. **미역 생장의 최적수온 범위는?**
① 2~5℃ ② 5~10℃ ③ 9~18℃ ④ 15~20℃

57. **김 양식장이 검조소와 인접했을 때의 노출선 산출법은?**
① 표준 노출선 산출법을 적용한다.
② 현장 노출선 산출법을 적용한다.
③ 표준 노출선과 현장 노출선의 평균치를 적용한다.
④ 조견표에 의한 보정 후 현장 노출선을 적용한다.

58. **북방형 미역의 특징이 아닌 것은?**
① 포자엽의 주름 수가 많다.
② 우상엽의 열각이 깊다.
③ 줄기가 짧다.
④ 주로 외양역에 서식한다.

59. 김의 건묘 육성 기준이 되고 있는 4~5시간의 노출은 김엽체의 상태 변화로 볼 때 어떤 의미를 갖는가?

① 노출로 인하여 생육 촉진이 가장 잘된다.
② 쇠약하기 직전까지의 한계에 가까운 노출 시간이다.
③ 회복될 수 없는 상태로 쇠약하게 되는 노출 시간이다.
④ 노출을 하지 않은 때와 큰 차이가 없다.

60. 우뭇가사리의 번식 방법이 아닌 것은?

① 포복지에 의한 번식 ② 유성 생식에 의한 번식
③ 재생력에 의한 번식 ④ 유주자에 의한 번식

61. 바다에 유기성 오염 물질 유입 시 나타나는 자정작용에 관한 내용으로 틀린 것은?

① 유기물의 산화 분해에는 미생물이 관여한다.
② 유기물의 성질에 따라서 산화 분해의 정도가 다르다.
③ 유속이 빠르고, 파도가 있을 때는 대기로부터의 산소 공급량이 증가한다.
④ 저정 작용은 수온의 영향을 받지 않는다.

62. 염분을 측정할 때 주로 사용하는 시약은?

① AgNO 및 KCrO ② NaOH 및 CaCl
③ MnCl 및 NaCl ④ HCl 및 MnCl

63. 틸라피아를 운반하거나 옮긴 후의 수질 관리 방법으로 가장 적합한 것은?

① 용존 소량을 2 mg/L 정도로 낮게 4~5일간 유지한다.
② 용존 산소량은 적어도 5~6 mg/L 정도 높게 유지한다.
③ 유존 산소량은 포화농도 가까이 올려야 한다.
④ 용존 산소량과는 관계없고 수온만 25~26℃로 유지하면 된다.

64. 어류의 혈액 내 메트헤오글로빈의 양이 증가하여 산소 운반 능력을 감소시키는 요인은?

① 유기태질소 ② 암모니아성 질소
③ 아질산성 질소 ④ 질산성 질소

65. COD 측정치와 수질의 관계에서, COD값이 증가하면?

① 오염원이 되는 물질이 증가한다.
② 오염원이 되는 물질이 감소한다.
③ 오염원이 되는 물질이 변화가 없다.
④ 오염원이 되는 물질과 일정한 관계가 없다.

66. 콘크리트로 제작된 양어장의 특징이 아닌 것은?

① 임의의 구조물을 만들 수 있다.
② 내화성, 내수성이 크다.
③ 구조물의 개조가 용이하다.
④ 수중 공사가 가능하다.

67. 하전수의 수질 조사를 위해 채수 지점을 선정하고자 한다. 다음 중 채수 지점으로 타당성이 가장 낮은 것은?

① 하천이 굽어지는 지점
② 지류가 합류되는 전후 지점
③ 공장 폐수가 합류되는 전후 지점
④ 수위 관측소가 있는 지점

68. 원심 펌프를 사용 중인 양식장에서 필요한 소요 유량보다 유량이 적을 것으로 예측되었을 경우에 마련할 대책으로 가장 적합한 것은?

① 스트레이너, 풋밸브 등 흡입배관을 확인, 이물질을 제거한다.
② 양정 계산을 다시 해 보고 필요 시 배관을 더 큰 지름으로 교체한다.
③ 유량이 더 큰 펌프로 교체하고 한 대를 더 설치하여 병렬 운전을 고려한다.
④ 케이싱 링을 확인하고 필요 시 교체한다.

69. 독성 물질의 농도가 어느 정도 이상이 되면 어류는 저항할 수가 없어 죽게 된다. 이러한 한계 농도를 뜻하는 말은?

① 치사량 ② 혐기량 ③ 불호량 ④ 반치사량

70. 호수 내에서 조류(algae)가 많이 번성한 경우 낮 동안의 pH 변화는?

① 일정하게 유지된다. ② 상승한다.
③ 하강한다. ④ 하강하다 다시 상승한다.

71. 유해 독소를 가지고 있어 적조를 일으키면 막대한 피해를 초래하는 식물 플랑크톤은?

① 케토세로스 ② 스켈레토네마
③ 나비쿨라 ④ 짐노디늄

72. (   )안에 알맞은 것은?

① 황화수소, 염분 ② 용존산소, 영양염류
③ pH, 암모니아 ④ 수온, 투명도

73. 순환 여과식 양어장에서 용수 처리에 기여도가 가장 큰 생물은?

① 세균 ② 플랑크톤 ③ 원생동물 ④ 조류

74. 수중 용존 산소 농도에 대한 설명으로 틀린 것은?

① 물속의 염분이 높을수록 많이 용해될 수 있다.

② 기압이 높을수록 많이 용해될 수 있다.
③ "포화 농도-현재 농도=부족 농도"가 클수록 많이 용해될 수 있다.
④ 물 온도가 낮을수록 많이 용해된다.

75. 수질의 pH를 증가시키는 원인이 되는 것은?
① 광합성 ② 호흡 ③ 질산화 작용 ④ 메탄 발효

76. 순환 여과조의 여과 능력이 부족하다고 판단될 때 수행할 수 있는 작업으로 가장 적합한 것은?
① 순환 여과조에 여과재를 더 첨가한다.
② 사육 생물을 늘린다.
③ 산소를 줄인다.
④ 사료 공급량을 증가시킨다.

77. 양어지를 만들 장소의 토질이 점토질이거나 점토가 섞인 모래질이면 보수력이 강하여 못을 만드는 데 적합하지만, 모래가 많은 곳에서는 누수가 심하므로 못 둑의 가운데에 점토질의 강벽(core)을 설치하여 누수를 막는다. 이때 못 둑의 높이가 1인 경우 적절한 못 둑의 경사를 위한 밑변의 길이는?
① 1.0～1.5 ② 2.5～3.5 ③ 4.5～6.5 ④ 7.5～8.5

78. 생물학적 여과의 3단계를 순서에 맞게 나열한 것은?
① 무기물화 과정 → 질산화 과정 → 탈질화 과정
② 탈질화 과정 → 무기물화 과정 → 질산화 과정
③ 질산화 과정 → 탈질화 과정 → 무기물화 과정
④ 질산화 과정 → 무기물화 과정 → 탈질화 과정

79. 지수 양어지에서 용존산소의 저하의 더불어 발생하는 가장 유독한 가스는?
① 탄산가스 ② 이산화탄소
③ 황화수소 ④ 일산화탄소

80. 원형 수조에서, 오물 제거에 가장 효과적인 배수장치는?
① 스텐드 파이프식 배수 장치
② 벤투리 배수 장치
③ 원뿔형 중앙 배수 장치
④ 슬라이드식 배수 장치

81. OMVD의 외부 증상으로 맞지 않는 것은?
① 안구돌출 ② 체색흑화
③ 복부 점상출혈 ④ 백색결절

82. 출혈성 환부를 나타내는 질병이 아닌 것은?
① *Vibrio*병 ② *Pseudomonas*병
③ *Edward*병 ④ *Columnaris*병

83. 어류의 주요 바이러스병 중 원인 바이러스가 DNA 바이러스군에 해당하는 것은?
① 바이러스 출혈성 패혈증(VSH)
② 전염성 췌장 괴사증(IPN)
③ 바이러스성 신경괴사증(VNN)
④ 챠넬메기 바이러스병(CCVD)

84. *Columnaris* 병원균의 특징은?
① 산소가 있는 환경에서만 자란다.
② 어류의 뇌조직에서만 기생한다.
③ 저수온이 되면 많이 발생된다.
④ 편모로 독특한 활주운동을 한다.

85. 은어 연쇄구균증의 외부 증상이 아닌 것은?
① 안구 주위의 출혈
② 복부의 점상출혈
③ 아기미 뚜껑의 출혈
④ 비늘의 탈락과 진피의 노출

86. 감염성 질병이 의심되는 넙치에서 원인 병원균 혹은 바이러스를 순수하게 분리하기 위해 먼저 사용하여야 할 조직 부위는?
① 신장 ② 아가미 ③ 난소 ④ 피부

87. 지느러미의 부식을 특징적인 증세로 나타내는 질병은?
① 에드와드 병 ② 적점병
③ 비브리오 병 ④ 콜럼나리스 병

88. 아가미흡충의 특징에 대한 설명이 틀린 것은?
① 종에 따라 담수어 또는 해수어에 감염된다.
② 숙주의 조직 또는 혈액을 섭취한다.
③ 충체가 기생된 아가미는 곤봉화 된다.
④ 아가미 조직에서 기생된 충체가 탈락하면 숙주는 자연 치유된다.

89. 무지개송어의 지느러미에 타원형의 백점이 보이는 경우 기생되었을 확률이 가장 높은 것은?
① *Myxobolus* sp. ② *Argulus* sp.
③ *Neodiplostomum* sp. ④ *Ichthyophthirius* sp.

90. 원충류인 *Amyloodinium ocellatum*은 세계 각국의 수족관에서 관찰되며, 감염어의 종류도 많다. 이 기생충의 생태에 관한 설명으로 틀린 것은?
① 번식은 분열에 의한다.
② 번식 수온은 23～27℃이다.
③ 수온 20℃ 이하에서는 거의 분열하지 않는다.

④ 비중이 1.035～1.042이고, pH가 8.2 이상일 때 잘 발생한다.

91. 뱀장어의 기적병을 일으키는 병원체는?

① *Edwardsiella tarda* ② *Aeromonas hydrophila*
③ *Streptococcus iniae* ④ *Vibrio anguillarum*

92. 자라의 등에 백색의 반점이 형성되는 백반병의 원인균은?

① *Candida* sp. ② *Fusarium* sp.
③ *Mucor* sp. ④ *Scytalidium* sp.

93. 연어과 어류의 바이러스병이 아닌 것은?

① 허피스바이러스병 ② 바이러스성 선회병
③ 바이러스성 출혈성 패혈증 ④ 바이러스성 복수증

94. 저염분 해수에서의 기계적인 자극이 원인이 되어 양식 김에 발생하는 질병으로, 엽체에 구멍이 생기는 공통점 때문에 녹반병과 혼동하기 쉬운 갯병은?

① 흰 갯병 ② 구멍갯병
③ 의사흰갯병 ④ 호상균병

95. 염분이 들어있는 사육수로 뱀장어를 양식하면 해마다 풍토병처럼 끊이지 않고 발병되는 세균성 질병은?

① 아가미 썩음병 ② 에드와드 병
③ 붉은지느러미 병 ④ 적점병

96. 수조에 양식 중인 어류가 회전 운동과 수평운동을 심하게 하는 경우, 그 이유로 가장 타당한 것은?

① 용존산소가 부족했을 때
② 알칼리도가 높았을 때
③ 농약 성분이 주입되었을 때
④ 동물 플랑크톤이 많이 발생되었을 때

97. 넙치의 랩도바이러스병에 대한 설명이 틀린 것은?

① 병어는 체색흑화, 안구돌출, 복수 등이 생긴다.
② 발병과 수온은 밀접한 관계가 없다.
③ HRV라고 불린다.
④ 원인 바이러스는 RNA바이러스에 해당한다.

98. 연어과 어류의 등뼈가 굽어지는 증상은 어떤 영양성분이 결핍되면 나타나는가?

① 라이신 ② 트립토판
③ 메티오닌 ④ 티아미나아제

99. 김의 횟갯병에 대한 설명으로 옳은 것은?

① 높이가 높은 발에서 잘 발생한다.
② 유엽, 유아에서 잘 발생한다.
③ 전염성이 있다.
④ 밀식 상태가 아니라도 발병한다.

100. 방어, 전갱이 등 해산어류에게 아가미 및 표피에 결절을 형성하는 형태로서 질병을 일으키는 병원체는?

① Flexibactor병 ② 궤양병
③ 노카르디아병 ④ 슈도모나스병

2017년 8월

1. 무지개송어 치어 200 kg을 방양하여 100일 동안 600 kg로 성장하였다. 이 때 사료량이 800 kg 일 경우 사료효율(%)은? (단, 폐사개체 없음)

① 83 ② 17 ③ 66 ④ 50

2. 사료 성분 중 지방과 비타민류의 산화 방지를 위해 사용되는 항상화제가 아닌 것은?

① BHT ② 레시틴 ③ α-토코페롤 ④ α-녹말

3. 잉어의 성장 적수온은?

① 14 ~ 17℃ ② 18 ~ 20℃
③ 21 ~ 24℃ ④ 25 ~ 28℃

4. 잉어 양식에 대한 설명으로 옳은 것은?

① 가을철 수온이 내려가는 시기에 산란한다.
② 알은 부상성 점착란이다.
③ 종묘 생산 당해 연도에 최대 약 3 cm 크기의 소형 종묘 생산이 가능하다.
④ 종묘 생산 후 이듬해에 800 ~ 1,000 g의 식용어 생산이 가능하다.

5. *Anguilla anguilla*의 원산지는?

① 일본 ② 필리핀 ③ 인도 ④ 유럽

6. 염색체 공학 기법으로 생산된 우량 형질 개체의 해외 유출 방지를 위해 가장 중요하게 요구되는 기술은?

① 불임화 ② 기형방지
③ 성장증대 ④ 내병성 강화

7. 현재 인공 종묘 생산에 치어기의 먹이로 기수산 로티퍼를 사용하는 어종은?

① 연어 ② 은어 ③ 송어 ④ 메기

8. 넙치 사육에서 수온에 따른 내용이 바르게 연결된 것은?

① 10℃ 이하 – 폐사
② 15 ~ 20℃ – 치어사육의 적수온
③ 20 ~ 25℃ – 식욕감퇴
④ 30℃ 이상 – 산란

9. 우리나라에 이스라엘 잉어(향어)가 도입된 년도는?

① 1955년 ② 1963년 ③ 1973년 ④ 1982년

10. 배합 사료의 장점에 대한 설명으로 틀린 것은?

① 관리와 공급이 쉽고, 자동 사료 공급기의 사용으로 인건비를 절약할 수 있다.
② 상온(20 ~ 25℃)에서 1년 이상의 장기 저장이 가능하다.
③ 사료 공급량과 투여 방법을 조절함으로 생산량을 쉽게 조정해 나갈 수 있다.
④ 생사료에 비하여 사료의 공급과 가격이 안정적이다.

11. 다음 중 실뱀장어의 소하가 가장 많을 때는?

① 대조 시의 일몰 때부터 2~3시간 이내에 만조가 될 때
② 저녁 때(밤)의 소조 시
③ 낮부터 계속 비가 오는 날
④ 북동풍이 불 때

12. 산란기 잉어 수컷의 성징이 아닌 것은?

① 체표가 거칠어진다.
② 가슴 지느러미 가장자리 큰 줄기에 돌기가 많아진다.
③ 꼬리 지느러미의 크기가 작아진다.
④ 몸이 단단해진다.

13. 조피볼락의 자어 사육 시설 관리에 있어 자어의 안정을 유도하기 위한 수조의 표층 조도로 가장 알맞은 것은?

① 50 ~ 100 lx ② 150 ~ 200 lx
③ 250 ~ 300 lx ④ 300 ~ 350 lx

14. MS-222로 무지개송어를 마취시키려고 한다. 가장 적당한 농도는?

① 10 ~ 50 ppm ② 100 ~ 150 ppm
③ 300 ~ 350 ppm ④ 400 ~ 450 ppm

15. 넙치의 생물학적 최소형의 크기로 적절한 것은?

① 수컷 10 cm, 암컷 30 cm
② 수컷 20 cm, 암컷 30 cm
③ 수컷 30 cm, 암컷 40 cm
④ 수컷 45 cm, 암컷 50 cm

16. 비단잉어의 빨간색을 짙고 선명하게 하기 위해서 사용하는 색상사료의 원료 중 청록색 나선형의 남조류인 것은?

① *Chlorella vulgaris* ② *Chaetoceros calcitrans*
③ *Spirulina platensis* ④ *Nannochloris oculata*

17. 양식을 위한 자연산 방어 종묘의 선택으로 틀린 것은?

① 겉보기에 살이 쪄 있는 것을 선택한다.
② 먹이붙임이 쉬운 큰 종묘를 선택한다.
③ 몸 빛깔은 황록색을 띠고 있는 것을 선택한다.
④ 떼를 지어서 유영하는 것들을 선택한다.

18. 로티퍼의 생산을 감소시키는 원인 생물이 아닌 것은?

① 에어로모나스 속 ② 슈도모나스 속
③ 유플로테스 속 ④ 우로네마 속

19. 돌돔 자치어의 설명으로 틀린 것은?

① 수온 21~22℃에서 수정 후 약 29~30 시간만에 부화한다.
② 부화 후 40일까지 효모와 클로렐라를 먹인다.
③ 돌돔 난의 크기는 약 0.77~0.98 mm 이다.
④ 수온 20℃에서 부화 후 3일이 지나면 난황을 거의 흡수한다.

20. 산란 기간 중에 암컷이 1회만 산란하는 종은?

① 참돔 ② 넙치 ③ 금붕어 ④ 자주복

21. 다음 중 한류성 양식 생물로 짝지어진 것은?

① 참소라 – 참가리비
② 참가리비 – 멍게(우렁쉥이)
③ 대합(백합) – 멍게(우렁쉥이)
④ 피조개 – 참소라

22. 양식 생물과 부화 유생의 연결이 틀린 것은?

① 닭새우 – 필로소마 ② 성게 – 돌리올라리아
③ 전복 – 담륜자 ④ 해삼 – 아우리쿨라리아

23. 먹이 생물인 규조류의 배양 속도를 현장에서 가장 편리하고 쉽게 측정할 수 있는 방법은?

① 침전 부피 측정법 ② 건조 중량 측정법
③ 세포수 산정법 ④ HPCL 측정법

24. 개량조개에 대한 설명으로 틀린 것은?

① 발생 시 해수 비중이 1.022~1.024 정도가 좋다.
② 치패의 이식 장소는 간출 시간이 긴 만조선 부근이 좋다.

③ 종묘의 방양은 3~4월경이 좋다.
④ 채취시기는 12월에서 익년 4월경이 좋다.

25. 식물 플랑크톤의 실내 배양 조건으로 틀린 것은?
① 과도한 CO_2공급은 배양수의 산성화를 초래할 수 있다.
② 배양을 유지하기 위해 첨가해야 할 주영양염은 Cu, Mn, Co 등이다.
③ 광원은 형광등, 메탈하이라이트 등의 인공 조명을 이용한다.
④ 일반적으로 시험관 또는 삼각 플라스크에서 배양할 때의 조도는 1,000 lx 정도면 적당하다.

26. 참소라의 산란 성기 수온은?
① 10 ~ 11℃ ② 15 ~ 16℃
③ 23 ~ 24℃ ④ 27 ~ 28℃

27. 참담치의 인공 종묘에 대한 내용으로 적합하지 않은 것은?
① 암수 성비를 고려하여 큰 개체, 작은 개체를 충분히 확보한다.
② 채란용 모패는 수온이 6℃ 내외의 순환 해수에 수용한다.
③ 수정이 끝나면 여분의 정자 및 이물질을 제거하고, 수정란을 여과 해수로 깨끗이 씻는다.
④ 부화 후 7일째부터 먹이를 공급한다.

28. 키조개 양식에 관한 설명으로 틀린 것은?
① 치패는 간출선 전후해서 모래질이 50 ~ 80% 인 곳에 많다.
② 바닥에 착생한 치패를 이식, 관리할 경우에는 m^2 당 100개체 이하로 하는 것이 좋다.
③ 간조선 근처 사니질에 종묘를 균일하게 뿌려 양성한다.
④ 간석지 양성인 경우, 해적 구제 외에 간출 시 잡물을 제거한다.

29. 패류가 부유 생활을 끝내고 저서 생활로 들어가는 유생 단계는?
① 담륜자 유생 ② D상 유생
③ 소형 각정기 유생 ④ 성숙 유생

30. 단련종굴의 장점이 아닌 것은?
① 환경변화에 대한 저항력이 강하다.
② 탈락되는 치패수가 적다.
③ 양성기간이 짧다.
④ 크기가 커서 취급이 쉽다.

31. 대하가 우리나라 서해의 산란장에 도달하는 시기는?
① 2~3월 ② 4~5월 ③ 7~8월 ④ 10~12월

32. 굴 부착 치패에 대한 설명으로 틀린 것은?
① 후기 채묘분은 채묘한 다음 약 2주일이 지나면 곧 단련상으로 옮겨 단련시킨다.
② 종굴 부착 상태는 채묘기의 위쪽 면에만 균일하게 붙어 있는 것이 좋다.
③ 전기 채묘분도 후기 채묘분처럼 단련시켜 단련 종굴로 쓸 수 있다.
④ 단련 종굴은 폐사율이 낮고 발육이 좋아 양성 기간이 짧다.

33. 다음 중 전복의 자원 조성을 위한 관리 방법에서 가장 효과가 있는 것은?
① 투석 ② 정지 ③ 객토 ④ 갈이

34. 비 단련 종굴의 채묘 이후 본 수하까지의 소요 기간은?
① 1개월 ② 3개월 ③ 6개월 ④ 9개월

35. 전복의 종묘 수송 방법에 대한 설명으로 옳지 않는 것은?
① 일반적으로 공기 중에 노출시킨 채 수송한다.
② 기온이 낮을수록 생존율이 높지만 영하의 날씨에는 수송이 불가능하다.
③ 수송용기에 해조류를 깐 다음 치패를 해조류에 붙여 수송한다.
④ 수송 용기는 습도와 보온이 유지되어야 한다.

36. 키조개에 대한 설명으로 틀린 것은?
① 산란 성기는 6월 하순부터 8월 상순까지이다.
② 성숙 부유 유생의 크기는 각고 0.135 mm, 각장 0.144 mm로 작은 편이다.
③ 주로 패주(폐각근)가 식부위로 선호된다.
④ 종묘의 방양 시기는 3~5월 사이가 가장 적합하다.

37. 로프(간승)의 길이가 100 m이고 뜸통의 간격이 4 m인 로프 양성 시설을 5대 설치하는 필요한 뜸통의 총수는?
① 95개 ② 100개 ③ 125개 ④ 130개

38. 보리새우와 대하의 교미 행동에 대한 설명으로 옳은 것은?
① 보리새우와 대하 모두 교미한 그해 산란을 마친다.
② 보리새우는 교미를 여러 번 하지만 대하는 한 번만 한다.

③ 교미 후 보리새우는 교미전이 없지만, 대하는 교미전을 가지고 있다.
④ 대하는 교미 후 바로 알을 수정하여 발생시킨다.

39. 양성 과정 중 이동성이 가장 큰 이매패류는?
① 대합 ② 고막 ③ 우럭 ④ 개량조개

40. 참소라의 방류 양성에 관한 내용으로 옳은 것은?
① 성장하면서 차차 얕은 곳으로 이동한다.
② 일반적으로 수온 13℃ 이하인 상태가 오래 지속되면 성장 휴지대가 만들어진다.
③ 적정 성장 수온이 장기간 유지되는 곳은 먹이조달이 충분하지 못해 피해야 한다.
④ 종묘의 방류량은 적어야 그 효과가 크다.

41. 다음 중 미역 초기 배양에서 배우체의 비료 주기에 대한 내용으로 가장 적합한 것은?
① 배우체가 건강할 경우에도 비료 주기는 반드시 필요하다.
② 비료는 해수 1 L에 질산나트륨 0.02 g, 제2인산나트륨 0.1 g을 첨가한다,
③ 수조에 약품을 직접 넣거나 한꺼번에 너무 많이 주면 오히려 약해가 있다.
④ 물갈이 전에 약품을 처리하여야 한다.

42. 김의 조가비 사상체에 각포자낭 형성이 시작되는 시기는?
① 3~4월 ② 5~6월 ③ 7~8월 ④ 9~10월

43. 양식 김 자리바꿈의 주된 원인은?
① 유아의 영양번식력 차이
② 유성생식의 유무
③ 무성생식의 유무
④ 성엽의 생식기간 차이

44. 다시마의 포자낭 형성에 대한 설명으로 틀린 것은?
① 포자낭은 표층 세포에 형성된다.
② 포자낭이 형성된 부분은 약간 함몰된다.
③ 포자낭반은 잎의 양면에 형성된다.
④ 포자낭반은 색이 짙어서 육안으로 식별된다.

45. 자연산 유용 해조류의 증식 방법과 거리가 먼 것은?
① 투석 ② 암반 폭파 ③ 객토 ④ 갯닦기

46. 김 유리 사상체 배양에 대한 내용으로 틀린 것은?
① 매년 과포자를 구할 필요가 없다.
② 선발 육종을 간단하게 할 수 있다.
③ 배양을 위한 넓은 장소가 필요하다.
④ 규조 및 병의 침해가 적다.

47. 미역의 생활사에서 식용으로 하는 시기는?
① 배우체 ② 포자체 ③ 웅성체 ④ 자성체

48. 다음 중 김 유리 사상체의 영양 생장만을 위한 조건으로 가장 적합한 것은?
① 13 ~ 14시간 명기, 수온 25℃ 이하
② 8 ~ 10시간 명기, 수온 25℃ 이하
③ 연속조명, 수온 10℃
④ 암흑처리, 수온 10℃

49. 김 양식장의 해적생물로 부착성 규조류인 것은?
① Licmophora ② Ceinina
③ Hydrozoa ④ Bryozoa

50. 풀가사리의 착생과 생장에 가장 적합한 노출 수위는?
① 무노출선 ② 2시간 노출선
③ 4시간 노출선 ④ 8시간 노출선

51. 냉동발의 입고 시 김 엽체의 수분 함유율로 가장 적합한 정도는?
① 8~10% ② 20~40%
③ 40~60% ④ 60~80%

52. 청각 후기 양성 시 수심별 생장도 및 양성 효과를 비교할 때 가장 좋은 수심은?
① 1 m ② 2 m ③ 3 m ④ 4 m

53. 다시마 양식 방법 중 경제성 및 기술상 문제로 우리나라에 적합하지 않은 것은?
① 촉성 종묘 배양에 의한 1년 양식
② 억제 종묘 배양에 의한 1년 양식
③ 고온 적응 품종에 의한 양식
④ 2년 양식

54. 김의 분류 기준이 될 수 없는 것은?
① 엽체 가장자리 톱니의 유무 ② 세대 교번의 유무
③ 생식 세포의 분열 양식 ④ 자웅성

55. 김 양식장의 수온과 생장과의 관계로 틀린 것은?
① 해수 온도 15~23℃는 김 채묘와 발아 기간에 해당된다.
② 0.5~1.5 cm 정도의 유엽은 5~7℃에서 가장 잘 자란다.
③ 기온이 –2℃ 이하로 하강하면 노출된 김은 동해를 받기 쉽다.

④ 김 양식의 종말기 수온이 15℃가 되면 생산이 한계에 도달한다.

56. 양식법이 주로 영양 번식에 의존하는 것은?
① 미역 ② 다시마 ③ 김 ④ 톳

57. 김의 생장 온도에 관한 내용으로 틀린 것은?
① 발아기 적온: 15~22℃
② 생장기 적온: 5~8℃
③ 생장기 하한: 4℃ 전후
④ 말기 적온: 15℃ 전후

58. 미역의 가이식 시 나타나는 싹녹음의 주원인은?
① 수질 오염 ② 영양염 결핍
③ 외양수 유입 ④ 잡생물 부착

59. 다음 중 서해연안에 가장 적당하다고 생각되는 미역 양성 시설 방법은?
① 전부동 그물발식 ② 수평 외줄 연승식
③ 뗏목식 ④ 조립연승식

60. 매생이에 대한 설명으로 틀린 것은?
① 일반적으로 매생이 접합자의 발아 및 생장은 저온, 저광량의 조건하에서 빠르게 나타난다.
② 갈파래목 갈파래과 매생이 속에 속하는 녹조 식물이다.
③ 유성 생식뿐만 아니라 단위 생식도 이루어진다.
④ 육상 인공 채묘시 유주자 방출은 냉동 보관하는 모조의 함수율보다는 성숙 상태에 따라 달라진다.

61. 다음 적조 생물 중 규조류에 속하는 것은?
① *Gymnodinium* 속 ② *Prorocentrum* 속
③ *Noctiluca* 속 ④ *Skeletonema* 속

62. 호수의 부영양화(entrophication)란?
① 호수의 대장균의 수가 증가하는 현상
② 호수의 수질이 향상되는 현상
③ 호수의 무기물이 감소하는 현상
④ 호수의 영양 염류 함유량이 증가하는 현상

63. 식물 플랑크톤이 진하게 발생한 노지 양어지에서 여름철 해 뜰 무렵에서 맑은 날 오후의 일반적인 pH 변화는?
① pH가 높아진다. ② pH가 낮아진다.
③ 변화가 없다. ④ pH가 낮아졌다가 높아진다.

64. 공기 양수기(air lift)에 관한 내용이 바르게 설명된 것은?
① 침수율이 클수록 양수 능력이 낮다.
② 침수부의 깊이가 작을 때는 공기 압축기(air com- pressor)를 써야한다.
③ 실용적인 최소 침수율은 80% 정도이다.
④ 이 장치는 에어레이션(aeration)의 효과를 내지 않는다.

65. 일반적인 물속에서의 동물의 산소 소비에 대한 설명으로 틀린 것은?
① 동물의 산소 소비는 온도가 상승함에 따라 증가한다.
② 동물 개체 당 산소소 비량은 큰 개체일수록 많다.
③ 단위 체중 당 산소 소비량은 대형으로 성장할수록 많다.
④ 먹이를 소화하는 동안은 더 많은 산소를 소비한다.

66. 해수의 비중을 비중계로 측정할 때 동시에 함께 측정하여야 하는 것은?
① 탁도 ② 수온 ③ 플랑크톤량 ④ 용존산소량

67. 다음 중 물 속에 살고 있는 동물에게 강한 독성 물질로 해를 끼치는 무기질소의 상태는?
① NH_4^+ ② NH_3 ③ NO_2 ④ NO_3

68. 정수시 양어지에 인위적으로 산소 공급을 해야 할 때 하루 중 산소 공급이 가장 필요한 시간은?
① 해지기 직전 ② 해가 진 직후
③ 해뜨기 직전 ④ 해가 뜬 후 오전

69. 정수용 여과재인 활성탄의 주 기능은?
① 이온교환 ② 흡착 ③ 침전 ④ 응집

70. 양식 용수로 사용되는 지하수의 일반적인 특징과 거리가 가장 먼 것은?
① 연중 수온이 고르다.
② 용존 산소가 풍부하다.
③ 화학적 오염의 우려가 적다.
④ 해적 생물의 유입이 적다.

71. 수중의 질산화 반응에 관한 내용이 옳지 않은 것은?
① 순환 여과식 양식장의 수질 정화에서 주로 이용되는 원리이다,
② 대표적 질산화 박테리아는 *Nitrosomonas* sp.와 *Nitrobacter* sp.이다.
③ 질산 유기 화합물이 암모니아로 바뀌는 과정이다.
④ 생물학적 여과에 속한다.

72. 해수의 질산염 측정 시 사용하는 환원제는?
① 설파닐산 ② 아미노프톨술폰산
③ 카드뮴 ④ 주석

73. 윙클러법으로 용존 산소 분석 시 사용되는 지시약의 주성분은?

① 티오황산나트륨　② 녹말
③ 탄산마그네슘　④ 염화망간

74. 활성오니법 처리에 대한 설명이 옳지 않은 것은?

① 사육조와 활성오니 반응조를 겸하는 경우가 일반적이다.
② 양어지 속에서 활성오니가 잘 성장하기 위해서는 태양 광선이 필요하다.
③ 수심이 깊어야 수량이 많아져서 질산화세균이 부유하는데 유리하다.
④ 활성오니 생물을 현탁시키기 위해서는 강한 에어레이션을 쉬지 않고 계속해야 한다.

75. 다음의 각 지점에서 채수를 하고자 한다. 채수 지점으로 가장 적합하지 않는 곳은?

① 1지점　② 2 지점　③ 3지점　④ 4지점

76. 틸라피아 양식에서 수심이 70～100cm 또는 그 이상일 때의 바닥 경사율로 적합한 것은?

① 0.5～1%　② 5～10%　③ 15～20%　④ 5～30%

77. 담수에서 부족하기 쉬워 제한 요인으로 작용하는 영양 염류는?

① 질소, 인, 칼륨　② 질소, 인, 규산
③ 규산, 칼륨, 칼슘　④ 인, 칼슘, 칼륨

78. 수질 조사법에 관한 설명으로 옳은 것은?

① BOD는 시수 중에 있는 유기물을 호기성 미생물이 분해, 산화할 때 소비하는 산소량이다.
② COD는 시수 중에 무기물이 화학 물질에 의해 환원될 때 소비되는 산소량이다.
③ 경도의 측정에는 시수 중에 칼륨이온과 나트륨이온의 총량을 염화칼슘의 양으로 환산하는 방법이 있다.
④ pH 비색 측정법 중 지시약 BTB는 산성 쪽으로 청색을 나타낸다.

79. 다음 양식업 중 신고 어업에 해당하는 것은?

① 해조류 양식업　② 복합 양식업
③ 외해 양식업　④ 육상 종묘 생산업

80. pH5인 수계는 pH7인 수계보다 몇 배 더 산성인가?

① 1배　② 10배　③ 100배　④ 1,000배

81. 닻벌레병에 관한 설명으로 옳은 것은?

① 감염어는 몸을 양식장 바닥이나 벽에 비비기 때문에 궤양이 생길 수 있다.
② 암컷과 수컷이 교미한 후, 수컷만이 기생하며 암컷은 산란 후 죽는다.
③ 안테나가 변형된 집게를 사용하여 어류의 아가미에 기생한다.
④ 해산어의 근육에 닻벌레 몸의 앞부분을 침투시켜 기생하는 질병이다.

82. 신장과 간, 비장에 백점 및 백색 결절의 병소를 형성하는 질병이 아닌 것은?

① Bacterial Kidney Disease(BKD)
② Pseudotuberculosis
③ Ichthyophonus 증
④ Streptococcisis

83. 넙치가 안구돌출과 아가미뚜껑 내부에 출혈을 보이는 이유로 가장 적합한 것은?

① *Myxobolus* sp.의 기생
② *Streptococcus* sp.의 감염
③ 장내 흡충류의 기생
④ *Pseudodacylogyrus* sp.의 기생

84. 어류의 바이러스 감염증과 각각의 외관 증상 또는 병리학적 변화가 알맞게 연결되지 않은 것은?

① 무지개송어의 전염성 췌장 괴사증 – 체색 흑화, 복부 팽만, 흰색의 점액변
② 넙치의 랍도바이러스감염증 – 근육 내 출혈, 복부 팽만
③ 잉어의 허피스바이러스성 유두종 – 만성, 양성의 표피 세포 증생
④ 방어의 바이러스성 복수증 – 망막 및 신경 세포의 괴사

85. 3대충이라는 별명을 갖고 있는 태생 흡충은?

① Gyrodactylus　② Bivagina
③ Benedenia　④ Heteraxine

86. 무지개송어 등의 어류에서 척추만곡증이 나타나는 것은 어떤 영양소가 부족하여 일어나는 병인가?

① 비타민 A　② 비타민 B_2　③ 비타민 C　④ Fe

87. 김 양식기간에 발생하는 갯병으로 병원균에 의한 것은?

① 흰갯병　② 싹갯병　③ 붉은갯병　④ 암종병

88. 에드워병에 관한 설명으로 옳지 않는 것은?

① 넙치 및 뱀장어에서 주로 볼 수 있으며, 타 어종에

서도 드물게 관찰할 수 있다.

② 원인 세균은 *Edwardsiella ictaluri* 로 SS한천 배지에 배양하였을 때 특징적인 흑색 집락을 형성한다.

③ 뱀장어에 개복하였을 때 신장 및 간장의 농양을 볼 수 있으며, 넙치에서는 복수 저류에 의한 복부 팽만과 탈장을 들 수 있다.

④ 어체를 개복하면 특징적인 악취가 나는데 이는 원인 세균이 생성하는 황화수소(H_2S)에 의한 것이다.

89. 무지개송어에서 전염성조혈기괴사증(IHN)이 주로 나타나는 시기는?

① 부화후~8주된 치어　② 6개월 정도 치어
③ 1년어　④ 2년어

90. 기수 지역의 뱀장어 양식장에서 잘 발생하며 온몸의 표면에 바늘로 찌른 것과 같은 점상의 출혈이 다수 관찰되는 질병의 원인균은?

① *Edwardsiella ictaluri*
② *Pseudomonas anguilliseptica*
③ *Pseudomonas fluorescens*
④ *Aeromonas salmonicida*

91. 세균의 그람 염색성이 양성과 음성으로 나누어지는 원인 세균의 어느 부분의 차이에서 기인하는가?

① 핵　② 세포질　③ 세포벽　④ 편모

92. 다음 어류 질병 중 폐사율은 낮으나 감염어의 상품 가치를 떨어뜨려 경제적인 손실을 주는 질병은?

① 림포시스티스병　② 바이러스성 상피증생증
③ 전염성조혈기괴사증　④ 채널메기바이러스병

93. 뱀장어의 아가미가 전면에 걸쳐 초콜릿색으로 변하였다면 그 원인으로 가장 적합한 것은?

① 아가미 부식병　② 아가미 흡충 기생
③ 수중에 염분 출현　④ Methaemoglobin 증

94. 어류의 체표나 아가미에 기생하지 않는 병원성 기생충은?

① *Trichodina* sp.　② *Chilodonella* sp.
③ *Ichtybodo* sp.　④ *Hexamita* sp.

95. 뱀장어가 적점병에 걸리면 출혈 반점이 나타나는 부위는?

① 근육층　② 비늘낭속　③ 안구　④ 피하조직

96. 뱀장어 기적병의 증상이 아닌 것은?

① 죽은 어체를 모아서 보면 악취가 나고, 항문이 확대, 돌출되어 있고 그 가장자리가 종창되어 있다.
② 가슴 지느러미, 꼬리 지느러미, 복부 피부, 항문 등이 붉게 변한다.
③ 장에 박리성 카다르성염이 생긴다.
④ 간은 강한 울혈을 일으키고 암적색을 띠며 간세포는 지방 변성을 일으키는 경우가 많다.

97. 급성구구부종병(Acute peristome edema disease)과 관련 없는 것은?

① 입 주면 함몰구에 최초로 부종이 생긴다.
② 감염 해삼의 80% 이상이 내장을 토출한다.
③ 감염 5~6일이 경과하면 감염 해삼의 90% 이상이 폐사한다.
④ 이 병은 대부분 기생충과 세균의 혼합 감염에 의해 발생 빈도가 높다.

98. 김의 붉은갯병이 발생하는 주요인은?

① 저수온과 고비중　② 고수온과 저비중
③ 고노출과 저수온　④ 해양오염

99. 전염성조혈기괴사증(IHN)의 특징적인 증상이 아닌 것은?

① 실모양의 점액변이 항문에 붙어 있다.
② 복부가 팽만된다.
③ 콩팥 전반에 걸쳐 점상 출혈이 나타난다.
④ 몸 색깔이 변하지 않는다.

100. 균사에 의해 은어의 피부 조직이 파괴되고 육아종을 형성하는 진균성 육아종의 원인 생물은?

① *Candida salmonicola*　② *Ichthyophonus hoferi*
③ *Saprolegnia parasitica*　④ *Apanomyces piscicida*

2018년 3월

1. 인공 종묘 생산 시 부화 후 먹이 생물 단계를 거치지 않고 처음부터 인공 배합 사료를 공급하는 종묘 생산 방법이 일반적인 어종은?

① 무지개송어　② 넙치　③ 은어　④ 참돔

2. 잉어 종묘 생산 시 숙성이의 발생 원인과 거리가 먼 것은?

① 양성 밀도가 너무 높은 경우
② 사료를 충분하게 자주 공급한 경우
③ 사료 주는 시간이 고르지 못한 경우

④ 질병이 발생한 경우

3. U.G.F(미지성장인자)의 효과를 위해서 쓰일 수 있는 사료의 성분은?

① 효모 ② 어분 ③ 비타민C ④ 무기염류

4. 유럽장어의 특징에 대한 설명으로 옳은 것은?

① 기생충에 잘 감염되지 않는다.
② 체장이 길어 소비자가 좋아하지 않는다.
③ 고수온에 강하여 폐사율이 낮다.
④ 공식에 의한 폐사가 우리나라 뱀장어(참장어)보다 많다.

5. 넙치의 자,치어 사육에 대한 설명이 적합하지 않은 것은?

① 부화 자어를 20∼50 m^3수조에서 사육하면 좋다.
② 자어 수용 밀도는 소형 수조의 경우 수량 1톤 당 1만 마리 전후이다.
③ 사육용수는 여과한 해수를 사용하며, 방양한지 약 일주일이 지나면 물을 교환하기 시작하고 점차 환수량을 증가시킨다.
④ 에어레이션을 계속하고 광선은 적절히 차단하여 많은 날에는 1,000 lx 이내로 하고, 수온은 18℃ 전후로 유지한다.

6. 참돔의 부화 후 3∼4일 경 먹이로써 적합하지 않은 것은?

① 코페포다의 노플리우스 유생 ② 로티퍼
③ 아르테미아 ④ 성게 유생

7. 배합 사료의 단백질 원료원으로 잘 이용되지 않는 것은?

① 어분 ② 대두박 ③ 전분 ④ 육분 및 육골분

8. 틸라피아의 성전환 호르몬제로 사용되는 것은?

① 메틸테스토스테론 ② 고나도트로핀
③ 뇌하수체 ④ MS-222

9. 양식 가능 어류 중 산란을 위해 모천 회귀하는 어류는?

① 뱀장어 ② 연어 ③ 농어 ④ 숭어

10. 다음 중 염분의 변화에 가장 잘 견디는 어류는?

① 틸라피아 ② 방어 ③ 잉어 ④ 메기

11. 넙치의 종묘 생산에 관한 설명으로 옳은 것은?

① 자연에서 산란기는 10월경 수온 13∼16℃정도 시기이다.
② 산란용 친어는 2∼3년 정도되어 막 성숙된 친어가 좋다.
③ 부화 자어는 완전 착저 이후 배합 사료 먹이 붙임을 시작
④ 부화 자어는 30일 정도에 오른쪽 눈이 왼쪽으로 옮겨간다.

12. 조피볼락 종묘생산 시 어미의 주 산출 시간대는?

① 06∼09시 ② 12∼15시
③ 18∼21시 ④ 21∼익일 03시

13. 조피볼락 자어에 대한 설명으로 틀린 것은?

① 출산 직후에는 난황이 커서 표층에 주로 유영한다.
② 추광성을 가진다.
③ 초기 먹이로 로티퍼와 아르테미아를 같이 먹을 수 있다.
④ 출산 후 70일 정도면 30 mm 정도의 치어로 성장한다.

14. 잉어의 식성과 사료 공급 방법으로 틀린 것은?

① 대두박, 콘글루텐밀 등 식물성 사료원도 잘 이용한다.
② 위가 있으므로 하루에 2번 규칙적으로 사료를 공급한다.
③ 사료의 1일 공급량과 횟수는 어체중, 수온, 환경에 따라 다르다.
④ 잡식성으로 다른 어종에 비해 탄수화물에 대한 소화 능력이 뛰어나다.

15. 세계 양식 역사에 있어서 보다 활발한 양식 활동이 이루어지기 시작한 시기는?

① 16세기 ② 17세기 ③ 18세기 ④ 19세기

16. 자주복의 알은 채란 후 수일 동안은 난의 수정 여부의 확인이 어렵다. 4∼5일이 지난 후 수정란의 색깔은?

① 자색 ② 황색 ③ 유백색 ④ 흑색

17. 카와치붕어의 식성에 관한 특징으로 옳은 것은?

① 창자 길이가 길며, 식물 플랑크톤을 잘 먹는다.
② 창자 길이가 길며, 어린 물고기를 잘 먹는다.
③ 창자 길이가 짧으며, 식물 플랑크톤을 잘 먹는다.
④ 창자 길이가 짧으며, 어린 물고기를 잘 먹는다.

18. 은연어 종묘의 사육 적온은?

① 7∼9℃ ② 10∼12℃
③ 13∼18℃ ④ 19∼22℃

19. 100g의 잉어에 1 kg의 사료를 먹여 700 g으로 성장시켰을 때 사료 효율은?

① 55%　② 60%　③ 65%　④ 70%

20. 미꾸리의 생태에 관한 설명으로 틀린 것은?

① 산란기는 6월 전후로 주로 비가 오고 난 뒤 맑은 날에 많이 산란한다.
② 알은 점착성란으로 25℃에서 약 40시간 후에 부화한다.
③ 수컷의 등지느러미 아래에는 긴 혹이 있다.
④ 암컷의 가슴지느러미는 수컷보다 1.5배 정도 크다.

21. 식물 플랑크톤 배양에 대한 설명으로 가장 적합한 것은?

① 일반적으로 배양온도는 18～22℃가 적합하다.
② 해수산 플랑크톤의 배양에는 SK배지를, 담수산 플랑크톤 배양에는 f/2 배지를 사용한다.
③ 배양 가능 온도 범위 내에서는 온도가 높을수록 배양 속도가 느려진다.
④ 배양 중인 식물 플랑크톤은 충격에 약하므로 용기가 흔들리지 않도록 해야 한다.

22. 양식 동물의 유생기에 적합한 먹이 생물로써 갖추어야 할 조건이 아닌 것은?

① 크기가 적당해야 한다.
② 영양이 풍부해야 한다.
③ 빠른 운동력을 가져야 한다.
④ 소화가 잘되어야 한다.

23. 멍게(우렁쉥이)와 관련이 없는 것은?

① 피낭
② 자웅이체
③ 신티올(Cynthiol)
④ 올챙이형 유생(Tadpole larva)

24. 전복류에 대한 설명으로 틀린 것은?

① 우리나라에서 주요한 산업종은 참전복, 까막전복, 시볼트전복 등이다.
② 얕은 곳에서 사는 종일수록 환경 변화에 대한 적응력이 강하고 활동성이 있다.
③ 말전복은 가장 천해인 수심 4～5 m, 참전복은 수심 30～50 m에서 주로 서식한다.
④ 외해성이고 암초가 많은 수역에서 주로 서식한다.

25. 자연산 진주조개가 치패기에 주로 서식하는 수심은?

① 1m　② 3 m　③ 5 m　④ 10 m

26. 참가리비의 유생 및 유생 사육에 대한 설명으로 옳지 않은 것은?

① 수정 4일 후에 부화해서 담륜자가 된다.
② 담륜자 시기에 다른 유생 사육 탱크로 옮겨 패각이 형성될 때까지 관리한다.
③ 유생 사육 밀도는 mL당 10개체 이하로 유지하고 사육해수는 2일마다 전량 환수한다.
④ D형 유생까지 5～7일 소요되고 이때가 물리적인 충격에 가장 약하다.

27. 소라 양식에 대한 내용으로 적절한 것은?

① 부유 유생의 먹이로는 부유성 규조류가 적합하다.
② 수용에 의한 양성 시 먹이 종류에 따른 먹이 효율은 차이가 없다.
③ 방류 후에는 홍조류를 주로 먹이로 섭취한다.
④ 성숙한 생식소의 경우 난소는 짙은 녹색, 정소는 유백색이다.

28. 양식장 저질 유기 물질의 변화 중 유독 물질과 관계가 가장 적은 것은?

① 암모니아(NH_3)　② 이산화탄소(CO_2)
③ 황화수소(H_2S)　④ 메탄(CH_4)

29. 이매패류 중 주로 패주(폐각근)를 식용으로 이용하는 종으로 짝지어진 것은?

① 담치, 대합　② 참가리비, 키조개
③ 피조개, 고막　④ 굴, 진주조개

30. 참가리비 치패의 중간 육성 관리 내용으로 적합하지 않은 것은?

① 조용한 내만에서 육성 관리한다.
② 수용밀도를 알맞게 조절한다.
③ 채롱의 흔들림이 적도록 시설한다.
④ 빠른 성장을 위해 표층 가까이에 수하한다.

31. 양식 대상종의 인공 종묘 생산에 관한 내용으로 틀린 것은?

① 채란용 어미의 선정 시기는 산란기의 전기에 비해 중기나 후기가 좋다.
② 연령이 많은 어미는 산란양은 많지만 부화 성적이 나쁜 경우가 많다.
③ 이매패류는 D상 유생기부터 먹이 공급을 시작한다.
④ 새우류의 노플리우스 유생기에는 먹이를 먹지 않는 것으로 알려져 있다.

32. 내만의 참굴 양성장에서 노화 방지를 위해 필요한 안정수면적은?
① 5배 ② 10배 ③ 20배 ④ 30배

33. 대합류의 이동에 대한 설명으로 옳지 않은 것은?
① 성장기에는 깊은 곳으로 이동한다.
② 이동은 유속이 매초 3~8 cm
③ 수온이 높은 8월에는 거의 이동하지 않는다.
④ 간만의 차가 큰 곳에서는 소조 시에도 이동한다.

34. 굴류 가운데 난생형인 것은?
① 벗굴 ② 올림피아굴 ③ 강굴 ④ 넓적굴

35. 채묘 시설과 생물 종의 연결이 맞지 않은 것은?
① 고정식 채묘시설 - 참굴
② 밧줄 수하식 채묘시설 - 참가리비
③ 침설 수하식 채묘시설 - 피조개
④ 부동식 채묘시설 - 바지락

36. 새우류의 종묘 생산에 관한 설명으로 옳은 것은?
① 후기 유생기(Post larva)까지 변태할 동안 사육수는 여과해서 자주 환수한다.
② 후기 유생기(Post larva)가 지나면서 하루에 전 사육수의 약 1/5 정도씩 갈아주고 통기는 하지 않는다.
③ 시멘트 못을 사용하고 내면은 방수 도료제를 바른 후 수질의 안정을 위해 바로 사용한다.
④ 급수용 배관으로 주철관, 강관, 납관, 구리관, 아연 도금관 등은 쓰지 않는다.

37. 대합의 개방식 양성장을 선정할 때 가장 중요한 조건은?
① 먹이 생물 ② 지형 ③ 교통 ④ 기상

38. 참전복의 생식소가 발달하기 시작하는 기초 수온은?
① 5.3℃ ② 7.6℃ ③ 9.4℃ ④ 10.0℃

39. 바지락 서식 적지에 대한 설명으로 옳은 것은?
① 육수의 영향을 받지 않는 파도가 조용한 내만
② 간출 시간이 5시간 정도 되는 곳부터 수심 8~10 m 사이
③ 환원층이 발달된 곳
④ 태풍, 홍수 등에 의한 지반 변동이 거의 없는 곳

40. 문어의 사육 밀도에 가장 크게 영향을 미치는 환경요인은?
① 용존산소량 ② pH ③ 수심 ④ 염분

41. 다시마의 종묘 생산에서 촉성 배양을 위한 주요영양염이 아닌 것은?
① 질산나트륨($NaNO_3$) ② 염화철($FeCl_2$)
③ 요오드칼륨(KI) ④ 황산망간($MnSO_4$)

42. 조가비 사상체의 배양을 하는데 있어서 물갈이 후에 갑작스럽게 사상체의 색이 변한 일이 생겼다면 일반적으로 제일 먼저 점검해야 하는 것은?
① 비중의 급변 상태 ② 조도의 급변 상태
③ 수온의 급변 상태 ④ 영양염 관계

43. 미역의 형태학적 특징에 대한 설명으로 가장 거리가 먼 것은?
① 엽면에는 털집이 산재한다.
② 포자엽은 엽체의 한정된 부위에만 형성된다.
③ 생장대는 잎의 끝부분에 존재하고 정단 생장한다.
④ 엽체의 내부 구조는 표층, 피층, 속의 3층으로 되어 있다.

44. 큰참김, 참김, 방사무늬김, 큰방사무늬김, 긴잎돌김을 같은 어장에서 양식했을 때 자리 바꿈에 가장 우세한 김은?
① 큰참김 ② 참김
③ 방사무늬김 ④ 큰방사무늬김

45. 미역에 대한 설명으로 틀린 것은?
① 우리나라의 전 연안에 분포한다.
② 이형 세대 교번을 한다.
③ 생장점이 몸 끝부분에 있다.
④ 저수온기에 잘 자란다.

46. 청각의 생식을 이용한 종묘 생산 방법의 설명으로 가장 적합한 것은?
① 무성 생식으로만 가능하다.
② 유성 생식으로만 가능하다.
③ 단위 생식으로만 가능하다.
④ 무성 생식 및 유성 생식 둘 다 가능하다.

47. 다음 중 과포자의 잠입효과가 가장 좋은 것은?
① 방출 직후
② 방출 후 20분 경과된 것
③ 방출 후 30분 경과된 것
④ 방출 후 40분 경과된 것

48. 매생이의 육상 인공 채묘 시 유주자의 대량 방출이 시작되는 시기는?
① 배양 48시간 이후부터

② 배양 36시간 이후부터
③ 배양 24시간 이후부터
④ 배양 12시간 이후부터

49. 우뭇가사리의 과포자체와 사분포자체의 가장 뚜렷한 구별점은?
① 영양 번식력의 유무
② 생육 시기의 차이
③ 내부 조직의 차이
④ 생식기탁(생식기 가지)의 모양

50. 흑산도 지방에서는 자연산 미역이 7월경에야 채취할 수 있게 성장하는데 그 이유는?
① 물이 맑기 때문이다.
② 영양염이 적기 때문이다.
③ 저수온기와 수온상승기가 늦기 때문이다.
④ 서식대가 깊기 때문이다.

51. 해조류의 서식에 관여하는 생물학적 요인이 아닌 것은?
① 식해압력(grazing pressure)
② 균과 박테리아의 활동
③ 자리다툼(competition substrate)
④ 조석의 주기적 변동

52. 미역 양성장은 미역의 성장 최적 온도의 범위를 오래 유지할수록 좋다. 다음 중 미역의 성장 최적온도 범위로 가장 적합한 것은?
① 0~5℃ ② 5~10℃
③ 15~20℃ ④ 20~25℃

53. 김의 생식 방법과 생식 세포의 관계를 바르게 연결한 것은?
① 무성번식 - 중성포자유성번식 - 각포자, 과포자
② 무성번식 - 각포자, 중성포자유성번식 - 과포자
③ 무성번식 - 과포자, 중성포자유성번식 - 각포자
④ 무성번식 - 각포자, 과포자유성번식 - 중성포자

54. 김 야외 채묘의 경우 부착한 각포자가 건조에 대한 저항력이 생기고, 발아에 유리한 김발의 관리는?
① 채표 직후부터 노출시킨다.
② 채묘 1일 후부터 노출시킨다.
③ 채묘 2~3일 후부터 노출시킨다.
④ 채묘 4~5일 후부터 노출시킨다.

55. 미역 양식의 씨줄로 많이 사용되는 섬유는?
① 폴리비닐계 ② 사란계
③ 나이론계 ④ 폴리에틸렌계

56. 다음 중 김 양식장에서 일반적으로 해수 교환에 가장 큰 역할을 하는 것은?
① 조석류 ② 파랑류 ③ 취송류 ④ 하구류

57. 다시마의 품질을 향상시키기 위해 특수한 배양액 속에서 수온과 조도를 조절하면서 배양하고, 바다의 수온이 하강할 때 이식, 양성하는 양식법은?
① 2년 양식 ② 억제배양양식
③ 촉성양식 ④ 월하양식

58. 김속 식물의 일반적인 생물학적 특성으로 가장 거리가 먼 것은?
① 긴잎돌김은 자웅이주이다.
② 잇바디돌김의 가장자리에는 톱니모양의 거치가 있다.
③ 김의 사상체는 포자체 세대를 말한다.
④ 모무늬돌김은 중성 포자를 방출한다.

59. 김엽체에 미량 금속 원소의 흡수를 촉진하는 물질은?
① Vitamin B_{12} ② EDTA
③ gibberellin ④ NH_4-N

60. 김발의 노출 및 건조에 대한 설명으로 틀린 것은?
① 매일 2시간 정도 노출은 광합성 활력을 증가시킨다.
② 건조도 90% 정도의 전처리 건조에도 광합성 회복은 가능하다.
③ 발아체는 발육해감에 따라 건조에 대한 저항력이 약해진다.
④ 낮보다 밤에 노출했을 때 생장이 빠르고 채취량이 많아지는 경향이다.

61. 다음 중 생물 부착막 여과와 가장 거리가 먼 것은?
① 살수식 여과 ② 침수식 여과
③ 회전원판식 여과 ④ 활성오니식 여과

62. 가두리 양식장의 적지 조건으로 가장 적합한 것은?
① 가두리 근방에 수초가 없고 부영양호인 곳
② 가두리내의 물의 순환과 DO 공급을 위해 풍랑이 심한 곳
③ 관리의 편이성을 위해 수면이 좁은 곳
④ 강우나 가뭄의 피해가 적고 교통과 동력 시설이 편리한 곳

63. 다음 사육 장치의 이름은?
① 물넘기 장치 ② 순환 수류 장치

③ 공기 양수 장치 ④ 벤튜리 배수 장치

64. 순환 여과 양식의 사육수 처리 과정에서 거품이 해주는 주요한 기능은

① 기계적 여과 ② 물리적 흡착
③ 생물학적 여과 ④ 물의 소독

65. 다음 질산화 과정에 관여하는 세균으로 적절한 것은?

① ⓐ *Nitrobacter* ⓑ *Nitrosomonas*
② ⓐ *Nitrobacter* ⓑ *Pseudomonas*
③ ⓐ *Nitrosononas* ⓑ *Nitrobacter*
④ ⓐ *Pseudomonas* ⓑ *Nitrosomonas*

66. 유기태 질소가 세균에 의해 산회된 최종 질소 화합물은?

① NH_3 ② NO_2^- ③ NO_3 ④ NH_4^+

67. 양식장의 용존 물질을 제거하는데 가장 효율적인 방법은?

① 드럼필터 ② 모래, 자갈
③ 스크린망 ④ 포말분리

68. 황화수소가 많은 곳의 저질은 어떤 색을 띠는가?

① 황갈색 ② 회색 ③ 녹색 ④ 검은색

69. 자연 생산력에 영향을 미치는 영양 염류 중 해양에서 부족하기 쉬운 것은?

① 질소, 인, 규산 ② 질소, 인, 칼륨
③ 질소, 인, 칼슘 ④ 질소, 인, 비타민

70. 어류는 옆줄이나 체표에 온도를 감지하는 감각 기관이 있어 민감하게 외부 수온 변화에 반응한다. 이때, 수온 변화가 발생했을 때, 반응하기 시작하는 온도 차이는?

① 0.03℃ ② 0.3℃ ③ 1℃ ④ 3℃

71. 양식장 배출수의 유기물이나 환원성 물질의 양에 따라 변하는 값이며, 수질오 염 정도를 나타내는 지표로 사용되는 수질 요인은?

① DO ② NH_3^+-N ③ COD ④ SS

72. Winkler Azid 변법에서 산의 작용은?

① I_2가 산성에서 NaI로 되게 한다.
② $Mn(OH)_2$를 H_2MnO_3
③ H_2MnO_3를 $MnSO_4$로 되게 한다.
④ KI에서 I_2를 유리시킨다.

73. 다음 그림과 같은 장치를 무엇이라 하는가?

① 확산 에어레이션 장치
② 하향류 에어레이션 장치
③ 벤튜리관 에어레이션 장치
④ T자관 에어레이션 장치

74. 여름철 바람이 없는 고요한 날 양어지의 어류가 호흡곤란을 일으키는 주된 요인은?

① 공기 중의 산소가 녹아들기 어렵기 때문
② 어류가 더 많은 산소를 소비하기 때문
③ 물 전체에 걸쳐 질소가스가 많아지기 때문
④ 수온이 갑자기 높아지기 때문

75. 다음 중 넙치의 육상 수조식 양어장의 적지가 아닌 곳은?

① 태풍이나 파도의 영향이 적은 곳
② 풍파에도 수질 혼탁이 적은 곳
③ 담수의 유입이 있으며 염분의 변화가 크지 않은 곳
④ 판매시장이 가까운 곳

76. 김양식장에서 COD가 높은 경우 일어나는 생리적 현상으로 가장 적합한 것은?

① 영양염이 많으므로 생육이 좋다.
② 생리적 장애에 의한 암종병이 생기거나 엽체가 녹아 없어진다.
③ 광선이 차단되므로 호흡장애가 있다.
④ 수온의 상승요인이 되어 김 잎의 끝녹음이 생긴다.

77. 어류 사육수 중의 총암모니아 독성은 pH와 수온에 따라 다르다. 어떤 관계인가?

① 수온과 pH가 낮을수록 T-NH_3 독성은 높다.
② 수온과 pH가 높을수록 T-NH_3 독성은 높다.
③ 수온이 높고 pH가 중성일 때 T-NH_3 독성은 높다.
④ pH가 높고 수온이 낮을수록 T-NH_3 독성은 높다.

78. 수중의 용존 산소 변화에 대한 설명으로 옳은 것은?

① 같은 염분에서는 수온이 올라가면 증가한다.
② 같은 수온에서는 염분이 올라가면 증가한다.
③ 공기와의 접촉 면적이 넓을수록 산소이동이 증가한다.
④ 바람이 고요할 때 공기 중 산소 이동이 유리하다.

79. 다음 그림은 순환 여과식 양식장 내 질산화 과정 중 무기 질소의 시간 경과에 다른 변화 형태이다. 번호 순서대로 무기 질소 형태를 나열한 것은?

① NH_4-N, NO_2-N, NO_3-N
② NH_4-N, NO_3-N, NO_2-N
③ NO_2-N, NO_3-N, NH_4-N

④ NO_2-N, NH_4-N, NO_3-N

80. **물을 교환하지 않고, 산소를 보충하지 않는 상태의 정수식 양어지에서 잉어의 최대 수용량은? (단, 양어지의 수면적은 5~10 ha 규모이다.)**
① 100~200 g/m^2 ② 300~500 g/m^2
③ 600~800 g/m^2 ④ 900~1,000 g/m^2

81. **연어과 어류의 세균성 신장병(BKD)을 설명한 내용과 가장 거리가 먼 것은?**
① 신장과 장관의 괴사는 심하나 육아종성 염증은 없다.
② 병원균은 *Renibacterium salmoninaram*이고 gram 양성균이다.
③ 증상은 체색흑화, 복부팽만, 안구 가장자리의 심한 출혈과 안구가 돌출한다.
④ 송어, 연어 등의 어류에서 유행하는 난치병 중의 하나이다.

82. **오존 처리에 대한 설명으로 옳지 않은 것은?**
① 해수 중에서 Br과 반응하여 옥시던트로 된다.
② 옥시던트는 병원 미생물뿐만 아니라 어류에도 유해하다.
③ 오존 처리 장치는 직접 사육 수조에 설치하는 것이 효과적이다.
④ 오전 처리법으로 사육수의 미생물을 관리할 수 있다.

83. **Ichthyophonosis의 증상으로 옳지 않는 것은?**
① 치어의 체색 흑화 ② 중증어의 복부 팽만
③ 장관의 결절 형성 ④ 안구의 돌출

84. **양식 김의 세균 감염에 의해 발생되는 갯병은?**
① 흰갯병 ② 녹반병 ③ 싹갯병 ④ 암종병

85. **연쇄구균증에 대한 설명으로 틀린 것은?**
① 병원균이 주로 피부를 통하여 감염된다.
② 병원균은 그람양성의 연쇄구균이다.
③ 담수어류 및 해산어류에 발병된다.
④ 병어는 체색이 검어지고 지느러미 기부에 농창이 형성된다.

86. **감염어의 항문에 변을 달고 다니는 증상을 보이지 않는 질병은?**
① EHN ② IHN ③ YTA ④ IPN

87. **에드워드 병에 감염된 틸라피아의 증상은?**
① 지느러미가 부식된다. ② 내장이 붕괴된다.
③ 근육이 붕괴된다. ④ 혈액이 용해된다.

88. **뱀장어에 *Columnaris*병이 유행하는 시기는?**
① 이른 봄 ② 초여름 ~ 초가을
③ 가을 ~ 겨울 ④ 겨울 ~ 봄

89. **외부로는 체색 흑화 또는 퇴색, 체표나 지느러미에 출혈, 안구의 경미한 돌출과 출혈, 아가미의 퇴색을 관찰 할 수 있고, 내부적으로는 점상 출혈과 비장의 비대가 관찰되며, 비장의 스탬프 표본을 만들어 김자 염색을 하면 이형비대 세포가 관찰되어 간편하게 진단을 할 수 있는 질병은?**
① 조피볼락의 버나바이러스 감염증
② 참돔의 이리도바이러스 감염증
③ 자주복의 구부궤양증
④ 넙치의 랍도바이러스 감염증

90. **방어에 감염된 연쇄구균증이 쉽게 치료되지 않는 원인은?**
① 균체가 협막을 갖고 있기 때문에
② 약물을 투여하면 균체가 피낭체를 형성하기 때문에
③ 병원균이 전신으로 확산되기 때문에
④ 환부에 육아종성 염증이 형성되기 때문에

91. **Saprolegnia병은 2차적으로 일어난다. 이 병의 일차적 원인으로 볼 수 없는 것은?**
① 외부기생충의 감염 ② 체표의 염증이나 외상
③ 치어의 조기방양 ④ 어체의 쇠약과 수온변화

92. **송어에 유행하는 부스럼병의 주요 증상은?**
① 피부에 점액분비가 많아진다.
② 피부에 점상출혈을 볼 수 있다.
③ 피부에 융기된 환부가 생긴다.
④ 피부에 다수의 흰 결절이 생긴다.

93. **황반병의 만연과 가장 밀접한 관계가 있는 것은?**
① 고염분 ② 저조도 ③ 영양염 ④ 저수온

94. **담수 어류 및 관상어에 발생하는 솔방울병 원인균은?**
① *Streptococcus*균 ② *Edwardsiella*균
③ *Aeromonas*균 ④ *Staphylococcus*균

95. **수면병에 관한 설명으로 옳지 않은 것은?**
① 담수 양식 무지개송어의 전염성 질병이다.
② 병어는 수조바닥에 몸을 옆으로 하여 누워있는데 이는 부레의 손상에 기인한 것이다.
③ 안구 돌출 증상이 있다.
④ 복부 팽만 증상이 있다.

96. 뱀장어의 부레병(부레 선충병)을 일으키는 기생충은?

① *Anguillicola* sp.　② *Bothriocephalus* sp.
③ *Philometroides* sp.　④ *Proteocephalus* sp.

97. 무지개송어 치어 아가미에 기생하는 Cryptobia branchialis가 분류상 속하는 것은?

① 흡충강의 단세대 흡충　② 원생동물의 섬모충
③ 원생동물의 편모충　④ 원생동물의 포자충

98. 방어의 생사료로써 냉동 까나리가 사용된다. 장기간 보존한 후 투여했을 때 안구 돌출, 혈구 파괴, 간의 빈혈 등이 나타나는 이유는?

① 까나리의 변형으로
② 까나리의 지방이 산화되었으므로
③ 까나리의 단백질이 감소하므로
④ 까나리가 동결되므로

99. 크립토카리온 이리탄스(*Cryptocaryon irritans*)가 기생하지 않는 어류는?

① 감성돔　② 넙치　③ 메기　④ 참돔

100. 넙치의 장 내용물이 황색 점액으로 충만되었다. 다음 중 어떤 병원체 감염에 의한 것인가?

① Infectious pancreatic necrosis virus (IPNV)
② Yersinia ruckeri
③ Vibrio
④ Hexamita

2018년 8월

1. 넙치 종묘 생산 시 수온을 18℃로 한다면 변태가 끝나는 시기는 대략 부화 후 며칠 정도인가?

① 7일　② 10일　③ 20일　④ 35일

2. 조피볼락 자어 사육 시 수심을 1 ~ 1.5 m로 관리할 때 가장 적합한 수조의 표층 조도는?

① 50 lx 이하　② 50 ~ 100 lx
③ 100 ~ 200 lx　④ 200 ~ 500 lx

3. 동양계 잉어 양식에서 대형 종묘 생산에 대한 설명이 옳은 것은?

① 3 cm 정도 되는 소형 종묘로부터 체장 5 ~ 7 cm 전후, 체중 20 g의 큰 종묘를 생산하는 과정이다.
② 3 cm 정도 되는 소형 종묘로부터 체장 15~20 cm 전후, 체중 50~100 g의 큰 종묘를 생산하는 과정이다.
③ 3 cm 정도 되는 소형 종묘로부터 체장 20~30 cm 전후, 체중 100~200 g의 큰 종묘를 생산하는 과정이다.
④ 3 cm 정도 되는 소형 종묘로부터 체장 30 cm 전후, 체중 300 g의 큰 종묘를 생산하는 과정이다.

4. 아르테미아 알을 부화하는데 알맞은 수온과 염분은?

① 수온 28℃ 전후, 염분 농도 20 ~ 25‰
② 수온 28℃ 전후, 염분 농도 25 ~ 30‰
③ 수온 25℃ 전후, 염분 농도 20 ~ 25‰
④ 수온 25℃ 전후, 염분 농도 25 ~ 30‰

5. 유전자 이식 기술 적용 시 포유류에 비해 어류의 장점이 아닌 것은?

① 체외 수정　② 많은 수의 배우자
③ 긴 세대 기간　④ 동형 접합성 클론 확립

6. 다음 중 전세계적으로 가장 광범위한 지역에서 양식되는 어류는?(단, 생산량 기준은 아님)

① 방어　② 복어　③ 숭어　④ 참돔

7. 양어 사료에 섞인 지방의 산화 방지제로 주로 사용하는 것은?

① 비타민 E　② 비타민 B
③ 비타민 C　④ 비타민 K

8. 출하 전 참돔의 체색을 유지하기 위하여 배합 사료에 혼합하여 공급하는 것은?

① 새우류　② 전갱이　③ 까나리　④ 멸치

9. 은어 양식 시 사료를 공급할 때 유의해야 할 점으로 틀린 것은?

① 배합 사료를 먹일 때에는 5% 정도의 식용유를 첨가한다.
② 수온이 26℃ 이상으로 올라가면 낮에만 사료를 준다.
③ 자동 공급기를 사용할 때에도 항상 공급량의 과부족을 관찰하면서 조절한다.
④ 여름철에는 사료가 쉽게 변질되므로 한꺼번에 많이 구입하지 말아야 한다.

10. 하루 중 잉어의 산란이 주로 이루어지는 때는?

① 자정을 전후해서　② 새벽부터 오전 중에
③ 오후부터 일몰 전에　④ 일몰 후 초저녁에

11. 어류의 성장에 따른 사료 공급 기준으로 가장 적합한 것은?(단, 비율은 체중에 대한 사료 공급량)

① 어체가 클수록 비율을 높인다.
② 대소에 관계없이 일정한 비율로 준다.
③ 어릴 때는 비율을 높게 하고 성장할수록 낮춘다.
④ 서식 수온 범위 내 수온이 높을수록 비율이 낮아진다.

12. 잉어 500 kg을 초기 입식하여 60일 후 750 kg을 수확하였다. 이 때 사료의 공급량이 500 kg(건중량 기준)일 때 사료 계수와 사료 효율은? (단, 폐사된 개체와 사료의 소실은 없음)

① 1.0, 100% ② 1.5, 75%
③ 2.0, 50% ④ 2.5, 25%

13. 미꾸리 인공 채란 시 암컷의 선택 조건으로 틀린 것은?

① 복부가 붉은색을 띄고 투명감을 주는 것
② 복부가 매끄럽고 백색 만점이 있는 것
③ 배가 부르고 약간 밑으로 처진 것
④ 복부가 부드럽고 항문 부분이 붉은 것

14. 다음 중 냉수성 어류인 무지개 송어의 양식에서 가장 성장이 빠른 수온 범위는?

① 4 ~ 7℃ ② 7 ~ 10℃
③ 10 ~ 15℃ ④ 15 ~ 20℃

15. 양식의 잡종 유도에 관련된 설명으로 틀린 것은?

① 초기 생존율이 낮다.
② 일반적으로 성장률이 높다.
③ 생식력이 크다.
④ 이론적으로 1:1이나 실제로는 성비가 일정하지 않다.

16. 방어 양식용 종묘에 대한 설명으로 틀린 것은?

① 종묘는 클수록 먹이 길들이기가 좋다.
② 겉보기에 둥글둥글하게 살이 쪄 있는 것이 좋다.
③ 사육 가두리에서 다른 개체와 떼를 지어서 유영하는 것이 좋다.
④ 어체의 크기가 일정한 것이 좋다.

17. 일반적인 넙치 종묘 생산에서 자어의 최초 먹이 생물로 자주 이용되는 것은?

① 코페포다 ② 로티퍼
③ 아르테미아 ④ 섬모충

18. 실뱀장어 취급법으로 틀린 것은?

① 체포된 실뱀장어는 즉시 25 ~ 28℃에 수용하여 최적 성장이 되도록 한다.
② 체포된 실뱀장어는 염분 0.7% 정도의 사육수에 넣어 삼투 조절을 시킨다.
③ 체포된 실뱀장어는 m^2ekd 200 ~ 300 g 정도로 방양한다.
④ 체포된 실뱀장어는 안정시킨 후 약욕시켜 사육지에 수용한다.

19. 활어 운반 시 주로 냉각 마취를 이용하는 어류는?

① 뱀장어 ② 잉어 ③ 송어 ④ 연어

20. 무지개 송어의 해수 사육에 대한 설명으로 옳은 것은?

① 치어기 무지개송어는 해수에서 잘 큰다.
② vibrio균에 의한 피해를 입는다.
③ 성장이 늦어진다.
④ 성숙 현상이 일어나지 않는다.

21. 진주조개의 종묘 생산에 관한 설명으로 옳은 것은?

① 족사의 부착력이 약해서 채묘하기가 비교적 어렵다.
② 부유 유생이 많은 시기는 8월 하순 ~ 9월 상순 사이이다.
③ 치패의 각장이 약 20 mm 정도인 때가 채롱으로 옮기는데 가장 적합하다.
④ 대체로 각장 30 mm 이상 성장하여야만 종묘로서 사용할 수 있다.

22. 2 cm 크기의 전복 종패를 방양할 때 생존율을 높이기 위해서 반드시 필요한 사항은?

① 둥근 형태의 전복을 택할 것
② 새로운 방양시설(전복초)을 할 것
③ 저위도 지방에 방류할 것
④ 홍조류를 일정한 기간 동안 먹일 것

23. 피조개 부유 유생에 관한 설명으로 틀린 것은?

① 남해안의 경우 주로 8월 중순부터 9월 중순 사이에 많이 나타난다.
② 일반적으로 중층보다 깊은 수심에 많이 분포한다.
③ 부유 기간은 수온이 25℃ 내외의 경우 약 1주일 정도이다.
④ 와류 현상이 있는 곳에 부유유생이 많다.

24. 무척추 동물 부유 유생 사육 시 먹이생 물이 갖추어야 할 일반적인 조건이 아닌 것은?

① 적당한 크기와 모양 ② 부착성
③ 영양성 ④ 대량배양의 용이성

25. 바지락 성패의 서식 적지로서 적합하지 않은 곳은?
① 육수의 영향을 받는 파도가 조용한 내만
② 해수와 유기물의 원활한 순환을 위해 지반 변동이 활발한 곳
③ 해수의 유통이 좋고 환원층의 발달이 적은 곳
④ 썰물 시 2 ~ 3시간 노출되는 곳부터 수심 3 ~ 4 m 사이로 먹이 생물이 많은 곳

26. 참담치의 채묘 시설로 가장 적합한 것은?
① 침설식 ② 조위망식 ③ 완류식 ④ 말목수하식

27. 키조개에서 이용가치가 가장 큰 부위는?
① 전폐각근 ② 후폐각근 ③ 생식소 ④ 패각

28. 대합 양식장의 조건으로 적합하지 않은 것은?
① 지반이 평탄하고 변동이 없는 곳
② 담수의 영향을 받지 않는 곳
③ 수온 12 ~ 28℃ 범위를 유지하는 곳
④ 조류의 소통이 좋고 대조 시 5시간 이하로 노출되는 곳으로부터 수심 4 ~ 6 m 되는 곳

29. 부착 동물이나 비부착성 저서 조개류의 종묘 방양량과 가장 밀접한 관계가 있는 환경요인은?
① 먹이 발생량 ② 수온
③ 용존산소량 ④ 해수의 유통

30. 전복 종묘가 상처를 입었을 때 가장 치명적인 손상 부위는?
① 1 ② 3 ③ 4 ④ 5

31. 부유 유생기에 먹이를 반드시 공급해야 하는 양식생물은?
① 소라 ② 전복 ③ 수랑 ④ 성게

32. 수하식 굴 양성장의 노화현상에 대한 대책으로 볼 수 없는 것은?
① 밀식 방지
② 수하연 수하 깊이 조절
③ 양성장의 휴식년제 도입
④ 안정 수면적의 충분한 확보

33. 해삼의 서식장에 관한 설명으로 틀린 것은?
① 부유 생활 후 저서 생활로 들어가면 포복 활동에 의한 이동을 한다.
② 내만성 해삼은 연안의 조간대로부터 수심 20 m 정도 사이에서 서식한다.
③ 내만성 해삼은 저질이 순 개흙질인 곳에서 서식한다.
④ 수심이 얕은 곳에는 작은 해삼이 살고 수심이 깊어지면 해삼의 크기도 점차 커진다.

34. 새우류 양성 시 저질이 환원되는 것을 방지할 수 있는 가장 좋은 양성법은?
① 축제식 ② 수조식
③ 그물 가두리식 ④ 순환 여과식

35. 우리나라 새우 양식에 대한 내용으로 적합하지 않은 것은?
① 과거에는 보리새우나 대하를 주로 양식하였으나 바이러스에 의한 폐사로 인해 흰다리새우로 주 양식 대상종이 바뀌었다.
② 새우 양식은 축제식, 육상 수조식을 주로 사용하며, 이 중 축제식 양성을 통한 생산량이 더 많다.
③ 최근 사육 기술의 개발로 해산종인 큰징거미새우가 도입되어 양식되고 있다.
④ 최근의 새우 양식에서 친환경 바이오플락 기술을 적용한 양식이 증가하고 있다.

36. 우리나라 무척추 동물 양식 현장에서 먹이 생물로 배양, 활용 되고 있지 않는 종류는?
① *Chaetoceros gracilis*
② *Skeletonema costatum*
③ *Isochrysis galbana*
④ *Gonyaulax catenella*

37. 참담치의 산란 임계 온도는?
① 6℃ ② 8℃ ③ 10℃ ④ 14℃

38. 보리새우의 습성으로 틀린 것은 ?
① 군집성 ② 냉수성 ③ 잠복습성 ④ 추류성

39. 참가리비 채묘 치패의 관리 방법으로 틀린 것은?
① 치패는 각장이 7 ~ 8 mm로 되면 부착기에서 떼어 채롱에 옮겨 관리한다.
② 수하 양성용 치패는 크기가 클수록 좋다.
③ 치패 관리 시설은 파도의 영향을 적게 받아야 한다.
④ 부착기에서 떨어지는 치패를 수용 관리하는 중간 양성 과정은 필요 없다.

40. 참굴의 후기 산란 적정수온은?
① 13 ~ 16℃ ② 17 ~ 20℃
③ 22 ~ 25℃ ④ 26 ~ 28℃

41. 청각의 양식 방법에 대한 설명으로 옳은 것은?
① 타이드 풀(Tide pool) 같은 곳에 청각을 절단해서

살포한다.

② 미역 연승식과 같은 요령으로 시설한다.

③ 패각에다 접합자를 채묘해서 살포한다.

④ 인공 반석을 이용한 양성을 한다.

42. 점심대에 투석으로 증식시킬 수 있는 종류로 가장 적합한 것은?

① 풀가사리 ② 돌김 ③ 우뭇가사리 ④ 꼬시래기

43. 다음 중 일반적인 양식 환경에서 김냉장발을 출고 후 어장에 설치하는 시간으로 가장 적절한 것은?

① 1시간 이내 ② 3 ~ 4시간 이내

③ 8 ~ 12시간 이내 ④ 24시간 이내

44. 미역 종묘 배양 시 초기 관리 사항으로 옳은 것은?

① 수온은 23 ~ 25℃를 유지한다.

② 광선은 2,000 lx 이하로 한다.

③ 암, 수 배우체는 각각 3개와 10개 세포이하로 생장시킨다.

④ 물 환수는 1일 1회 실시한다.

45. 김 양식장에서 양식종의 자리바꿈이 일어나는 주원인은?

① 내병성(耐病性)의 차이 ② 영양 번식력의 차이

③ 채묘 시기의 차이 ④ 노출의 차이

46. 미역, 다시마 양식에서 어미줄의 수위 조절과 관계가 가장 깊은 것은?

① 생장 ② 시설물 유지 ③ 해적 생물 제거 ④ 품질

47. 지충이와 톳의 군락이 경합을 하게 되는 주된 원인으로 틀린 것은?

① 유생의 출현 시기가 유사하다.

② 모두 포복지를 이용하여 무성 생식이 가능하다.

③ 지충이의 부착층이 넓다.

④ 지충이와 톳은 거의 동일한 수위에 군락을 이룬다.

48. 냉동고에 넣을 김 냉동 종망(씨발)의 적정 함수율은?

① 12% 이하 ② 20 ~ 40%

③ 50 ~ 60% ④ 90% 이상

49. 김 양식과 관련한 설명 중 틀린 것은?

① 소조 때 조류 소통이 나쁘면 김이 생리적으로 약해지기 쉽다.

② 적정 범위 내에서 수온이 높아지면 생리 활동이 왕성해지고 영양염을 많이 소비한다.

③ 겨울에 따뜻한 날씨가 노래되면 해수의 대류가 잘 이루어져 생장에 좋다.

④ 김발의 밀식은 물의 흐름을 방해하여 생리적인 장애가 발생하기 쉽다.

50. 미역 양식 시설 중 조립 연승식의 특징을 가장 잘 나타낸 것은?

① 뗏목식과 연승식을 개량한 것이다.

② 말목식과 연승식을 접목한 것이다.

③ 채롱식과 뗏목식을 접목한 것이다.

④ 김 그물발(망홍)을 개량한 것이다.

51. 현재까지 우리나라에서 서식이 확인되지 않고 있는 다시마 종류는?

① 개다시마 ② 다시마

③ 애기다시마 ④ <u>오호츠크다시마</u>

52. 김의 엽록체에 포함되어 있지 않은 것은?

① Chlorophyll a ② Chlorophyll b

③ β-carotene ④ c-phycoerthrin

53. 양식 관점에서 큰참김의 단점은?

① 엽체 탈락이 쉽다. ② 병해에 약하다.

③ 색택이 나쁘다. ④ 수확량이 적다.

54. 다시마 양식 시설 장소로 적합하지 않은 것은?

① 조류가 다소 빠른 곳

② 저질은 자갈, 모래, 사니질 지역

③ 수심 6~10 m 정도인 곳

④ 담수 유입이 잘되는 지역

55. 김발을 노출시키지 않았을 때 나타나는 현상은?

① 색택이 좋다.

② 생장이 좋다.

③ 염성(捻性)이 강해진다.

④ 2차아의 착생율이 높아진다.

56. 김의 인공 채묘 방법 중 가장 계획성 있고 집약적으로 채묘할 수 있는 채묘법은?

① 무기질 사상체에 의한 인공 채묘

② 봉투식 야외 인공 채묘

③ 야외 인공 채묘

④ 육상 탱크 채묘

57. 다시마 양성 관리 시 4~5월 경 어미줄(친승) 1 m 당 남겨야 할 적절한 개체수는?

① 70~100개체 ② 50~70개체

③ 25~50개체 ④ 100개체 이상

58. 생식 세포를 이용하여 증식을 하며 3년이 경과한 뒤에야 그 효과가 크게 나타나는 해조류는?
① 돌김 ② 톳 ③ 자연산 미역 ④ 꼬시래기

59. 참김(*Porphyra tenera*)과 둥근김(*P. kuniedai*)의 분류상 가장 주된 차이점은?
① 자웅성 ② 생식세포의 분할방식
③ 생활사 ④ 엽연(葉緣)의 톱니 유무

60. 양식장에서 김이 건전하게 성육하는 데 필요한 1일 노출 시간은?
① 8 ~ 10 시간 ② 6 ~ 8 시간
③ 4 ~ 6 시간 ④ 2 ~ 4 시간

61. 김 양식장에 영향을 미치는 환경에 관한 설명으로 틀린 것은?
① 강우나 강설은 산소와 탄산가스를 공급하는 중요 요인이다.
② 인(P)은 김의 초기 성장에 매우 중요한 역할을 한다.
③ 아황산가스를 함유한 안개는 김의 성장을 촉진시킨다.
④ 질소(N)는 김양식장에서 가장 중요한 영양 염류이다.

62. 생물학적 여과에 이용되는 질산화 세균의 특징으로 옳은 것은?
① 자가 영양 세균 ② 타가 영양 세균
③ 혐기성 세균 ④ 고온성 세균

63. 다음 중 양식 시설의 수질 오염 저감 방안으로 가장 거리가 먼 것은?
① 육성어용 저오염 사료의 개발·사용이 필요하다.
② 시설 내에 사육 어류의 건강 상태가 양호하도록 관리해야 한다.
③ 사료 허실과 어장 주변의 부영양화를 방지해야 한다.
④ 부유 물질 제거를 위하여 화학적 응집 침전지를 설치해야 한다.

64. 가두리 양식장의 노화 방지책으로 가장 우선적인 것은?
① 먹이 과잉 공급 방지
② 양식 생물 수용량 조절
③ 저질 경운
④ 휴식년제 도입

65. 수중의 영양 염류와 관련이 가장 없는 내용은?
① 일반적으로 동물 플랑크톤의 영양분으로 이용된다.
② 수생 식물에 의해 흡수 이용된다.
③ 너무 많으면 수질을 악화시킬 수 있다.
④ 수중 유기 물질의 분해로 공급된다.

66. 다음 중 수질을 가장 많이 오염시키는 경우는?
① 100 g 짜리 10마리를 수용했을 때
② 50 g 짜리 20마리를 수용했을 때
③ 10 g 짜리 100마리를 수용했을 때
④ 5 g 짜리 200마리를 수용했을 때

67. 노지 양어지에서 플랑크톤의 발생 정도를 측정하는 데 많이 이용되는 손쉬운 방법은?
① 탁도 측정 ② DO측정
③ 투명도 측정 ④ 클로로필 측정

68. 보상 깊이는 보통 투명도의 몇 배 정도인가?
① 투명도와 같다. ② 2배 정도이다.
③ 4배 정도이다. ④ 6배 정도이다.

69. 자외선과 오존을 이용한 사육수 소독에 대한 설명으로 틀린 것은?
① 오존을 쬐면 사육수내 미생물 세포의 DNA를 불활성화시켜 생물을 죽인다.
② 물속에 현탁되어 있는 용존 물질의 양에 따라 살균효과가 달라진다.
③ 오전 처리를 한 물은 반드시 탈오존 처리를 하여 사육조로 보내야 한다.
④ 자외선 소독은 유생 사육 및 먹이 생물의 배양 시 많이 사용된다.

70. 수중의 오염 지표 중 화학적 지표가 아닌 것은?
① BOD ② SS ③ COD ④ DO

71. 일반적으로 담수 정수식 양어지에서 수질 관리 사항으로 크게 중요하지 않는 것은?
① 수소이온 농도 측정 ② 비중 측정
③ 암모니아 농도 측정 ④ 용존 산소량 측정

72. 다음 중 기본형 에어레이션 장치가 아닌 것은?
① 낙차 에어레이션 장치
② 표면 에어레이션 장치
③ 벤투리관 에어레이션 장치
④ 확산 에어레이션 장치

73. 순환 여과식에서 사육수의 NH_3를 측정하는 이유로 가장 적합한 것은?

① NH_3가 인체에 매우 해로우므로
② NH_3의 오염은 알칼리성을 의미하므로
③ NH_3는 분해가 완료된 안정한 화합물이므로
④ NH_3는 오염을 추정하는 중요한 지표이므로

74. 어류 양식장에 사료를 과도하게 공급하였을 때 나타나는 양어장의 수질 변동에 대한 설명으로 틀린 것은?

① 용존 산소 값이 낮아진다.
② BOD 값이 높아진다.
③ COD 값이 낮아진다.
④ 수중 부유 물질 농도가 높아진다.

75. 다음 중 원형지의 주수구 설치로 가장 좋은 것은?

① 탱크의 중앙에 물이 낙하하도록 설치한다.
② 탱크의 가장자리와 같은(평행한) 방향으로 물이 주입되도록 설치한다.
③ 미관상 보기 좋게 수면 아래로 주입수 파이프를 설치한다.
④ 가장자리 가까이에서 작하시키도록 설치한다.

76. 순환 여과식 양식장에서 고형 오물을 제거하는 방식에 해당하는 것은?

① 살수 여과 방식 ② 스크린 여과 방식
③ 생물 여과 방식 ④ 활성 오니 여과 방식

77. 질산화 과정 중 암모니아를 산화시키는 세균은?

① *Nitrosomona* sp. ② *Nitrobacter* sp.
③ *Pseudimonas* sp. ④ *Bacillus* sp.

78. 냉수성 어류의 성장이 잘 되는 수온은?

① 5℃ 내외 ② 10℃ 내외
③ 15℃ 내외 ④ 25℃ 내외

79. 어류가 배설하는 암모니아는 주로 어떻게 변하여 어류에게 거의 무해하게 되는가?

① 암모니아 → 초산염 → 질산염
② 암모니아 → 질산염 → 초산염
③ 암모니아 → 아질산염 → 질산염
④ 암모니아 → 질산염 → 아질산염

80. 물의 경도에 관한 설명으로 틀린 것은?

① 수중의 Ca^{2+}, Mg^{2+} 합계량을 이에 대응하는 탄산칼슘의 ppm으로 표시한다.
② EDTA로 적정해서 구할 수 있다.
③ 물을 끓여주면 탄산염으로 침전되어 HCO_3^-이온을 모두 제거할 수 있다.
④ 경도가 높은 물은 보일러 용수로 사용하기 적합하지 않다.

81. 여름철 수온이 20~25℃일 때 강우량이 많아서 염분농도가 낮아질 때 방어에 주로 유행하는 질병은?

① 에드워드병 ② 림포시스티스병
③ 슈도모나스병 ④ 류결절증

82. 어류의 조충병을 일으키는 원인 기생충이 아닌 것은?

① *Bothriocephalus opsariichthydis*
② *Proteocephalus plecoglossi*
③ *Callotetrahynchus niponica*
④ *Philometyra lateolabracis*

83. 수중 내 질소가스가 약 몇 % 이상이 될 때 가스병에 걸릴 위험이 높은가?

① 60% ② 80% ③ 100% ④ 120%

84. 어류의 림포시스티스병의 병리조직학적 특징이 아닌 것은?

① 감염 세포의 비대 ② 불규칙한 봉입체 존재
③ 신경 세포의 공포화 ④ 세포질의 호염기성

85. 방어나 넙치에 있어서 *Streptococcus* sp.가 감염되어 질병이 발병할 때 특징적인 증상은?

① 꼬리 및 가슴 지느러미의 부식
② 아가미판의 곤봉화
③ 안구 돌출과 안구 가장자리의 출혈
④ 피부에 궤양 병소 형성

86. 뱀장어 적점병 병원체인 *Psudomonas anguilliseptica*의 형태와 배양 성상에 대한 설명이 틀린 것은?

① 배양 온도 25℃ 이상에서는 운동성이 약해진다.
② 그람 양성균으로 크기는 0.4×2 ㎛ 정도이며, 1개의 편모를 갖는다.
③ 식염 0.5 ~ 1.0%를 함유한 배지에서 발육이 잘 된다.
④ 은어, 미꾸라지, 길은 본 균에 대해 비교적 높은 감수성을 나타낸다.

87. 양식장에서는 유결절증(Pseudotuberculosis)이 주로 발생(유행)하는 수온은?

① 15 ~ 18℃ ② 20 ~ 25℃
③ 26 ~ 30℃ ④ 30 ~ 33℃

88. 양어장의 금붕에 비늘이 서고 안구가 돌출되었으며 복강에 물 같은 액체가 고여 팽만되었다. 다음 중 어떤 균과 가장 관계가 있는가?

① *Aeromonas* sp. ② *Pseudomonas* sp.
③ *Edwardsiella* sp. ④ *Vibrio* sp.

89. 백점충(Ichthyophthirius multifiliis)의 생리, 형태에 관한 설명으로 틀린 것은?

① 충체는 난원형이며, 대핵은 말굽형으로 영양을 관장한다.
② 피낭체에서 분열된 섬모자충은 서양배 모양이다.
③ 번식 시 생산되는 자충의 수와 크기는 수온과 밀접한 관계가 있고, 고온일수록 크기는 커지지만 수는 적어진다.
④ 번식 수온은 6 ~ 25℃이다.

90. 김사상체에 병해 징조가 나타났을 때 영양제 첨가로 쉽게 치유되는 병은?

① 적변병 ② 닭살 ③ 녹변병 ④ 황반병

91. 외부 기생성 물곰팡이에 의한 어류 질병 발생과 관련된 내용으로 적합한 것은?

① 상피 세포에 상처가 생긴 곳에 발생한다.
② 위장에 염증이 생겨 허약할 때 발생한다.
③ 수온이 높은 양어장에 발생률이 높다.
④ 외상이 없는 건강한 어류에도 곰팡이가 접촉하면 발생한다.

92. 연어, 송어류의 등여윔병을 치료하기 위해서 보충해야 하는 영양소는?

① Vitamin A ② Vitamin B_1
③ 글루테닌산 ④ Vitamin E

93. 채널메기 바이러스병의 유행 시기는?

① 봄 ② 여름 ③ 가을 ④ 겨울

94. 뱀장어의 근육에 Heterosporis sp.가 기생하면 어떤 증상이 나타나는가?

① 등이 굽어진다. ② 어체가 울퉁불퉁해진다.
③ 어체가 여윈다. ④ 어체가 회백색으로 변한다.

95. 뱀장어의 체표 점액 내에 포함되어 있는 물질로서 세균에 대한 용균 작용, 응집 작용, 살균 작용에 관여하여 병원균의 체내 침입을 저지시키는 것은?

① 글루테닌 ② 메티오닌 ③ 시아릭산 ④ 시스틴

96. 전염성 췌장 괴사병(IPN)과 전염성 조혈기 괴사병(IHN)에서 공통적으로 보이는 증상이 아닌 것은?

① 송어류에서 발병한다.
② 치어의 복부에 V자 출혈이 나타난다.
③ 병어는 체색이 검어지며 안구가 돌출된다.
④ 발병 말기에는 발광하며 복부에 긴 분변을 달고 다닌다.

97. 다음 중 잉어의 피부에 궤양이 형성되는 주된 이유로 가장 적절한 것은?

① Gyrodactylus병 때문이다.
② Aeromonas병 때문이다.
③ IPN병 때문이다.
④ Epistylis병 때문이다.

98. 다시마 양식의 해적 생물로 가장 큰 피해를 주는 것은?

① 히드라충류 ② 매생이 ③ 규조류 ④ 파래

99. 바이러스성 질병과 원인 바이러스 발육최적온도가 맞지 않는 것은?

① VHS Virus: 14 ~ 15℃
② IHN Virus: 12 ~ 15℃
③ IPN Virus: 12 ~ 14℃
④ SVC Virus: 28 ~ 30℃

100. 해삼의 위궤양증에 관한 설명으로 맞지 않는 것은?

① 폐사율이 90% 이상이다.
② 수온이 높은 여름철에 주로 발생한다.
③ Doliolaria stage가 주 감염 단계이다.
④ 부적절한 사료 및 고밀도 사육에 의해 발생하는 세균성 질병이다.

2019년 3월

1. 발안율이 80%인 경우 발안란 20만립(粒)을 확보하고자 할 때 1마리 평균 2500립(粒)짜리 송어친어의 필요한 마릿 수는?

① 75마리 ② 100마리 ③ 125마리 ④ 150마리

2. 방어 양식에 있어서 종묘 생산시기에 크기별로 선별을 철저히 하여 사육하는 가장 중요한 이유는?

① 먹이를 절약하기 위하여

② 성장을 빠르게 하기 위하여
③ 상호 공식에 따른 감소를 방지하기 위하여
④ 기생충의 예방을 위하여

3. 틸라피아 양식에서 수컷만을 만들어 기를 수 있는 방법은?

① 저밀도 사육 ② 메틸테스토스테론 투여
③ 수온 조절 사육 ④ 시비(施肥) 사육

4. 양식 가능 어류 중 정착성 어류가 아닌 회유성 어류로만 묶인 것은?

① 방어, 쏨뱅이 ② 볼락, 뱀장어
③ 참다랑어, 방어 ④ 넙치, 조피볼락

5. 자연 조건에서 우리나라 돌돔의 산란기는?

① 1~4월 ② 5~7월
③ 8~10월 ④ 11~12월

6. 다음 중 뱀장어 양식에 있어 사료를 가장 많이 먹을 수 있는 조건은? (단, 사료의 양은 자기 몸무게에 대한 비율로 한다.)

① 수온이 높고, 어체가 클 때
② 수온이 높고, 어체가 작을 때
③ 수온이 낮고, 어체가 클 때
④ 수온이 낮고, 어체가 작을 때

7. 실뱀장어의 소상에 대한 설명으로 틀린 것은?

① 일몰 때부터 2~3시간 이내에 만조가 되면 활발하게 올라온다.
② 비가 오거나 흐를 때에는 하루의 시간과 관계없이 간조시 많이 올라온다.
③ 8~10℃ 이하의 수온에서는 소상활동이 크게 제한되고, 하천과 해수의 수온차가 없어져야만 활발하게 올라온다.
④ 3~4월 수온이 8~10℃ 이상으로 올라가서 하천과 해수의 수온차가 없어지거나 하천수의 수온이 더 높아지면 수온의 영향은 없어지고 그 대신 조석의 영향이 커진다.

8. 연어과 어류의 해수 사육에 대한 설명으로 적절한 것은?

① 수생균 발생을 억제시킬 수 있다.
② 알과 어린 치어기 대부터 해수에 적응시킨다.
③ 친어의 성숙을 억제시켜 빠른 성장을 유도한다.
④ 해수에서는 수온이 높게 상승해도 성장시킬 수 있다.

9. 넙치의 인공 종묘 생산에 대한 설명으로 옳지 않은 것은?

① 양식산 친어 암컷은 만 3년, 수컷은 만 2년이면 친어오서 사용가능하다.
② 암컷 친어는 3~4년 이상 된 것을 선택하는 것이 바람직하다.
③ 산란수조의 친어 수용밀도는 1 m^2당 1~2마리가 적당하다.
④ 알의 수집은 물과 함께 바닥으로 침전`배수되는 알을 망으로 수집한다.

10. 그물가두리에서 테에 그물감을 바로 붙이면 충격을 받았을 때 잘 찢어지고, 그물이 더러워졌을 때 그물을 갈아 주기도 곤란하다. 따라서 그물감은 일단 테두리 줄에 붙이고 그 테두리줄을 테에다 묶는다. 이 때 테두리줄의 길이는 테의 길이보다 몇 % 정도 길게 하는 것이 좋은가?

① 5% ② 10% ③ 15% ④ 20%

11. 로티퍼가 고밀도로 되면 배양수의 갑작스러운 변화로 대량 폐사가 일어나는데 그 원인이 아닌 것은?

① 용존 산소 증가 ② 암모니아 농도 증가
③ COD 증가 ④ 현탁 물질 증가

12. 자주복에 대한 설명으로 적합하지 않은 것은?

① 알은 침성부착란이다.
② 알에는 구형이 작은 유구가 많이 모인 한 개의 큰 유구군이 있다.
③ 산란기는 지역에 따라 다르지만 대개 봄~여름에 걸쳐 산란한다.
④ 저염분에 대한 내성이 약하다.

13. 어류에 있어서 지질과 지방산의 기능으로 틀린 것은?

① 지용성 비타민 흡수
② 세포막 형성
③ 헤모글로빈 합성
④ 지방성 호르몬과 담즙 형성

14. 어류 양성 과정에서 붉은색을 회복시켜 상품 가치를 향상시키고자 새우류를 먹이에 첨가해 주는 종은?

① 넙치 ② 참돔 ③ 황복 ④ 조피볼락

15. 넙치 친어의 암수 구별에 대한 설명으로 맞는 것은?

① 수컷은 생식공이 가늘고 길며 붉지 않다.
② 수컷은 생식공이 둥글고 붉다.
③ 암컷은 생식공이 가늘고 길며 푸르다.
④ 암컷은 생식공이 둥글고 푸르다.

16. **미꾸리의 당년생 사육에서 하루에 공급하는 적정 먹이 양으로 가장 적합한 것은?**
① 체중의 0.5～1%　② 체중의 2～5%
③ 체중의 6～10%　④ 체중의 11～20%

17. **무지개송어의 치어 선별(Grading)에 대한 설명으로 옳은 것은?**
① 치어가 약 5～20 g일 때는 1개월에 한번 정도 선별한다.
② 치어가 약 30 g 이상 자랐을 때부터는 선별이 필요 없다.
③ 선별기로는 주로 그물망을 이용한다.
④ 5 g 미만의 어린 치어는 선별하지 않아도 된다.

18. **다음 관상어류 중 난생(卵生)인 것은?**
① 소드테일　② 플래티　③ 몰리　④ 수마트라

19. **다음 중 잉어의 최적 산란 수온 범위로 가작 적합한 것은?**
① 13～15℃　② 18～20℃
③ 23～25℃　④ 26～28℃

20. **잉어의 습성에 대한 설명으로 틀린 것은?**
① 예정일에 산란시키기 쉽다.
② 숙성이가 없고 성장이 고르다.
③ 산소 결핍에 약하고 월동 중에 몸무게의 감소가 크다.
④ 영양 실조 또는 소화기 장애에 의한 질병이 많다.

21. **양식장의 노화가 일어나는 원인의 설명으로 가장 적절한 것은?**
① 해조류 양식장에서는 같은 장소에서 오랫동안 양식을 계속하면 노화가 일어난다.
② 외양의 암반지역에 전복을 대량 방류하면 노화가 일어나기 쉽다.
③ 조류소통이 나쁜 굴 양식장이 많은 곳에서는 노화가 일어나기 쉽다.
④ 양식 밀도를 적절하게 조정한 어류 양식장이라도 사료의 찌꺼기에 의해 노화는 일어난다.

22. **완숙기로 되는 참전복의 적산수온은?**
① 750℃　② 1,000℃
③ 1,250℃　④ 1,500℃

23. **참가리비 채묘 적기의 유생에 대한 설명 중 가장 거리가 먼 것은?**
① 주 출현 시기는 4월 하순에서 6월 하순경이다.
② 부유 유생은 표층에 많고 중층과 저층 사이에 적다.
③ 유생의 출현 시간은 굴보다 짧고 육지에서보다 멀리 떨어져 있다.
④ 유생의 각장이 220～240 ㎛ 일 때가 채묘 적기이다.

24. **다음 중 적온에서 수정 후 부화가 가장 빨리 일어나는 종은?**
① 참전복　② 참굴　③ 진주조개　④ 피조개

25. **진주조개의 생태에 관한 설명으로 옳지 않은 것은?**
① 산란기는 7～9월이다.
② 부유유생의 부착수층은 6～8 m 사이이다.
③ 수정 후 2～3주가 지나면 부착기에 들어간다.
④ 양식시 수온이 15℃ 이하로 내려가면 월동장으로 이동한다.

26. **종묘를 생산할 때 부유 유생기에는 먹이를 주지 않아도 되는 종류는?**
① 우렁쉥이　② 보리새우　③ 대하　④ 문어

27. **양식굴 수하연에 부착성 해적 생물인 진주담치의 치패가 많이 부착했을 때 성장하기 전에 조치해야하는 것은?**
① 이동　② 제거　③ 온수 처리　④ 약품 처리

28. **꽃게의 양성장과 양성 관리에 관한 설명으로 올바른 것은?**
① 양성장 바닥은 연안 모래질이 좋고 사질층은 20 cm 정도면 된다.
② 양성장의 수심은 20 cm 내외로 되어야한다.
③ 치해(어린꽃게)를 양성하는 경우 방양밀도는 1 m^2 당 3～5마리가 좋다.
④ 먹이는 값이 싼 잡어로서 선도가 좋은 것이면 되고 먹이 양은 방양 중량의 5～20%를 오전에 준다.

29. **다음 패류 중 성숙 부유 유생의 크기가 가장 큰 종은?**
① 참가리비　② 대합　③ 담치　④ 키조개

30. **비부착성 이매패류인 우럭에 대한 설명으로 옳은 것은?**
① 환경 변화에 대한 저항성이 매우 약하다.
② 육수가 유입되는 하구 부근으로서 간출시간 2～4 시간대인 간석지에 많다.
③ 바지락이나 대학의 발생지보다 개흙질이 적은 곳에 많이 산다.
④ 저서생 활로 들어간 30 mm 가량의 치패는 치패 관리장으로 옮겨 관리한다.

31. 먹이로 많이 이용되고 있는 *Brachionus plicatilis*는 분류상 어디에 속하는가?
① 편형동물 ② 윤형동물
③ 환형동물 ④ 절지동물

32. 꽃게의 유생 사육에 대한 설명으로 알맞지 않은 것은?
① 유생 사육 수온은 20～27℃이다.
② 조에아 유생기의 적정 염분 농도는 21% 이상이다.
③ 조에아 유생기에는 밀집에 의한 공식과 폐사가 발생한다.
④ 메갈로파로 되고 나서 사육 수온에 따라 5～11일이 되면 치해로 변태한다.

33. 서해안의 어청도나 동해안의 울릉도 연안에서 양식하기에 가장 알맞은 전복의 종류는?
① 시볼트전복 ② 까막전복 ③ 말전복 ④ 참전복

34. 다음 중 고막류의 생식생태에 대한 설명으로 가장 적합한 것은?
① 고막류 성숙이 가장 빠른 종은 천해성인 고막으로서 7월 중에 대부분 산란을 마친다.
② 고막류는 난소나 정소의 색으로서 암컷과 수컷의 구분이 안된다.
③ 큰이랑피조개와 피조개는 고막류 중에서 성숙기가 가장 빠르며 6월에 산란을 마친다.
④ 새고막의 산란기는 피조개에 비해 다소 늦어 10월이 주 산란기이다.

35. 참굴 양성 방법인 밧줄 수하식 양성의 특징으로 가장 거리가 먼 것은?
① 성장이 비교적 균일하다.
② 시설비와 일손이 적게 든다.
③ 저질에 매몰될 우려가 없다.
④ 해면을 입체적으로 이용한다.

36. 참담치의 자연 산란 성기는?
① 12～3월 ② 3～5월 ③ 6～8월 ④ 9～11월

37. 대합 성숙 유생의 각장 크기로 가장 적절한 것은?
① 190 ㎛ 내외 ② 250 ㎛ 내외
③ 280 ㎛ 내외 ④ 300 ㎛ 내외

38. 전복용 배합 사료의 필요조건이 아닌 것은?
① 기호성이 좋고 높은 성장을 얻을 수 있을 것
② 수중에서 보형성이 좋고 방부성도 우수해야 할 것
③ 크기는 관계없으나 모양이 둥근 것
④ 취급이 용이하고 경제성이 있을 것

39. 다음 중 로티퍼(*Brachionus plicatilis*)의 먹이로 가장 알맞은 것은?
① *Skeletonema costatum* ② *Chlorella* sp.
③ *Artemia* sp. ④ *Navicula* sp.

40. 난생형 굴이 아닌 것은?
① 바윗굴 ② 털굴
③ 벗굴 ④ 강굴 또는 갈굴

41. 다음 중 미역 유주자의 중기 배양 조건으로 틀린 것은?
① 수온은 17～20℃ 유지
② 비중은 1.022～1.024 유지
③ 수온 23℃가 되면 1,000 lx 유지
④ 물갈이는 10～14일에 1회 실시

42. 김 냉장발 사용 시 장점이 아닌 것은?
① 초기 갯병 피해 극복 ② 양식 어장 면적 확대
③ 해적 생물 구제 ④ 김 생산량 증대

43. 김 양식장 선정 시 고려할 조건이 아닌 것은?
① 바닥은 일반적으로 펄이나 사니질로 된 곳이 좋다.
② 조류의 소통이 자되는 곳이 좋다.
③ 수심이 깊을수록 좋다.
④ 변성 가스 공급 방식

44. 다음 중 담수의 유입이 잇는 내만 양식장에 가장 적합한 양식 대상종은?
① 꼬시래기 ② 우뭇가사리 ③ 다시마 ④ 청각

45. 미역 종묘의 배양 관리 설명으로 틀린 것은?
① 초기에 온도 상승과 함께 조도를 낮추어 준다.
② 1주일에 1회 채묘틀의 상하를 바꾸어 준다.
③ 가을에 성숙을 촉진시키기 위해서 직사광선을 바게한다.
④ 일반적으로 비료 주기를 하지 않는다.

46. 다시마의 양성법에 대한 설명으로 옳은 것은?
① 2년 양식은 비교적 수온이 높은 것에서 가능한 양성법이다.
② 촉성 양식은 주로 개다시마를 대상으로 한다.
③ 억제 배양 양식은 수확기를 앞당길 수 있다.
④ 2년 양식, 촉성 양식, 억제 배양 양식의 수확 시기는 가을이다.

47. 다음 중 미역 인공 채묘의 최적 온도는?
① 10～14℃ ② 14～17℃
③ 17～20℃ ④ 20～24℃

48. 다음 중 조가비 사상체의 가장 일반적인 성숙 촉진 방법은?

① 연속 명기 처리 ② 단일 처리
③ 냉장 처리 ④ 시비(施肥)

49. 청각의 성장이 가장 빠른 시기는?

① 늦은 봄부터 여름의 고수온기
② 봄과 가을
③ 겨울의 저수온기
④ 가을과 겨울 사이

50. 냉장 김발을 설치할 때의 주의 사항으로 볼 수 없는 것은?

① 출고 후 되도록 빨리 바다에 설치한다.
② 처음 3~4일은 노출을 시키지 않는다.
③ 출고한 씨발은 곧바로 해수에 담가서 충분히 물을 흡수 시킨다.
④ 밀봉한 주머니는 출고 즉시 풀어서 바다로 운반한다.

51. 다음 생물 중 김포자의 부착을 방해하여 김 양식의 주요 해적 생물이 되는 것은?

① 매생이 ② 요각류 ③ 군소 ④ 히드라충

52. 세대교번하는 종들로 짝지어진 것은?

① 톳과 납작파래 ② 미역과 우뭇가사리
③ 모자반과 다시마 ④ 감태와 청각

53. 남방형 미역의 특징이 아닌 것은?

① 엽당 및 줄기가 짧다.
② 얕은 수심에 서식한다.
③ 포자엽의 주름수가 적다.
④ 우상엽의 열각이 깊다.

54. 각포자 발아와 유아의 건강을 돕고 유아에서 중성포자 방출을 촉진하기 위한 발아 관리법이 아닌 것은?

① 실내 채묘는 감모율과 잔존율을 고려하여 1 cm 당 각포자 30개 정도를 붙인다.
② 채묘 포자는 직사 광선에 노출시키고 채묘 시간을 짧게 하여 건조에 대한 저항력을 키운다.
③ 인공 채묘된 김발을 이식 시 2, 3일 이내에 운반 가능하도록 수송 계획을 세운다.
④ 채묘 시 착생한 포자가 건조에 대한 저항력이 생길 때까지 노출이 안 되도록 관리한다.

55. 김 조가비 사상체의 배양 시 물갈이에 대한 설명으로 옳은 것은?

① 물갈이는 대체로 2개월에 1회 정도로 실시한다.
② 물갈이 시 조가비는 살균을 위해 가능한 건조시킨다.
③ 물갈이 시 비료주기도 함께 한다.
④ 병 치료를 위하여 약품 처리를 했을 경우 약효가 저하되므로 물갈이를 하지 않는다.

56. 청각에 대한 설명으로 틀린 것은?

① 추출물에 강한 항생 및 구충 성분이 들어있다.
② 세대교번을 한다.
③ 유체는 초겨울에 출현하기 시작한다.
④ 배우자낭이 출현하는 시기는 초여름에서 초겨울 사이이다.

57. 톳의 양식 방법과 관계가 없는 것은?

① 조간대 지역의 갯닦기 ② 모조의 이식관리
③ 뜬흘림발에 의한 양식 ④ 씨뿌림법

58. 주광성이 있는 포자는?

① 미역의 유주자 ② 청각의 접합자
③ 홑파래의 유주자 ④ 톳의 배포자

59. 참다시마의 형태를 바르게 설명한 것은?

① 성숙한 잎의 기부는 둥글고 중대부가 매우 넓다.
② 뿌리는 윤생하고 있은 피침형이다.
③ 성숙한 잎의 기부는 쐐기형이고 중대부는 조금 넓다.
④ 성숙한 잎의 기부는 난형이고 중대부는 피침형이다.

60. 다음 중 자웅이주인 김은?

① 방사무늬김 ② 둥근돌김 ③ 참김 ④ 긴잎돌김

61. 폐쇄적 양식장의 생물학적 여과 과정이 아닌 것은?

① 소독 (Disinfection) ② 무기화 (Mineralization)
③ 질산화 (Nitrification) ④ 탈질화 (Denitrification)

62. 뱀장어 양식에서 물만들기란?

① 수온을 올려 성장에 최적의 온도를 유지시키는 것
② 윤충류를 많이 발생시켜 먹이생물을 풍부하게 만드는 것
③ pH를 조절하여 최적의 pH를 유지시키는 것
④ 남조류를 발생시켜 청록색 물을 만드는 것

63. 사육조 내의 찌꺼기나 오물을 수류에 따라 효과적으로 제거하기 위해 흔히 사용되는 장치는?

① 벤투리 배수장치 ② 스크린 드럼필터
③ 에어 리프트 ④ 사이펀 배수

64. 순환 여과식 시설에 순환용으로 자주 사용되는 펌프류는?

① 제트 펌프 ② 버티칼 펌프

③ 벌류트 펌프 ④ 기어 펌프

65. 관상용 어류 사육을 위한 소형 수조에 사용하며, 찌꺼기등 고형 오물이 여과조의 표층에 끼게 되어 빈번한 역류 세척을 해야하는 단점을 가진 여과조는?

① 역여과 침수식 여과조
② 정여과 침수식 여과조
③ 수평류 침수식 여과조
④ 회전식 생물 여과조

66. 양식장 시설 재료의 일반적 조건이 아닌 것은?

① 개·보수 작업이 용이한 콘크리트 재질을 사용한다.
② 사용 환경에 대하여 안정하고 내구성이 있어야 한다.
③ 구하기 쉽고 값이 싸야한다.
④ 사육 생물에 해가 없어야한다.

67. 수온 20℃, 염분 0‰ 일때의 용존 산소의 포화량은?

① 약 11 mg/L ② 약 9 mg/L
③ 약 7 mg/L ④ 약 5 mg/L

68. 순환 여과식 양어장 내 수질 관리를 위한 활성오니법에 대한 내용으로 옳은 것은?

① 질산화 세균은 절반 정도가 항상 공기 중에 노출되도록 한다.
② 수심을 얕게하여 질산화 세균의 성장을 촉진한다.
③ 활성오니가 잘 성장하기 위해서는 태양의 직사광선을 차단해야한다.
④ 활성오니 생물은 그 특성상 에어레이션하지 않아도 사육수에 잘 현탁된다.

69. 수역의 부영양화 현상에 관한 설명으로 옳지 않은 것은?

① 외부로부터 영양 염류의 유입 때문에 일어난다.
② 조류의 생산량이 빠르게 증가한다.
③ 조류의 번식 결과 저층수의 용존 산소량이 급격히 증가한다.
④ 조류들의 사수 분해 결과 영양 염류를 재공급하게 된다.

70. 가스병 발생 범위 중 단시간 내 치명적인 장애를 일으키는 가스병(Gas disease)이 발생할 수 있는 수중 질소 포화도는?

① 60% ② 90% 이상
③ 115% 이상 ④ 130% 이상

71. 윙크러-아지드화나트륨 변법이 주로 쓰이는 것은?

① 질소 측정 ② 암모니아 측정
③ 아질산 측정 ④ 용존산소 측정

72. 자가 오염에 대한 설명으로 틀린 것은?

① 조방적 양식의 배설물들은 자정 작용의 범위 내에서 정화되므로 자가 오염의 가능성이 아주 적다.
② 오염이 심해지면 BOD 수치가 감소한다.
③ 자가 오염의 한계는 산소 공급량이 소비량보다 부족할 때 일어난다.
④ 유기물 오염으로 저층에 황화수소가 발생한다.

73. 양어 용수로 이용할 지하수에 함유되어 있는 탄산가스, 질소, 철 성분 등을 손쉽게 제거할 수 있는 일반적인 방법은?

① 포기(Aeration) ② 응집 침전제 첨가
③ 모래 여과 ④ 고온 처리

74. 흙으로 못둑을 만들 때 못의 내부 수면이 닿는 쪽 경사는 둑의 높이 1에 대하여 밑변을 어느정도로 하는 것이 좋은가?

① 0.1~0.5 ② 0.5~1.0 ③ 1.0~1.5 ④ 2.0~2.5

75. 연안 가두리 양식장의 저길이 검게 변한 이유로 가장 적합한 것은?

① H2S가 저질 중의 철이온과 결합하였기 때문
② 메탄가스가 발생하였으므로
③ 저질 내 무기물이 축적이 되어서
④ 호기성 세균의 작용이 왕성하여서

76. 김의 생장에 필요한 영양과 이산화탄소의 공급을 위하여 일반적으로 필요한 해수의 흐름은 초당 어느 정도가 되어야 하는가?

① 1 cm 내외 ② 5 cm 내외
③ 10 cm 내외 ④ 20 cm 내외

77. 양어용수 정화 처리 방법 중 생물학적 방법에 속하는 것은?

① 오존 처리법 ② 활성 오니 여과법
③ 자외선 소독법 ④ 스크린 처리법

78. COD에 관한 설명으로 옳지 않은 것은?

① 수중의 피산화성 물질 중 주로 유기물질의 양을 나타내는 척도가 된다.
② 강력한 산화제를 일정한 조건하에 사수에 작용시켜 소비되는 산화제량을 산소 해당량으로 표시한 것이다.

③ 사용되는 산화제는 주로 과망간산칼륨과 중크로 산칼륨이다.
④ 중크롬산칼륨법이나 과망간산칼륨법은 어떤 시수의 경우에도 거의 같은 값이 나온다.

79. 어류가 배설하는 주요 대사 산물은?
① NO_2 ② NO_3 ③ N_2 ④ NH_3

80. pH8 부근의 해수에서 탄소이온의 주요한 형태로 가장 적합한 것은?
① CO_2 ② H_2CO_3 ③ HCO_3^- ④ $CaCO_3$

81. 송어의 고창증에 관한 설명으로 가장 적합한 것은?
① 병어의 식용이 감퇴되는 증세가 없는 것이 특징이다.
② 송어의 위 속에 이상 증식된 효모의 발효작용에 의한 병이다.
③ 복부에 체액이 고이는 병이다.
④ 물곰팡이의 이상 증식에 의한 것이다.

82. 넙치랩도바이러스병 (Hirame Rhabdoviral Disease)의 증상 및 질병 특성이 아닌 것은?
① 근육 내 출혈이 특징적 증상이다.
② 발병 수온은 20℃ 이상이다.
③ 감성돔, 참돔, 방어 치어에서도 강한 병원성을 나타낸다.
④ 신장의 조혈 조직에 핵농축을 동반한 현저한 괴사가 관찰 된다.

83. 림포시스티스병(Lymphocystis Disease)에 걸린 해수 어류의 체표에서 볼 수 있는 Lymphocystis세포는 다음 중 어느 세포가 병원체에 감염되어서 일어난 병변인가?
① 진피의 상피세포 ② 근육의 금섬유아세포
③ 피부의 결합조직세포 ④ 체표모세관의 혈액세포

84. 뱀장어의 복부 지느러미가 붉어졌다면 다음 중 어떤 원인에 의한 병으로 판단할 수 있는가?
① *Epistylis* sp. 감염
② *Flavobactdrium columnare*의 감염
③ *Aeromonas hydrophila*의 감염
④ *Streptococcus* sp. 감염

85. *Nocardia seriolae* 균에 의하여 양식 방어가 폐사하는 주 증상은?
① 내장에 결절을 형성한다.
② 꼬리 지느러미의 괴사와 붕괴가 일어난다.
③ 온몸에 출혈이 일어난다.
④ 아가미 뚜껑 내측에 심한 출혈이 발생한다.

86. 6~9월경 김 사상체에 호염성 세균이 감염되어 생기는 질병은?
① 적변병 ② 백반병 ③ 황반병 ④ 녹반병

87. 방어의 장관에 심한 염증이 확인되었다. 그 원인으로 가장 적절한 것은?
① 해수의 염분 농도(Salinity)가 높기 때문이다.
② 해수의 pH가 높기 때문이다.
③ *Lactococcus garvieae*의 감염 때문이다.
④ 고밀도 양식 때문이다.

88. 넙치, 조피볼락, 참돔 등의 종묘 생산 과정에서 주로 발생하는 질명으로 지느러미 및 체표가 불투명하게 변하고, 이상이 생긴 환부를 관찰하면 수많은 공 모양의 세포가 관찰 된다. 표피 세포의 이상 증식을 특징으로 하는 이 질병의 이름은?
① 폭스바이러스병 ② 림프낭종증
③ 입종용병 ④ 상피증생증

89. 기수 지역 뱀장어 양식장에서 매년 유행하며 체표에 심한 점상 출혈이 나타나는 질병은?
① 뱀장어 기적병 ② 뱀장어 적점병
③ 뱀장어 에드와드병 ④ 비브리오병

90. 수중 산소의 결핍 때문에 생기는 어류의 병리에 대한 설명으로 틀린 것은?
① 폐사어의 아가미는 충혈된다.
② 아가미판의 호흡상피가 부종을 일으킨다.
③ 아가미 혈관이 확장된다.
④ 혈액의 산성도가 낮아져 혈액의 응고를 촉진시킨다.

91. 잉어, 금붕어 등의 담수어에 자주 발생하며 비늘주위에 체액이 괴기 때문에 비늘이 일어서고 복수에 의해 복부가 팽만하는 외관 증상을 보이는 세균성 질병의 원인 병원체는?
① *Aeromonas hydrophila*
② *Aeromonas salmonicida*
③ *Vibrio anguillarum*
④ *Renibacterium salmoninarum*

92. 연어과 어류에 IHNV가 감염되어 발병했을 때의 외부 소견으로 틀린 것은?
① 옆으로 눕는 회전 운동을 한다.
② 체색의 흑변이 있다.

③ 불투명한 점액 같은 똥을 항문에 달고 다닌다.
④ 신경질적인 발광 운동을 한다.

93. 방어에 쿠도아충이 주로 기생하는 부위는?
① 아가미 ② 뇌 ③ 심장 ④ 근육

94. IHN(Infectious Hematopoietic Necrosis)의 특징과 관계없는 것은?
① 주로 치어에 피해를 준다.
② 감염어는 복수가 차고 안구는 돌출한다.
③ 신장 조혈 조직의 심한 괴사를 일으킨다.
④ 원인 바이러스는 Birnaviradae에 속한다.

95. 볼락(조피볼락)류에 주로 기생하는 아가미흡충은?
① 비바기나충 ② 마이크로코타일충
③ 헤테락신충 ④ 닥티러지러스충

96. 연쇄구균증에 관한 설명이 아닌 것은?
① 일본에서는 백신이 개발된 후로 피해가 감소하였다.
② 방어에서는 주로 *Lactococcus garvieae*의 감염에 의한다.
③ 전형적인 조건성 병원체이다.
④ 외관상 이상이 없으나 해부해 보면 신장에 백색 결절이 관찰된다.

97. 갯병에 걸린 엽체의 부착기(뿌리)가 끈기가 있어서 엽체가 쉽게 유실되지 않는 것은?
① 호상균병 ② 붉은갯병
③ 흰갯병 ④ 의사흰갯병

98. 티아미나아제에 의하여 파괴되는 영양소는?
① Vitamin A ② Vitamin B_1
③ Vitamin C ④ Vitamin E

99. 수산용 의약품의 사용에 관한 설명으로 옳지 않은 것은?
① 적정한 경구 투약 시기는 대략 1일 폐사율이 총사육마릿 수의 0.1% 전후일 때가 알맞다.
② 약제 투여 전에는 하루 정도 굶기는 것이 효과적이다.
③ 휴약 기간이 5일인 약품을 6월 3일까지 투여하였을 경우, 6월 8일부터 출하가 가능하다.
④ 법으로 잔류 허용 기준치가 설정되어 있는 약품은 출하기 약품의 잔류 허용 기준치를 넘지 않으면 안전하므로 출하해도 무방하다.

100. 패류에 기생하는 연충류인 *Bacciger harengulae* 충이 기생하지 않는 생물종은?
① 전복 ② 대합 ③ 맛조개 ④ 바지락

2019년 8월

1. 수산 동물 중 미국에서 최초로 생명 물질 특허가 취득된 종은?
① 참굴 ② 틸라피아 ③ 채널메기 ④ 무지개송어

2. 종묘의 운반 시 냉각 마취 운반법이 많이 쓰이는 어류는?
① 잉어 ② 뱀장어 ③ 초어 ④ 송어

3. 은어의 종묘 생산 시 주된 먹이로 이용되는 것은?
① *Monochrysis* sp. ② *Navicula* sp.
③ *Chlorella* sp. ④ *Brachionus* sp.

4. 교미에 의해서 체내 수정이 이루어지는 어종은?
① 넙치 ② 조피볼락 ③ 돌돔 ④ 능성어

5. 다음 중 넙치의 성장 적수온으로 가장 적합한 것은?
① 8~10℃ ② 10~15℃
③ 18~23℃ ④ 26~30℃

6. 다음 중 잉어가 사료를 가장 많이 먹는 수온은?
① 10~15℃ ② 20~23℃
③ 24~28℃ ④ 30~33℃

7. 냉동 생사료 선도의 육안적 식별법에 대한 설명이 틀린 항목은?
① 냉동어의 체표가 살짝 건조되고 옅은 황색을 띠는 것을 선택한다.
② 냉동어의 중심부에 붉은색이 있으면 선도를 의심할 필요가 있다.
③ 냉동어에서 불쾌한 냄새가 나며 손가락으로 냉동어를 살짝 눌러 물이 스며나오는 것은 피한다.
④ 냉동어의 해동 시 육질이 탄력이 있는 것을 선택한다.

8. 평균 체중이 100 g 되는 어류 종묘 10,000마리에 펠렛 사료 6,000 kg을 공급하여 100% 생존하였으며, 평균 600 g의 어류를 수확하였다면 이때의 사료 계수는?
① 0.9 ② 1.2 ③ 1.8 ④ 2.4

9. 우리나라 뱀장어 (*Anguilla japonica*)에 비해 유럽산 뱀장어(*Anguilla anguilla*)의 특징으로 옳지 않은 것은?
① 유럽산 뱀장어가 기생충에 잘 감염되며 폐사율이 높다.
② 같은 연령에서 보면 체장이 우리나라산 뱀장어보다 짧다.
③ 공식에 의한 소모가 우리나라산 뱀장어보다 많다.
④ 고수온에서 우리나라산 뱀장어보다 성장이 좋고 발병률이 낮다.

10. 참돔 종묘 생산에 대한 설명으로 옳은 것은?
① 참돔의 주 산란시기는 7～9월이다.
② 성숙한 수컷은 머리가 둥글다.
③ 알에서 갓 부화한 자어는 운동력과 시각을 가진다.
④ 알의 비중은 1.0245 정도로 해수 비중을 그 이상으로 유지한다.

11. 방류 재포 양식에 관한 설명으로 틀린 것은?
① 연어의 어린 종묘를 생산하여 방류 후 회귀한 것을 포획 하였다.
② 전복 종묘를 연안 암반 지대에 방류하여 성장 후 포획하였다.
③ 방류 재포 양식은 대개 방류자가 수확하여 처분할 수 있는 권리를 가진다.
④ 방류 재포 양식에서는 우수 종묘 확보를 위한 친어 육종 시설이 필수적이다.

12. 사료의 첨가물 중 연어, 송어류의 체색이나 육질의 색을 좋게 하기 위해 사용되는 착색제는?
① CMC ② α-토코페롤
③ 새우가루 ④ 글리신

13. 무지개송어의 알을 수온 10℃ 전후에서 부화시킬 때 발안기가 되는 시기는 수정 후 며칠 정도인가?
① 4일 이후 ② 8일 이후
③ 12일 이후 ④ 16일 이후

14. 유수식으로 넙치 알을 부화시킬 때 난의 적정 밀도는? (단, 수조의 깊이 40cm 이상, 에어레이션을 함)
① 1～2개/mL ② 5～10개/mL
③ 20～50개/mL ④ 50～100개/mL

15. 송어양식을 할 수 있는 용수(담수)의 최저 용존 산소량은?
① 15 mg/L ② 11 mg/L ③ 7 mg/L ④ 5 mg/L

16. 방어 양식에서 좋은 종묘를 구할 때, 유의할 점이 아닌 것은?
① 겉보기에 둥글둥글하게 살이 쪄 있는 것이어야 한다.
② 몸 빛깔은 청록색을 띠고 있는 것이어야 한다.
③ 사육 가두리 내에서 다른 개체와 떼를 지어서 정상적인 유영을 하고 있는 것이어야 한다.
④ 어체의 크기가 고른 것이어야 한다.

17. 수온 15～17℃ 일 때 자주복 알의 부화일수는?
① 약 3일 ② 약 5일 ③ 약 10일 ④ 약 15일

18. 채널메기의 산란기 성징에 대한 설명으로 옳지 않은 것은?
① 암컷의 복부는 불룩하여 표면이 거칠다.
② 암컷의 생식공 부위가 붉게 부어오른다.
③ 수컷의 두부 머리 폭이 몸통 부분보다 넓어진다.
④ 수컷의 생식공이 크게 돌출한다.

19. 암수의 성장 차이가 나는 양식 어류와 수컷의 성장이 크고 빠른 것은?
① 메기류 ② 넙치 ③ 틸라피아 ④ 농어

20. 조피볼락에 대한 설명으로 거리가 먼 것은?
① 우리나라에서 육상 수조 양식 생산량이 제일 많은 어종이다.
② 활동성이 적은 정착성 어류이다.
③ 3～4월에 알이 수정된다.
④ 5월경에 새끼를 출산한다.

21. 보리새우 양식에 있어서 Zoea기의 먹이로 적합하지 않는 것은?
① *Skeletonema* sp. ② 부유성 규조류
③ 참굴의 알 및 유생 ④ Rotifer

22. 전복의 상처 위치를 표시한 아래 그림에서 가장 폐사율이 큰 부위로 묶어진 것은?
① 1, 2, 6, 9 ② 2, 3, 4, 6
③ 2, 6, 7, 9 ④ 2, 5, 7, 8

23. 참전복의 종묘 생산 시 폐사율이 가장 높은 시기는?
① 저서후기
② 트로코포라 유생기
③ 제1호흡공이 생기기 직전
④ 각장 3～4 mm 정도의 해조류 섭식시기

24. 진주조개의 생존한 수온으로 맞는 것은?
① 6℃ ② 8℃ ③ 10℃ ④ 12℃

25. 진주조개 양성장 중 화장 어장이라고 하는 것은?
① 채묘가 잘 되는 어장
② 진주의 빛깔이나 광택이 우수해지는 어장
③ 폐사가 심하게 일어나는 어장
④ 겨울철 월동이 가능한 어장

26. 생식소 절개 방법으로 수정이 가능한 조개들로 짝지어진 것은?
① 담치, 진주조개 ② 가리비, 피조개
③ 대합, 왕우럭 ④ 참굴, 개량조개

27. 까막전복(둥근전복)의 완숙에 필요한 적산 수온은?
① 5,500℃ ② 3,500℃ ③ 2,500℃ ④ 1,500℃

28. 부착 직후의 참굴과 따개비의 식별 기준으로 가장 올바른 것은?
① 모양과 색깔 ② 크기와 시기
③ 수층과 군집성 ④ 수역과 주광성

29. 전복류의 저서생활 초기에 맞지 않는 먹이는?
① *Amphora* sp. ② *Cocconeis* sp.
③ *Chlorella* sp. ④ *Navicula* sp.

30. 대하 양식에 있어서 광합성 세균(PSB)의 효능으로 적절하지 못한 것은?
① 수질의 정화 및 안정 ② 수중의 암모니아 제거
③ 내병성 강화 ④ 저질 개선

31. 수하식 양식법의 설명이 아닌 것은?
① 먹이 섭취 시간을 늘려 성장을 촉진한다.
② 성장이 비교적 균일하고 저질이 매몰되지 않는다.
③ 해면을 입체적으로 이용할 수 있다.
④ 타 양성법과 비교하여 시설비가 적게 들고 수확성이 높다.

32. 우렁쉥이(멍게)의 산란 성기 적수온은?
① 18～22℃ ② 13～17℃
③ 8～12℃ ④ 3～7℃

33. 키조개 종묘의 방양에 관한 내용으로 옳은 것은?
① 조간대에 방양한다.
② 종묘는 그 크기가 각장 2～3 mm 되는 것이 알맞다.
③ 방양 시기는 9～10월 사이가 적당하다.
④ 방양 시에는 종묘 하나하나를 모심기하는 것과 같이 심는다.

34. 우리나라에서 진주조개의 피한장과 양성장이 반드시 필요한 주 이유는?
① 폐사를 방지하고 성장을 촉진하기 위해
② 양식장을 넓게 활용할 필요가 있기 때문에
③ 수확 장소와 양성장이 각각 다르기 때문에
④ 수산업법에 규정되어 있기 때문에

35. 보리새우의 Nauplius기 유생의 영양 섭취 방법은?
① 자체 내의 난황으로 성장한다.
② 부유 규조류 등 미세 plankton을 섭취한다.
③ Brine shrimp의 Nauplius를 섭취한다.
④ 바지락 등 패류를 잘게 썰어준 것을 섭취한다.

36. 바지락 치패의 방양 방법 중 석시법에 대한 설명으로 옳은 것은?
① 배를 타고 먼바다로 나가 방양하는 방법
② 바닥에 모심기를 하듯이 꼽아 방양하는 방법
③ 만조의 정조 때 배를 이용하여 방양하는 방법
④ 간출된 다음 종묘를 방양하는 방법

37. 양성용 종굴로서 가장 알맞은 크기는?
① 1～2 mm ② 3～18 mm
③ 20～35 mm ④ 43～58 mm

38. 개량조개의 종묘 방양시 주의할 점으로 올바른 것은?
① 양성장은 육수의 영향을 많이 받는 곳으로 한다.
② 방양을 위한 수송 시 공기 노출에 주의해야한다.
③ 장기간 수송 시에는 2년 이상의 소형이 알맞다
④ 방양시기는 한겨울이나 여름이 좋다.

39. 다음 중 조용한 내만에서 수하식으로 가리비 양식을 할경우 일반적으로 성장이 가장 빠른 방식은?
① 채롱식 ② 귀매달기식
③ 편평칸막이식 ④ 원통칸막이식

40. 참가리비의 산란 수온은?
① 5～6℃ ② 8～9℃ ③ 14～16℃ ④ 21～23℃

41. 김의 퇴색 현상에 가장 크게 영향을 미치는 색소는?
① 클로로필 a, b
② 카로티노이드와 클로로필 b
③ 클로로필 a와 피코에리드린
④ 피코에리드린과 피코시아닌

42. 김 양식장에서 참김과 방사무늬김 사이에 자리바꿈이 일어나는 주된 원인은?
① 병해에 대한 저항성의 차이
② 환경에 대한 적응력의 차이

③ 영양번식성의 차이
④ 양식 기간의 차이

43. 3월 이후 냉장발을 사용하여 양식 기간을 연장하기 위한 방법으로 가장 적합한 것은?
① 발의 노출 시간을 길게 한다.
② 발의 노출 시간을 단축한다.
③ 발을 수면에 부동한다.
④ 발의 수광량을 많이 해준다.

44. 김의 수조 채묘시 고려할 사항이 아닌 것은?
① 각포자의 방출량이나 방출 일자의 조절 여부
② 방출된 각포자가 빠른 시간 내에 고르게 부착되는가의 여부
③ 해수 유동과 온도의 변화 여부
④ 부착된 각포자의 발아 관리가 용이한가 여부

45. 김 양식어장의 파래 구제법은?
① 채묘 초기에 발을 1시간 정도의 고노출선에 며칠간 매어 둔다.
② 파래가 5～6 cm 정도 자랐을 대에는 발을 육상으로 올려서 3～4시간 건조한다.
③ 바람이 있고 습기가 적은날 건조처리를 실시한다.
④ 발을 건조 처리 후에 노출 상태로 1～2일 두었다가 본래의 발 높이에 매단다.

46. 톳의 증양식 방법과 관계가 먼 것은?
① 지충이를 제거해준다.
② 어린 배를 바위에 뿌린다.
③ 모조를 이식한다.
④ 채묘망에 유배를 붙인다.

47. 김 부류식(뜬흘림발)시설 중 내파성이 가장 높은 것은?
① 사다리식 ② 강관식
③ 연구조식 ④ 뒤집기식

48. 김 포자가 조가비에서 방출되는 것을 억제하는 방법이 아닌 것은?
① 고비중 처리 ② 100% 습도 처리
③ 암흑 처리 ④ 연속 명기 처리

49. 미역의 유엽이 생장하는 방법은?
① 정모생장 ② 정단생장
③ 주연생장 ④ 절간생장

50. 촉성 양식에서 다시마의 수조 내 촉성 배양 기간은?
① 약 30일 ② 약 45일 ③ 약 60일 ④ 약 75일

51. 다시마의 형태학적 특징에 대한 설명으로 틀린 것은?
① 엽체의 내부 조직은 표층, 피층, 속으로 구분된다.
② 엽체의 비대 생장은 형성 표피에서 일어난다.
③ 엽면에는 미역과 같이 털집이 산재한다.
④ 점액 간도는 피층 세포에서 나타난다.

52. 미역의 해황과 생산량 간의 설명으로 틀린 것은?
① 수온이 높은 지방에서는 배우체 발아시기에 수온이 낮으면 다음해에 풍작이 된다.
② 추운 지방에서는 1,2월의 수온이 평년보다 높을수록 생산량이 증가한다.
③ 유주자 방출기와 아포제 발아기에 폭풍일수가 많으면 다음해 작황에 해롭다.
④ 2～5월 동안에 맑은 날씨가 많은 해에 풍작이 된다.

53. 굵은 자갈이나 돌 등이 산재한 간석지에서 양식 가능성이 가장 높은 종은?
① 청각 ② 곰피 ③ 풀가사리 ④ 톳

54. 김의 웅성이주가 바르게 설명된 것은?
① 자웅동주가 보통인데 웅성체반으로 된 개체도 간혹 있다.
② 웅성부만 가장자리에 발달하고 자성부는 아래쪽에 있다.
③ 웅성부가 자성부보다 비율이 크다.
④ 웅성부는 먼저 성숙하고 자성부는 뒤에 성숙한다.

55. 미역 초기 종묘 배양의 조건이 옳지 않은 것은?
① 수온은 17～20℃를 유지한다.
② 1주일에 1회 정도 채묘틀의 상하를 바꿔준다.
③ 물갈이는 7～10일에 1회 정도로 한다.
④ 배양을 시작할 때 조도는 1,000 lx 이하로 유지한다.

56. 다시마 종묘의 억제 방법에서 채묘 후의 배양수온은?
① 5℃ ② 10℃ ③ 15℃ ④ 20℃

57. 조가비 사상체의 각포자 방출 상태를 바르게 설명한 것은?
① 각포자낭지의 끝 개구부를 통하여 방출된다.
② 각포자낭마다 개구부가 있어서 그곳으로 방출된다.
③ 조가비 안에서 방출된 포자가 석회질을 녹이면서 표면으로 나온다.
④ 각포자낭지마다 모두 표면까지 올라와서 각각 독단적으로 방출된다.

58. 갈조류 미역과에 속하는 대형 해조류로서 저조선하의 점심대에서 바다 숲을 형성하고 있어 전복, 소라 등의 초식 동물의 먹이와 어류의 생육장으로 매우 중요한 역할을 하는 것은?

① 감태 ② 잘피 ③ 톳 ④ 풀가사리

59. 사상체 외에 여름김 형태로 여름을 지내는 김은?

① 참김 ② 둥근김 ③ 방사무늬 김 ④ 긴잎돌김

60. 우뭇가사리의 번식 방법은?

① 과포자, 단포자, 포복지, 재생
② 과포자, 사분포자, 포복지, 재생
③ 단포자, 사분포자, 포복지, 유주자
④ 과포자, 중성포자, 유주자, 재생

61. 잉어 양식을 위한 저수지의 조건이 아닌 것은?

① 바닥이 평탄하고 갈수기에도 수면적이 만수면적의 1/2 이상으로 넓게 유지되는 곳
② 바닥이 무르고, 수심이 8~10 m인 곳
③ 일조 시간이 긴 곳
④ 가을에 완전 배수가 가능한 곳

62. 식물 플랑크톤이 많이 이용하는 영양 염류 중 주로 바다에서 부족하지 않은 것은?

① 질소 ② 규소 ③ 인 ④ 칼륨

63. 순환여과식 시스템 내 물리적 여과 방법이 아닌 것은?

① 고속 모래 여과법 ② 침수 모래-자갈 여과법
③ 회전 드럼 필터법 ④ 자외선 조사법

64. 양식장 바닥 갈이로 얻을 수 있는 긍정적인 효과가 아닌것은?

① 각종 유해 생물을 제거한다.
② 해수의 유동을 저해하는 퇴적된 토사를 제거한다.
③ 김 양식장에서는 저질의 영양 염류 용출을 촉진한다.
④ 바닥이 딱딱해진 조개류 양식장의 저질을 부드럽게한다.

65. 적조 발생과 그 피해에 관한 설명으로 옳은 것은?

① 수중의 용존 산소 증가로 수산 생물의 생산성이 증가한다.
② 적조 생물의 사후에 환경 악화를 유발한다.
③ 물의 유속 증가, 일사량의 감소, 수온하강 등이 적조 발생의 주원인이 된다.
④ 남조류인 미크로시스티스가 주요 원인 플랑크톤이다.

66. 순환 여과식 양식 시스템 내 생물 여과조에서 어류의 노폐물이 분해되는 과정으로 옳은 것은?

① 암모니아 – 질산염 – 아질산염
② 암모니아 – 아질산염 – 질산염
③ 아질산염 – 질산염 – 암모니아
④ 아질산염 – 암모니아 – 질산염

67. 지중(地中) 양식에서 사육지 쪽의 못 둑 경사도(둑 높이 : 둑 밑변)는 얼마로 하는 것이 좋은가?

① 1 : 0 ~ 0.5 ② 1 : 1.0 ~ 1.5
③ 1 : 2.0 ~ 2.5 ④ 1 : 3.0 ~ 3.5

68. BOD에 관한 설명으로 옳지 않은 것은?

① 생화학적 산소 요구량이다.
② 수중 유기물질의 양을 나타내는 지표가 된다.
③ 시수를 25℃에서 5일단 배양했을 때의 산소 소비량으로 구한다.
④ 1단계와 2단계 BOD로 구별하고 있다.

69. 노지 지수식 양어지의 수중 용존 산소량이 증가하는 조건으로 옳은 것은?

① 바람이 없는 고요한 날
② 염분이 높아질 때
③ 수온이 낮을 때
④ 노폐물이 증가할 때

70. 질산화와 탈질화 과정에 관여하는 세균의 이름을 순차적으로 나타낸 것은?

① 니트로소모나스 – 슈도모나스 – 니트로박터
② 슈도모나스 – 니트로소모나스 – 니트로박터
③ 니트로박터 – 니트로소모나스 – 슈도모나스
④ 니트로소모나스 – 니트로박터 – 슈도모나스

71. 원심력을 이용한 펌프로 짝지어진 것은?

① 벌류트 펌프, 심정 터빈 펌프
② 재생터빈 펌프, 축류수직 펌프
③ 피스톤 펌프, 격막 펌프
④ 기어 펌프, 엽판 펌프

72. 뱀장어 양어지 내 물 변화에 대한 설명으로 옳지 않은 것은?

① 수온 17~20℃ 범위에서 자주 발생한다.
② 남조류인 미크로시스티스가 주체인 못에서 잘 일어난다.
③ 못 내 동물플랑크톤 비율이 최소 23% 이상이다.

④ 물 빛깔이 청록색에서 암갈색, 황갈색, 황록색, 유백색 또는 투명에 가까운 물빛으로 변한다.

73. 양식장에서 화학적인 변화를 일으키지 않고 가장 효과적으로 살균할 수 있는 자외선 파장은?

① 153 nm ② 253 nm ③ 353 nm ④ 453 nm

74. 뱀장어의 노지 양식장에서 수질이 악화되면 뱀장어 생리 기증의 조화가 깨진다. 이때 가장 두드러지게 나타나는 변화는?

① 먹이 부족으로 공식이 심해진다.
② 밝은 곳을 피하는 행동을 보이게 된다.
③ 무리에서 벗어나서 물 표면을 유영하게 된다.
④ 식욕이 줄어든다.

75. 각 수질 항목과 측정 방법이 옳지 않은 것은?

① pH – 유리 전극법 ② 용존 산소 – 윙클러법
③ COD – 알칼리법 ④ BOD – 비색관법

76. 순환 여과 양식 시설에서 사용되는 산소 공급 장치가 아닌 것은?

① U자관 트랩 ② 벤투리관 에어레이션 장치
③ 블로어 펌프 ④ 거품분리장치

77. 양어지 내 물에 산소가 녹아들어 가는 속도와 양에 비례하는 요소가 아닌 것은?

① 물과 공기의 접촉 면적 증가 ② 수온의 상승
③ 대기 압력의 증가 ④ 포기량의 증가

78. 여름철 식물플랑크톤이 많이 발생한 못 속의 용존산소는 언제 가장 낮아지는가?

① 정오 ② 해 뜨기 직전
③ 해 지기 직전 ④ 자정

79. 자회선 조사 효과에 영향을 미치지 않는 요인은?

① 용존 유기물의 양 ② 미생물의 양
③ 자외선의 수중 투과 깊이 ④ 자외선의 잔류 정도

80. 1차 여과에 속하는 것은?

① 녹아 있는 암모니아 등 유해 물질을 분해, 여과하여 비교적 무해한 질산염 등을 만드는 생물학적 여과
② 축적된 질산염 등을 다시 분해하는 생물학적 여과
③ 고형 오물을 분리, 제거하는 과정
④ 소량의 추가 보충수로 축적된 질산염을 희석하는 과정

81. 닻벌레충의 생활사에 관한 설명으로 옳지 않은 것은?

① 수온 9~15℃에서 주로 번식한다.
② 암컷은 일생동안 10회 이상 산란한다.
③ 일생동안 총 산란 수는 5,000개 이다.
④ 노플리우스로 부화한다.

82. 김갯병 중 생리적인 장해로 발생하는 것은?

① 구멍갯병 ② 호상균병
③ 싹갯병 ④ 붉은갯병

83. 어류의 아가미 과형성(hyperplasia) 시 나타나는 병변과 관계가 없는 것은?

① 아가미가 유착되어 곤봉화가 일어난다.
② 어류의 저항력 감소로 병원균이 침입해 아가미가 부식된다.
③ 아가미에 부니나 광물질이 부착되면 질식사한다.
④ 비장과 신장에 큰 장애를 준다.

84. 김 사상체 병해에 대한 설명으로 옳은 것은?

① 녹반병은 4~6월 통풍이 나쁜 배양장에서 발생한다.
② 적변병은 배양수에 항생제를 넣어서 배양하면 좋아진다.
③ 황반병은 생리적 장해이므로 영양제 첨가로 해결된다.
④ 백반병의 치료는 물갈이를 하는 것으로도 가능하다.

85. 무지개송어가 선회병을 일으키는 원인은?

① *Myxobolus artus* ② *Myxobolus buri*
③ *Myxobolus toyamai* ④ *Myxobolus cerebrlis*

86. 연어류 췌장병에 관한 설명으로 옳지 않은 것은?

① 대서양연어에서 처음 발병하였다.
② 수직 감염으로만 발병한다.
③ 수온이 상승할 때 발병하면 급성으로 진행된다.
④ 원인 바이러스는 *Salmonid alphavirus*이다.

87. 연어과 어류의 세균성 신장병의 원인균은?

① *Aeromonas salmonicida*
② *Renibacterium salmoninarum*
③ *Flexibacter maritimus*
④ *Pseudomonas* sp.

88. virus가 주원인이 되어 잉어에 유두종(Papilloma)을 일으키는 병은?

① SVC ② POX ③ EVE ④ VEN

89. 복수에 의한 복부 팽만, 체색 흑화, 탈장, 간과 신장 등에 유백색 농양 형성 등의 증상이 나타나는 넙치

질병은?

① 비브리오병 ② 에드와드병
③ 연쇄구균증 ④ 아가미부식병

90. 뱀장어에 기적병(붉은 지느러미병)을 일으키는 세균은?

① *Aeromonas salmonicida*
② *Aeromonas hydrophila*
③ *Pseudomonas fluorenscens*
④ *Pseudomonas anguilliseptica*

91. 다음 질병 중 원인이 되는 세균의 분류학적 위치가 나머지 셋과 다른 것은?

① 세균성 아가미병 ② 세균성 냉수병
③ 담수어의 부식병 ④ 세균성 신장병

92. 아래의 경우를 영양성 질병의 의한 것으로 판단할 때 다음 중 원인으로 가장 적합한 것은?

① 탄수화물 과잉 투여 ② 산화지방 투여
③ 비타민 B1 결핍증 ④ 단백질 결핍증

93. 참돔이나 넙치에 유행하는 lymphocystis병의 병원체가 속하는 것은?

① Iridovirus ② Rhabdovirs
③ Birnavirus ④ Nodavirus

94. 방어를 양식하던 중 폐사가 생기기 시작하여 관찰해 보니 피부에 혹 같은 작은 돌기나 반구형의 농양이 생겨 있었다면 감염균은?

① *Vibrio anguillalum* ② *Nocardia seriolae*
③ *Edwardsiella tarda* ④ Aeromonas hydrophila

95. 다음에서 설명하는 원인 기생충은?

① 잉어 아가미 흡충 ② 잉어 피부 흡충
③ 방어 아가미 흡충 ④ 베네데니아충

96. 월동장의 잉어가 Pseudomonas fluorescens 에 감염되었을 때 나타나는 주요 증상은?

① 점액의 과다 분비로 인한 체표의 백운증상
② 새판의 곤봉화, 울혈, 맥류의 형성
③ 안구 돌출, 항문의 확장과 출혈
④ 신장과 간, 비장에 흰 점 형성

97. 진균류 중 고등균류에 해당하지 않는 것은?

① 편모균류 ② 자낭균류
③ 담자균류 ④ 불완전균류

98. 무지개송어가 항문에 길게 분(배설물)을 달고 다닐 때 주요 원인으로 볼 수 있는 것은?

① 신선한 사료를 장기간 투여했기 때문이다.
② 비타민이 부족한 배합 사료를 투여했기 때문이다.
③ 배합 사료만을 투여했기 때문이다.
④ Virus 병에 감염되었기 때문이다.

99. 참돔 눈의 각막이 불투명하게 백탁되었다면 어떠한 병을 의심할 수 있는가?

① 바이러스성 질병 ② Vibrio병
③ 물곰팡이병 ④ Mycobacterium병

100. 뱀장어 기적병이 가장 많이 발생하는 시기는?

① 12월~1월 ② 4월~5월
③ 8월~9월 ④ 수온 25℃ 이상일 때

2020년 6월

1. 사료 계수에 대한 내용을 맞게 설명한 것은?

① 어체 1단위 무게만큼 증가시키는데 필요한 사료의 무게 단위
② 사료 효율과 같은 의미
③ 숫자가 높을수록 좋은 사료를 뜻함
④ 증육량을 공급한 사료의 백분율로 나타내는 것

2. 조피볼락의 새끼 출산은 하루 중 주로 언제 일어나는가?

① 04 ~ 06시 ② 09 ~ 10시
③ 18 ~ 20시 ④ 22 ~ 24시

3. 잉어를 유수식으로 사육한 경우 단위 면적당 생산량은 수량에 따라 다르나 보통은 1 m^2당 몇 kg 정도인가?

① 10~30 kg ② 40~200 kg
③ 500~1,000 kg ④ 1,000~1,500 kg

4. 다음 중 수산 자원의 조성이나 야생 동물의 보호 관리 등 자연 자원의 관리에 속하는 것은?

① 양식 ② 어업 ③ 축양 ④ 증식

5. Fish culture와 같은 뜻으로 쓰인 용어는?

① Fish management ② Fish farming
③ Hatching ④ Propagation

6. **아르테미아(Artemia) 알 부화에 대한 설명으로 옳은 것은?**
① 건조된 알의 직경은 0.2～0.24 mm 정도이다.
② 염분농도는 10‰ 이하가 좋다.
③ 부화 pH는 산성일수록 좋다.
④ 부화 수온은 15℃ 이하로 유지한다.

7. **실뱀장어를 기르는데 수온을 어느 정도로 유지하는 것이 가장 좋은가?**
① 12 ～ 13℃ ② 15 ～ 16℃
③ 20 ～ 22℃ ④ 26 ～ 27℃

8. **다음 사료 형태 중 수질 오염을 예방하는데 가장 좋은 사료는?**
① MP 사료 ② EP 사료
③ Paste 사료 ④ Crumble 사료

9. **다음 중 양성한 넙치 친어로부터 채란하고자 할 때 친어의 수용밀도가 가장 적당한 것은?**
① 1 m^2 당 1 ～ 2마리 ② 1 m^2 당 3 ～ 4마리
③ 1 m^2 당 5 ～ 6마리 ④ 1 m^2 당 7 ～ 8마리

10. **실뱀장어의 소상과 관련된 설명으로 틀린 것은?**
① 주로 밤에 소상한다.
② 대조 시에 많이 소상한다.
③ 수온이 낮은(8℃ 이하) 이른 봄에 많이 소상한다.
④ 담수가 내려가는 데 소상한다.

11. **황복 수정란의 발생, 부화 및 전기 자어 사육 시 가장 적합한 염분농도는?**
① 약 0.5‰ 이하 ② 약 10‰ 이하
③ 약 20‰ 이하 ④ 약 30‰ 이하

12. **참돔의 양식에 있어서 먹이를 주는 방법으로 가장 좋은 것은?**
① 조금씩 여러번에 걸쳐 나누어 준다.
② 하루 중 아침과 저녁 무렵 2회에 걸쳐 준다.
③ 매일 오전 10시 기준으로 그날 투입량을 한꺼번에 준다.
④ 2～3일 만에 한 번씩 대량으로 준다.

13. **돌돔의 해상 가두리 양식에 있어 양성 관리로 가장 거리가 먼 내용은?**
① 입식 후 전장 10 cm 정도까지는 EP와 MP 사료를 혼용하여 1일 1～2회 공급한다.
② 겨울철 저수온기(12～4월)에도 매일 1～2회 사료를 공급한다.
③ 사육밀도는 초기 입식 시(전장 5～7 cm)톤 당 500～1500마리 수용한다.
④ 18℃ 이상에서는 성장이 양호하지만, 그 이하에서는 둔화된다.

14. **우리나라에서 무지개송어의 성장을 계속적으로 높게 유지할 수 있도록 공급하기에 가장 적합한 수원은?**
① 계곡수 ② 댐호수 ③ 일반 하천수 ④ 지하수

15. **넙치의 산란에 대한 다음 내용 중 가장 거리가 먼 것은?**
① 산란기의 수온은 11 ～ 17℃이고, 산란성기의 수온은 13 ～ 17℃이다.
② 넙치의 산란은 오후 1～5시경에 가장 활발하게 일어난다.
③ 넙치는 다회 산란을 하며, 약 2～3개월에 걸쳐 수회의 산란을 행한다.
④ 친어 사육조의 암수 비율은 암컷 1마리에 대하여 수컷은 1.5～2마리가 되도록 하는 것이 일반적이다.

16. **다음 조건에서 사료 효율은?**
① 49.0% ② 49.2% ③ 49.7% ④ 50.0%

17. **은어 양식에 대한 설명으로 옳은 것은?**
① 수온은 12 ～ 20℃에서 부화한다.
② 부화 적수온에서 5일만에 부화한다.
③ 수정란은 해수에서 부화시킨다.
④ 부화 자어의 초기먹이로 아르테미아를 공급한다.

18. **무지개송어 양식을 위한 먹이 공급의 설명으로 틀린 것은?**
① 1일분의 먹이를 1회에 한꺼번에 주지 않고 2회로 나누어 준다.
② 먹이가 바닥에 떨어지기 전에 다 받아먹을 수 있는 정도로 천천히 조금씩 주어야 한다.
③ 100% 충분히 먹었을 때 사료의 효율이 가장 높다.
④ 수온이 갑자기 너무 높아지거나 너무 낮아졌을 때는 먹이 주는 양을 감소시켜야 한다.

19. **틸라피아 가두리 양식의 장점이 아닌 것은?**
① 번식 억제 ② 토지 부족 해결
③ 고밀도 사육 ④ 품종 개량

20. **조피볼락의 출산 시기 판단에 관한 내용으로 가장 거리가 먼 것은?**
① 항문, 생식구 및 비뇨돌기는 약간 팽출되어 있는

상태로 그 주변부는 담청색으로 띠고 있는 개체가 많은 경우 출산 시기가 어느 정도 남은 것임
② 항문으로부터 비뇨돌기에 이르기까지 거의 동일하게 팽출되지만 생식구의 선단부는 팽출되어 있지 않으며 항문으로부터 비뇨돌기에 걸쳐 자색이나 암청색의 색을 보일 때는 출산 시기가 가까워진 것임
③ 배가 부르고 머리에 추성이 생기며, 움직임이 둔한 경우 출산이 많이 남아 있음
④ 항문, 생식구 및 비뇨돌기 주변은 현저히 팽출하여 그 주변 부위의 색깔은 암청색 또는 암자색을 나타낼 경우 출산 직전임

21. 전복류의 생활사 중 성장 단계와 먹이의 연결이 옳지 않은 것은?
① 부유 생활기 – 소형 부착 규조류
② 저서 초기 – 부착 규조류
③ 저서 후기 – 부착 규조 또는 소형 해조류
④ 저서 후기 이후 – 해조류

22. 멍게(우렁쉥이)의 서식장으로 적당하지 않은 곳은?
① 수온 범위가 5~24℃인 곳
② 외해의 영향을 많이 받는 곳
③ 수심 20 m 내외로 저질이 암초 또는 자갈로 형성된 곳
④ 여름철 강우 등으로 염분으로 낮은 곳

23. 다음 중 이동력이 강하여 양식 시 각별히 주의해야 할 종은?
① 바지락 ② 대합 ③ 피조개 ④ 키조개

24. 다음 조개류의 유생 중 자연 상태에서 부유 생활 기간이 가장 긴 것은?
① 참굴 ② 피조개 ③ 참가리비 ④ 진주담치

25. 고막의 바닥 양성에 대한 설명으로 옳은 것은?
① 조간대에서부터 조하대 사이에서 양성한다.
② 저질은 모래질로 다소 붉은 색을 띤 회백식이 좋다.
③ 해조류가 많은 곳은 좋지 않다.
④ 해수의 흐름이 거의 없는 내만에 양성한다.

26. 다음 중 조개류의 인공 종묘 생산 시 먹이의 가치가 가장 큰 것은?
① 스켈레토네마(*Skeletonema*)
② 모노크리시스(*Monochrysis*)
③ 키로세로스(*Chaetoceros*)
④ 녹티루카(*Noctiluca*)

27. 전복류의 성숙에 대한 설명으로 옳은 것은?
① 전복의 성숙된 난소는 선홍색이며 정소는 황백색이다.
② 전복의 성숙에 가장 큰 영향을 미치는 요인은 염분이다.
③ 까막전복의 성숙 기초 수온은 5.3℃이다.
④ 참전복의 성숙에 필요한 적산 수온은 3500℃이다.

28. 바지락 치패 발생장에 대한 설명으로 옳지 않은 것은?
① 하천수의 유입으로 인한 육수의 영향을 받는 간석지
② 해수가 정체하지 않고 지속적으로 유동이 있는 곳
③ 모래질이 많은 곳
④ 태풍, 홍수 등에 의한 지반 변동이 거의 없는 곳

29. 부착기에 도달한 피조개 유생의 일반적인 평균 각장 크기는?
① 200 ㎛ 내외 ② 230 ㎛ 내외
③ 360 ㎛ 내외 ④ 540 ㎛ 내외

30. 다음 양식 생물 중 부유 유생 기간이 가장 긴 종류는?
① 닭새우 ② 키조개 ③ 참가리비 ④ 보리새우

31. 진주담치의 채묘에 관한 설명으로 옳은 것은?
① 채묘 장소는 파도가 있는 외해역이 좋다.
② 채묘 시설은 침설식을 많이 쓴다.
③ 부착층은 주로 표층으로부터 1 ~ 2 m 수층이다.
④ 고른 종패 부착을 위해 채묘연 이동을 금지한다.

32. 고막류 중에서 수심이 가장 깊은 곳에서 양성 가능한 종류는?
① 고막 ② 새고막 ③ 피조개 ④ 큰이랑피조개

33. 단렬 종굴의 생산 과정을 4단계로 나눌 때 3단계에 해당하는 것은?
① 채묘 예보 ② 해적 구제 ③ 단련 ④ 채묘

34. 무척추 동물 중 돌리올라리아(doliolaria)라는 유생기를 가지는 종은?
① 수랑 ② 해삼 ③ 따개비 ④ 불가사리

35. 전복용 배합 사료의 조건으로 틀린 것은?
① 기호성이 좋고 높은 성장률을 얻을 수 있는 것
② 수중에서 잘 풀려 전복이 먹기 용이 한 것
③ 취급이 쉽고 방부성도 우수할 것
④ 경제성이 있을 것

36. **참굴의 채묘 예보에 대한 설명으로 옳은 것은?**
① 부유 유생의 조사는 매일 간조 시에 실시한다.
② 참굴의 부유 유생의 부착 직전의 크기는 0.7 mm 이다.
③ 채묘 예보는 따개비 유생의 부착수가 점점 감소하는 시기가 적당하다.
④ 유생 채집망은 5 m 깊이에서 수평으로 끌어서 채집한다.

37. **발생도중에 트로코포라(Trochophora) 유생기를 거치는 것은?**
① 갯지렁이 ② 문어 ③ 우렁쉥이 ④ 보리새우

38. **피조개 서식장으로 알맞지 않은 곳은?**
① 해저의 물길 같은 곳
② 육수의 영향을 받지 않는 곳
③ 파도의 영향을 적게 받는 내만
④ 저질이 개흙질로 된 부드러운 곳

39. **보리새우의 발육 단계 순서로 맞는 것은?**
① 배 → 유생 → 유하 → 약년 → 치하 → 성체
② 배 → 유생 → 치하 → 유하 → 약년 → 성체
③ 배 → 치하 → 유하 → 유생 → 약년 → 성체
④ 배 → 유하 → 유생 → 약년 → 치하 → 성체

40. **조위망식 양성을 가장 맞게 설명한 것은?**
① 그물과 말목으로 간석지를 막고 그 안에 종패를 방양하여 양성하는 방법이다.
② 양성생물이 도망하지 못하도록 그물로 만든 가두리를 수중에 매달아 양성하는 방법이다.
③ 그물로 천해의 일부나 전부를 막고 물의 교환은 간만에 외한 해수의 조차를 이용하여 양성하는 방법이다.
④ 개방식 양성법 중에서 가장 발달한 양성법이다.

41. **미역과 넓미역의 암수 배우체를 배양하여 교잡시키면 어떻게 되는가?**
① 미역의 형질이 대부분 우성으로 나타난다.
② 넓미역의 형질만이 우성으로 나타난다.
③ 종이 다르므로 교잡이 되지 않는다.
④ 미역과 넓미역의 중간적인 형질이 많이 나타난다.

42. **김의 맛을 내는 아미노산 성분이 아닌 것은?**
① 글리신 ② 알라닌
③ 글루탐산 ④ 디메틸설파이드

43. **김 냉장씨발을 동결할 때 0℃에서 –20℃까지의 소요 시간으로 가장 적합한 것은?**
① 수초 이내 ② 수분 정도
③ 10시간 정도 ④ 2 ~ 3일 정도

44. **2년생 다시마의 양식이 가능한 해황 조건은?**
① 9 ~ 13℃의 저수온기가 같다.
② 투명도가 15 m 이상 되는 시기가 많다.
③ 여름 표층 수온이 28℃이다.
④ 수심 12 m 이상의 수온이 언제나 25 ~ 26℃ 이하이다.

45. **미역은 여름철 고수온기에 어떤 상태인가?**
① 현미경적인 암, 수 의 배우체 상태
② 유엽 상태
③ 노쇠한 엽체 상태
④ 휴면 포자 상태

46. **외양의 깊은 곳에 가장 알맞은 김양식 시설은?**
① 섶 ② 뜬흘림발
③ 뜬발(지네발) ④ 뜬발(그물발)

47. **냉장발의 급속 동결 온도와 저장 온도는?**
① 급속 동결 온도 -20~-30℃, 저장 온도 0~-5℃
② 급속 동결 온도 -20~-30℃, 저장 온도 -15~-25℃
③ 급속 동결 온도 -3~-45℃, 저장 온도 0~-5℃
④ 급속 동결 온도 -30~-45℃, 저장 온도 -15~-25℃

48. **주광성을 갖는 것은?**
① 미역의 유주자 ② 김의 과포자
③ 우뭇가사리의 사분 포자 ④ 홑파래의 배우자

49. **김의 사상체에서 만들어진 포자는?**
① 각포자 ② 과포자 ③ 사분 포자 ④ 중성 포자

50. **세대 교번을 하지 않는 해조류는?**
① 미역 ② 김 ③ 다시마 ④ 청각

51. **양식장에서 자연 채묘를 할 때의 각포자 방출 주기는?**
① 4일 ② 7일 ③ 14일 ④ 30일

52. **다시마 양성 시 시기별로 수위 조절을 하는 방법이 틀린 것은?**
① 가을에서 3월까지는 수면 하 1 m
② 봄 4~5월에는 수면 하 1.5 m
③ 여름 6~7월에는 수면 하 2~2.5 m
④ 한 여름의 8월에는 수면 하 8~10 m

53. 김 종묘 배양장에 대한 설명으로 옳은 것은?
① 가능한 직사광선이 잘 들어올 수 있도록 한다.
② 수온 변화를 방지하기 위해 가능한 통풍이 되지 않도록 한다.
③ 조도와 온도의 변화가 비교적 적은 북향 건물이 좋다.
④ 수조의 깊이는 수하식과 평면식 모두 80 cm 내외가 적당하다.

54. 다음은 어느 김의 특성을 설명한 것인가?
① 참김 ② 둥근돌김
③ 큰참김 ④ 큰방사무늬김

55. 우뭇가사리의 번식 방법에 해당되지 않는 것은?
① 포복지 번식 ② 재생 번식
③ 사분포자 번식 ④ 구상체 번식

56. 톳의 경쟁해조로서 증식에 직접적으로 영향을 미치는 해조는?
① 개서실 ② 진두발 ③ 패 ④ 모자반

57. 우리나라에서 양식되고 있는 해조류를 나열한 것 중 옳지 않은 것은?
① 모무늬돌김, 매생이, 톳
② 큰참김, 꼬시래기, 미역
③ 다시마, 잇바디돌김, 납작파래
④ 방사무늬돌김, 해인초, 톳

58. 미역 종묘의 가이식 필요성에서 볼 때 그 비중이 가장 낮은 것은?
① 미역 종묘의 배양 수조나 탱크를 김의 인공 채묘에 빨리 이용하기 위해
② 아포체나 유엽의 성장을 촉진시키기 위해
③ 부니와 잡생물의 제거 작업 또는 싹녹음 예방을 위해
④ 씨줄을 어미줄에 감을 때의 종묘 손상을 막기 위해

59. 긴잎돌김의 특성은?
① 조생종이다. ② 색택이 나쁘다.
③ 질이 부드럽다. ④ 자웅동주이다.

60. 미역의 채묘 적온은?
① 15℃ 전후 ② 17 ~ 20℃
③ 20 ~ 23℃ ④ 23℃ 이상

61. 순환 여과식 양식 시설에서 축적된 질산염을 분해하는 여과 단계는?
① 1차 여과 ② 2차 여과
③ 3차 여과 ④ 4차 여과

62. 독성 물질에 의한 생물의 이동 및 도피를 유발케 하는 농도는?
① 치사농도 ② 혐기농도
③ 불포농도 ④ 만성농도

63. 순환 여과식 양식 시스템 내 생물 여과조의 질산화 작용에 가장 적합한 pH 범위는?
① 5~6 ② 6~7 ③ 7~8 ④ 8~9

64. 수중의 용존 산소에 대한 설명으로 틀린 것은?
① 용존 산소량은 수온이 올라가거나, 염분 등의 용존 물질이 증가하면 감소한다.
② 공기 중의 산소가 물속에 들어가는 속도는 공기와 물 표면의 접촉 면적에 반비례한다.
③ 용존 산소량이 낮을 때는 에어레이션의 효과가 잘 나타나나, 포화 상태에서는 용존 산소량을 더 높이는 데 큰 힘이 든다.
④ 식물 플랑크톤에 의해서 여름철 못 속의 용존 산소량은 낮에는 많아지고, 밤에는 줄어드는 주야 변화를 하는 것이 일반적이다.

65. 수중의 암모니아 생성 및 독성에 대한 설명으로 틀린 것은?
① 암모니아는 어류의 아가미를 통해 주로 배설된다.
② 이온화된 암모니아가 이온화되지 않은 암모니아보다 더 높은 독성을 나타낸다.
③ 수중 용존 산소 농도가 증가하면 이온화되지 않은 암모니아 독성이 감소된다.
④ 해수에서는 담수에 비해 암모니아 독성에 대한 피해가 일반적으로 높다.

66. 물 속에 용존되어 있는 이온화되지 않은 암모니아(NH_3)의 양은 pH가 1단위 증가할 때(예 : pH 7→8) 어떻게 변하는가?
① 2배 정도 증가한다. ② 10배 정도 증가한다.
③ 1/10 정도 감소한다. ④ 1/2 정도 감소한다.

67. 은어 양식에서 면적이 100 m^2이고, 수심이 1 m이면 1분간 어느 정도 이상의 용수가 확보 되어야 하는가? (단, 시간당 0.3회 환수를 기준으로 한다)
① 0.05 m^3 ② 0.10 m^3 ③ 0.25 m^3 ④ 0.5 m^3

68. 원형지를 이용한 은어 양식에서 못 중앙을 향한 바닥의 경사도로 가장 적합한 것은?
① 1/1～1/5 ② 1/6～1/14
③ 1/15～1/25 ④ 1/50～1/100

69. 양어장 용수로써 지하수를 이용할 때 일반적으로 반드시 실시해야 할 작업은?
① 가온 ② 냉각 ③ 에어레이션 ④ 중화

70. 천해 양식장에서 적조를 일으키는 대표적인 식물 플랑크톤은?
① 갈조류 ② 와편모조류
③ 허족충류 ④ 유공충류

71. 순환 여과식 양식에 대한 설명이 틀린 것은?
① 물의 사용량을 절약할 수 있다.
② 고밀도 양식이 가능하다.
③ 초기 투자비용이 높다.
④ 해적 생물과 질병에 대한 대책이 어렵다.

72. 다음 중 인위적으로 먹이 공급을 해주어야 하는 양식 방법은?
① 바닥양식 ② 밧줄식양식
③ 가두리양식 ④ 수하식양식

73. 수생 식물들의 광합성 작용이 왕성할 때의 수질 변화에 대한 설명이 아닌 것은?
① 수소 이온 농도가 낮아진다.
② 총탄산양이 감소한다.
③ 질산염, 인산염량이 감소한다.
④ 용존 산소가 증가한다.

74. 어류의 고밀도 양식 시 환경 오염을 가장 최소화할 수 있는 양식방법은?
① 가두리 양식 ② 유수식 양식
③ 정수식 지중 양식 ④ 순환 여과식 양식

75. 자연 간석지나 모래터를 개량하여 저서 생물의 초기 발생이 잘 되게 조성하는 저질 개선 방법은?
① 객토 ② 준설 ③ 바닥갈이 ④ 인공 간석

76. 다음 유해물질 중 가장 낮은 농도로도 양식 어류에 유독한 것은?
① 암모니아 ② 이산화탄소
③ 아질산 ④ 황화수소

77. 해수 내 녹아있는 기체 중 가장 높은 농도를 나타내는 것은?
① 질소 ② 산소 ③ 이산화탄소 ④ 아르곤

78. 파이프 안의 물이 아래로 흘러내리면서 공기를 함께 흡인하여 물속으로 혼합시키는 에어레이션 장치는?
① 벤투리관 에어레이션 ② 표면 에어레이션
③ 확산 에어레이션 ④ U 자관 에어레이션

79. 고속 모래 여과에 대한 설명으로 옳은 것은?
① 여과 용량이 적기 때문에 양식장보다는 실험실 등에서만 이용된다.
② 여과 능력은 여과조의 표층에서만 일어난다.
③ 여과 능력은 여과 재료의 표면적에 비례한다.
④ 여과 효율을 높이기 위해서는 자주 역세척을 해야 한다.

80. 질산화 과정 동안의 질소 농도(N-농도) 변화를 나타낸 그림에서 (D)에 적합한 것은?
① 유기태 질소 ② 암모니아성 질소
③ 아질산성 질소 ④ 질산성 질소

81. 공장 폐수 등의 수질 오염이 원인이 되는 갯병은?
① 흰갯병 ② 붉은갯병
③ 암종병 ④ 싹갯병

82. 어류의 혈액에 기생하여 빈혈증과 잠자는 병(SLEEPING SICKNESS)증을 일으키는 원인충은?
① *Trypanosoma* sp. ② *Cryptobia* sp.
③ *Eimeria* sp. ④ *Myxobolus* sp.

83. *Nocardia seriolae* 균에 감염된 방어의 특징적인 증상은?
① 주둥이의 탈락 ② 아가미의 결절
③ 지느러미의 흑변 ④ 안구의 백탁

84. 송어의 Furunculosis를 일키는 병원균은?
① *Aeromonas hydrophila*
② *Aeromonas salmonicida*
③ *Pseudomonas fluorescens*
④ *Pseudomonas anguilliseptica*

85. RNA virus에 속하지 않는 것은?
① Togavirus ② Reovirus
③ Myxovirus ④ Adenovirus

86. 어류의 혈액 기생충으로 짝지어진 것은?
① 오디니움-코스티아
② 브루크리넬라-익티오보도
③ 크립토비아-트리파노조마
④ 핵사미타-트리코디나

87. **어류 질병의 원인이 되는 섬모충이 아닌 것은?**
① 백점충 ② 트리코디나충
③ 스쿠치카충 ④ 익티오보도

88. **송어 치어에 발병하여 많은 피해를 주는 OMV의 증상, 해부학적 특징, 병리조직학적 특징에 대한 설명이 아닌 것은?**
① 간장의 부분적 백색화 혹은 전체의 퇴색
② 복수의 증가, 빈혈, 심근경색
③ 체색흑화, 안구돌출, 안와, 하악, 지느러미 기부에 출혈
④ 간장에 심한 괴사, 거대세포의 형성, 심장근육의 수종 형성

89. **무지개송어의 전염성 췌장괴사증(IPN)과 관계가 먼 것은?**
① 위장의 카타르성 염증이 생긴다 증상
② 초기에 죽는 개체는 나선형 운동을 하다가 바닥에 가라 앉아 죽는다.
③ 50 g 이상 크기의 어류에 감염된다.
④ 체색이 검어진다.

90. **양식 어류가 복부를 수면에 노출시키면서 운동하는 모습이 관찰된다면 어떤 경우인가?**
① 먹이를 많이 먹었을 경우
② 부레가 파열되었을 경우
③ 점액포자충에 감염되었을 경우
④ 복수가 많이 고여있을 경우

91. **진균류에 속하는 곰팡이로 물고기에 기생하여 균사체를 이루는 것은?**
① 물곰팡이 ② 털곰팡이
③ 거미줄곰팡이 ④ 푸른곰팡이

92. **DNA virus가 아닌 것은?**
① LCDV ② RSIV ③ CCV ④ VHSV

93. **절창병에 대한 설명 중 틀린 것은?**
① 급성은 대개 외부 증상이 없다.
② 피부, 아가미, 먹이를 통하여 감염된다.
③ 온수성 어류에 잘 나타난다.
④ 체표에 농창을 형성한다.

94. **송어류에 유행하는 전신적인 전염병인 절창병의 증상은?**
① 체표의 비늘이 일어선다.
② 피부에 융기된 부스럼이 생긴다.
③ 온수성 어류에 잘 나타난다.
④ 체표에 농창을 형성한다.

95. **조가비 사상체에 녹변장해가 생기는 원인과 가장 관계가 깊은 것은?**
① 규조 발생 ② 저비중
③ 영양 부족 ④ 온도 상승

96. **방어의 세균성 질병으로 Lactococcus균의 감염에 의한 연쇄구균증의 피해가 크다. 이 병이 쉽게 치유되지 않는 이유는?**
① 병원체가 쉽게 내성균으로 변하기 때문이다.
② 환부가 육아종으로 변해 그 속에 병원균이 있기 때문이다.
③ 이 병원균이 혈액 내에서 포자를 형성하기 때문이다.
④ 이 병원균이 근육 내에서 협막을 만들기 때문이다.

97. **잉어에 산화지방을 장기간 투여하면 등여윔병이 발생하는데, 이 병을 예방 및 치료하려면 사료에 무엇을 투여해야 하는가?**
① 설파메사진 ② 옥소린산
③ 아쿠아후라빈 ④ 비타민 E

98. **세균성 질병 감염 시 내부 장기에 흔 반점을 형성하지 않는 것은?**
① *Photobacterium damselae* subsp. *piscicida*
② *Edwardsiella tarda*
③ *Listonella anguillarum*
④ *Renibacterium salmoninarum*

99. **어패류의 병원균으로 내열성이 약하여 60℃에서 사멸하고 호기성이며, 형광성 색소를 형성하는 일이 많아 일명 형광균이라 불리는 세균무리는?**
① 비브리오 ② 에로모나스
③ 슈도모나스 ④ 플렉시박터

100. **연어과 어류에서 발병되고 있는 *Renibacterium salmoninarum*에 의한 세균성 신장병에서 균의 성상과 관련이 없는 것은?**
① 비운동성, 비항상성 균이다.
② Gram 음성의 간균으로 대부분 간상을 띤다.
③ 카탈라아제, 옥시다아제에 각각 양성과 음성을 나타낸다.
④ 분리 배지로는 CSA배지. KDM-2배지 등이 사용된다.

2020년 8월

1. 어류 양식 시 사료 섭취량에 관한 설명 중 틀린 것은?
   ① 용존 이산화탄소 농도가 높아지면 증가한다.
   ② 일반적으로 수온이 높을수록 증가한다.
   ③ 용존 산소량이 감소하면 포식량도 감소한다.
   ④ 체중이 증가하면 단위 체중당 사료 섭취량은 감소한다.

2. 식물 먹이 생물을 배양하기 위하여 고려되는 3가지 측면 중 기술적 측면에 속하지 않는 것은?
   ① 먹이 생물의 단일 종 분리 및 순수 배양
   ② 배지의 영양 강화
   ③ 용기의 선택과 세척
   ④ 멸균과 교반

3. 잉어 치어를 물벼룩이 발생된 못에 옮겨서 본격적인 성장을 시키고 싶다. 1 m^2당 몇 마리를 방양하면 치어 성장이나 경제적인 면에서 타당성이 있는가?
   ① 1 m^2당 10 ~ 20마리
   ② 1 m^2당 20 ~ 90마리
   ③ 1 m^2당 100 ~ 200마리
   ④ 1 m^2당 400 ~ 700마리

4. 넙치 수정란 채란에 가장 널리 사용되는 방법은?
   ① 천연 어미로부터 인공 채란하는 방법
   ② 천연 어미로부터 호르몬 주사에 의해 인공 채란하는 방법
   ③ 양성 어미로부터 자연 산란에 의한 방법
   ④ 양성 어미로부터 호르몬주사 후 자연 산란에 의한 방법

5. 해상가두리에서 4~5 cm 크기의 조피볼락 종묘의 사육시 가두리 표면적당 일반적인 적정 사육 밀도는?
   ① m^2당 약 100 ~ 500마리
   ② m^2당 약 700 ~ 1,000마리
   ③ m^2당 약 1,000 ~ 2,000마리
   ④ m^2당 약 2,000 ~ 3,000마리

6. 어류 먹이 생물의 조건으로 틀린 것은?
   ① 유생의 입의 크기에 적당해야 한다.
   ② 대량 배양이 용이해야 한다.
   ③ 영양가가 있는 것이어야 한다.
   ④ 운동성이 빨라야 한다.

7. 양식 어류 사료 내 탄수화물에 대한 설명으로 거리가 먼 것은?
   ① 육식성 어류의 경우 알파(α)화된 전분의 소화 흡수량이 초식성보다 높다.
   ② 에너지원으로 이용된다.
   ③ 점착제로서의 역할도 한다.
   ④ 소화 흡수된 여분의 탄수화물은 지방으로 변성되어 체내에 저장된다.

8. 다음 중 위가 없는 어류는?
   ① 무지개 송어 ② 뱀장어 ③ 메기 ④ 잉어

9. 다음 (   ) 안에 적합한 용어는?
   ① 어미 생산 – 양성 ② 어미 생산 – 방류
   ③ 종묘 생산 – 방류 ④ 종묘 생산 – 양성

10. 식물 plankton이 많이 발생하는 못에 양식하기 적합하지 않은 어종은?
    ① 무지개 송어 ② 잉어 ③ 백련 ④ 뱀장어

11. 넙치 치어 20,000마리 (마리당 3 g)를 구입하여 14개월간 양성하면서 까나리 등의 생사료를 80톤 공급하여 성어 20톤을 생산하였을 경우 사료효율은?
    ① 약 15% ② 약 20% ③ 약 25% ④ 약 30%

12. 뱀장어 양식 시 실지렁이를 먹이로 공급하는 시기는?
    ① 렙노세팔루스 ② 실뱀장어
    ③ 검둥뱀장어 ④ 새끼뱀장어

13. 숭어의 생태에 대한 설명으로 옳은 것은?
    ① 가을철 강에서 산란하고 바다로 내려간다.
    ② 하천에서 부화한 치어는 플랑크톤이나 미세한 생물체를 먹고 산다.
    ③ 친어는 외해에서 산란한다.
    ④ 바다에서 부화한 치어는 2년이 지나야 강으로 올라온다.

14. 참돔 종묘생산 시 치어의 먹이로 적합하지 않은 것은?
    ① 로티퍼 ② 코페포다 유생
    ③ 성게 유생 ④ 클로렐라

15. 은어를 사육하기 위해 사각형 못을 만들려고 할 때 유의할 점으로 거리가 가장 먼 것은?
    ① 바닥의 경사를 1/100 이하로 한다.
    ② 배수부에는 집수부를 만들어 배수 포획할 수 있게 한다.
    ③ 대량의 주·배수가 쉽게 될 수 있도록 배수구를

크게 만든다.

④ 못의 모서리는 둥글게 하여 물과 함께 찌꺼기가 정체하는 곳이 없도록 해야 한다.

16. 무지개송어 친어 사육 시 먹이의 양에 대한 설명이 옳은 것은? 단, 일반적으로 큰 식용어의 섭취량 기준임)

① 산란 후 1개월부터 다음 산란 전 2개월까지는 30%
② 산란 전 2개월에서 산란기까지는 50%
③ 산란 기간 중에는 70%
④ 산란을 촉진하기 위해서 산란 2~3일전부터는 100%

17. 해수 양식을 위해 체중 100 g 정도 되는 은연어를 해수에 순치시킨다면 가장 적당한 순치기간은?

① 1일간 ② 3일간 ③ 7일간 ④ 10일간

18. 숙성이가 생기는 원인이 아닌 것은?

① 사료량의 부족
② 수온의 이상 상승
③ 사료의 부적당한 크기
④ 사료 공급 방법의 미숙

19. 조피볼락의 자어에서 추광성을 나타내기 시작하는 시기는?

① 출산 직후 ② 출산 1주 후
③ 출산 2주 후 ④ 출산 3주 후

20. 잉어의 대형 종묘 생산은 3~4 cm 정도 되는 소형 종묘를 어느 정도의 크기로 키우는 과정인가?

① 5 ~ 10 cm ② 10 ~ 15 cm
③ 15 ~ 20 cm ④ 25 ~ 30 cm

21. 멍게(우렁쉥이)의 산란과 발생 과정에 대한 설명으로 틀린 것은?

① 겨울철에 산란한다.
② 수정란은 수중에 부유한다.
③ 알은 하루 지나면 올챙이형 유생이 된다.
④ 올챙이형 유생은 물체에 부착한 다음 꼬리 부분은 몸체에 흡수된다.

22. 십완류에 속하는 종은?

① 참문어 ② 꼴뚜기 ③ 주꾸미 ④ 낙지

23. 양식 생물과 유생기의 이름이 잘못 짝지어진 것은?

① 보리새우 - 미시스 유생
② 우렁쉥이 - tadpole 유생
③ 가리비 - D상 유생
④ 참굴 - 노우플리우스 유생

24. 피조개의 실내 채묘를 위한 산란 유발 자극으로 거리가 먼 것은?

① 온도 자극 ② 전기 자극
③ 생식소 첨가 ④ 간출 자극

25. 단련 종굴의 장점이 아닌 것은?

① 탈락이 적다.
② 크기가 작아서 취급이 쉽다.
③ 저항력이 강해 폐사율이 낮다.
④ 성장이 억제되어 양성 기간이 길어진다.

26. 생물의 식성에 관한 설명으로 틀린 것은?

① 바지락의 부유 유생은 *Chlorella* 등의 식물 플랑크톤을 먹는다.
② 전복류는 저서 생활 초기에는 다시마 등의 갈조류를 주로 먹는다.
③ 게류는 부화한 다음 조에아(zoea)기부터 먹이를 먹기 시작한다.
④ 성게류의 부화 유생은 미소한 규조류를 먹는다.

27. 가리비 양성장 선정에 있어서 지표종으로만 짝지어진 것은?

① 갯지렁이 – 염통성게 – 미더덕
② 사미류(거미불가사리류) - 보라성게 – 따개비류
③ 미더덕 – 붕넙치류 – 별불가사리
④ 연잎성게 – 갯지렁이 - 둑중개류

28. 우렁(패류) 종묘의 방양에 관한 설명으로 틀린 것은?

① 종묘는 1년 정도 된 각장 양 20 mm 내외인 것이 알맞다.
② 한 개체씩 구멍을 만들어 간석지에 심어준다.
③ 밀도는 m^2당 200 ~ 250개체 정도가 알맞다.
④ 방양 시기는 4 ~ 5월이 가장 좋다.

29. 굴 양식장 노화 현상으로 인해 저질에서 발생하는 대표적인 유독 물질은?

① NH_3 ② CH_4 ③ H_2S ④ CO_2

30. 피조개 양성장으로 적합하지 않는 곳은?

① 자연산 모패가 많이 서식하고 있는 곳
② 저질은 니질로서 해조류가 많이 번식하고 있는 곳
③ 수온 변동이 적고 수심 3~20 m 정도 되는 곳
④ 해적 생물의 피해가 적은 곳

31. 이동이 심한 조개류의 양성 시설로 적합한 방식근?
① 제방식 ② 그물 가두리식
③ 조위망식 ④ 나뭇 가지식

32. 종묘 방양에 대한 설명으로 가장 거리가 먼 것은?
① 양성 계획에 따라 알맞은 방양 시기와 양을 결정해야 한다.
② 종묘의 방양은 수온이 상승할 때가 좋다.
③ 방양량은 양성법 및 양성장의 환경 조건을 따른다.
④ 부착성 동물은 유영 동물에 비해 방양 밀도가 낮다.

33. 닭새우 phyllosoma기의 적당한 먹이가 아닌 것은?
① 미소 Zooplankton ② 알테미아의 부화유생
③ Copepoda ④ *Pavlova lutheri*

34. 해삼의 하면기 소화관 발달 상태를 가장 옳게 나타낸 것은?
① 회복 ② 쇠퇴 ③ 발달 ④ 정체

35. 진주조개의 패각 청소에 대한 설명으로 틀린 것은?
① 수술패의 성장이나 폐사 방지를 위해 필요하다.
② 굴 및 따개비류의 제거가 효과적이다.
③ 수온 15℃ 이상의 온도에서 2회 이상 해주는 것이 적당하다.
④ 진주의 성장에는 좋지 않은 영향을 준다.

36. 우럭(패류)의 종묘생산에서 양성까지의 설명으로 적절하지 않은 것은?
① 채묘는 완류식 시설로서 채묘하는 것이 효과적이다.
② 치패 관리는 항상 해수 중에 잠기는 얕은 곳이 좋다.
③ 양성장은 저질이 공기 중에 노출이 되지 않는 곳이 적합하다.
④ 식해동 물의 피해는 그물을 덮어주면 효과를 볼 수 있다.

37. 전복의 해적 생물이 아닌 것은?
① 수랑 ② 농어 ③ 문어 ④ 민꽃게

38. 방양 시 종묘를 한 개체씩 바닥의 저질에 모심기 하듯이 심어야 하는 조개는?
① 대합 ② 새조개 ③ 키조개 ④ 큰이랑피조개

39. 대하 종묘 생산 시 먹이를 처음으로 먹기 시작하는 유생 시기는?
① Nauplius stage ② Zoea stage
③ Mysis stage ④ Post larva stage

40. 최적 수온 하에서 해삼 유생의 부유 유영 기간으로 가장 알맞은 것은?
① 1주 ② 2주 ③ 3주 ④ 4주

41. 다음 홍조류 중 염분 농도가 다소 낮은 곳에서도 생육하는 종류는?
① 도박 ② 우뭇가사리 ③ 풀가사리 ④ 꼬시래기

42. 감태의 생태에 대한 설명으로 틀린 것은?
① 가을~겨울에 포자엽에서 유주자가 방출된다.
② 봄부터 어린 엽체가 출현한다.
③ 2~6월이 주 생장시기이다.
④ 다년생이다.

43. 우뭇가사리와 관련이 없는 것은?
① 사분포자 ② 과포자 ③ 중성포자 ④ 포복지

44. 양식법이 주로 영양 번식에 의존하는 종류는?
① 미역 ② 다시마 ③ 김 ④ 톳

45. 모자반의 암, 수 배우자가 형성되는 기관은?
① 자낭반 ② 포자엽 ③ 포낭 ④ 생식기집

46. 김양성 시 김발의 관리에 관한 내용으로 틀린 것은?
① 김의 생장을 촉진시키기 위해서는 무노출 상태로 두는 것이 좋다.
② 김발의 노출은 김의 활력을 감소시켜 색택이 저하된다.
③ 조류의 소통이 빠른 대조 때에는 생장을 돕기 위하여 김발을 낮게 관리한다.
④ 채취 2, 3일 전부터 김발을 높여 색택과 광택을 좋게 한다.

47. 다음 중 김양식장의 환경 조건으로 가장 좋은 조건은?
① 유속 10 cm/sec 이상, 풍파가 적은 곳
② 유속 10 cm/sec 이상, 풍파가 센 곳, 왕복류
③ 유속 20 cm/sec 이상, 풍파가 적은 곳, 와류
④ 유속 20 cm/sec 이상, 풍파가 센 곳, 정향류

48. 덮발에 의한 씨발의 관리 과정에서 김싹이 1 mm 정도 자랐을 때 갑자기 투명도가 높고 해파리가 많이 나타났다면, 이때의 가장 효과적인 대책은?
① 고노출선으로 옮긴다. ② 단기 냉장을 한다.
③ 뜬흔림발로 전개한다. ④ 저노출선으로 옮긴다.

49. 김발 관리가 바르게 된 것은?
① 종말기에는 노출을 적게 한다.
② 10℃ 이하에서는 노출을 적게 한다.
③ 채취한 뒤에는 발을 높인다.
④ 김 채취 2 ~ 3일 전에는 발을 낮춘다.

50. 다음 중 김발 냉장 시 최상의 씨발을 얻을 수 있는 조건은?
① 싹부착이 1 cm 당 300개 이상으로서 30~50 mm 크기인 것
② 싹부착이 1 cm 당 300개 이상으로서 5~10 mm 크기인 것
③ 싹부착이 1 cm 당 300개 이하로서 30~50 mm 크기인 것
④ 싹부착이 1 cm 당 300개 이하으로서 5~10 mm 크기인 것

51. 미역 종묘의 월하 배양 관리 시 적정 조도는? (단, 수온 25℃ 정도를 기준으로 한다.)
① 암흑처리 ② 200~500 lx
③ 1,000 lx 전후 ④ 2,000 lx 전후

52. 다시마를 저수온기에 최대한 활용하여 단기간에 생장시키는 양식 방법은?
① 2년 양식 ② 촉성양식
③ 억제배양양식 ④ 억제양식

53. 방사무늬김의 세대 교번에 있어서 감수 분열이 일어나는 시기는?
① 엽체에서 조과기를 만들 때
② 조과기가 수정할 때
③ 과포자가 사상체로 발아할 때
④ 각포자낭에서 각포자가 생길 때

54. 배양장에서 김 사상체의 각포자는 하루 중 언제 가장 많이 방출되는가
① 3~4시 ② 6~8시 ③ 12~13시 ④ 18~20시

55. 참김, 큰참김, 방사무늬김, 모무늬돌김, 긴잎돌김을 같은 어장에서 양식할 때 자리 바꿈으로 가장 많이 혼입하는 종은?
① 참김 또는 큰참김 ② 방사무늬 김
③ 모무늬돌김 ④ 긴잎돌김

56. 미역 유주자의 착생에 대한 설명으로 틀린 것은?
① 수온 20℃ 이하, 비중 1.020 이상일 때 착생률이 높다.
② 수온 25℃ 이상, 비중 1.010 이하에서는 착생률이 매우 낮다.
③ 주광성이 있어서 밝은 곳으로 모여든다.
④ pH 7.4 ~ 8.0일 때 착생률이 높다.

57. 해조류의 생장 방식과 종들이 바르게 짝지어진 것은?
① 확산 생장 – 우뭇가사리, 지누아리
② 개재 생장 – 끈말, 진두발
③ 정단 생장 – 갈파래, 김
④ 비대 생장 – 다시마, 감태

58. 다시마 종묘를 촉성 배양법으로 배양하면 유주자 착생 후 어느 정도에 아포체가 나타나는가?
① 1주일 후 ② 10일 후 ③ 40일 후 ④ 60일 후

59. 미역 유주자에 대한 내용으로 틀린 것은?
① 유주자는 발아하여 현미경적인 작은 배우체로 되어 여름을 지낸다.
② 2개의 편모로 헤엄친다.
③ 서양배의 형태(pyriform)이다.
④ 성상(星狀)색소체를 가진다.

60. 무기질(Free-living)김 사상체 배양의 특성으로 틀린 것은?
① 선발 육종(選拔育種)을 간단하게 할 수 있다.
② 배양을 위한 넓은 장소가 필요하지 않다.
③ 과포자는 매년 구하여야 하나 채묘 시기를 쉽게 조절할 수 있다.
④ 병의 침범이 적고 배양 관리가 쉽고 경제적이다.

61. 환경 조건이 동일한 상태에서 양식장을 같은 규모로 신설한 경우 어장 노화를 가장 빨리 초래할 서으로 생각되는 양식 방법은?
① 조피볼락의 가두리 양식
② 김의 뜬흘림발 양식
③ 우렁쉥이 밧줄 수하식 양식
④ 피조개 바닥 양식

62. 개방적 양식장에 속하지 않는 것은?
① 수조식 양식장 ② 나뭇가지식 양식장
③ 바닥식 양식장 ④ 수하식 양식장

63. 기기 자체의 무게에 의해서 해저면을 일정한 거리로 끌어서 시료를 채취하는 채니 방법은?
① 그래브식 ② 드레지식
③ 코어식 ④ 아지드식

64. **수질 측정 방법의 연결이 틀린 것은?**
① 용존 산소 – 윙클러법
② 암모니아성 질소 – 인도페놀법
③ 염분도 – 질산은 적정법
④ 수소 이온 농도 – 격막 전극법

65. **적조가 일어나는 여러 원인 중 가장 중요하게 영향을 미치는 것은?**
① 고수온 ② 용존 산소
③ 부영양화 ④ 외양수와 내만수의 혼합

66. **오존을 이용한 해산어 양식장 사육수 살균 시 독성을 나타낼 수 있는 용존 물질은?**
① 요오드 ② 질소 ③ 탄소 ④ 카드뮴

67. **어류의 암모니아 독성에 관한 설명으로 옳지 않은 것은?**
① 담수에서보다 해수에서 독성이 강하게 나타난다.
② 용존 산소량이 증가할 때 독성이 감소한다.
③ 어류는 주로 항문을 통해서만 암모니아를 배설한다.
④ 종에 따른 선택적인 영향을 나타내지 않고 모든 어종에 영향을 끼친다.

68. **생물학적 여과에 대한 설명으로 틀린 것은?**
① 생물학적 여과의 주 목적은 물속에 녹아있는 암모니아를 제거하기 위함이다.
② 질산화 과정에 관여하는 세균은 호기성 세균이다.
③ 여과 기능이 잘 일어나기 위해서는 충분한 산소 보급
④ 생물 여과조는 옥외에 햇볕이 잘 드는 곳에 설치

69. **공기 양수기의 양수 능력이 가장 좋을 때는 언제인가?**
① 수면에 배출구가 닿았을 때
② 기포 주입 장치가 모두 물속에 있을 때
③ 기포 주입구가 수면에 닿았을 때
④ 김 로드를 연결하여 사용하였을 때

70. **다음 중 양식장 수질 오염 시 직접적인 조사 대상 항목과 가장 거리가 먼 것은?**
① BOD ② DO ③ 암모니아 ④ 나트륨

71. **수중의 용존 산소량에 영향을 가장 많이 미치는 요인은?**
① 기압 ② 수온 ③ 부유 물질 ④ 수소 이온 농도

72. **양식장에 석회를 살포하면 유해 생물을 구제하는 효과가 있다고 한다. 석회의 이러한 주 역하레 대한 설명이 옳은 것은?**
① 공기중 산소의 용해
② 이산화탄소 제거에 의한 pH 상승
③ 중금속 이온의 수산화물 생성
④ 유화물의 불용성 증가

73. **양식장에서 볼 수 있는 황화수소의 작용에 대한 설명으로 가장 옳은 것은?**
① 환수량이 많은 유수식 양식장 사육조에서 발생한다.
② 물의 유통이 잘되는 장소에서 발생한다.
③ 산소의 공급량이 증가하면 황화수소의 축적량도 늘어난다.
④ 축적되면 저질의 색깔이 검어지면서 악취가 발생한다.

74. **순환 여과 양식장 사육내 용존 유기물(DOM, dissolved organic matter)에 대한 설명으로 거리가 먼 것은?**
① 거품(포말) 분리법으로 제거할 수 있다.
② 주로 마이크로스크린 여과로 제거한다.
③ 수질의 산성화와 연관이 있다.
④ 자외선 흡광도 측정으로 농도를 검측할 수 있다.

75. **순환 여과식 사육지에서 사육수의 정화 처리 순서로 가장 좋은 것은?**
① 여과 → 침전 → 소독 ② 침전 → 소독 → 여과
③ 침전 → 여과 → 소독 ④ 소독 → 침전 → 여과

76. **수중의 이산화탄소에 관한 설명으로 옳은 것은?**
① 수중의 경도가 높으면 수질이 불안정하다.
② 물속의 이산화탄소는 용존 산소와 서로 비례적인 입장에 있다.
③ 물속에서 그 농도가 높아도 어류의 산소 운반 능력에는 영향이 없다.
④ 수중의 경도가 낮으면 물속의 이산화탄소는 탄산으로 되어 물을 산성화시킨다.

77. **은어 사육을 위하여 콘크리트 사각형 사육지를 만들려고 할 때의 주의사항 중 적합하지 않은 것은?**
① 바닥은 1/50 ~ 1/20의 경사를 만든다.
② 대량의 주·배수가 쉽게 될 수 있도록 주·배수구를 크게 만든다.
③ 물을 회전시키기 위해서는 주수하는 물이 벽에 부딪치도록 하고 배수구는 못의 중앙에 설치한다.
④ 배수부에는 집수부를 만들어 배수 포획을 할 때

집어할 수 있게 한다.

78. 다음중 어류 부화장이나 배양장에서 많은 용량의 유입수를 처리하는 데 이용되는 물리적 여과 장치로 가장 적합한 것은?

① 살수 여과장치 ② 침수 여과장치
③ 거품분리제거 장치 ④ 고속모래 여과장치

79. 침투수를 집수하는 경우 집수관 내부의 평균 유속은 초당 어느 정도를 유지하는가?

① 100 cm 이하 ② 200 cm
③ 300 cm ④ 500 cm 이상

80. 담수에서 중요시 되지 않는 영양 염류는?

① 질소 ② 인 ③ 규소 ④ 칼륨

81. 잉어의 봄 Virus(SVC)병이 발생하는 수온은?

① 30℃ 이상 ② 24 ~ 29℃
③ 13 ~ 20℃ ④ 10℃ 이하

82. 뱀장어 에드워드병의 주 증상은?

① 안구가 돌출된다.
② 배 부분과 지느러미가 붉어지고, 항문이 종창되며 농이 나오고, 복부에 구멍이 생긴다.
③ 피부의 퇴색, 아가미 뚜껑의 출혈, 지느러미 탈락과 체표에 피와 고름을 함유한 팽윤환부가 형성된다.
④ 점액의 과다 분비로 두부, 등, 꼬리 지느러미에 두터운 점액막이 생긴다.

83. 금붕어에 궤양병을 일으키는 원인 세균이 아닌 것은?

① *Aeromonas hydrophila*
② *Aeromonas salmonicida*
③ *Flavobacterium columnare*
④ *Renibacterium salmonicida*

84. 원충류의 내외부 구조를 관찰하는데 일반적으로 사용되는 방법이 아닌 것은?

① 김자염색법 ② 도은염색법
③ 트리판블루염색법 ④ 고모리트리크롬염색법

85. Nocardia 증의 주 증상은?

① 출혈 ② 내장기관의 염증
③ 지느러미의 부식 ④ 피부 및 내장의 작은 결절

86. 채란용 어미고 기를 죽이지 않고 체내 병원 미생물의 감염 유무를 확인하려고 할 때 적용할 수 없는 방법은?

① PCR법 ② ELISA법
③ 혈액검사법 ④ 조직검사법

87. 틸라피아의 항문이 붉게 돌출되었다. 어떤 병인가?

① 수생균의 감염에 의한 것
② Edward병의 감염에 의한 것
③ 장내 흡충류의 기생에 의한 것
④ Ichthyophonus의 감염에 의한 것

88. 방어를 양식 시 장기간 냉동된 까나리를 투여했는데 안구 돌출, 혈구 파괴, 울혈 등의 증상이 나타났다. 그 주된 이유로 가능성이 가장 높은 것은?

① 저장된 까나리의 근육에 세균이 번식했기 때문이다.
② 까나리의 단백질량이 감소되었기 때문이다.
③ 까나리의 지방이 산화되었기 때문이다.
④ 까나리가 동결되어 세포가 파괴되었기 때문이다.

89. *Pseudomonas anguilliseptica*가 주원인인 뱀장어의 질병은?

① 기적병 ② 적점병 ③ 절창병 ④ 솔방울병

90. 폐사어를 부검하였을 때 용존 산소 결핍증으로 볼 수 없는 증상은?

① 죽은 고기는 대부분이 입을 닫고 있었다.
② 아가미가 충혈되어 있었다.
③ 아가미의 혈관이 확장되어 있었다.
④ 몸에서 용혈 현상을 볼 수 있었다.

91. 넙치, 참돔, 방어, 조피볼락, 농어 등 해산어류의 두부, 지느러미, 꼬리, 몸 표면에 작은 물집 모양의 환부가 형성되고, 병어는 잘 죽지 않으나 상품 가치를 잃게 하는 이리도바이러스에 속하는 병명은?

① 바이러스성 신경 괴사증
② 바이러스성 상피증생증
③ 림포시스티스병
④ 참돔 이리도바이러스병

92. 일반적인 세균 염색법으로 염색을 하였을 때 그램 음성균은 어떤 색으로 염색되는가?

① 청색 ② 자색 ③ 빨간색 ④ 황색

93. 뱀장어에 곰팡이성 질병을 일으키지 않는 것은?

① *Dermocystium anguillae*
② *Branchiomyces sanguinis*
③ *Saprolegnia* sp.
④ *Ochroconis tshawytschae*

94. 뱀장어의 어체 근육에 기생하였을 때 근육이 융해되고 체표면에 요철이 생기는 질병은?

① Ichthyophonus 증 ② Ichthyobodo 증
③ Microsporidium 증 ④ Heterosporis 증

95. 연어과 어류의 세균성 신장병(BKD)의 주요 증상은?
① 신장과 그 외 장기에 백점 및 백반상의 병소 형성
② 두부, 등, 꼬리 지느러미에 두터운 점액막 형성
③ 체표 전면에 점상 출혈과 모세 혈관 확장
④ 아가미 표면에 팽윤된 환부 형성

96. Virus성 질병의 종류와 감염 대상 어류와의 관계가 잘못된 것은?
① Trout – IPN　② Salmon – VHS
③ Catfish – CCVD　④ Carp – IHN

97. 참돔의 눈 가장자리가 붉어졌다면 어떤 원인에 의한 병으로 판단되는가?
① Hexamita 충의 기생 때문에
② 아가미흡충의 기생 때문에
③ Vibrio sp.의 감염 때문에
④ Mycobacterium sp.의 감염 때문에

98. 김의 갯병 중 병원체에 의한 감염성 질병과 관련이 없는 것은?
① 흰갯병(白腐炳)　② 붉은갯병(赤腐病)
③ 녹반병(錄腐病)　④ 호상균병(壺狀菌病)

99. 싹갯병의 발병 원인과 가장 거리가 먼 것은?
① 싹의 밀생으로 인한 생장 둔화
② 많은 담수의 일시적 유입
③ 고기온이나 강품 시 노출 과다
④ 기생 생물의 착생

100. 닻벌레의 유충이 성체형으로 되면서 어류에 기생하기 시작하는 수온은?
① 수온 10℃　② 수온 13℃
③ 수온 15℃　④ 수온 17℃

2021년 3월

1. 은어나 송어류의 성숙 조절에 주로 이용되는 것은?
① 수온　② 광주기　③ 염분　④ pH

2. 총중량 100 kg의 잉어에게 400 kg의 사료를 먹여 500 kg으로 성장시켰다고 하면 이 때의 사료계수는?
① 0.5　② 1.0　③ 1.5　④ 2.0

3. 협염성 어류는?
① 뱀장어　② 무지개송어　③ 방어　④ 숭어

4. 1 m^2당 무지개송어의 치어의 적정 방양 밀도는? (단, 수온 15℃, 개체 당 무게는 4 g 내외임)
① 300～400마리　② 400～600마리
③ 600～900마리　④ 900～1300마리

5. 산소 보충을 하지 않은 상태에서 정수식 못양식으로 잉어를 양성하려고 한다. 물을 교환하지 않은 상태에서의 잉어의 최대 수용량은?
① 1 m^2 당 약 500g　② 1 m^2 당 약 100g
③ 1 m^2 당 약 1,000g　④ 1 m^2 당 약 1500g

6. 생식 세포인 정자와 난자는 일반적으로 몇 배수체인가?
① 반수체　② 2배체　③ 3배체　④ 4배체

7. 조피볼락 출산 후 자어에게 먹이를 처음 공급하는 시기는?
① 출산 직후　② 출산 50일후
③ 출산 19일후　④ 출산 30일후

8. 먹이 생물이 갖추어야 할 조건이 아닌 것은?
① 적정한 크기 및 모양을 갖추어야 한다.
② 영양 성분이 확보되어야 한다.
③ 대량 배양이 용이해야 한다.
④ 빠른 운동성을 가져야 한다.

9. 산란 유도를 위해 사용하는 호르몬과 관련이 없는 것은?
① 뇌하수체　② HCG
③ 클로로포름　④ 고나도트로핀

10. 방양된 잉어 치어의 해적 생물이 아닌 것은?
① 메기　② 베스　③ 백련　④ 물새

11. 어류 양식용 배합 사료 성분 중 고려되어야 할 주요 영양소는?
① 단백질 - 지질 - 탄수화물 - 항산화제
② 단백질 - 지질 - 탄수화물 - 무기질
③ 점착제 - 지질 - 탄수화물 - 무기질
④ 점착제 - 지질 - 탄수화물 - 항산화제

12. 크럼블(crumble) 사료에 대한 내용으로 가장 적합한 것은?
① 생사료를 주원료료 하여 공급직전 제조한다.
② 주로 치어에 주는 사료이다.
③ 출하 직전 맛을 좋게 하기 위하여 주는 사료이다.

④ 보통 직경 3, 5, 7 mm의 3가지로 생산된다.

13. 틸라피아가 우리나라에 처음 도입된 년도와 수입국은?

① 1965년, 일본 ② 1955년, 태국
③ 1958년, 대만 ④ 1968년, 중국

14. 식성이 다른 어류는?

① 넙치 ② 방어 ③ 숭어 ④ 자주복

15. 부화 후 5 ~ 6일이 지난 참돔 자어의 초기 먹이로 가장 적합한 것은?

① 로티퍼 ② 성게 유생
③ 굴 D상 유생 ④ 코페코다 노플리우스 유생

16. 은연어의 사육 적정 수온은?

① 8 ~ 10℃ ② 10 ~ 12℃
③ 13 ~ 18℃ ④ 20 ~ 22℃

17. 은어의 부화 직후 사육 밀도는 수량 1 m^3당 몇 마리인가?

① 5,000 ~ 10,000 마리
② 10,000 ~ 30,000 마리
③ 30,000 ~ 50,000 마리
④ 150,000 ~ 200,000 마리

18. 수온 15~26℃에서 넙치 성어 양성 시 환수율이 하루에 10~12회전일 때 m^2당 양성 밀도로 가장 적합한 것은?

① 1~5 kg ② 5~15 kg
③ 20~30 kg ④ 30~40 kg

19. 넙치 양식의 자어 관리에 대한 설명으로 틀린 것은?

① 자어가 난황을 흡수하고 입이 열리면 즉시 사육조로 옮긴다.
② 자어의 수용 밀도는 해수 1,000 L당 20,000마리 전후이다.
③ 광선량은 10,000 lx 이내로 한다.
④ 사료는 부화 초기에는 로티퍼를 주고 후기에는 알테미아를 준다.

20. 미꾸라지의 성어 양성 시 적당한 방양밀도는?

① 100 m^2 당 5~9 kg
② 100 m^2 당 10~15 kg
③ 100 m^2 당 16~20 kg
④ 100 m^2 당 21~25 kg

21. 참가리비의 자원 보호를 위해 채취 금지 기간을 설정한다면 가장 알맞은 시기는?

① 3~5월 ② 6~8월 ③ 9~12월 ④ 1~3월

22. 대합류의 종묘 생산을 위한 자연 채묘 방법으로 알맞은 것은?

① 수하식 채묘 ② 침설고정식 채묘
③ 완류식 채묘 ④ 로프식 채묘

23. 참굴 종패의 단련 목적이 아닌 것은?

① 성장 억제 및 저항력 강화
② 취급 시 탈락 방지 및 양성 시 폐사율의 감소
③ 양성 시 부착 및 식해 생물의 피해 감소
④ 양성 시 성장 속도의 증가

24. 기수(沂水)의 염분 범위는?

① 0.5 psu 이하 ② 0.5 ~ 25 psu
③ 10 ~ 20 psu ④ 40 ~ 25 psu

25. 문어 종묘에 대한 설명으로 틀린 것은?

① 수온이 14℃ 이하가 되면 성장이 현저히 늦어진다.
② 성장이 빠른 시기에 선도가 높은 먹이를 충분히 공급하면 성장이 빨라진다.
③ 종묘가 성장할수록 일간 성장 속도가 빨라진다.
④ 종묘는 큰 것일수록 수확 시기가 빨라진다.

26. 먹이 생물인 클로렐라(*Chlorella*)가 속하는 분류군은?

① 녹조류 ② 갈조류 ③ 남조류 ④ 홍조류

27. 전복 해상가두리(2.4×2.4×2.5 m)의 m^2당 종묘(각장 2~3 ㎝)의 최초 입식 밀도는?

① 500마리 ② 1,000마리
③ 3,000마리 ④ 5,000마리

28. 우리나라에서 닭새우의 주산지는?

① 제주도 연안 ② 거제도 연안
③ 울릉도 연안 ④ 연평도연안

29. 양식 생물의 식성에 따른 주요 먹이의 종류가 틀린 것은?

① 멍게(우렁쉥이)류: 식물플랑크톤, 유기쇄설물
② 고막류: 유기쇄설물, 소형식물플랑크톤
③ 전복류: 부착규조류, 대형해조류
④ 해삼류: 소형 새우나 어류

30. 전복의 인공 종묘 생산 시 사용되는 산란 자극법과 가장 거리가 먼 것은?

① 간출 자극 ② 자외선 조사 자극
③ 전기 자극 ④ 과산화수소 자극

31. **조개류의 비만도(condition index)를 가장 잘 설명한 것은?**
① 각내 용적분의 연체부 건조 중량에 1,000을 곱한 값
② 각내 용적분의 연체부 생식소 중량에 1,000을 곱한 값
③ 각내 용적분의 패각 중량에 1,000을 곱한 값
④ 각내 용적분의 연체부 글리코겐 축적량에 1,000을 곱한 값

32. **전복류의 산란 생태에 관한 설명으로 옳은 것은?**
① 생식소가 성숙하면 난소는 담황색 또는 황백색을 띠고 정소는 짙은 녹색을 띤다.
② 까막전복은 수온이 16～17℃인 경우 수정 후 27～28시간이 지나면 패각이 생겨 저서 포복 생활로 들어간다.
③ 참전복의 성숙 기초 수온은 7.6℃이고, 적산 수온이 500～1,500℃이면 성숙기에 들어간다.
④ 참전복은 저위도 수역보다 고위도 수역에서 부화 후 성장이 빠르다.

33. **참가리비에 대한 설명으로 옳은 것은?**
① 참가리비의 산란 임계 온도는 15℃이다.
② 성숙한 생식소는 암컷이 황백색, 수컷이 유백색이다.
③ 한류계로서 부유 유생 기간이 7일 정도이다.
④ 우리나라 동해안에 주로 분포하며, 수심이 20 ~ 25 m 되는 곳에 많이 서식한다.

34. **생식방법이 다른 굴은?**
① 참굴 ② 강굴 ③ 바윗굴 ④ 벗굴

35. **굴의 고정식 채묘 방법에 속하는 것은?**
① 말목식 채묘 ② 뗏목식 채묘
③ 연승 수하식 채묘 ④ 부동식 채묘

36. **진주담치의 학명은?**
① *Mytilus coruscus* ② *Crenamytilus grayanus*
③ *Scapharca subcrenata* ④ *Mytilus edulis*

37. **피조개의 D상 유생과 보리새우 조에아 유생의 공통점은?**
① 저서 생활을 시작한다.
② 발과 안점이 발달한다.
③ 부화 후 처음으로 먹이를 먹는다.
④ 난에서 부화한 직후의 유생기이다.

38. **수심이 20 m 되는 곳에서 참가리비를 채묘할 때 가장 알맞은 채묘수층은?**
① 수면으로부터 6 m 깊이까지
② 중층으로부터 저층부근까지
③ 저층으로부터 2 m까지
④ 중층 부근

39. **바지락 양식에 관한 설명으로 틀린 것은?**
① 유생의 착저 시 모래 등에 아주 작은 족사를 이용하여 부착 후 잠입 생활에 들어간다.
② 채묘는 잠입 생활 직전 부착 기질에 부착시켜 채묘한다.
③ 석시법은 간출된 다음 종묘를 방양하는 것을 말한다.
④ 치패가 많이 발생하는 곳은 육수의 영향을 받는 간석지를 중심으로 한 수역이다.

40. **개량조개의 발생에 가장 적당한 수온 범위는?**
① 22 ~ 28℃ ② 10 ~ 25℃
③ 15 ~ 20℃ ④ 5 ~ 15℃

41. **김이 생육하는데 필요한 원소 중 결핍되기 쉬운 원소가 아닌 것은?**
① 질소 ② 인 ③ 철 ④ 칼륨

42. **김이 생리적으로 약해지는 요인이 아닌 것은?**
① 대조 때 조류 소통이 좋다.
② 겨울에 수온이 높아져 해수의 대류가 잘 안된다.
③ 소조 때에 물이 맑아서 갑작스럽게 광선이 강해진다.
④ 채묘가 농밀하게 되거나 김발이 밀식된다.

43. **김의 실내 채묘 시 조도의 관계가 가장 큰 것은?**
① 포자의 부착력과 관계가 있다.
② 포자의 방출량과 관계가 있다.
③ 착생 후 발아율과 관계가 있다.
④ 착생 후 생장율과 관계가 있다.

44. **카라기난의 원료가 되는 해조가 주는 속하는 식물군은?**
① 홍조 식물 ② 남조 식물 ③ 녹조 식물 ④ 갈조 식물

45. **참김과 둥근돌김의 분류상 가장 주된 차이점은?**
① 자웅성 ② 생식 세포의 분할 방식
③ 생활사 ④ 가장자리의 톱니 유무

46. **북방형 미역의 특징이 아닌 것은?**
① 포자엽의 주름 수가 많다.

② 우상엽의 열각이 깊다.
③ 줄기가 짧다.
④ 주로 외양역에 서식한다.

47. 몸 가장자리가 톱니 모양으로 된 것은?

① 둥근김 ② 방사무늬김
③ 긴잎돌김 ④ 둥근돌김

48. 김 자연채묘(건홍)의 적기는?

① 수온 12℃～15℃가 되는 대조 시
② 수온 22℃ 전·후에서 15℃로 하강하는 대조 시
③ 수온 15℃ 이하에서 5℃～8℃까지의 기간
④ 수온 10℃ 전·후의 겨울철

49. 다음 중 절단한 꼬시래기의 모조를 살포하여 부유하면서 성장하기에 가장 적합한 양식 적지는?

① 기수호나 타이드 풀 ② 조간대의 모래밭
③ 조간대의 자갈밭 ④ 하구 부근의 기수구역

50. 김 양식 방법 중 2차아(芽)의 부착이 적은 것은?

① 뜬흘림발(부류식) ② 떼발(염홍)
③ 뜬발(부동식) ④ 섶(일본홍)

51. 미역의 종묘 생산에 있어 가이식의 필요성에 해당되지 않는 것은?

① 아포체가 육안적인 크기로 될 때까지는 가이식한 것이 본 양성 시설을 한 것보다 성장이 빠르다.
② 부니와 잡생물의 제거 작업 또는 싹녹음 예방을 위한 대피 작업이 용이하다.
③ 배우체의 성숙과 수정은 오랫동안 계속 일어나기 때문에 배우체가 씨줄틀과 떨어져 있는 것이 좋다.
④ 씨줄을 어미줄에 감는 작업을 할 때 종묘의 손상을 줄일 수 있다.

52. 미역 종묘 배양 과정에서 수온 상승에 따라 가장 우선적으로 대처해야 하는 것은?

① 틀을 자주 뒤바꾸어 준다.
② 물갈이를 1주일에 2회 이상으로 한다.
③ 시비를 자주하여 종묘를 튼튼하게 한다.
④ 광선을 어둡게 관리한다.

53. 다시마의 엽장별 생육 단계에 있어 나타나는 형질 특징에 대한 설명으로 틀린 것은?

① 엽장 1 ~ 5 cm에서는 미역과 매우 비슷하게 열각이나 주름이 없다.
② 엽장 10 ~ 20 cm에서는 양 가장자리에 주름이 조금 생기고 용무늬가 나타난다.
③ 엽장 2 ~ 2.5 m에서는 주름이 없어지고 끝녹음이 멈춘다.
④ 엽장 3 ~ 3.5 m에서는 포자낭반이 나타난다.

54. 미역 생활사의 순서로 맞는 것은?

① 포자엽 → 유주자 → ♀,♂배우자 → 접합자 → 아포체 → 유엽
② 포자엽 → 유주자 → 접합자 → ♀,♂배우자 → 아포체 → 유엽
③ 유주자 → 포자체 → ♀,♂배우자 → 접합자 → 아포체 → 유엽
④ 유주자 → ♀,♂배우자 → 유엽체 → 접합자 → 아포체 → 포자

55. 다음 중 미역의 어미줄로 가장 많이 쓰이는 것은?

① 나일론 ② 사란 ③ 폴리에틸렌 ④ 실크

56. 다음 중 김의 냉동씨발을 입고할 때의 함수율로 가장 적정한 것은?

① 10%～15% ② 20% ~ 40%
③ 40% ~ 60% ④ 0% ~ 10%

57. 다음 표는 김의 채묘 일자와 수온이 13℃로 된 날을 기록한 것이다. 가장 흉작이 예상되는 것은?

① 가 ② 나 ③ 다 ④ 라

58. 톳의 생식 세포 방출과 수정에 관한 설명으로 틀린 것은?

① 난이 방출되는 시각은 주간의 간조 때에 시작된다.
② 정자 방출은 광선과 아무 상관이 없으나 난의 방출은 광선이 없으면 방출하지 않는다.
③ 난은 방출되면 점질에 싸인 채로 모체의 생식기 가지에 붙어 있으면서 수정을 한다.
④ 난과 정자가 방출되는 수온 범위는 19 ~ 20℃가 되는 5월 하순경부터 시작된다.

59. 모자반 양식시 가이식의 조건으로 가장 적합한 것은?

① 수온 : 13℃ ~ 17℃, 수심 : 1.5 m
② 수온 : 18℃ ~ 24℃, 수심 : 0.5 m
③ 수온 : 8℃ ~ 10℃, 수심 : 1.5 m
④ 수온 : 20℃ ~ 26℃, 수심 : 0.5 m

60. 다시마의 종묘 배양 과정에서 배우체의 수정률이 가장 좋은 조도는? (단, 수온은 13℃ 전후일 경우)

① 500 lx ② 2,000 lx ③ 3,000 lx ④ 5,000 lx

61. **다음 중 수질을 가장 많이 오염시키는 경우는?**
① 100 g짜리 10마리를 수용했을 때
② 50 g짜리 20마리를 수용했을 때
③ 10 g짜리 100마리를 수용했을 때
④ 5 g짜리 200마리를 수용했을 때

62. **양어지의 환경을 개선하기 위하여 경운(바닥갈이)을 할 경우 기대되는 효과는?**
① 산소 공급의 억제 ② 유해 생물의 증가
③ 저질의 환원을 촉진 ④ 호기성 분해의 촉진

63. **양식 시설 재료 중 성질이 다른 것은?**
① 코르타르 ② 주철 ③ 알루미늄 ④ 시멘트

64. **고속 모래 여과(Rapid Sand Filter)의 설명 중 옳은 것은?**
① 생물학적 여과 방법이다.
② 가압 펌프를 이용하는 여과 장치이다.
③ 중력에 의한 모래 여과 장치이다.
④ 용존 물질을 제거하는 것이 1차적인 목적이다.

65. **탈질 과정(denitrification)에 대한 설명으로 틀린 것은?**
① 질산화 과정에 발생한 질산염을 제거하는 공정이다.
② 타가영양 세균인 슈도모나스(Pseudomonas) 등의 활동으로 이루어진다.
③ 탈질 과정을 통해 H_2와 H_2O가 생성된다.
④ 용존 산소량이 무산소에서 1.0mg/L로 증가하면 탈질 효율은 증가한다.

66. **일반적으로 담수 순환 여과 시스템에서 새로 설치한 여과조의 질산화 세균이 번식하여 여과 기능을 나타내기 시작하는데 걸리는 시간은? (단, 수온은 15℃ 이상임)**
① 약 1주일 ② 약 2주일 ③ 약 1달 ④ 약 2달

67. **질산화 과정에 관여하는 질산화 세균의 특징으로 옳은 것은?**
① 종속영양 세균 - 호기성 세균
② 독립영양 세균 - 호기성 세균
③ 종속영양 세균 - 혐기성 세균
④ 독립영양 세균 - 혐기성 세균

68. **양식장 내 양수고가 3.5 m 이하이고 배관 지름 300 mm 이상의 경우 가장 적합한 펌프 형식은?**
① 원심력 펌프 ② 축류 펌프
③ 사류 펌프 ④ 왕복 펌프

69. **수중 이산화탄소와 용존 산소 농도에 대한 설명으로 틀린 것은?**
① 지수식 못 양식장 내 이산화탄소와 용존 산소 농도의 하루 중 변화는 비례적 관계이다.
② 수중 이산화탄소 농도는 사육 생물의 호흡에 의해 증가한다.
③ 용존 산소 포화 농도는 염분에 반비례한다.
④ 이산화탄소 농도의 증가는 사육수의 산성화를 초래한다.

70. **다음 중 과망간산 칼륨법과 중크롬산칼륨법으로 측정하는 것은?**
① BOD ② COD ③ 염소이온농도 ④ 경도

71. **일반적으로 물 속에 녹아 있는 산소의 양은 공기 중의 산소량에 비해 얼마 정도인가?**
① 약 1/3,000 ② 약 1/300
③ 약 1/30 ④ 약 1/3

72. **옆 물길이 필요한 양어장은?**
① 저수지 양어 ② 방류 재포 양어
③ 순환 여과식 양어 ④ 가두리식 양어

73. **굴 양식장의 수질 환경요인 중 부적합한 조건은?**
① 화학적 산소 요구량 2 ppm 이하인 수질
② 용존 산소 포화율 85% 이상의 수질
③ 부유 물질량 25 ppm 이하의 수질
④ 수소 이온 농도 5.0～6.0인 수질

74. **양식장의 입지 조건에 대한 분류상 지형적 입지 조건에 해당하지 않는 것은?**
① 연안 및 해저 지형 ② 교통
③ 저질 ④ 강의 유무

75. **오존 발생기를 이용한 오존 소독에 관한 내용으로 가장 적절한 것은?**
① 수중 현탁 물질이 많을수록 효능이 크다.
② 오존 처리는 유기물을 분해하는 데는 효과가 없다.
③ 오존 처리는 사육조 안에서 시행해야 한다.
④ 오존이 남아 있으면 사육 중의 어류나 무척추 동물에 해를 끼친다.

76. **다음 중 pH를 측정하는 가장 실용적이고 정확한 방법은?**
① pH 메터에 의한 전극 측정법
② pH 지시용액에 의한 비색 측정법
③ 아카누마 비중계에 의한 측정법

④ 네슬러 발색법에 의한 특정법

77. 양어장의 수질 문제에 큰 비중을 차지하는 암모니아는 다음 어느 것에서 유래하는가?

① 단백질 ② 탄수화물 ③ 지방 ④ 비타민

78. 순환 여과식 양식장의 고형 오물 제거 시설로 침전조를 이용한 방법을 택했을 때, 다음 설명 중 틀린 것은?

① 사육조에서 나오는 배출수에 섞여있는 고형물 중 작은 입자는 물이 빠르게 흐르게 되는 것에서는 침전하지 않는다.

② 침전조는 클수록, 또 침전조에서 물이 머무르는 시간이 적을수록 림전이 잘된다.

③ 사육조에서 나오는 물을 침전시키는 제1차 침전조는 사육조와 생물 여과조 사이에 설치해야 한다.

④ 침전조로 들어가는 물은 표면 가까이에서 들어가게 하고, 나가는 물도 표면 가까이에서 빠져 나가게 하면 바닥에 일단 침전된 찌꺼기가 다시 떠오르는 것을 방지할 수 있다.

79. 해수 유동이 김에 미치는 긍정적 영향이 아닌 것은?

① 영양염 및 이산화탄소 공급

② 김의 대사 촉진

③ 대사 노폐물의 제거

④ 미세 부니의 지속적 공급

80. 정수식 못 양식장 등의 저질 환경을 확인하기 위한 퇴적물 입도 분석 시 사용할 수 있는 저질 채취기가 아닌 것은?

① 드레지 ② 익스트루더

③ 스미스-에킨 타이어 ④ 에크만 바지

81. 뱀장어 적점병은 수온과 밀접한 관계가 있는 세균성 질병이다. 이병의 주 유행 수온은?

① 7℃ ② 17℃ ③ 27℃ ④ 37℃

82. *Vibrio anguillarum* 균에 대한 설명이 옳은 것은?

① 뱀장어에만 유행한다.

② 해산어에만 유행한다.

③ 담수어나 해산어 모두에 유행한다.

④ 상처난 돔에만 유행한다.

83. 헤테로스포리스 앙귈라룸(*Heterosporis anguillarum*)은 어떤 어류에 기생하는가?

① 금붕어 ② 메기 ③ 뱀장어 ④ 송어

84. 바이러스의 감염 여부를 알 수 없는 무지개송어의 종묘를 도입하여 양어지에 넣으려고 한다. 어느 곳에 넣는 것이 어병 예방의 관점에서 가장 합리적인가?

① 물이 깨끗한 가장 상류의 양어지

② 물이 깨끗한 중간에 있는 양어지

③ 물이 깨끗한 가장 하류의 양어지

④ 물이 깨끗하다면 위치에 관계없음

85. 해산어 종묘 생산 시 육상 사육 시설에서 문제가 되는 Oodinium류의 관한 설명으로 틀린 것은?

① 영양형의 초기는 서양배 모양이고, 후기는 구형이다.

② 크기는 20 ~ 120 ㎛로 한 쪽에 부착기를 지니고 있다.

③ 주로 아가미에 기생하지만 피부, 지느러미에도 기생한다.

④ 성숙하면 어체의 아가미나 피부에 부착한 채로 2분열하여 증식한다.

86. 수서 동물의 질병 발생 유발 요인과 가장 거리가 먼 것은?

① 풍향의 변동 ② 수온의 변동

③ 강수량의 증가 ④ 사육수의 교환

87. 어류의 기생성의 편모충에 해당하지 않는 것은?

① *Trypanosoma carassii*

② *Hexamita salmonis*

③ *Amyloodinium ocellatum*

④ *Brooklynella hostliis*

88. 굴의 면반바이러스병과 관련없는 것은?

① OVVD

② DNA virus

③ 각장 170 ㎛ 이상에서는 전혀 발생하지 않는다.

④ 주감염시기는 3월에서 5월이다.

89. 감염성 질병이 의심되는 넙치에서 원인 병원균 혹은 바이러스를 순수하게 분리하기 위해 먼저 사용하여야 할 조직 부위는?

① 신장 ② 아가미 ③ 난소 ④ 피부

90. 겨울철 유수식 잉어지에서 잉어의 체표, 지느러미 등에 회백색의 점액 물질이 덮여있는 것이 관찰되었다면, 이 병과 발생과 관련이 가장 깊은 균은?

① *Pseudomonas anguilliseptica*

② *Aeromonas salmonicida*
③ *Flavobacterium columnare*
④ *Pseudomonas fluorescens*

91. 에드워드병의 증상이라고 볼 수 없는 것은?
① 신장이 부종을 일으키고 농이 나온다.
② 지느러미와 복부가 붉은 지느러미의 증상과 같이 붉어진다.
③ 항문의 가장자리가 위축 함몰된다.
④ 심한 병증의 어류는 복수가 고인다.

92. 김 사상체 병해인 녹변병과 황반병의 가장 큰 차이는?
① 전염성의 유무　② 광선의 불균형
③ 온도의 불균형　④ 조도 부족

93. 노출이 불충분하고 광선이 부족할 때 생기는 갯병은?
① 흰갯병　② 싹갯병　③ 쪼그랑병　④ 암종병

94. OMVD의 외부 증상으로 맞지 않는 것은?
① 안구 돌출　② 체색흑 화
③ 복부 점상출혈　④ 백색 결절

95. 넙치에 노카르디아병이 유행되면 어떤 증상을 보이는가?
① 아가미가 유착된다.
② 간에 심한 출혈이 일어난다.
③ 신장에 백색 결절이 형성된다.
④ 표피에 백색 결절이 형성된다.

96. 은어 치어의 부레 내에 먼저 침입하여 번식하고, 차츰 전신에 감염되어 생명을 잃게 하는 병은?
① 고창증(*Candida sake*)
② 포마증(*Phoma* sp.)
③ 진균성육아종증(*Aphanomyces piscicida*)
④ 내장진균증(*Saprolegnia diclina*)

97. 방어에 감염된 연쇄구균증이 쉽게 치료되지 않는 원인은?
① 환부에 세균을 내포하는 육아종염이 생겨서
② 병원균이 혈관 내에서 포낭을 형성하여
③ 환부의 세균은 쉽게 내생포자를 만들기 때문에
④ 병원균이 세포 내에 기생하기 때문에

98. 어류가 가지고 있는 티아미나아제는 어떤 비타민 부족 현상을 야기시키는가?
① 비타민A　② 비타민B_1
③ 비타민B_{12}　④ 비타민C

99. 연쇄구균 감염에 의한 대표적 증상이 아닌 것은?
① 아가미 부식과 상피 탈락
② 안구 돌출과 안구 출혈
③ 아가미 뚜껑의 출혈
④ 꼬리 자루의 궤양 형성

100. 냉수성 어류에 유행되는 virus성 질병은 많은 어류를 폐사시키는데, 이러한 폐사를 최소한으로 감소시킬 수 있는 방법은?
① 신선한 사료를 투여한다.
② 항생 물질 같은 약을 투여한다.
③ pH를 일정하게 유지시킨다.
④ 사육 수온보다 수온을 높인다.

2021년 8월

1. 방어의 최적 성장 수온으로 가장 적합한 것은?
① 8 ~ 12℃　② 13 ~ 18℃
③ 18 ~ 25℃　④ 28 ~ 32℃

2. MP(Mositure Pellet) 사료에 대한 설명으로 틀린 것은?
① 균일한 품질을 유지하기 어렵다.
② 물에 뜨기 때문에 사료의 허실이 적고 관찰이 용이하다.
③ 일반적으로 EP(Extruded Pellet) 사료에 비해 생산 및 관리 경비가 높다.
④ 장기 보관이 어려우며 수질 악화 우려가 높다.

3. 다음 중 우리나라의 냉수성 어류의 성장에 가장 적절한 수원(水源)조건은?
① 연중 수온 범위가 5 ~ 10℃로 유지되는 호수소를 이용할 수 있는 곳
② 연중 수온 범위가 0 ~ 18℃인 계곡수를 이용할 수 있는 곳
③ 연중 수온 범위가 0 ~ 20℃인 하천수를 이용할 수 있는 곳
④ 연중 수온 범위가 12 ~ 18℃인 지하수를 이용할 수 있는 곳

4. 참돔의 일반적인 자연 산란 시기는?
① 1~3월　② 4~6월　③ 7~9월　④ 10~12월

5. **물벼룩 발생을 위한 작업은 잉어의 산란 예정 약 며칠 전에 시작하는 것이 적당한가?**
① 3 ~ 4일 ② 7 ~ 8일
③ 10 ~ 14일 ④ 20 ~ 30일

6. **방류 재포 양식에 해당하는 것은?**
① 송어를 연안의 가두리에서 양식
② 참돔 치어를 연안에 방류
③ 조피볼락을 축제식 양식장에서 양성
④ 하천에서 연어성어의 수확

7. **못 양식과 비교해서 가두리를 이용한 틸라피아 양식의 단점은?**
① 토지 부족의 해결책이 될 수 있다.
② 고밀도 사육이 가능하다.
③ 인공 사료를 잘 이용하면 사료 효율이 향상된다.
④ 사료 저장소, 부화장 그리고 가공 시설이 별도로 필요하다.

8. **무지개송어의 수정란이 발안기까지 도달하는 소요 일수는? (단, 부화수온은 10℃ 정도이다.)**
① 12일 ② 14일 ③ 16일 ④ 18일

9. **다음 어종 중 육상 수조에서 주로 양성이 이루어지는 것은?**
① 감성돔 ② 조피볼락 ③ 넙치 ④ 참돔

10. **조피볼락의 친어 관리 및 생태에 관한 내용으로 틀린 것은?**
① 친어 대상은 자연에서 포획한 것 또는 종묘 생산하여 양식된 것으로 한다.
② 교미 시기의 사육 수온은 10 ~ 13℃ 로 유지한다.
③ 출산 기이의 사육 수온은 13 ~ 15℃ 로 유지한다.
④ 친어의 교미 후 즉시 체내에서 미성숙란의 수정이 이루어진다.

11. **참돔이나 넙치 등의 자·치어 사육에 필요한 관리 사항으로 가장 거리가 먼 것은?**
① 자어 사육 수조에 *Chlorella* 첨가
② 조도의 조절
③ 영양 염류의 첨가
④ 에어레이션 조절

12. **다음 관상어 중 시클리드와 어류로 바르게 짝지어진 것은?**
① 베타, 키싱구라미
② 엔젤피쉬, 디스커스
③ 수마트라, 네온테트라
④ 네온테트라, 지브라피쉬

13. **미꾸리 성숙란의 색깔은?**
① 회색 ② 암록색 ③ 황색 ④ 암갈색

14. **체중 0.2 g인 실뱀장어 50 kg에 배합사료 50,000 kg을 공급하여 체중 200 g인 뱀장어 50.05톤을 생산하였다면 사료계수는?**
① 2.0 ② 50% ③ 1.0 ④ 200%

15. **황복의 생태 특성에 대한 설명으로 틀린 것은?**
① 산란기는 지역에 따라 4월 중순에서 6월 초순이다.
② 산란기 적수온은 15 ~ 20℃이다.
③ 바다에서 산란한다.
④ 간장, 난소, 비장 등에 강한 독성이 있다.

16. **뱀장어용 EP 사료에 대한 설명으로 틀린 것은?**
① 부상 사료이다.
② 사료 제조 과정 중 고온·고압을 가하여 만든다.
③ 어분의 함량이 반죽 사료보다 높다.
④ 알파(α) 전분을 쓰지 않는다.

17. **암컷 친어의 산란수에 대한 설명으로 틀린 것은?**
① 미꾸리 체장 10 ~ 14 cm, 5,000 ~ 8,000개
② 채널메기 체중 1 kg 당 2,000 ~ 3,000개
③ 은어 체중 100 kg 당 50,000개
④ 참돔 체중 1 kg 당 70,000개

18. **양식 어류 사육 중 먹이 공급량을 감소시켜야 할 경우가 아닌 것은?**
① 주수량이 감소했을 때
② 사육 생물의 크기가 일정하지 않을 때
③ 수온의 변화가 심해졌을 때
④ 약욕 또는 못을 옮겼을 때

19. **영양소인 단백질에 함유된 질소(N) 성분의 평균 함량은?**
① 약 11% ② 약 16% ③ 약 21% ④ 약 26%

20. **활어 운반에 대한 설명 중 틀린 것은?**
① 안정적인 운반을 위해 성장 적수온을 유지한다.
② 겨울철 뱀장어, 가물치 등은 물 없이 운반할 수 있다.
③ 운송 전 절식이 필요하다.
④ 대사 노폐물의 관리가 필요하다.

21. **알테미아의 부화 특징으로 틀린 것은? (단, 부화에 따른 환경조건은 일정하다.)**
① 수온이 증가할수록 산소 소비량이 증가한다.
② 부화율에 영향을 가장 크게 미치는 요인은 난질이다.
③ 염분이 높을수록 내구란의 부화에 소요되는 시간이 짧아진다.
④ 차아염소산나트륨으로 외각을 제거하여 부화율을 높이기도 한다.

22. **피조개의 채묘에 대한 설명으로 틀린 것은?**
① 부유 유생과 부착 치패가 출현하는 시기는 8~9월이다.
② 성숙 유생은 저층에는 적고 표층으로 가까이 갈수록 급격하게 많아진다.
③ 채묘 장소가 수심이 깊은 경우 밧줄식 채묘 시설을 한다.
④ 채묘기는 그물망 채묘기를 많이 사용한다.

23. **채묘 예보 시에 부착 치패수를 조사할 수 없는 종류는?**
① 진주담치 ② 대합 ③ 피조개 ④ 참굴

24. **참굴 자연 채묘에 대한 설명으로 틀린 것은?**
① 부유 유생 출현기에 매일 만조 시 유생을 채집하여 유생기 별로 계수한다.
② 부착기가 가까워지면 매일 수심별로 부착 치패수를 계수한다.
③ 채묘일은 부착수가 차차 증가하고 있을 때로 한다.
④ 따개비와 굴의 부착수가 함께 증가하면 채묘기 투입이 가능하다.

25. **참문어의 양식에 대한 설명으로 옳지 않은 것은?**
① 저서 생활기에는 공식 현상이 나타난다.
② 세력권을 형성한다.
③ 수컷의 왼족 세 번째 팔은 생식완이다.
④ 부유 생활기에는 밝은 곳을 좋아한다.

26. **소라의 종묘 생산에 적합하지 않는 먹이생물은?**
① *Navicula* sp. ② *Cocconeis* sp.
③ *Amphora* sp. ④ *Skeletonema* sp.

27. **다음 중 피조개의 산란 임계 온도로 가장 적합한 것은?**
① 16℃ ② 20℃ ③ 23℃ ④ 26℃

28. **전복 인공 종묘 생산과 관련된 내용으로 틀린 것은?**
① 품종은 까막전복이나 참전복이 유리하다.
② 참전복은 가온 해수 사육으로 5~6월에 조기 산란시킨다.
③ 참전복의 채란에 적합한 적산 수온은 3,500℃ 이상이다.
④ 산란 유발은 간출과 자외선 조사 해수 자극을 병행하는 것이 좋다.

29. **우리나라에 서식하는 전복류 중 한류계에 속하는 전복은?**
① 말전복 ② 참전복
③ 까막전복 ④ 시볼트전복

30. **양식 생물의 유생 발달 과정이 잘못된 것은?**
① 진주조개 : 알 → 담륜자 → D상 유생 → 성숙 부유자패
② 대하 : 알 → 노우플리우스 → 미시스 → 조에어 → 포스트 라바
③ 전복 : 알 → 담륜자 → 피면자 → 포복기 유생
④ 해삼 : 알 → 오우리쿨라리아 → 돌리올라리아 → 저서유생

31. **우리나라 서해안에 있어 대하 월동장의 남쪽 한계는 북위 몇 도(°) 인가?**
① 30° ② 34° ③ 38° ④ 40°

32. **수하식 굴 양식장(수하연 길이 9 m)에 있어서 안정성 있는 보상심도(compensation depth)는 수면으로부터 몇 m 이상이면 좋은가?**
① 4 ② 6 ③ 8 ④ 10

33. **생태적으로 일시 부착성 동물에 속하는 것은?**
① 참굴 ② 피조개 ③ 진주담치 ④ 대합

34. **진조조개에 핵과 세포의 수술에 대한 내용으로 틀린 것은?**
① 생식 세포가 충만한 모패를 선별하여 수술한다.
② 세포는 외투막 절편을 말하며 여기에 사용하는 모패를 세포패라고 한다.
③ 삽핵 위치는 생식소와 장관, 소화맹낭 부근을 택한다.
④ 핵은 세리핵, 이핵, 소핵, 중핵, 대핵 등으로 나눈다.

35. **큰우럭의 종묘 생산과 양성에 관한 내용 중 맞는 것은?**
① 부착력이 강하기 때문에 부착기로 채묘한다.

② 각장 5 mm 이상이 되면 방류용 종묘로 쓸 수 있다.
③ 저질은 연안 개흙질인 곳이 좋으며, 개흙질의 비율은 약 7% 이하인 곳이 알맞다.
④ 방양 시 종묘의 방양 밀도는 1 m^2 당 50~100개체가 가장 알맞다.

36. 자연 채묘 시 수온 23~25℃ 범위에서 산란 후 부착 시까지 약 2주일이 소요되는 종은?

① 참가리비 ② 전복 ③ 피조개 ④ 참굴

37. 문어 수확 시 밀도가 1 m^3당 50 kg이었고, 60일간 양성하는 사이의 생존율은 70%, 일간 성장률은 0.04 이었다. 이 경우 가장 적절한 방양밀도 (kg/m^3)는?

① 10 ② 20 ③ 30 ④ 40

38. 저서성 해적 생물의 피해를 가장 적게 받는 양식법은?

① 수하식 ② 나뭇가지식 ③ 투석식 ④ 우산형식

39. 다음 중 대합류의 수확 시기를 결정하는 기준으로 관련성이 가장 적은 것은?

① 계절 ② 육질의 비만
③ 각장과 각고의 비 ④ 크기

40. 새우 축제식 양식장의 수질 관리에 대한 설명으로 틀린 것은?

① 파래와 같은 녹조류가 번식하는 것을 막는다.
② 양성지의 양성 기간이 길어지면 저질이 산화상태가 되므로 저질의 산화방지가 중요하다.
③ 황화수소 발생을 막기 위해 산화철제를 투입한다.
④ 용존 산소를 높이기 위해 수차나 스크루 등을 설치한다.

41. 미역에 대한 설명으로 틀린 것은?

① 우리나라의 전 연안에 분포한다.
② 이형 세대 교번을 한다.
③ 생장점이 몸 끝부분에 있다.
④ 저수온기에 잘 자란다.

42. 참김의 성숙 초기에 엽체의 가장자리가 황백색으로 되는 이유는?

① 웅성부가 먼저 성숙했기 때문
② 자성부가 먼저 성숙했기 때문
③ 낭과 부분이 형성되었기 때문
④ 중성포자가 방출되었기 때문

43. 다시마의 생장 형식은?

① 확산생장 ② 개재생장
③ 정단생장 ④ 정모생장

44. 무기질 사상체로써 봉투식 채묘를 할 때에는 며칠 전에 저온 처리를 시작하는가?

① 채묘 예정일 1주일 전
② 채묘 예정일 2주일 전
③ 채묘 예정일 3주일 전
④ 채묘 예정일 4주일 전

45. 김 양식장에서 소비가 가장 많은 비료분은?

① 규산염 ② 질산염 ③ 인산염 ④ 칼슘염

46. 다시마 양식 방법 중 경제성 및 기술상 무제로 우리나라에 적합하지 않은 것은?

① 촉성 종묘 배양에 의한 1년 양식
② 억제 종묘 배양에 의한 1년 양식
③ 고온 적응 품종에 의한 양식
④ 2년 양식

47. 엽면 살포법으로 김 양식장에 시비를 할 때 가장 효과적인 시기는?

① 발이 노출된 직후
② 노출 후 업체가 건조됐을 때
③ 발이 물에 잠기기 직전
④ 발이 수면에 부동할 때

48. 톳과 혼성 군락을 형성하여 잡해조로 여겨지는 해조류는?

① 지충이 ② 감태 ③ 다시마 ④ 미역

49. 미역 양식에 있어 씨줄 붙이기에 대한 설명으로 옳은 것은?

① 씨줄은 어미줄에 감아서 붙이면 어미줄에 밀착되기 때문에 아포체의 성장에 도움이 된다.
② 씨줄을 어미줄에 감는 방법은 씨줄끼우기 방법보다 씨줄이 적게 소요된다.
③ 씨줄감기 방법은 감기 작업 중에 아포체나 유엽의 손실이 많다.
④ 씨줄을 잘라서 끼울 때에는 어미줄의 지름보다 2~3 cm 길게 끊어서 끼운다.

50. 미역 종묘 가이식 시기를 결정하는 요소로 옳지 않은 것은?

① 내만의 경우 22~23℃ 이하, 외해의 경우 20℃ 이하에서 가이식을 시작한다.

② 생장은 가이식이 빠를수록, 또 그 때의 아포체가 클수록 빠르다.
③ 싹녹음을 피하기 위하여 9월 하순까지는 가이식을 끝낸다.
④ 조석상으로는 소조 직후가 가이식의 적기이다.

51. 냉장씨발의 입고 시 수온상으로 본 적절한 시기는?
① 4℃ 이하 ② 18 ~ 13℃
③ 22 ~ 15℃ ④ 8 ~ 5℃

52. 냉동발을 입고 전에 건조시키는 주 목적은?
① 발아 억제 ② 삼투압 증진
③ 병원균 번식 억제 ④ 세포의 결빙 방지

53. 청각 종의 분류 기준이 되기도 하며, 암배우자낭 또는 숫배우자낭을 형성하는 부분의 명칭은?
① 생식기낭 ② 포낭 ③ 배우체 ④ 자낭반

54. 다시마의 양식 시 어미줄 설치 장소로 적합하지 않은 곳은?
① 수심 6~10 m 정도인 곳
② 저질이 사니질로 닻의 고정력이 충분한 곳
③ 영양 염류가 풍부한 곳
④ 시설 장소는 조류가 다소 느린 곳

55. 미역 가이식 시 싹녹음의 원인과 가장 거리가 먼 것은?
① 적조 발생 ② 큰 조석차(소조 기준)
③ 외양수의 침입 ④ 식해동물 발생

56. 조가비 사상체의 평면식 배양의 장점은?
① 대량 배양이 가능하다.
② 과포자의 잠입이 균일하다.
③ 병해 관리가 쉽다.
④ 수온 변화가 적다.

57. 해조류의 문별 주요 광합성 색소와 주요 저장 탄수화물이 바르게 짝지어진 것은?
① 남조식물문 - Chlorophyll a, 피코시아닌 = 크리소라미나린
② 녹조식물문 - Chlorophyll a와 b - 녹말
③ 갈조식물문 - Chlorophyll a와 c - 파라밀른
④ 홍조식물문 - Chlorophyll b와 c - 라미나린

58. 다음의 그림에 나타난 우뭇가사리의 가지 이름은?
① A : 낭과가지, B : 포복지
② A : 낭과가지, B : 사분포자가지
③ A : 사분포자가지, B : 포복지
④ A : 사분포자가지, B : 낭과가지

59. 김 생엽체의 흡광곡선에서 파장 500~600 nm에 피크를 보이는 주 색소는?
① 클로로필 a ② 피코시아닌
③ 피코에리드린 ④ β-카로틴

60. 김 각포자 방출 촉진법에 대한 설명으로 옳은 것은?
① 배양수의 비중을 1.040 ~ 1.050으로 조절한다.
② 배양수의 수온을 10 ~ 20℃로 저온 처리 한다.
③ 채묘 1주일 전부터 광선을 받는 시간을 늘려 준다.
④ 조가비를 해수에서 들어내어 100% 습도처리 한다.

61. 정수식 못양식에서 어류의 수용 밀도를 정하는 주 기준은?
① 물의 교환율 ② 수심
③ 표면적 ④ 주수구의 크기

62. 순환 여과식 양식에서 3차 여과에 대한 설명으로 옳은 것은?
① 찌꺼기를 분리시키는 과정
② 무해한 질산염 등을 만드는 생물학적 여과
③ 축적된 질산염 등을 다시 분해하는 생물학적 여과
④ 유해 병원성 세균을 줄이는 과정

63. 수로형 수조에서 물의 흐름을 고르게 하기 위하여 설치하는 것은?
① 소류판 ② 정류판 ③ 배수판 ④ 분리판

64. 용액 1 L에 $AgNO_3$ 18.0 g이 녹아 있을 경우 이 용액의 N 농도는? (단, $AgNO_3$의 분자량= 170)
① 0.212N ② 0.106N
③ 0.056N ④ 0.162N

65. 공기 양수기(air lift)의 능률에 관여하는 가장 주된 요인은?
① 침수율 ② 기포 주입 구경
③ 기포 세기 ④ 토출 구경

66. 다음 중 적조 발생의 기초 요인(직접적인 요인)과 가장 거리가 먼 것은?
① 영양염 ② 일조량 ③ 수온 ④ 용존 산소

67. 독소를 가지고 어패류에 해를 주는 적조 생물은?
① *Chattonella* ② *Skeletonema*
③ *Navicula* ④ *Chaetoceros*

68. **다음 중 자외선 살균 소독을 가장 많이 이용하는 것은?**
① 종묘 생산 시설의 용수 ② 잉어 양성장
③ 폐수 처리를 위한 전처리 ④ 뜬발 양식장

69. **여과 과정 중 암모니아를 아질산염으로 바꾸는 주 역할을 하는 세균은?**
① *Aeromonas* 균 ② *Pseudomonas* 균
③ *Nitrobacter* 균 ④ *Nitrosomonas* 균

70. **어류의 암모니아 독성이 가장 강해지는 조건은?**
① 높은 용존산소 ② 높은 pH
③ 낮은 염분 ④ 경도가 높은 물

71. **순환 여과 시스템에서 활성탄의 주 기능은?**
① 용존유기물의 흡착 ② 박테리아의 멸균
③ pH 조절 ④ 암모니아의 산화

72. **일반적인 고밀도 뱀장어 사육의 수질 관리로 가장 적합한 것은?**
① 매일 못물의 10~30%를 갈아주고 수차를 이용하여 산소를 보충한다.
② 수차를 이용하여 산소만 보충한다.
③ 매일 2시간마다 약 50%의 물을 갈아준다.
④ 매일 2번에 걸쳐 100%의 물을 갈아준다.

73. **다음 중 적조 생물로서 보편적이기는 하나 그로 인한 피해가 가장 적은 것은?**
① 규조류 ② 녹색편모조류
③ 황색편모조류 ④ 와편모조류

74. **수질 분석을 위한 시료 채취 시 옳지 않은 것은?**
① 시료 채취 용기는 시료를 채우기 전 시료로 3회 이상 세척 후 사용한다.
② 시료 채취 용기에 시료를 채울 때 시료의 교란이 일어나서는 안 된다.
③ 가능한 한 공기와 접촉 시간을 길게 한다.
④ 부유 물질 함유 시료는 균일성이 유지될 수 있도록 채취해야 한다.

75. **BOD는 1, 2단계로 구분하고 있다. 1단계는 주로 어떤 화합물의 산화가 완료될 때까지의 산소량인가?**
① 인화합물 ② 탄소화합물
③ 질소화합물 ④ 염소화합물

76. **양식장 저질을 채취하는데 사용되는 채니 방법이 아닌 것은?**
① 드레지(dredge)식 ② 뮬러(muller)식
③ 그랩(grab)식 ④ 코어(core)식

77. **흐리고 바람이 불지 않은 고요한 날이 계속되면 양어지 속의 용존 산소가 부족해져서 어류가 폐사하는 현상이 일어나는데, 그 원인이 아닌 것은?**
① 식물의 호흡 작용 때문
② 공기 접촉 표면에 산소 농도가 높은 얇은 표층이 생성되기 때문
③ 상하의 물이 잘 섞이지 않기 때문
④ 수온이 내려가기 때문

78. **다음 중 환경 여건으로 보아 황화수소가 발생할 가능성이 가장 적은 곳은?**
① 저수지 ② 정수식 양어지
③ 해안의 기수호 ④ 해조류 양식장

79. **사육조 내 용존 유기물을 제거하는 방법은?**
① 침전 분리 방식 ② 기계적 필터 분리 방식
③ 거품 분리 방식 ④ 생물 여과 처리 방식

80. **수중 염소(Cl)의 양을 측정하는 방법이 아닌 것은?**
① 은 적정법 ② 전기 전도도법
③ 비중 측정법 ④ 알칼리법

81. **잉어 POX병은 상피종으로서 겨울철에 유행되는데 그 병원체는 어떤 바이러스인가?**
① Parvovirus ② adenovirus
③ herpesvirus ④ poxvirus

82. **김갯병 대책으로 냉동망(냉장발)양식 과정 중 사세포율을 조사하는데 쓰이는 시약명은?**
① 메틸렌블루 ② 에오진
③ 엘리스로신 B ④ 페레니액

83. **새우류의 바이러스 질병 중 원인 바이러스가 RNA virus에 속하는 것은?**
① 전염성피하조혈기괴사증바이러스(IHHNV)
② 흰반점바이러스(WSSV)
③ 간췌장파보바이러스(HPV)
④ 노랑머리바이러스(YHV)

84. **잉어의 아르굴루스(*Argulus*) 속에 속하는 기생성 갑각류에 관한 설명으로 틀린 것은?**
① *Argulus* sp.가 어체에 기생하는 시기는 Copepodid

제2기 때부터이다.

② *Argulus*의 자침에 찔린 작은 어류는 독성이 강하여 죽는다.

③ *Argulus*의 활동기는 저수온이며 12~4월에 활발히 부화한다.

④ *Argulus*의 기생은 어체에 심한 Stress를 주며, 어체를 벽에 문지르는 증세를 보인다.

85. 방어, 전갱이 등 해산어류의 아가미 및 표피에 결절을 형성하는 질병의 원인 병원체는?

① Flexibactor병 ② 궤양병
③ 노카르디아병 ④ 슈도모나스병

86. 잉어봄바이러스병(SVC)의 증상은?

① 피부의 점상 출혈 ② 발광, 선회
③ 아가미 부식 ④ 카타르성 위장염

87. 연쇄구균증에 대한 설명으로 틀린 것은?

① 병원균이 주로 피부를 통하여 감염된다.
② 병원균은 그람양성의 연쇄구균이다.
③ 담수어류 및 해산어류에 발병된다.
④ 병어는 체색이 검어지고 지느러미 기부에 농창이 형성된다.

88. 다음 중 뱀장어의 적점병의 증세와 관계가 가장 먼 것은?

① 지느러미 출혈 ② 장관의 뚜렷한 카타르성염
③ 복막에 점상 출혈 ④ 내장의 모세 혈관 확장

89. 송어의 체색이 검어지고 물고기가 힘없이 배수구에 모여 있으며, 아가미는 빈혈증을 나타내는 경우, 그 원인으로 가장 가능성이 높은 것은?

① 변질된 사료를 장기간 투여하였을 때
② 배합 사료와 생사료를 혼합하여 투여하였을 때
③ 생사료만 투여하였을 때
④ 배합 사료만 투여하였을 때

90. 굴의 부세팔루스병에 대한 설명으로 틀린 것은?

① 굴 생식소에 기생하여 생식소를 압박한다.
② 원인은 연충류에 속하는 부세팔루스속 기생충이다.
③ 기생충의 기생률은 새로운 굴 양식장일수록 높다.
④ 감염된 굴은 황색을 띤 굴이 많이 발견된다.

91. *Flavobacterium psychrophilum* 균은 주로 어류의 치어기에 감염하여 많은 피해를 낸다. 다음 중 주요 감염대상 어종은?

① 넙치 ② 잉어 ③ 방어 ④ 연어

92. ( ) 안에 가장 적합한 것은?

① 암모니아 중독증 ② 아질산 중독증
③ 가스병 ④ 산소 결핍증

93. 어류에 기생하는 섬모충이 아닌 것은?

① *Cryptocaryon irritans*
② *Ichthyophthirius multifiliis*
③ *Ichthyobodo necator*
④ *Chilodonella piscicola*

94. 양식 뱀장어에서 피하에 적점 모양의 출혈이 생기고 손으로 만져 보니 피가 묻어 나왔다. 어떤 균에 감염되었는가?

① *Edwardsiella tarda*
② *Aeromons hydrophila*
③ *Pseudomonas anguilliseptica*
④ *Vibrio anguillarum*

95. 솔방울병에 관한 설명으로 맞는 것은?

① 담수 및 해수 어류에 발병되는 병이다.
② 그램 양성구균이 병원균이다.
③ 수온이(5~18℃) 낮은 시기에 많이 유행된다.
④ 양식장의 수질과는 관계없이 발병한다.

96. 어류의 심장, 비장 및 아가미 등에서 다수의 세균지랍으로 이루어진 작은 백색점이 관찰되고, 수온 20~25℃인 여름철 강우량이 많아서 염분 농도가 낮을 때 주로 유행되는 질병은?

① 돔류의 콜럼나리스병 ② 방어의 연쇄구균증
③ 방어의 슈도모나스병 ④ 방어의 유결절증

97. 다음 중 재래식 김발을 사용한 양성 방법에서 많이 발생하는 병으로 김발의 아래쪽에 길게 잘 자란 김의 엽체에 심하게 발병되며, 병변부의 김 세포내에 기생충이 관찰되지 않고 죽은 세포로 된 반점이 만들어지고, 노출 부족, 광선 부족 등에 의한 생리적 장애로 생기는 질병은?

① 흰갯병 ② 싹갯병 ③ 붉은갯병 ④ 동상

98. 병이 진행되면 환부는 약해져서 병원균, 혈액, 조직붕괴물 등이 혼합된 암적색의 농즙이 고이고, 주변부의 표피로 진행되어 파괴된 후 피고름이 나온다. 무슨 병의 증상인가?

① 솔방울병 ② 부식병 ③ 부스럼병 ④ 궤양병

99. 어류의 주요 바이러스병 중 원인 바이러스가 DNA 바이러스에 해당하는 것은?

① 바이러스출혈성패혈증바이러스(VHSV)
② 전염성췌장괴사증바이러스(IPNV)
③ 바이러스성신경괴사증바이러스(VNNV)
④ 채널메기바이러스병바이러스(CCVDV)

100. 어류에 물곰팡이가 기생하여 발병하는 조건은?

① 수온 변화가 있으면 연중 계속해서 발병한다.
② 상피 세포에 상처가 생긴 부위에만 발병한다.
③ 위장 장애가 있어서 염증이 생길 때 발병한다.
④ 수온이 높아지면 언제나 발병할 수 있다.

수산 양식 기사 필기 정답(2015 - 2021년)

2015년 1차(3월) 정답

1	2	3	4	5	6	7	8	9	10
③	①	②	②	②	③	①	③	③	①
11	12	13	14	15	16	17	18	19	20
③	④	③	②	②	①	③	④	③	②
21	22	23	24	25	26	27	28	29	30
④	④	④	①	③	④	③	①	①	①
31	32	33	34	35	36	37	38	39	40
②	④	①	②	③	①	④	②	①	③
41	42	43	44	45	46	47	48	49	50
③	④	④	②	①	①	③	②	④	③
51	52	53	54	55	56	57	58	59	60
③	④	②	④	④	④	②	②	③	④
61	62	63	64	65	66	67	68	69	70
②	④	③	①	①	④	③	②	③	②
71	72	73	74	75	76	77	78	79	80
④	①	②	③	①	④	③	④	②	③
81	82	83	84	85	86	87	88	89	90
②	③	②	④	④	③	④	②	③	②
91	92	93	94	95	96	97	98	99	100
②	①	②	④	①	④	①	③	②	③

2015년 2차(8월) 정답

1	2	3	4	5	6	7	8	9	10
③	④	①	①	④	①	②	④	③	③
11	12	13	14	15	16	17	18	19	20
②	④	④	③	②	②	①	③	①	②
21	22	23	24	25	26	27	28	29	30
①	①	④	③	③	②	④	④	④	①
31	32	33	34	35	36	37	38	39	40
②	③	①	②	③	②	②	③	①	②
41	42	43	44	45	46	47	48	49	50
②	①	①	①	②	①	②	④	①	①
51	52	53	54	55	56	57	58	59	60
③	①	①	①	②	②	②	③	④	④
61	62	63	64	65	66	67	68	69	70
②	④	④	③	①	①	③	③	④	②
71	72	73	74	75	76	77	78	79	80
④	④	①	①	①	③	④	③	②	②
81	82	83	84	85	86	87	88	89	90
②	③	②	①	④	②	②	①	③	①
91	92	93	94	95	96	97	98	99	100
④	③	①	④	②	④	④	①	④	③

2016년 1차(3월) 정답

1	2	3	4	5	6	7	8	9	10
④	④	①	①	②	②	②	③	④	④
11	12	13	14	15	16	17	18	19	20
③	④	①	④	④	①	②	②	③	③
21	22	23	24	25	26	27	28	29	30
③	①	④	②	④	④	④	③	③	③
31	32	33	34	35	36	37	38	39	40
③	③	④	③	④	①	①	④	④	④
41	42	43	44	45	46	47	48	49	50
③	③	④	③	④	③	④	②	③	②
51	52	53	54	55	56	57	58	59	60
①	①	③	④	②	②	③	①	①	④
61	62	63	64	65	66	67	68	69	70
④	②	①	③	③	④	②	②	②	①
71	72	73	74	75	76	77	78	79	80
④	④	②	①	②	③	④	①	①	③
81	82	83	84	85	86	87	88	89	90
②	③	②	②	②	④	②	④	①	①
91	92	93	94	95	96	97	98	99	100
①	④	④	②	②	②	①	④	③	②

2016년 2차(8월) 정답

1	2	3	4	5	6	7	8	9	10
①	①	②	②	③	③	④	①	④	④
11	12	13	14	15	16	17	18	19	20
②	②	①	④	③	④	④	③	①	③
21	22	23	24	25	26	27	28	29	30
①	②	①	①	②	④	②	①	③	③
31	32	33	34	35	36	37	38	39	40
④	④	③	③	①	①	②	③	②	③
41	42	43	44	45	46	47	48	49	50
④	②	③	③	③	④	②	②	①	①
51	52	53	54	55	56	57	58	59	60
③	④	④	④	②	①	①	①	②	②
61	62	63	64	65	66	67	68	69	70
②	①	③	④	④	②	④	③	②	①
71	72	73	74	75	76	77	78	79	80
①	③	①	③	③	④	①	①	③	③
81	82	83	84	85	86	87	88	89	90
④	③	④	④	①	③	①	③	②	③
91	92	93	94	95	96	97	98	99	100
②	③	④	②	④	③	③	③	③	②

2017년 1차(3월) 정답

1	2	3	4	5	6	7	8	9	10
①	②	③	③	④	②	②	②	②	④
11	12	13	14	15	16	17	18	19	20
②	①	②	③	④	①	①	④	①	③
21	22	23	24	25	26	27	28	29	30
④	①	①	①	③	①	③	④	③	④
31	32	33	34	35	36	37	38	39	40
②	②	②	①	②	①	④	②	①	②
41	42	43	44	45	46	47	48	49	50
①	④	④	②	①	③	④	①	①	④
51	52	53	54	55	56	57	58	59	60
③	①	①	①	④	②	③	③	②	④
61	62	63	64	65	66	67	68	69	70
④	①	①	③	①	③	①	③	①	②
71	72	73	74	75	76	77	78	79	80
④	④	①	①	①	①	①	①	③	③
81	82	83	84	85	86	87	88	89	90
④	④	④	①	④	①	④	④	④	④
91	92	93	94	95	96	97	98	99	100
②	③	④	②	④	③	②	②	④	③

2017년 2차(8월) 정답

1	2	3	4	5	6	7	8	9	10
④	④	④	④	④	①	②	②	③	②
11	12	13	14	15	16	17	18	19	20
①	③	①	②	③	③	②	②	②	④
21	22	23	24	25	26	27	28	29	30
②	②	③	②	②	③	④	③	④	④
31	32	33	34	35	36	37	38	39	40
②	②	①	①	②	②	④	②	①	②
41	42	43	44	45	46	47	48	49	50
③	②	①	②	③	③	②	①	①	③
51	52	53	54	55	56	57	58	59	60
②	①	④	②	②	④	④	③	②	②
61	62	63	64	65	66	67	68	69	70
④	④	①	③	③	②	②	③	②	②
71	72	73	74	75	76	77	78	79	80
③	③	②	②	③	③	①	①	④	③
81	82	83	84	85	86	87	88	89	90
①	④	②	④	①	③	③	②	①	②
91	92	93	94	95	96	97	98	99	100
③	①	④	④	④	①	④	②	④	④

2018년 1차(3월) 정답

1	2	3	4	5	6	7	8	9	10
①	②	①	④	②	③	③	①	②	①
11	12	13	14	15	16	17	18	19	20
④	④	①	②	④	③	①	③	②	④
21	22	23	24	25	26	27	28	29	30
①	③	②	③	②	④	④	②	②	④
31	32	33	34	35	36	37	38	39	40
①	④	③	③	④	④	②	②	④	①
41	42	43	44	45	46	47	48	49	50
④	①	③	③	③	④	①	①	④	③
51	52	53	54	55	56	57	58	59	60
④	②	②	④	①	①	③	④	②	③
61	62	63	64	65	66	67	68	69	70
④	④	④	②	③	③	④	④	①	①
71	72	73	74	75	76	77	78	79	80
③	④	③	①	③	②	②	③	②	②
81	82	83	84	85	86	87	88	89	90
①	③	④	②	①	①	②	②	②	④
91	92	93	94	95	96	97	98	99	100
③	③	①	③	②	①	③	②	③	③

2018년 2차(8월) 정답

1	2	3	4	5	6	7	8	9	10
④	②	②	②	③	③	①	①	②	②
11	12	13	14	15	16	17	18	19	20
③	③	②	④	③	①	②	①	①	②
21	22	23	24	25	26	27	28	29	30
②	②	③	②	②	①	②	②	①	④
31	32	33	34	35	36	37	38	39	40
④	②	③	④	③	④	③	②	④	③
41	42	43	44	45	46	47	48	49	50
②	③	②	③	②	①	②	②	③	①
51	52	53	54	55	56	57	58	59	60
④	②	①	④	②	④	③	②	③	④
61	62	63	64	65	66	67	68	69	70
③	①	④	①	①	④	③	②	①	②
71	72	73	74	75	76	77	78	79	80
②	③	④	③	②	②	①	③	③	③
81	82	83	84	85	86	87	88	89	90
④	④	④	③	③	②	②	①	③	③
91	92	93	94	95	96	97	98	99	100
①	④	②	②	③	②	②	①	④	③

2019년 1차(3월) 정답

1	2	3	4	5	6	7	8	9	10
②	③	②	③	②	②	②	①	④	②
11	12	13	14	15	16	17	18	19	20
①	④	③	②	①	②	①	④	②	②
21	22	23	24	25	26	27	28	29	30
③	④	②	③	②	①	③	③	④	②
31	32	33	34	35	36	37	38	39	40
②	③	④	①	②	②	①	③	②	③
41	42	43	44	45	46	47	48	49	50
①	②	③	①	③	③	③	②	①	④
51	52	53	54	55	56	57	58	59	60
①	②	④	②	③	②	③	③	①	④
61	62	63	64	65	66	67	68	69	70
①	④	①	②	②	①	②	③	③	④
71	72	73	74	75	76	77	78	79	80
④	②	①	③	①	④	②	④	④	③
81	82	83	84	85	86	87	88	89	90
②	②	③	③	①	③	③	④	②	④
91	92	93	94	95	96	97	98	99	100
①	④	④	④	②	④	①	②	③	①

2019년 2차(8월) 정답

1	2	3	4	5	6	7	8	9	10
①	②	④	②	③	③	①	②	④	④
11	12	13	14	15	16	17	18	19	20
④	③	④	①	③	②	③	①	③	①
21	22	23	24	25	26	27	28	29	30
④	④	③	②	②	④	②	①	③	④
31	32	33	34	35	36	37	38	39	40
④	③	④	①	①	④	②	②	②	②
41	42	43	44	45	46	47	48	49	50
③	③	①	③	③	④	③	④	④	②
51	52	53	54	55	56	57	58	59	60
③	③	①	①	④	③	①	①	②	②
61	62	63	64	65	66	67	68	69	70
②	④	④	②	②	②	②	③	③	④
71	72	73	74	75	76	77	78	79	80
①	②	②	④	④	④	②	②	④	③
81	82	83	84	85	86	87	88	89	90
①	③	④	④	④	②	②	②	②	②
91	92	93	94	95	96	97	98	99	100
④	③	①	②	①	①	①	④	②	②

2020년 1차(6월) 정답

1	2	3	4	5	6	7	8	9	10
①	④	②	④	②	①	④	②	①	③
11	12	13	14	15	16	17	18	19	20
①	①	②	④	②	③	①	③	④	③
21	22	23	24	25	26	27	28	29	30
①	④	②	③	③	②	③	②	②	①
31	32	33	34	35	36	37	38	39	40
③	③	③	②	②	③	①	②	②	①
41	42	43	44	45	46	47	48	49	50
④	④	③	④	①	②	②	④	①	④
51	52	53	54	55	56	57	58	59	60
③	④	③	④	④	①	④	①	①	②
61	62	63	64	65	66	67	68	69	70
③	②	③	②	②	②	④	③	③	②
71	72	73	74	75	76	77	78	79	80
④	③	①	④	④	④	③	①	④	③
81	82	83	84	85	86	87	88	89	90
③	①	②	②	④	③	④	②	③	③
91	92	93	94	95	96	97	98	99	100
①	④	③	②	③	②	④	③	③	②

2020년 2차(8월) 정답

1	2	3	4	5	6	7	8	9	10
①	②	③	③	②	④	①	④	④	①
11	12	13	14	15	16	17	18	19	20
③	②	③	④	①	②	②	②	①	③
21	22	23	24	25	26	27	28	29	30
④	②	④	②	④	②	①	③	③	②
31	32	33	34	35	36	37	38	39	40
③	④	④	②	④	③	①	③	②	②
41	42	43	44	45	46	47	48	49	50
④	①	③	④	④	②	④	②	②	①
51	52	53	54	55	56	57	58	59	60
②	②	④	②	②	③	④	②	④	③
61	62	63	64	65	66	67	68	69	70
①	①	②	④	③	①	③	④	①	④
71	72	73	74	75	76	77	78	79	80
②	②	④	②	③	④	③	④	①	③
81	82	83	84	85	86	87	88	89	90
③	②	③	③	④	④	②	③	②	①
91	92	93	94	95	96	97	98	99	100
③	③	④	④	①	④	③	①	④	③

2021년 1차(3월) 정답

1	2	3	4	5	6	7	8	9	10
②	②	③	③	①	①	①	④	③	③
11	12	13	14	15	16	17	18	19	20
②	②	②	③	④	③	②	②	①	②
21	22	23	24	25	26	27	28	29	30
①	③	③	②	③	①	②	①	④	③
31	32	33	34	35	36	37	38	39	40
①	③	④	④	①	④	③	②	②	①
41	42	43	44	45	46	47	48	49	50
④	①	①	①	④	③	④	②	①	①
51	52	53	54	55	56	57	58	59	60
③	④	③	①	③	②	①	②	①	④
61	62	63	64	65	66	67	68	69	70
④	④	①	②	④	②	②	②	①	②
71	72	73	74	75	76	77	78	79	80
③	①	④	②	④	①	①	②	④	②
81	82	83	84	85	86	87	88	89	90
②	③	③	③	④	①	④	③	①	④
91	92	93	94	95	96	97	98	99	100
③	①	①	④	③	②	①	②	①	④

2021년 2차(8월) 정답

1	2	3	4	5	6	7	8	9	10
③	②	④	②	③	④	④	③	③	④
11	12	13	14	15	16	17	18	19	20
③	②	③	③	③	③	②	②	②	①
21	22	23	24	25	26	27	28	29	30
③	②	②	④	③	④	③	③	②	②
31	32	33	34	35	36	37	38	39	40
②	④	②	①	③	④	③	①	③	②
41	42	43	44	45	46	47	48	49	50
③	①	②	①	②	④	①	①	④	③
51	52	53	54	55	56	57	58	59	60
②	④	②	④	④	③	②	④	③	②
61	62	63	64	65	66	67	68	69	70
③	③	②	②	①	④	①	①	④	②
71	72	73	74	75	76	77	78	79	80
①	①	①	③	②	②	④	④	③	④
81	82	83	84	85	86	87	88	89	90
③	③	④	③	③	①	①	②	①	③
91	92	93	94	95	96	97	98	99	100
④	③	③	③	③	④	①	③	④	②

2. 수산 양식 기사 실기 기출 문제(2010 - 2022년)

(※ 문제의 정답은 확인 필요)

2010년
제1회

1. 뜬발 김 양식의 장단점 한 가지

(1) 장점

① 포자가 많이 부착한 김발 이용

② 수광 시간을 길게 하여 단시간에 엽체 성장

③ 수심 깊은 외해에서도 양식 가능

④ 파래, 규조의 부착이 없을 정도로 싹이 충분히 자란 김을 사용해서 양식

(2) 단점

① 노출 시 인력이 많이 들고 품질 나쁨

② 양식 중 중성 포자에 의한 2차아 번식이 없으므로 김발 수명 짧음

③ 냉장발 교체 번거로움

2. 송어 3배체를 얻기 위한 약품 처리 및 수정 방법, 수정 후 관리에 대해 (05-1, 10-1, 18-1)

(1) 약품처리

① 부화 직후 자어에 MT 3 ppm을 11～12℃로 90일간 처리

② 모두 수컷으로 전환

③ 이 수컷을 일반 암컷과 교배하면 모두 암컷이 나옴

(2) 수정 방법 : 알 1만개에 정액 10 ml를 섞고 링거액을 더하며 정액을 확산

(3) 수정 후 과정(3배체 형성)

① 온도 처리 : 수정 40분 후 27～28℃에 10～15분 처리하면 97%

② 수압 처리 : 수정 40분 후 492 kg/cm^2 수압에 4분 처리하면 100%

3. 로티퍼 대량 배양법 4가지

① 배치 배양법

② 연속 배양법

③ 피드백 배양법

④ 초밀도 배양법

4. 해삼 유생 단계별(3단계)로 쓰시오

- 아우리쿨라리아 → 돌리올라리아 → 펜타쿨라

5. 굴 단련 장소 5가지 조건

① 평탄한 곳

② 지반 변동이 적은 곳

③ 5～6시간 노출선

④ 해적 생물 발생이 없는 곳

⑤ 북서풍의 영향을 받지 않는 곳

6. 오분자기와 씨볼트전복 구별하는 법

① 호흡공 수에 따라 구분

② 전복 4～5개

③ 오분자기 6～9개

7. 각포자 방출 촉진법 3가지 (06-1, 07-1, 08-3, 10-1, 10-3, 11-1, 12-1, 12-3, 15-1, 18-1, 18-3)

① 저온 처리 : 7～10일 전에 배양수의 수온을 10～20℃로 처리

② 단일 처리 : 채묘 1주일 전 10～20℃에서 명기 8시간, 암기 16시간을 하여 포자의 성숙도를 촉진

③ 물갈이 처리 : 채묘 전에 수온 26℃ 이하의 해수로 1～2일마다 물갈이

8. 송어 사육 시 용수 조건 5가지 (03-1, 10-1)

① 수온 조건이 맞는 깨끗한 물을 충분히 사용 가능

② 사육 수온은 15℃ 내외로 유지

③ 공장 폐수, 생활 하수, 농약 등에 오염되지 않은 용수

④ 용존 산소량은 10～11 mg/L(최소 7 mg/L 이상)

⑤ 사육수의 적정 수소 이온 농도(pH)는 6.7～8.2

9. 꽃게 인공 종묘 생산시 어미 선정 및 관리 (05-1, 10-1)

① 선정: 암흑색인 알을 검경하여 조에아 유생이 움직이는 알을 포란하고 있는 어미 선정

② 관리: 2톤 수조에 어미 1개체 수용후 부화까지 먹

이를 주지 않고 적정 수온과 비중 유지, 관리

10. 사료를 많이 주었을 때 생기는 문제점 3가지

① 사육수 수질 오염
② 질병 발생
③ 낮은 사료 효율로 인한 양식 경비 증가

11. 김 채묘법 중 회전식 육상(실내)채묘법의 방법 및 장점

(1) 방법
① 자연적인 방출 억제하기 위해 습도를 포화 상태로 처리한 패각 사상체에 2배 용량의 해수로 각포자액을 만들어 김발을 담가 채묘
② 물레(1.5×1.5 m)를 수조에 설치하여 회전시키면서 채묘

(2) 장점
① 작업 편리, 어장의 조건과 무관
② 각포자의 부착 밀도 조절이 용이
③ 계획적, 집약적인 채묘 가능

12. 대하 유생 그림 그려놓고 유생 이름 쓰기(4단계)

- 노플리우스 → 조에아 → 미시스 → 포스트라바

13. 참전복을 20℃에서 100일간 사육하였을 때 적산수온을 구하시오

① 식: 적산수온 = (일일 평균 수온 – 성숙 기초 수온) × 사육 일수
(기초 수온 참전복 7.6℃, 까막전복 5.3℃)
② 답: 1,240℃

14. 과포자 현미경 검경 시 1시야에 50개, 1 cm^2 조가비에 과포자 투입량이 100개이면 1 m^2 수조에 넣어야 하는 과포자량은? (10-1, 14-1, 18-3)

① 식 : 500 × 수조 바닥 면적 / 1시야 당 과포자수
② 답 : (500×1)/50 = 10 ml

15. 수로식 수조에서 찌꺼기를 효율적으로 제거하기 위한 설계 조건은?

① 바닥을 콘크리트로 만들어 청소가 편리하도록
② 배수구 쪽에 집수구 설치하여 수시로 찌꺼기 제거

16. 바지락 발생적지 5가지 (05-1, 10-1)

① 하구 가까운 곳
② 개흙질이 적은 곳
③ 육수의 영향을 어느 정도 받는 간석지 부근
④ 해수 유동이 지나치게 심하지 않고 지형적, 해황적으로 정체하기 쉬운 곳
⑤ 와류가 생기거나 흐름이 완만한 곳

17. 미역 싹녹음 원인 및 가이식 적기 (03-3, 04-3, 08-3, 10-1, 15-3, 19-3)

(1) 싹녹음 원인
① 적조 발생
② 수온이 높고 맑은 외양수가 유입
③ 큰 조석차

(2) 가이식 적기
① 내만은 22~23℃ 이하, 외해는 20℃ 이하에서 가이식 시작
② 가이식이 빠를수록, 아포체가 클수록 빠른 성장
③ 싹녹음 예방위해 11월까지 가이식 종료
④ 소조 직후가 가이식의 적기

18. 빈칸 채우기 (10-1, 19-1)

- 유속은 수조 내 물질 순환에 관여하는 중요한 요소로서, 어류에 (산소) 및 (먹이)를 원활하게 공급한다.
(영양염)과 (부니)도 제거한다.

19. 내파 가두리는 형태와 설치 방법에 따라 구분되며 설치 방법에 따른 종류 5가지 (10-1, 12-3)

① 이동식 가두리 ② 표층 부유식 가두리
③ 반잠수식 가두리 ④ 중층 가두리
⑤ 침설식 가두리

20. 뱀장어 마취법 2가지를 쓰고 간단히 설명 (08-1, 10-1)

① 얼음 마취 : 4℃의 찬 냉각수에 어체를 순간적으로 담가 마취시켜 생리 활성을 거의 중지(일정 면적에 다량의 활어 운반 시 유리)
② MS-222 : 사용 농도 20~70 ppm

21. 참돔 종묘생산 시 인공 채란과 자연 산란이 있는데 자연 산란에 의한 방법을 사육 조건에 따라 3가지 쓰시오. (08-1, 10-1)

① 육상 수조에서 산란기까지 사육하여 자연 산란
② 해상 가두리에서 사육하다가 산란기에 육상 수조로 옮겨 자연 산란
③ 해상 가두리에서 계속 사육하여 산란기에 자연 산란(채집이 어려움)

2010년 제3회

1. **우렁쉥이 서식장**
   ① 서식장 수온 범위 : 5~24℃(외해의 영향을 많이 받는 곳)
   ② 서식 수심 : 수 m~약 20 m(주로 암초에 부착)

2. **자연산 문어와 양성중인 문어의 방양 시 주의점 및 대책**
   ① 세력권을 형성하는 특성⇒세력권이 형성된 곳에 새로운 종묘를 넣으면 새로운 종묘의 크기가 다소 크더라도 먹이를 제대로 먹지 못하고 폐사
   ② 새로운 종묘를 방양 시 먼저 양성 중인 문어를 잡아내 동시에 다시 방양

3. **뱀장어 순환 여과식으로 양성할 때 주의점 5가지 (03-3, 04-3, 05-3, 06-1, 07-1, 10-3, 18-3)**
   ① 정전 대비, 펌프 등 기계 고장 시 대책 마련
   ② 급격한 수온 변화 방지
   ③ 과식과 불규칙한 먹이 공급 주의
   ④ 수질 악화시 1~2일간 대량 환수
   ⑤ 별도의 먹이 공급 장치 설치로 먹이에서 유실되는 것을 처리

4. **틸라피아 성전환 (호르몬)**
   ① 사료 1 kg 당 메틸테스토스테론 또는 에틸테스토스테론을 50~60 mg 섞어서 3주 동안 먹이면 모두 수컷으로 성전환

5. **침전조 면적 % (08-3, 10-3, 13-1, 16-3)**
   ① 20% 이상 시설

6. **적조가 양식 생물에 영향 미치는 피해 종류 4가지 (07-1, 09-3, 10-3)**
   ① 적조 생물에 의한 질식사
   ② 독소, 2차적 황화수소, 메탄가스 등 유독 물질에 의한 중독사
   ③ 어패류에 대해 독성 물질의 축적
   ④ 플랑크톤 사후 용존산소 부족 및 수질 악화

7. **클로렐라 측정방법은**
   ① 현미경과 혈구계산판으로 확인
   ② 가로 세로 1 mm, 깊이 (0.1 mm)에 클로렐라 세포수를 세어 평균값에 (10,000배)를 곱하면 1 ml 안의 클로렐라 개체수 확인

8. **배합 사료의 조건 5가지 (06-1, 08-3, 10-3, 17-3)**
   ① 물에서 흩어지지 않고 안정적
   ② 성장 단계에 따라 먹기 좋은 크기
   ③ 필요한 성분이 골고루 균형
   ④ 좋은 소화 흡수
   ⑤ 장기 보존이 가능

9. **1/5000의 설계도에서 1 cm는 실측에서는 얼마인가? (10-3, 15-1)**
   - 1 : 5,000에서 1 cm는 5,000 cm로, 50 m

10. **각포자 방출 억제법(4가지) (06-1, 07-1, 08-3, 10-1, 10-3, 11-1, 12-1, 12-3, 15-1, 18-1, 18-3)**
    ① 고온 처리 : 통풍 차단, 수온 25~28℃ 유지, 배양해수를 많이 채워 일교차를 작게 함
    ② 장일 처리 및 연속 명기 처리: 명기 15~16시간, 암기 8시간으로 밤에도 명기 처리하여 암기를 주지 않음
    ③ 암흑 처리 : 광선을 완전히 차단 6~7일간 암흑 속에 조가비를 둠
    ④ 100% 습도 처리 : 조가비를 물에 젖은 채로 폴리에틸렌 주머니에 넣고 밀봉하여 100% 습도 유지
    ⑤ 고비중 처리 : 비중 1.040~1,050으로 올려 고비중으로 10일 정도 배양하여 억제
    ⑥ 온도 처리 : 0~5℃ 정도로 유지하며 채묘하기 4~5일 전 정상 배양

11. **전복 산란 자극 5가지 (08-3, 10-3, 14-3, 16-3, 18-1, 18-3)**
    ① 간출 자극
    ② 수온 자극
    ③ 자외선 조사 해수 자극
    ④ pH 상승
    ⑤ 과산화수소 첨가 자극

12. **레비의 수산 생물을 생산하기 위한 종사자의 태도와 신념 4가지 (03-3, 04-1, 10-3)**
    ① Work : 열심히 일하기
    ② Inspection : 물고기를 항상 지켜보면서 기르기
    ③ Dedication : 정성을 다 바치기
    ④ Experience : 많은 실무 경험을 쌓기, 경험이 가장 중요한 요소

13. **미역 초기 배양 수온, 비중, 물갈이, 비료주기 (05-1, 10-3)**
   ① 포자엽은 씨줄 1만 m당 30~50 kg 정도 사용
   ② 수온은 23℃ 이내
   ③ 초기에는 밝게 5,000~6,000x 유지
   ④ 수온 상승과 더불어 조도를 차차 감소
   ⑤ 1개월에 1,2회 채묘틀의 상하를 바꿈
   ⑥ 채묘 후 5~10일간은 환수하지 않고, 발아 확인 후 매일 환수
   ⑦ 비료 주기 : 물갈이 후에 해수 1 L에 질산나트륨 0.1 g, 제2인산나트륨 0.02 g을 첨가

14. **원심 펌프의 원리**
   ① 펌프의 임펠러가 회전하면 물이 회전 원심력에 의하여 케이싱 속의 공간으로 보내어지고, 펌프의 배출구로 밀려나감

15. **봉투식 채묘의 장점 5가지 (06-1, 08-1, 09-1, 10-3, 12-3, 14-3, 16-1, 17-1)**
   ① 1회에 대량으로 채묘 가능
   ② 각포자가 비닐 봉투 밖으로 나가지 않으므로 손실이 없음
   ③ 각포자의 부착 밀도 조절 가능
   ④ 사상체 패각의 양이 적고 각포자가 균일하게 부착
   ⑤ 규조, 파래등 해적 생물 부착이 적고 모든 어장에서 채묘 가능

16. **김 냉장발 건조 작업에 대해 서술 4가지 (10-3, 17-3)**
   ① 건조에 매우 강하여 장기간 보존후 양식에 사용 가능
   ② 맑고 바람이 있는 썰물 때, 한낮에 김발이 말목에 설치된 상태로 건조
   ③ 냉장 전에 함수율 20~40%가 되도록 건조
   ④ 김 냉장발 건조 이유는 세포 내 결빙 예방

17. **폐쇄식 양성법 5가지 종류와 양식하는 생물 예를 한가지씩 쓰시오. (10-3, 15-1)**
   ① 정수식 : 잉어
   ② 유수식 : 송어
   ③ 가두리식 : 넙치
   ④ 순환여과식 : 뱀장어
   ⑤ 방류재포식 : 꽃게
   ⑥ 제방식 : 새우

18. **생물 사육수조 → (** 침전조 **) → (** 생물학적 여과조 **) → 탈질여과조 → 소독조**

19. **순환 여과식 중 생물 여과조의 종류 4가지**
   ① 살수여과 ② 침지여과
   ③ 회전원판여과 ④ 역류여과

20. **조피볼락 자어 산출 예측 행동 4가지 (07-1, 10-3, 12-3)**
   ① 출산 1~2일 전에 평소보다 많은 배설물 배출
   ② 출산 직전에 위 내용물을 토해 냄
   ③ 아가미를 심하게 움직임
   ④ 일몰 전부터는 수조를 선회하는 행동

21. **보리새우의 교미를 확인할 수 있는 부위의 명칭 (10-3, 18-1)**
   - 교미전

22. **원형수조에서 발생되는 고형물을 제거하는 방법 1가지 (10-3, 12-3, 16-1)**
   ① 바닥에 중앙 배수구를 향하여 충분한 경사(10~15%)를 만들어 주고 물의 주입을 수조벽과 평형하게 주입시키면, 오물의 배수가 잘된다.

2011년 제1회

1. **다시마 억제배양양식, 촉성양식, 2년양식의 채묘시기와 수확시기 (06-3, 11-1, 19-1)**

	채묘시기	수확시기
2년양식	5~6월	2년차 여름
촉성양식	9월 하순	다음해 여름
억제양식	5~6월	가을(9월)

2. **조피볼락 방류 양성 시 해수 유동이 심한 곳과 해수유동이 적고 수심이 깊은 곳, 양성장의 활용방법**
   - 문제 및 정답 확인하세요

3. **10만립의 송어란을 부화할 때 소비되는 산소량이 0.5 L/h일 때 주수량은?**
   (주입수의 산소량은 8 ml/L, 배수시 5 ml/L)
   (11-1, 15-3, 17-1, 19-3, 20-1)
   - 식 : 주수량 = 소비산소량/(유입수 용존산소량 -

배출수 용존산소량)
- 답 : 500/(8-5) = 166 ml/h

4. 로티퍼 배양법 중 피드백 배양방법이란? (09-1, 11-1, 14-3)

- 여러 배양 수조에서 생기는 부산물을 다시 식물 플랑크톤의 영양원으로 재이용한 후 배양된 식물 플랑크톤을 다시 로티퍼의 먹이로 이용하여 배양하는 방법

5. 김의 각포자 방출 촉진법 (06-1, 07-1, 08-3, 10-1, 10-3, 11-1, 12-1, 12-3, 15-1, 18-1, 18-3)

① 저온 처리 7~10일 전 배양수를 10~20℃로 처리
② 단일 처리 : 채묘 1주일 전 10~20℃에서 명기 8시간, 암기 16시간으로 처리하여 포자의 성숙도를 촉진
③ 물갈이 처리 : 채묘 전에 수온 26℃ 이하의 해수로 1~2일마다 물갈이

6. 조피볼락 종묘를 육안적으로 봤을 때 좋은 종묘인지 판단 기준 4가지 (06-1, 11-1, 16-3)

① 떼를 지어 정상적인 유영을 하는 것
② 체색이 옅으면서 체형은 유선형인 것
③ 병증이 없어 전체적으로 크기가 같은 것
④ 먹이 섭취 행동이 활발한 것

7. 김의 노출을 생리 작용과 연관지어 2가지를 적으시오. (06-1, 11-1, 16-3)

① 노출에 따른 삼투압 변화가 2차아의 효율적인 방출에 도움을 준다.
② 붉은 갯병 예방, 해적 생물(파래, 규조류) 등의 부착 방지 및 제거
③ 김 빛깔 등 품질 향상

8. 먹이 생물이 갖추어야 할 조건 4가지 (08-1, 11-1, 13-1, 15-3, 18-3)

① 소화가 잘 되어야 한다.
② 영양가가 충분해야 한다.
③ 유생의 입 크기에 맞는 적당한 크기여야한다.
④ 독성이 없어야 한다.
⑤ 모양이 삐죽삐죽한 것보다는 원형이 좋다.
⑥ 냄새, 색깔 등이 유생의 선호도에 합당하면 좋다.

9. 패류의 산란자극 방법 5가지

① 간출 자극
② 수온 자극
③ 자외선 조사 해수 자극
④ 과산화수소 첨가 자극
⑤ pH 상승

10. 전복의 알 방출 기관은? (11-1, 18-1)

- 생식소에서 알이나 정충이 새실로 나오고, 새실 뒤쪽 제 2, 3호흡공으로 방출된다.

11. 넙치의 2차 육성이란 (11-1, 19-1)

- 전장 20 cm 크기까지 사육 / 후기사육은 50 mm

12. 넙치 자어의 수용량 (03-3, 08-1, 09-3, 11-1, 11-3)

- 소형 탱크(5~10톤) : 3만~5만마리/톤
- 대형탱크(40~50톤) : 1만~2만마리/톤

13. 활어 운반 요령 3가지 (04-1, 06-1, 07-3, 09-3, 11-1, 11-3, 12-1, 14-3, 18-3)

1) 기본 원리
   ① 대사 기능의 저하: 운반 전 2~3일 금식시켜 소화대사기능을 저하시키고, 운반 시 온도를 낮추어 대사량을 줄여준다.
   ② 산소 공급: 고밀도 수용 시 산소부족을 보충
   ③ 오물의 제거: 어류의 대사 또는 체표분비에 의한 오물은 여과장치를 이용하여 제거한다.

2) 운반법
   ① 공기 중 운반: 가물치, 뱀장어
   ② 활어선 운반: 가두리 양식어류
   ③ 수중 운반: 관상어, 고급어종, 자치어
   ④ 마취운반: 뱀장어

14. 참전복, 까막전복 적산수온 (07-1, 08-3, 11-1, 12-1, 15-1, 16-3, 19-1)

- 참전복 : 기초수온 7.6℃ / 적산수온 500~1,500℃
- 까막전복 : 기초수온 5.3℃ / 적산수온 1,800~3,500℃

15. 단련종굴의 이점 4가지 (04-1, 04-3, 06-1, 07-3, 08-1, 08-3, 09-1, 11-1, 13-1, 18-1)

① 크기가 작아 취급에 용이하다.
② 취급 시에 탈락 개체가 적다.
③ 성장이 빠르고 폐사율이 낮다.
④ 양식을 계획화할 수 있다.

⑤ 발육이 좋아 양성 기간이 짧다.
⑥ 환경변화에 대한 저항력이 강하다.

16. 순환 여과식 양성의 장점과 단점 3가지씩 쓰시오. (05-1, 11-1, 18-1)

1) 장점
① 소량의 물로 고밀도 양식 가능
② 시설 장소나 위치의 제한 없음
③ 연중 생산, 연중 수확 가능
④ 출하시기 조절 가능
⑤ 폐수 처리 간단
⑥ 열 조절 시설로 어종제한이 없음
⑦ 해적과 질병 대책이 용이

2) 단점
① 고도의 관리 기술력이 요구됨
② 초기 시설비가 많이 듬
③ 고밀도 양식으로 인한 생물의 스트레스
④ 생산력 향상을 위한 부가시설이 필요

17. 지수식, 유수식, 가두리식, 순환 여과식 양성장에서 생산량 증대에 영향을 주는 가장 중요한 요인을 각각 쓰시오. (09-1, 11-1)

① 지수식 : 수면적, 용존산소, 먹이
② 유수식 : 유수량, 수온, 먹이
③ 가두리식 : 가두리 크기, 수질, 수온, 사료
④ 순환 여과식 : 탱크의 크기, 수질, 수온, 먹이

18. 사료 계수와 사료 효율 계산문제

① 사료 계수 = 사료 공급량/증육량
② 사료 효율 = 1/사료 계수 × 100

19. 단백질의 대체 원료로 대두대고 있는 3가지

- 육골분 / 혈분 / 수지박 / 대두박 / 콘글루텐

20. 미역의 씨줄 붙이는 방법과 방법에 관한 단점

- 씨줄 붙이기에는 직접 어미줄에 감는 방식과 씨줄을 잘라서 어미줄에 끼우는 방식
- 단점은 직접 찾아보기

21. 단백질의 원료로 어분을 이용. 어분의 대체 원료로 대두되고 있는 3가지

= 문제 19번

22. 양성장 입지 조건중 수온의 중요성 2가지

① 호흡률 ② 사료 전환 효율
③ 성장 ④ 행동 및 번식에 영향을 미침

2011년 제3회

1. 잉어의 품질 개량 방법 및 품질 개량의 목표가 되는 형질 (06-3, 07-1, 11-3, 12-3)

① 품종 개량법: 선발 육종, 염색체 공학, 성전환, 잡종
② 대상 형질: 사료 전환 효율, 사망률, 성장률, 성숙 시기

2. 미역 잎자르기 수확 전 조건 2가지 (03-1, 11-3, 14-3, 18-3)

① 수온이 15℃ 이하인 기간이 40일 이하
② 종묘가 드물 경우 생장대 윗부분만 수확

3. 채란용 가리비 관리법(어미선정부터 채란까지) (04-3, 11-3, 17-3)

① 어미 선정
- 산란기는 강원도 연안에서 5~6월, 3~4월에 성숙 모패 준비
- 모패는 냉각 장치를 이용하여 산란 임계 온도인 8℃보다 3~4℃ 낮게 보관
- 생식소 색깔에 따라 구분이 쉬우므로 암수 분리 수용

② 채란
- 간출 자극과 수온 자극을 주로 이용
- 간출시킨 어미를 산란 임계 온도보다 1~7℃ 높은 9~15℃의 해수에 옮겨 채란 ⇒ 2~3시간후 산란
- 채란 후 30분이 지나면 수정이 끝나기 때문에 1~2시간이 지나면 수정란 세척 후, 지수 상태에서 부화

4. 참굴 수하식/고정식 양성법 3가지씩

- 수하식 : 뗏목식, 로프식, 연승수하식
- 고정식 : 말목식, 바닥식, 송지식

5. 해삼 투석양식 효과 4가지 (07-1, 09-3, 11-3, 18-1)

- 해삼이 서식하거나 번식하기에 좋은 장소가 형성
- 먹이를 풍부하게 하며 하면기의 장소로도 양호

6. 조개류 채묘 예보 시 유생 식별 기준 3가지

- 유생의 모양 / 색깔 / 부착시기

7. 암모니아 무독성 과정 중 세균 2가지
- 니트로소모나스, 니트로박터

8. 계산식 문제 (6개)- 증육량, 사료 효율, 생존율 (06-3, 11-3, 17-3)
- 생존율(%) = 남은 마리수/시작 마리수 × 100
- 증육량(kg) = 수확 시 중량 – 방양 시 중량
- 사료 계수 = 사료 공급량/증육량
- 사료 효율(%) = 1/사료계수 × 100
- 일간 섭식률 = 일간 섭식량/체중 × 100
- 일간 성장률 = (최종 체중–최초 체중)/[사육 일수 or 사료 급여 일수×((최종 체중+최초 체중)/2)]
- 문어 방양 밀도 = 수확 시 밀도 /(일간 성장률 × 양성 일수 × 생존율)

9. 넙치 수정란 관리법 (11-3, 16-3, 19-3)
① 수정 후 관리
- 채란 시 환수율 1일 1~5회
- 넙치 채란용 망 설치 ⇒ 채집망 수시로 점검 ⇒ 수정란 밀집에 의한 손상 방지

② 밀도: 해수 1 ml당 1~2개

③ 수정란 관리
- 에어레이션 장치를 설치한 유수식 부화조
- 망목이 작은 천으로 만든 가두리를 수조에 설치
- 물과 함께 밖으로 넘어 나오는 수정란을 수조 밖에 설치한 망에서 수집
- 수집망을 수시로 점검하여 수정란 손상 방지
- 죽은 알은 사이펀으로 자주 수조 밖으로 제거

10. 넙치 1,2차 사육 시 밀도, 수온, 먹이
- 자어의 수용 밀도는 해수 1,000 L당 2만마리 전후– 수온은 18℃로 유지
- 부화 후 10일까지 로티퍼 공급, 10일 이후는 알테미아 공급

11. 활어 운반 기본원리, 실제 운반법 3가지 (04-1, 06-1, 07-3, 09-3, 11-1, 11-3, 12-1, 14-3, 18-3)
① 기본 원리
- 대사 기능의 저하 : 운반 전 2~3일 금식시켜 소화 대사 기능을 저하시키고, 운반 시 온도를 낮추어 대사량 감소
- 산소 공급 : 고밀도 수용 시 부족한 산소를 보충
- 오물의 제거 : 어류의 대사 또는 체표 분비에 의한 오물은 여과 장치를 이용하여 제거

② 운반법
- 공기 중 운밥
- 활어선 운반
- 수중 운반
- 마취 운반

12. 어류는 육상 동물에 비해 에너지 이용 활용이 높다. 이유 4가지 (11-3, 12-1, 19-1)
- 수중에서 부력에 의해 중력이 지탱되고, 움직이는데 적은 열량을 소모
- 변온 동물에 속해 체온 유지에 적은 열량을 소모
- 다산이며 번식력이 높기 때문에 번식 에너지 효율이 좋음
- 단백질 분해 산물 암모니아의 대부분을 아가미를 통해 직접 배출하여 요소나 요산을 만드는데 들어가는 열량 소모 절약

13. 항산화제에 구성성분 4가지
- 비타민E, α–토코페롤, 셀렌, BHA, BHT, 렉틴

14. 필수 지방산의 종류 2가지 영문과 이름을 쓰시오 (07-3, 11-3, 18-3)
- 알파–리놀렌산(Alpha–Linolenic): 오메가–3, 다가불포화지방산
- 리놀레산(Linoleic): 오메가–6, 단일불포화지방산

15. 해수의 유동이 김에 미치는 영향 3가지 (11-3, 15-1)
- 영양염 공급
- 김 주위에 배출된 노폐물 제거
- 미세한 부니의 부착방지
- 김의 활발한 대사 작용 유지

16. 1 L/m의 용수로 연간 1 Kg을 생산한다. 연간 30 Kg을 생산하다고 할 때 필요한 용수는?
- 식 : 1 L/m : 1 kg/y = xL /m : 30 kg/y
- 답 : x = 30 L/m

17. 참김 생활사 중 포자 종류와 시기
- 과포자 : 11~5월
- 중성 포자 : 9~11월
- 각포자 : 9~11월

18. 수산 생물 관리용건 3가지 (09-3, 11-3, 14-3)
- 양식 생물에 적합한 수계 환경
- 적절한 영양 공급

- 질병과 해적으로부터의 보호와 대책

19. **김 사상체 관리는 평면식보다 수하식이 3-4배 높다. 실제 수하식을 하지 않는 이유는? (11-3, 14-3)**
    - 수하식은 층별로 빛을 받는 양이나 수온이 고르지 못하기 때문에 상하 성장이 일정하지 못하고,20～30일 이른 채묘를 해야 하는 등의 노력이 든다.
    - 반면 평면식의 경우 낮은 조도에서도 균일한 성장을 기대할 수 있기 때문에 수하식을 하지 않는다.

2012년 제1회

1. **사료에 첨가되는 첨가제의 역할을 5가지 쓰시오. (5점)**
   - 항산화제, 점착제, 항생제, 먹이 유인물질, 착색제
2. **미역 수확방법 (4)**
   ① 수온 15이하 기간이 40일 이상일 때 수확방법: 솎음수확
   ② 수온 15도 이상일 때 수확 방법: 일제수확
3. **넙치의 먹이 공급량을 적으시오. (6)**
   ① 체장 10cm 이하 : (　)%/일
   ② 체장 20cm 전후 : (　)%/일
   ③ 체장 30cm 이상 : (　)%/일
4. **채널메기 산란습성, 친어 수용, 부화방법을 쓰시오. (6)**
   ① 산란 습성 : 수정 후 암컷을 쫓아내고, 알 위에서 지느러미로 물을 움직여 산소 공급하며 자어 보호.
   ② 친어 수용 : 암:수 2:1～2
   ③ 부화 방법 : 21～29℃에서 6～10일 정도 소요 용존 산소량 최소 3 mg/l 이상 공급
5. **먹이 생물이 갖추어야할 조건 4가지 (4)**
   - 먹기 좋은 모양, 운동성이 적을 것, 영양분이 충분할 것, 독성이 없을 것
6. **순환 여과식 장점 5가지 (5)**
   ① 냉, 온수성 어류 양식 가능하다.
   ② 소량의 물로 고밀도 양식이 가능하다.
   ③ 시설 장소의 위치 제한이 없다.
   ④ 연중 생산, 연중 수확이 가능하다.
   ⑤ 출하 시기 조절이 가능하다.
7. **조개류 인공 종묘 생산 시 먹이 생물 속명 5가지 쓰시오. (5)**
   - 교재 본문 참고하세요
8. **넙치의 산란 시기를 조절하는 환경 요인 2가지를 쓰시오. (4)**
   ① 광주기　　② 수온
9. **바지락 유생이 잘 발생하는 적지 4가지 쓰시오. (4)**
   ① 개흙질이 적은 곳
   ② 해수의 유동이 지나치게 심하지 않은 곳
   ③ 지형적, 해황적으로 해수가 정체하기 쉬운 곳
   ④ 육수의 영향을 받는 간석지
10. **참굴 채묘 시 채묘 예보 조사 방법 2가지를 서술하시오. (6)**
    ① (부유 유생) : 매일 만조시에 부유 유생 채집망을 사용해서 수평 또는 수직으로 예망하여 검경한다.
    ② (부착 치패) : 부유 유생을 관찰해 부착기가 가까워지면 시험용 채묘연을 수하하여 매일 수심별로 부착 치패수를 조사한다.
11. **다시마 속성 양식의 채묘 시기 수온 조도 (6)**
    ① 채묘 시기 : 9월 초
    ② 수온 : 15～16도
    ③ 조도 : 3,000～4,000 lux
12. **굴 단련 종굴 연간 작업 계획 시기에 맞게 쓰시오. (6점)**
    - (수확이 두 번임)[채묘 준비, 채묘, 양성, 단련 종굴, 수확]
    - 7월 : 채묘　　　- 8～9월 : 채묘
    - 10～5월 : 단련　- 6～7월 : 수확
    - 8～11월 : 양성　- 12～4월 : 수확
13. **생물학적 여과에서 무기화 과정 설명 (3)**
    - 타가 영양 생물에 의해 질산유기화합물이 암모니아와 같은 무기질로 바뀌는 것.
14. **1 L로 1년 동안 1 kg을 생산하는데 연간 30 ton의 경우 1시간당 주수해야하는 수량(ton/시간)을 계산하시오. (6)**
    - 직접 찾아보기

15. 방어 양식장 3가지 (6)

① 수온이 19~27도 가 긴 곳
② 풍파가 강할 때 양식 시설이 파괴되지 않는 곳
③ 물에 순환이 잘되고 오물이 쉽게 제거되는 곳

16. 우뭇가사리 투석시 수온, 조류, 저질, 비중 (6)

① 수온　② 비중　③ 저질　④ 조류

17. 지주식, 흘림발, 로프식 (6)

① 말목식(지주식) : 수심 10 m 보다 얕은 바다에서 말목을 박고, 김발을 수평으로 매다는 방법이다.
② 흘림발식(발식) : 뜸과 닻줄을 사용하여 김이 날마다 일정 기간 동안만 햇볕을 받을 수 있도록 조절한다.
③ 로프식 : 수면아래 일정한 깊이에 밧줄을 설치. 씨줄에 싹이 자라도록 한다. 미역, 다시마, 톳 등에 사용.

18. 꽃게 외란 상태의 알 색깔과 유생 단계 (4)

① 외란 상태의 알 색깔 : 오렌지색
② 유생 단계 : 조에아 - 메갈로파 - 치해

19. 컴퓨터를 이용한 사료 배합표를 만들 때 필요한 사항 5가지 (5)

① 사료 배합에 사용되는 사료원의 명세
② 사료원의 가격
③ 사료원의 영양소 함유량
④ 사료원의 양식 어종에 대한 각 영양소 이용률
⑤ 양식 어종에 대한 영양소 요구량
⑥ 사료원의 특성, 공급의 제한성, 독성 등

20. 각포자 방출 억제 방법 3가지(3) - 설명 x, 종류만 쓰기

① 단일 처리
② 저온 처리
③ 동결 보존

2012년 제3회

1. 잉어의 품질 개량 방법 및 품질 개량의 목표가 되는 형질 (06-3, 07-1, 11-3, 12-3)

- 품종 개량법 : 선발 육종, 염색체 공학, 성전환, 잡종
- 대상 형질 : 사료 전환 효율, 사망률, 성장률, 성숙시기

2. 미역 잎자르기 수확 전 조건 2가지 (03-1, 11-3, 14-3, 18-3)

① 수온이 15℃ 이하인 기간이 40일 이상 되고,
② 종묘가 드물 경우 생장대 윗부분만 수확

3. 채란용 가리비 관리법(어미 선정부터 채란까지) (04-3, 11-3, 17-3)

1) 어미 선정

① 산란기는 강원도 연안에서 5~6월경, 3~4월경에 성숙 모패 준비
② 모패는 냉각 장치를 이용하여 산란 임계 온도인 8℃보다 3~4℃ 낮게 보관
③ 생식소 색깔에 따라 암수를 따로 수용

2) 채란

① 인위적인 자극 방법으로 간출과 수온자극을 이용
② 간출시킨 어미를 산란 임계 온도보다 1~7℃ 높은 9~15℃의 해수에 옮겨 채란
③ 채란 30분 후 수정 완료 1~2시간 후 수정란 세척 ⇒ 지수 상태에서 부화

4. 참굴 수하식/고정식 양성법 3가지씩

① 수하식 : 뗏목식, 로프식, 연승수하식
② 고정식 : 말목식, 바닥식, 송지식

5. 해삼 투석 양식 효과 4가지 (07-1, 09-3, 11-3, 18-1)

- 해삼이 서식하거나 번식하기에 좋은 장소가 형성
- 먹이를 풍부하게 하며 하면기의 장소로도 양호

6. 조개류 채묘 예보 시 유생식별 기준 3가지

① 유생의 모양　② 색깔　③ 부착시기

7. 암모니아 무독성 과정 중 세균 2가지

- 니트로소모나스, 니트로박터

8. 계산식 문제 (6개)- 증육량, 사료 효율, 생존율 (06-3, 11-3, 17-3)

- 생존율(%) = 남은 마리수/ 시작 마리수×100
- 증육량(kg) = 수확 시 중량 – 방양 시 중량
- 사료 계수 = 사료 공급량/증육량
- 사료 효율(%) = 1/사료 계수×100
- 일간 섭식률 = 일간 섭식량/체중×100
- 일간 성장률 = (최종 체중 – 최초 체중)/[사육 일수

or 사료 급여 일수×(최종 체중 + 최초 체중)/2)]
- 문어 방양 밀도 = 수확 시 밀도 /(일간 성장률×양성 일수×생존율)

9. 넙치 수정란 관리법 (11-3, 16-3, 19-3)

① 수정 후 관리
- 채란 시 환수율 1일 1～5회
- 넘치는 알 채집 위해 망 설치, 채집망 수시로 점검하여 수정란이 과도하게 모여 손상을 입지 않도록 함

② 밀도 : 해수 1 ml당 1～2개

③ 수정란 관리
- 에어레이션 장치를 설치한 유수식 부화조
- 망목이 작은 천으로 만든 가두리를 수조에 설치
- 물과 함께 밖으로 넘어 나오는 수정란을 수조 밖에 설치한 망에서 수집하고, 수집망을 수시로 점검하여 수정란에 손상이 없도록 함
- 죽은 알은 사이펀으로 자주 수조 밖으로 제거

10. 넙치 1,2차 사육 시 밀도, 수온, 먹이
- 자어의 수용 밀도는 해수 1,000 L당 2만마리 전후
- 수온은 18℃로 유지
- 부화 후 10일까지는 로티퍼를 주고, 10일 이후로는 알테미아를 준다.

11. 활어 운반 기본 원리, 실제 운반법 3가지 (04-1, 06-1, 07-3, 09-3, 11-1, 11-3, 12-1, 14-3, 18-3)

① 기본 원리
- 대사 기능의 저하 : 운반 전 2～3일 금식시켜 소화 대사 기능을 저하시키고, 운반 시 온도를 낮추어 대사량을 줄여준다.
- 산소 공급 : 고밀도 수용 시 부족한 산소를 보충
- 오물의 제거 : 어류의 대사 또는 체표 분비에 의한 오물은 여과 장치를 이용하여 제거한다.

② 운반법
- 공기 중 운밥
- 활어선 운반
- 수중 운반
- 마취 운반

12. 어류는 육상 동물에 비해 에너지이용 활용이 높다. 이유 4가지 (11-3, 12-1, 19-1)

① 수중에서 부력에 의해 중력이 지탱되고, 움직이는데 적은 열량을 소모

② 변온 동물에 속해 체온 유지에 적은 열량을 소모

③ 다산이며 번식력이 높기 때문에 번식 에너지 효율이 좋음

④ 단백질 분해 산물 암모니아의 대부분을 아가미를 통해 직접 배출하여 요소나 요산을 만드는데 들어가는 열량 소모 절약

13. 항산화제에 구성 성분 4가지
- 비타민E, α-토코페롤, 셀렌, BHA, BHT, 렉틴

14. 필수 지방산의 종류 2가지영문과 이름을 쓰시오. (07-3, 11-3, 18-3)

① 알파-리놀렌산(Alpha-Linolenic): 오메가-3, 다가불포화 지방산

② 리놀레산(Linoleic): 오메가-6, 단일불포화지방산

15. 해수의 유동이 김에 미치는 영향 3가지 (11-3, 15-1)

① CO_2 및 영양염 공급

② 김 주위에 배출된 노폐물 제거

③ 미세한 부니의 부착방지

④ 김의 활발한 대사 작용 유지

16. 1L/m의 용수로 연간 1Kg을 생산한다. 연간 30Kg을 생산하다고 할 때 필요한 용수는?
- 식 : 1L/m : 1kg/y = xL/m : 30kg/y
- 답 : x = 30L/m

17. 참김 생활사 중 포자종류와 시기
- 과포자 : 11～5월
- 중성포자 : 9～11월
- 각포자 : 9～11월

18. 수산 생물 관리 요건 3가지 (09-3, 11-3, 14-3)

① 양식 생물에 적합한 수계 환경

② 적절한 영양 공급

③ 질병과 해적으로부터의 보호와 대책

19. 김 사상체 관리는 평면식보다 수하식이 3-4배 높다. 실제 수하식을 하지 않는 이유는? (11-3, 14-3)
- 수하식은 층별로 빛을 받는 양이나 수온이 고르지 못하기 때문에 상하 성장이 일정하지 못하고, 20～30일 이른 채묘를 해야 하는 등의 노력이 든다.
- 반면 평면식의 경우 낮은 조도에서도 균일한 성장을 기대할 수 있기 때문에 수하식을 하지 않는다.

2012년 제1회

1. 메기 자어양식에 대해 다음 중 3가지 골라 서술하시오. (12-1, 15-1)

① 수조
- 가로 2~3 m, 폭 20~50 cm, 수심 30 cm정도 되는 수조
- 3,300 m^2 정도 되는 지중식 못

② 방양 밀도
- 자어의 경우 13~60마리/m^2
- 치어 5~10 cm까지 기를 경우 30~40마리/m^2
- 치어 15~20 cm까지 기를 경우 4~5마리/m^2

③ 방양 방법 : 바로 방양 또는 못의 한쪽 가두리에 수용했다가 방양

④ 환수율
- 자어 : 20 L/m
- 치어 : 4 L/m

⑤ 먹이 공급
- 자어 : 방양량의 4~5%
- 치어 : 체중의 3~6%를 아침, 저녁으로 급여

2. 잉어 초기 먹이로 물벼룩 발생시키는 방법을 서술하시오. (12-1, 17-1)
- 부화 예정 14~15일경 물을 빼고 바닥을 석회 150~300 g/m^2로 소독
- 닭똥은 0.5~1 kg/m^2, 퇴비는 1.5 kg/m^2로 시비
- 거름을 뿌린 후 2~3일 지나면 30~50 cm의 주수

3. 잉어 자어 먹이에 대해 설명하시오. (12-1, 15-1)
- 부화 직후 : 난황 섭취
- 자어기 : 물벼룩, 로티퍼 등 작은 동물플랑크톤이 적합하다.
- 먹이 공급 시 유의할 점 : 위가 없으므로 하루에 여러번 나누어서 먹이를 공급

4. 전복의 배합 사료의 성형과 보형성을 위해 넣는 물질 2가지

① 탄수화물 : 사료성 형

② 알긴산나트륨 : 보형제

5. 김 채묘 후 월에 따라 수온, 조도 관리에 대해 쓰시오
- 3~4월 : 수온 16~24℃ / 조도 2,000~3,000 lx
- 5~6월 : 수온 18~25℃ / 조도 1,000~2,000 lx
- 7~8월 : 수온 28℃ 이하 / 조도 750~1,500 lx

6. 각포자 방출 억제법 3가지 (06-1, 07-1, 08-3, 10-1, 10-3, 11-1, 12-1, 12-3, 15-1, 18-1, 18-3)

① 고온 처리 : 통풍을 차단하고 수온 25~28℃를 유지하며, 배양해수를 많이 채워 일교차를 적게 함

② 장일 처리 및 연속 명기 처리 : 명기 15~16시간, 암기 8시간으로 밤에도 명기처리하여 암기를 주지 않음

③ 암흑 처리 : 광선을 완전히 차단하여 6~7일간 암흑 속에 조가비를 둠

④ 100% 습도 처리 : 조가비를 물에 젖은 채로 폴리에틸렌 주머니에 넣고 밀봉하여 100% 습도를 유지

⑤ 고비중 처리 : 비중 1.040~1.050으로 올려 고비중으로 10일 정도 배양하여 억제

⑥ 온도 처리 : 0~5℃ 정도로 유지하며 채묘하기 4~5일 전 정상 배양

7. 굴 양식 연간 작업계획에 대해 쓰시오

월	5	6	7	8	9	10	11	12	1	2
작업계획	채묘준비	채묘	수하		양성					
				채묘		단련				

3	4	5	6	~	11	12	1	2	3	4	
수확											보통종굴
						수확					단련종굴

8. 어류 수송 시 일어나는 장애 현상 5가지에 대해 쓰시오. (09-1, 12-1)
- 산소 결핍 / pH 변화 / 수온 변화 / 배설물 축적 / 탄산가스 증가

9. 어류 사육시 집수부 사용 목적과 설치 장소를 쓰시오. (08-3, 12-1, 14-3)
- 사용 목적 : 못 속의 물이 빠질 때 어류가 모여 쉽게 잡아내기 위해 설치
- 설치 장소 : 배수구

10. 피조개 수하 양성의 문제점과 대책 (03-1, 04-3, 12-1)

① 수하식으로 양성한 것은 성장이 빠르나 비만도

가 낮고, 육질부의 색깔이 희미해서 상품가치가 낮다.

② 비만도와 육질부의 색깔향상을 위해서는 수확하기 4개월 전에 바닥 양성을 하면 정상으로 회복한다.

11. 품질 좋은 다시마를 수확하기 위한 아래 작업들 중 3가지 골라 서술

① 솎음 : 4～5월경 1m당 20～25개체가 되도록 솎는다., 잡해조 제거작업도 병행

② 뿌리묶기 : 솎음 뒤에 하며, 부착기가 어미줄에 잘 붙지 않은 것을 묶어준다.

③ 보충이식 : 다시마가 유실, 탈락된 부분이나 생장이 좋지 않은 부분에 솎은 것 중 부착기가 좋은 것을 어미줄에 옮겨 묶어준다.

12. 보리새우를 완전양식 하는 이유와 종묘생산 시기를 쓰시오

- 우리나라 연안 보리새우는 성숙기가 늦어 빨라도 6월 하순이며, 이를 종묘 생산어미로 사용하면 종묘가 생산되는 시기는 8월이므로 시기가 늦어 월동이 불가능하여 연내 수확이 불가능하다.
- 따라서 채란용 어미는 외국으로부터 수입하여 사용하고 있으나, 이에 대한 대책으로는 채란용 어미를 인공적으로 월동시켜 조기 종묘 생산에 이용한다.
- 종묘생산 시기 : 4～6월

13. 대하 유생 시기별 생존률은 다음과 같다. 부화율 50%, 노플리우스 50%, 조에아 40%, 미시스 50%, 전기 유생 50% 후기 유생 70% 일 때 알에서 치하까지의 생존율을 구하시오. (12-1, 18-3)

- 식 : $(0.5\times0.5\times0.4\times0.5\times0.5\times0.7) \times 100$
- 답 : 1.75%

14. 넙치 크기별 먹이 공급량 (04-3, 12-1, 15-1)

- 체장 10 cm : 체중의 20% 전후
- 체장 20 cm : 체중의 10% 이하
- 체장 30 cm : 체중의 3～4%

15. 김의 사상체 배양에서 영양 성장기에 대한 배양 관리에 대하여 쓰시오. (03-1, 03-3, 12-1)

- 시기 : 3월 중순 ～ 4월
- 수온 : 16～24℃
- 비중 : 1.020～1.025
- 조도 : 수하식 2,000～3,000 lx / 평면식 1,000～2,000 lx
- 광주기 : 일간 24시간 처리

16. 양식장 시설 재료로써의 요건을 쓰시오. (06-1, 12-1)

- 사용 목적에 알맞은 공학적 성질을 가져야 한다.
- 사용 환경에 대하여 안정적이고 내구성이 있어야 한다.
- 주위에서 구하기 쉽고 값이 싸야 한다.
- 사육하고자 하는 생물에 해가 없어야 한다.

17. 어류가 육상 동물보다 단백질 대사에 쓰이는 에너지 효율이 높은 이유 (11-3, 12-1, 19-1)

- 수중에서 부력에 의해 중력이 지탱되어 움직이는데 적은 열량이 소모된다.
- 변온 동물에 속해 체온 유지에 적은 열량을 소모한다.
- 다산이며 번식력이 높기 때문에 번식 에너지 효율이 좋다.
- 단백질 분해 산물 암모니아의 대부분을 아가미를 통해 직접 배출하여 요소나 요산을 만드는데들어가는 열량 소모가 절약된다.

18. 넙치의 산란 시기를 조절하는 환경 요인 2가지를 쓰시오. (08-3, 12-1, 18-1)

① 광주기 ② 수온

19. 식물 먹이 플랑크톤 배양 시 바닥에 침강하는 것을 막기 위한 방법 (08-3, 12-1)

- 소형 용기 : 주기적으로 손이나 적당한 장치로 흔들어준다.
- 중형 이상 용기 : 포기를 해준다.

20. 고밀도 사육시 발생하는 노폐물을 제거하기 위한 배수 장치명과 그 원리를 쓰시오. (07-1, 12-1)

① 벤튜리 배수장치

- 못 속의 물이 일정한 속력으로 회전하면 사료 찌꺼나 배설물이 원형 수조의 중앙으로 모여서 두 파이프 사이로 들어온다.
- 노폐물은 안쪽 파이프로 배출되거나 파이프를 들어 올리면 바로 배수구로 배출된다.

② 원뿔형 배수 장치

- 사육조의 바닥 한 가운데를 원뿔형으로 깊게 만들고, 순환수에 의해 아래 끝에 모인 찌꺼기

를 바닥을 지나 밖으로 이어지는 파이프로 제거한다.

21. 클로렐라 배양 조건에 대해 쓰시오. (12-1, 16-1)
- 수온 : 20~25℃
- 비중 : 1.020
- pH : 7.0~9.0

2012년 제3회

1. 참전복 적산 수온
- 500~1,500℃

2. 야외 인공 채묘 장점 5가지를 쓰시오. (06-1, 08-1, 09-1, 10-3, 12-3, 14-3, 16-1, 17-1)
- 1회에 대량으로 채묘할 수 있다.
- 각포자가 비닐 봉투 밖으로 나가지 않으므로 손실이 없다.
- 각포자의 부착 밀도를 조절할 수 있다.
- 사상체 패각의 양이 적고 각포자가 균일하게 붙는다.
- 규조, 파래 등의 해적 생물의 부착이 적고 어떤 어장에서도 채묘가 가능하다.

3. 각포자 방출 억제방법 3가지 (06-1, 07-1, 08-3, 10-1, 10-3, 11-1, 12-1, 12-3, 15-1, 18-1, 18-3)

① 고온 처리 : 통풍을 차단하고 25~28℃로 온도를 유지하며, 배양해수를 많이 채워 일교차를 작게 함

② 장일 처리 및 연속 명기 처리 : 명기 15~16시간, 암기 8시간으로 밤에도 명기처리하여 암기를 주지 않음

③ 암흑 처리 : 광선을 완전히 차단하여 6~7일간 암흑 속에 조가비를 둠

④ 100% 습도 처리 : 조가비를 물에 젖은채로 폴리에틸렌 주머니에 넣고 밀봉하여 100% 습도를 유지

⑤ 고비중 처리 : 비중 1.040~1.050으로 올려 고비중으로 10일정도 배양하여 억제

⑥ 온도 처리 : 0~5℃ 정도로 유지하며 채묘하기 4~5일 전 정상 배양

4. 무지개송어 사료에 단백질 함량(%)은?
- 40~45% (?)

5. 송어 먹이공급 시 주의 사항과 먹이량을 줄여야 하는 이유는? (04-3, 08-1, 12-3)

① 주의 사항
- 1일분의 먹이를 한꺼번에 주지 않고 2회로 나누어 준다.
- 먹이가 바닥에 떨어지기 전에 다 받아먹을 수 있게 천천히 조금씩 준다.
- 70~80%가 충분히 먹었을 때 먹이를 중단하는게 사료 효율도 좋고 수질 관리에도 좋다.
- 수온이 갑자기 너무 높아지거나 낮아졌을 때는 먹이양을 감소시켜야 한다.

② 먹이량 줄일 때
- 수온이 급변했을 때
- 주수량이 감소되었을 때
- 물이 혼탁해졌을 때
- 어류의 활동이 비정상적일 때
- 선별 등의 이유로 송어를 잡아내었다가 다시 못에 넣었을 때

6. 수하식 김채묘 전 주의점, 채묘 후 주의점, 20매당 조가비 사상체의 양

① 채묘 전
- 대조 때 발이 언제나 해면에 떠 있도록 설치
- 작업 시 건조되지 않도록 주의

② 채묘 후
- 채묘 작업이 시작돈지 3~5일 후 포자 부착을 확인하고 발을 발아층으로 올린다.
- 발을 올리는 시기가 늦으면 규조, 파래 등의 해적 생물이 붙을 염려가 있으므로 늦지 않도록 주의

③ 20매당 조가비 사상체: 100~150매

7. 전복의 육상 수조 운반법은?
- 수온이 낮을수록 공중활력이 커서 생존기간이 길다.
- 수송 용기에 해수를 넣지 않고 운반한 것이 생존율이 더 높다.
- 수송 용기는 운반에 알맞은 크기, 습기 유지, 흡착 가능한 면적이 넓어야 한다.
- 전복이 서로 겹쳐지지 않도록 칸막이도 설치해서 운반한다.

8. 전복 부착 치패의 양성 수조는? (12-3, 16-3)

- 폴리에틸렌 또는 콘크리트 수조에 합성 수지로 된 투명한 파판을 넣고 일정한 주수와 포기, 적당한 조도를 유지하여 일정 기간 부착 규조류를 번식시킨다.
- 그리고 여기에 전복 치패들을 넣어 부착하도록 한다.

9. 물속의 암모니아 종류 2개를 적고 그 중 독성 암모니아?

- NH_3와 NH_4^+
- 독성 암모니아는 NH_3

10. 우렁쉥이의 부착 밀도, 밀식 시 크기 변화, 밀식 후 출하 결과?

- 부착 밀도 : 수하연은 길이 2 m가 적당하고 한줄에 100개체 내외가 되도록 한다.
- 밀식 시 크기 변화 : 밀식을 하면 가늘고 긴 꼴이 되며, 성장이 더디고 품질도 저하된다.
- 양성 관리 : 부착 생물을 제거하고 성장에 따라 알맞게 솎아준 후 새로운 수하연을 만들어 수하한다.
- 출하 결과 : 양성 1년이면 3~4 cm, 2년이면 8~10 cm로 성장한다. 대개 2년간 양성하여 수확한다.

11. 키조개가 10 cm시 재방양할 때 방양 밀도와 저질

① 방양 밀도 : 100개체/m^2 이하

② 저질

- 저조선 부근, 모래질이 비교적 많은 곳
- 부드럽지만 지반변동이 없는 곳
- 육수의 영향이 많지 않은 곳

12. 수하식 패류 양식 시 부착 생물의 물리적 제거 방법 4가지 (12-3, 18-3)

① 온수 처리 ② 간출 처리 ③ 손으로 제거
④ 수하 깊이 조절 ⑤ 해수 유통 조절

13. 건전도 측정시 염색 방법과 확인 방법은? (12-3, 16-1, 17-1)

① 에리트로신법

- 0.1% 에리트로신 용액에 5분간 침적, 세척한 후 전체 면적에 대한 염색 면적의 비율을 사세포율로 표시한다.
- 염색 면적 20% 이상은 발병가능 엽체로, 그 이하는 건전한 엽체로 판정한다.

② 요르틴크액, 메틸렌블루, 말라카이트그린 수용액으로 염색 확인: 해부현미경 40~100배로 관찰

14. 방어 종묘 고르는 법 3가지 (05-1, 12-3, 16-1, 18-1)

① 겉보기에 둥글둥글하게 살이 쪄 있는 것
② 체색은 황록색을 띠고 있는 것
③ 떼를 지어 정상적인 유영을 하는 것
④ 기생충의 기생이 없고 어체의 크기가 고른 것
⑤ 운반하기 편하게 종자의 크기가 8~30g 정도 되는 것

15. 조피볼락 산출 행동 4가지 (07-1, 10-3, 12-3)

① 출산 1~2일 전에 평소보다 많은 배설물 배출
② 출산직전에 위 내용물을 토해 냄
③ 아가미를 심하게 움직임
④ 일몰 전부터는 수조를 선회하는 행동이 나타남

16. 내파성 가두리 중 설치방법에 따른 내파성 가두리 종류 5가지를 쓰시오. (10-1, 12-3)

① 이동식 가두리
② 표층 부유식 가두리
③ 반잠수식 가두리
④ 중층 가두리
⑤ 침설식 가두리

17. 객토를 해야 할 저질의 종류 2가지를 쓰시오

① 유기질이 많이 함유되어 있는 저질
② 조개류 양식장으로 펄 성분이 많고 층이 깊은 곳

18. 개방식 양어장에서 용존 산소 공급원인 (12-3, 18-1)

- 다른 수괴의 유입에 의한 공급
- 강우에 의한 공급
- 수면에서의 교반으로 인한 공급

19. 원형지 수조의 찌꺼기 제거 방법 (10-3, 12-3, 16-1)

- 바닥에 중앙 배수구를 향하여 충분한 경사를 만들어 주고(10~15%) 물의 주입을 수조벽과 평형하게 주입시키면 오물의 배수가 잘된다.

20. 품종 개량의 목표 형질은? (06-3, 07-1, 11-3, 12-3)

- 식성이 왕성하고 성장이 빠를 것
- 번식력이 왕성하여 종묘생산이 용이
- 생활력이 강하여 환경변화에 잘 견딜 것
- 내병성이 강할 것
- 품질이 좋은 것

21. 중성 지방은 한 개의(글리세롤)과 세 개의 (지방산)의 에스테르이다

22. 해삼의 소화관 수확시기, 온도에 따른 소화관 길이변화, 해삼 수확 시기 (12-3, 17-3)
- 소화관 수확 시기: 재생력이 가장 크고, 성장도 가장 빠른 겨울철(2월)이 수확 적기
- 소화관 길이 변화: 수온이 가장 낮은 2월경에 가장 발달 수온이 가장 높은 여름철 8~9월에 가장 쇠퇴
- 해삼 수확 시기: 5~6월(여름이 오기 전 수확)

2014년 제1회

1. 미역의 씨줄 붙이기 방법에는 (A)와 씨줄을 잘라서 어미줄에 끼우는 방식의 두가지가 있으며 (A)에는 (B)와 (C)가 일반적으로 사용되고 있다.
- 직접 어미줄에 감는 방식, 주로 어미줄 꼬임방향과 반대 방향으로 감는 방법이 사용된다.

2. 가리비 조가비의 세척 목적을 2가지를 쓰시오
① 과포자 잠입을 용이하게 하기 위해
② 사상체 병해 방지

3. 유수식 양어장에서 시설시 특히 유의해야 할 사항을 2가지 쓰시오. (05-3, 06-1, 14-1)
① 풍부한 수량 지속 공급
② 적정 수온 유지 기간이 긴 곳
③ 충분한 산소 공급 필요
④ 바닥의 경사로 노폐물과 찌꺼기의 완전 배출
⑤ 주수량이 줄지 않도록 스크린 면적 고려
⑥ 수류의 속도가 사육 어류의 적응에 알맞도록 양식 시설 설계
⑦ 완전 균형사료 공급

4. 전복 첫 먹이 먹는 시기 및 먹이 종류 4가지를 쓰시오. (05-1, 07-1, 14-1, 18-3)
- 부유 유생기 : 먹이를 먹지 않음
- 저서 생활 초기 : 나비큘라, 코코네이스, 암포라, 니츠시아 등
- 저서 생활 후기 : 미역, 다시마, 갈파래 등

5. 넙치 종묘 생산 방법 2가지를 쓰시오. (05-3, 14-1, 17-3)
① 천연 친어로부터 채란
- 자연산 친어 중 충분히 성숙한 것을 현장에서 빨리 채란하여 인공수정시킨다.
- 어획 시의 친어 상태에 따라 실시 가능 여부와 채란량에 영향을 미친다.

② 호르몬 주사에 의한 채란
- 친어의 성숙이 덜 되었을 때 호르몬을 주사하여 1~2일간 완전히 성숙시켜 채란한다.
- 채란량과 부화율이 낮다.

③ 자연 산란에 의한 채란
- 친어를 수조에 수용하여 장기간 양성 후 자연 산란을 유도하는 방법
- 건강한 난을 확보 가능하며, 계획 종자 생산이 가능하다.
- 친어를 장시간에 걸쳐 양성, 관리해야하는 어려움이 있다.

6. 사료의 첨가제 종류를 7가지를 쓰시오. (04-1, 09-1, 14-1)
① 점착제 : 물속에서 사료의 안정성을 증대시키고 펠렛의 성형을 돕는다.
(밀가루, 녹말, CMC, 알지네이트, 가검, 셀룰로오스, 유장 등)
② 항생제 : 질병을 치료한다.
③ 항산화제 : 지방산, 비타민 등의 산화를 방지한다.
(천연: 비타민E, α-토코페롤 / 인공: BHA, BHT)
④ 착색제 : 방어, 참돔과 같은 양식어종과 피부색깔이 중요한 금붕어 등의 성육에 있어 본래의 색깔을 갖게 해준다.(새우가루, 아스타크산틴, 크산토필)
⑤ 먹이 유인 물질 : 먹이 섭취율을 향상시킨다.(육식성: 글라이신, 발린, 베테인 / 초식성: 글루탐산)
⑥ 기타 호르몬 : 성장 촉진, 초기 성성숙, 종자의 성전환 등에 사용한다.
⑦ 스스로 찾아 보세요(빠진 부분 채우기)

7. 어류 인공 수정 방법 3가지를 쓰시오. (04-3, 14-1)
① 습식법 : 참돔, 자주복
② 건식법 : 연어, 무지개송어
③ 등조법 : 미꾸라지, 잉어, 연어

8. 꽃게 알의 색깔과 유생 단계를 쓰시오. (08-1, 14-1, 18-1)

- 알은 암흑색
- 수정란 → 조에아 → 메갈로파 → 치게

9. 우렁쉥이 유생 형태와 부착까지의 변태 과정을 쓰시오. (14-1, 16-1, 19-3)

- 유생형태: 반투명한 올챙이형 유생
- 부착까지의 변태 과정 : 유생으로 된 후 6시간이 지나면 꼬리의 흡수가 시작되고 꼬리가 흡수되면 저층으로 가라앉아 부착 생활로 들어간다.

10. 참돔 자치어 사육 수조에 그린워터를 만들어주는 이유 (14-1, 18-1)

- 자치어의 초기 생존율을 높여준다(먹이로 사용되어 영양학적 측면 유리)
- 자체 산소 공급으로 용존 산소가 증가한다.
- 독소 흡수 등 수계 환경이 좋아진다.

11. 진주조개 핵 삽입을 위한 사전 작업 3가지를 쓰시오

① 모패 처리 : 성숙기에 인위적으로 여포 내의 생식세포를 적게하는 일

② 모패의 소제와 선별 : 부착물 제거

③ 개각

12. 참굴 인공 채묘 방법 3가지의 장단점을 쓰시오. (03-3, 06-3, 08-1, 11-3, 14-1, 17-1, 19-1)

① 고정식 채묘(말목식) : 수심이 얕은 간석지에 채묘연을 채묘상에 절반 걸쳐서 채묘

- 장점
  - 해수의 유동 범위가 상하로 넓어서 치패의 부착이 균일하다.
  - 수심이 얕아 채묘가 간편하다.
  - 간출 작용으로 환경 변화에 대한 저항력이 강해진다.
- 단점 : 유생수나 부착 치패의 수가 적다.

② 부동식 채묘(뗏목식 또는 연승 수하식) : 수심이 깊은 곳에서 채묘연을 부착층에 수직으로 수하해 채묘

- 장점 : 정확한 채묘예보만 하면 균일하게 많은 양을 부착시킬 수 있다.
- 단점 : 정확한 채묘가 힘들고, 저항력이 약하다.

13. 생물학적 여과에 관여하는 세균 2가지에 대하여 쓰시오

① 니트로소모나스 ② 니트로박터

14. 과포자 현미경 검경 시 1시야에 50개, 1 cm^2조가비에 과포자 투입량이 100개이면 1 m^2 수조에 넣어야 하는 과포자량은? (10-1, 14-1, 18-3)

- 식 : 500 × 수조 바닥 면적 / 1시야 당 과포자수
- 답 : (500×1)/50 = 10 ml

15. 연어 치어 급이 시기와 회수를 쓰시오

- 난황을 다 소비하고 떠오르면서 먹이를 찾게 된다. 부상기에 먹이를 공급한다.
- 하루 12～16번 공급하다가 한달 후에는 8번 정도로 줄여서 공급한다.

16. 송어를 유수식 양식장에서 기를 때 유입수가 200 L/ sec 이고 사육수를 1.5시간에 전량 환수하고자 할 경우 총 몇 m^2의 수조가 필요한가?

- 식 : 총수면적 = 취수량(ton) × 시간(sec) / 예정수심(m) 1 L = 0.001 ton
- 답 : 0.2 × 5400 = 1080 m^2

17. 넙치의 치어 사육 관리 중 수조 규모 별 수용 밀도를 쓰시오. (03-1, 14-1)

1) 시설 규모

① 10 m^2 이하의 소형 수조 : 먹이 공급, 관찰이 용이하나 고밀도 사육으로 인한 공식 현상, 수질 급변의 문제가 발생할 수 있다.

② 50 m^2 전후의 중형 수조

③ 100～200 m^2의 대형수조 : 수질 악화의 문제가 적으나 관찰이 어렵고, 관리에 인원과 시간이 많이 소요된다. 대형 수조 내 소형 가두리를 설치하면 바닥 청소와 분조 작업이 편리해진다.

2) 수용 밀도와 환수율

	수용밀도	환수율
전장 13~15 mm인 저서 초기	1만마리/m^2 내외	3～4회 이상
전장 30 mm인 치어	2천마리/m^2 내외	7～8회 이상

18. 김 양식장에서 김 엽체의 생리적 저하 원인과 대책

- 원인 : 외양수 침입 / 조류 소통이 나쁠 때 / 겨울철 수온 높다 / 소조 시 노출 적다 / 밀식 시 햇빛 강할 때
- 대책 : 해수 유동 개선 / 노출선을 높인다 / 직사광선 피한다 / 해적 생물 부착 방지 및 제거

19. **미역 채묘 방법 4단계 (14-1, 18-1)**
- 씨줄을 씨줄틀에 3~5 mm간격으로 감는다.
- 좋은 포자엽을 고르고 음건시킨다.
- 음건시킨 포자엽은 채묘용 수조에 넣고 유주자를 방출시킨다.
- 포자엽을 건져내고 씨줄틀을 넣어 채묘한다.

20. **사료에 첨가하는 필수 미량원소 8가지**
- 철, 구리, 망간, 아연, 크롬, 코발트, 셀레늄, 요오드

2014년 제3회

1. **보리새우 조에아기 먹이 생물, 필요한 영양원?**
- 케토세로스, 스켈레토네마, 니츠시아, 나비큘라

2. **송어 해수 사육시 장점 및 단점 (07-1, 14-3)**
- 장점
  - 성장이 매우 빠르고 육질도 우수하여 상품성이 향상
  - 담수에서 발생하는 여러 가지 질병이나 기생충이 없어진다.
- 단점
  - 비브리오균에 의한 피해를 입는다.
  - 수컷이 산란을 왕성하게 하고 폐사

3. **부유 유생 위험기**
- 부착 생활에 들어가는 순간
- 탈피 직후

4. **수산 생물 사육 시 기본 요건 3가지 (09-3, 11-3, 14-3)**

① 양식 생물에 적합한 수계 환경
② 적절한 영양 공급
③ 해적 생물이나 질병으로부터 보호, 대책 마련

5. **내만이나 저수지의 가두리 양식장에서 노화 현상의 원인 및 대책 (05-3, 14-3, 20-1)**
- 정의 : 여러 해 양식을 하면서 양식 시설이나 바닥 퇴적물의 영향으로 대량 폐사가 일어나고 수확량이 감소하는 현상
- 원인 : 양식 시설의 밀식으로 해류 소통이 나쁘고, 바닥에 노폐물의 퇴적으로 자정 능력을 초과
- 대책 : 휴식년제 / 객토 및 준설을 통한 환경 개선 / 양성 밀도 줄임

6. **순환 여과식에서 생물학적 여과조 여과 종류 4가지**

① 살수 여과조
② 침수 여과조
③ 역류 여과조
④ 회전원판 여과조
⑤ 활성오니 여과조

7. **순환 여과식 사육 장치 관리 시설 4가지 (04-3, 07-3, 08-3, 10-3, 14-3, 19-3)**

① 사육 수조 : 생물을 사육
② 침전조(여과장치) : 고형물을 제거
③ 생물 여과조 : 생물이 배출한 용존 암모니아 등 유해 물질을 분해
④ 소독조(자외선, 오존) : 수중의 유해 세균을 제거

8. **사료 공급 방법 3가지 (14-3, 16-1)**

① 손으로 공급 : 즉각적 조절이 가능하나 시간이 많이 소모
② 시간 자동 조절 공급기 : 계획적으로 조정할 수 있지만 어류 관리가 잘 안 된다.
③ 요구 조절 공급기 : 원하는 대로 먹일 수 있어 효율이 높다.

9. **염소 17ppt일때 염분 psu 값은? (소수점 둘째자리까지)**
- 식 : 염분(S) = 1.80655 × 염소량(Cl)
- 답 : 1.80655 × 17 = 30.71

10. **김 양식시 봉투식 야외 채묘 방법 장점 5가지 (06-1, 08-1, 09-1, 10-3, 12-3, 14-3, 16-1, 17-1)**

① 1회에 대량으로 채묘할 수 있다.
② 각포자가 비닐 봉투 밖으로 나가지 않으므로 손실이 없다.
③ 각포자의 부착 밀도를 조절할 수 있다.
④ 사상체 패각의 양이 적고 각포자가 균일하게 붙는다.
⑤ 규조, 파래 등의 해적 생물의 부착이 적고 어떤 어장에서도 채묘가 가능하다.

11. **전복 산란 자극법 5가지 (08-3, 10-3, 14-3, 16-3, 18-1, 18-3)**

① 간출 자극
② 수온 자극
③ 자외선조사 해수 자극

④ 과산화수소 첨가 자극
⑤ pH 상승

12. 활어 운반시 유의점 3가지 (04-1, 06-1, 07-3, 09-3, 11-1, 11-3, 12-1, 14-3, 18-3)
① 습도의 유지
② 대사 기능의 저하: 운반 전 2~3일 금식시켜 소화 대사 기능을 저하시키고, 운반 시 온도를 낮추어 대사량을 줄여준다.
③ 산소 공급 : 고밀도 수용 시 부족한 산소를 보충
④ 오물의 제거 : 어류의 대사 또는 체표 분비에 의한 오물은 여과 장치를 이용하여 제거한다.

13. 질산화 과정 (05-3, 07-3, 14-3, 16-1, 17-1)
- NH_3(암모니아) → NO_2^-(아질산염) → NO_3^-(질산염)
  (Nitrosomonas) (Nitrobacter)
- 질소 화합물을 타가 영양세균이 분해하여 무기물인 암모니아성 물질을 만든 후, 이 암모니아성 물질은 니트로소모나스에 의해 아질산성 물질로 분해되고, 니트로박터 균에 의해 아질산성 물질이 질산성 물질로 분해된다.

14. 참굴 적산 수온 및 성장 적수온
- 기초 수온 : 10℃
- 적산 수온 : 600~1,500℃
- 성장 적수온 : 20~23℃

15. 대합 치패 및 성패 서식 장소
- 육수의 영향을 많이 받는 하구의 삼각주 부근
- 모래질이 많고 대조 시 5~6시간 간출되는 곳
- 저질의 흡습량이 많거나 간출되더라도 해수가 괸 곳이 많은 곳
- 와류가 형성되는 곳

16. 굴 수하식 양식장 노화 현상 원인 및 대책
= 5번 문제

17. 피조개 천연 채묘식 방법 3가지 (08-1, 08-3, 14-3, 16-1)
① 고정식 수하채묘시설 : 수심이 얕은 곳
② 로프식 수하채묘시설 : 수심이 깊은 곳
③ 침설식 수하채묘시설 : 파도가 심하고 해수유통이 심한 곳

18. 미역 알맞은 수확 방법 (03-1, 11-3, 14-3, 17-3, 18-3)
- 일제 수확 : 수온이 15℃ 이하인 기간이 짧은 곳에서 종자가 드물 경우 일제히 채취
- 솎음 수확 : 수온이 15℃ 이하인 기간이 긴 곳에서 밀식된 경우 일찍 자란 것부터 수확
- 잎자르기 수확 : 수온이 15℃ 이하인 기간이 길고 종자가 드물 경우에 생장대 윗부분만 수확

19. 다시마 속성배양법
- 촉성 양식 : 9월 하순에 인공 채묘한 종묘를 수조에서 45일간 배양 후 바다 수온이 하강하는 시기에 본 양성을 한다.

20. 김 수하식이 실제로 잘 쓰이지 않는 이유는? (11-3, 14-3)
- 수하식은 층별로 빛을 받는 양이나 수온이 고르지 못하기 때문에 상하 성장이 일정하지 못하고, 20~30일 이른 채묘를 해야하는 노력이 들기 때문이다.
- 반면, 평면식의 경우 낮은 조도에서도 균일한 성장을 기대할 수 있다.

21. 집수부 설치 장소와 목적 (08-3, 12-1, 14-3)
- 사용 목적 : 못 속의 물이 빠질 때 어류가 모여 쉽게 잡아내기 위해
- 설치 장소 : 배수구

22. 로티퍼 피드백 배양법 (09-1, 11-1, 14-3)
- 여러 배양 수조에서 생기는 부산물을 다시 식물 플랑크톤의 영양원으로 재이용한 후 배양된 식물 플랑크톤을 다시 로티퍼의 먹이로 이용하여 배양하는 방법

2015년 제1회

1. 잉어 부화 자어 관리 방법 (12-1, 15-1)
- 부화 직후 : 난황 섭취
- 부화 2~3일 후 : 물벼룩, 로티퍼 등 작은 동물 플랑크톤이 적합
- 공급 시 주의사항 : 위가 없으므로 하루에 여러번 나누어서 먹이를 공급

2. 넙치 체장별 먹이 공급량 (04-3, 12-1, 15-1)
- 10 cm 이하 : 체중의 20% 전후
- 20 cm 전후 : 체중의 10% 이하
- 30 cm 이상 : 체중의 3~4%

3. 참전복, 까막전복 기초수 온 및 성숙기 (07-1, 08-3, 11-1, 12-1, 15-1, 16-3, 19-1)

- 참전복 : 기초 수온 7.6℃ / 적산 수온 500～1,500℃
- 까막전복 : 기초 수온 5.3℃ / 적산 수온 1,800～3,500℃

4. 송어 분당 1L로 1kg을 생산할 때, 30ton 생산 시 필요한 초당 용수는?

- 식 : 1 L/m : 1 kg = ? : 30 ton
- 답? = 30,000L/m = 500 L/s

5. 보리새우 양식 시 유생 먹이로 케토세로스 그라실리스를 오후에 대량 배양한 다음, 저녁에 대량 폐사하는 경우 현상 3가지 및 대책

- 원인 : 환수 외에는 정수 상태 / 수온 변화가 심하다 / 용존 산소량 현저히 감소
- 대책 : 수심을 2 m 내외로 유지한다.

6. 김 양식장, 질소 부족 시 외관상 및 현미경상 설명

- 외관상 : 검은색, 붉은색 감소 → 황갈색 → 연한 황갈색
- 현미경상 : 세포막이 두껍고, 원형질 감소로 액포가 대부분이다.

7. 미역 채묘전 포자엽 형태 특징 및 씨줄 당 필요한 포자엽 양 (06-3, 15-1)

① 좋은 포자엽
  - 충분히 성장하여 크고 두꺼운 것
  - 부드럽고 점액이 많은 것
  - 광택이 있는 다갈색이나 흑갈색으로 특히 가장자리색이 짙은 것

② 포자엽 소요량 : 씨줄은 30～50 kg/1만m, 포자액 1방울에 ×100시야 유주자 수가 30～50개

8. 패각사상체 각포자 억제 방법 3가지 (07-1, 10-3, 11-1, 12-1, 12-3, 15-1, 18-1, 18-3)

① 고온 처리 : 통풍을 차단하고 수온 25～28℃를 유지하며, 배양해수를 많이 채워 일교차를 작게 함

② 장일 처리 및 연속 명기 처리 : 명기 15～16시간, 암기 8시간으로 밤에도 명기 처리하여 암기를 주지 않음

③ 암흑 처리: 광선을 완전히 차단하여 6～7일간 암흑 속에 조가비를 둠

④ 100% 습도 처리 : 조가비를 물에 젖은채로 폴리에틸렌 주머니에 넣고 밀봉하여 100% 습도를 유지

⑤ 고비중 처리 : 비중 1.040～1.050으로 올려 고비중으로 10일정도 배양하여 억제

⑥ 온도 처리 : 0～5℃ 정도로 유지하며 채묘하기 4～5일 전 정상배양

9. 피부흡충에 걸린 잉어 를 약 30ppm농도로 약제 처리할 때 / 길이 10 m, 폭 5 m, 깊이 1.5 m, 수심 1.2 m (1 mL = 1 g으로 취급함)

- 수조 수량: 10 m × 5 m × 1.2 m = 60 m^3 = 60 ton
- 투여 약제량 : 30ppm = 30 mg/L → 30 mg : 1 L = x : 60,000 L
  x = 1,800,000 mg = 1,800 ml

10. 전복치패 생존율 향상 방법 3가지

① 용존 산소 증가

② 먹이 공급 증가

③ 10～25℃의 높은 수온 유지

11. 미역 잎자르기 수확 방법 및 유효한 점

- 수온이 15℃ 이하인 기간이 40일 이상 되고, 종묘가 드물 경우 미역의 줄기에서 생장대 윗부분만 수확

12. 굴성장 육질의 충실도에 영향을 미치는 4가지 (08-1, 15-1)

① 산란에 의한 에너지 소모

② 밀식 여부

③ 수온 변화

④ 먹이량 및 먹이 섭이량

13. 폐쇄식 양성 5가지 및 각 양성법에 따른 양식 물 한 가지씩 (10-3, 15-1)

① 정수식 : 잉어

② 유수식 : 송어

③ 가두리식 : 넙치

④ 순환여과식 : 뱀장어

⑤ 방류재포식 : 꽃게

⑥ 제방식 : 새우

14. 못둑, 바닥, 배수문, 주수구 중에서 3가지 선택하여 서술 (04-1, 15-1, 16-3, 19-1)

- 양어지에 점토질로 못둑을 만들고, 못둑의 높이 1에 대하여 밑변은 1～1.5로 하며, 내부 수면이 닿은 쪽은 2정도로 경사도를 느리게 한다.
- 바닥은 배수구 쪽으로 향하여 경사지게 만든다.
- 못의 한쪽에 배수구를 만들며, 포획이 용이하게 집수부를 만든다.
- 도피 방지망을 설치하며, 되도록 표면적을 넓게

한다.

- 홍수 시 수위가 높아지는 것을 막기 위해 못 둘레에 옆 물길을 만든다.
- 못둑에 물넘기를 만들어 여분의 물이 배수되도록 한다.

15. 대합 조위망식 양성에 대하여 서술

- 이동이 심한 조개류의 양성 시설이다.
- 그물과 말목으로 간석지를 막고 그 안에 종패를 방양하여 양성한다.
- 조위 시설은 일정 간격으로 말목을 세운 다음, 그물이나 대나무 등으로 바닥에서 30 cm 이상, 바닥 밑으로 20 cm정도 되도록 한다.
- 방양 밀도는 m^2당 평균 20~30개체이다.
- 양성 관리는 조위망에 퇴적한 대합을 양성장에 고루 뿌리고 폐사 개체의 제거, 해적 구제, 개흙질 퇴적 제거 등을 한다.

16. 다시마 양식 방법 3가지 및 각각 서술 (04-1, 05-3, 06-3, 08-3, 15-1, 15-3)

- 2년 양식 : 천연, 인공 채묘한 종자를 뿌리 묶기, 솎음, 잡해초 제거 등의 관리를 하여 2년간 양성 후 수확
- 촉성 양식 : 2년생 다시마를 저수온기에 최대한 활용하여 단기간에 생장시키는 방법
- 억제 양식 : 5~6월에 인공 채묘한 배우체를 고수온기에 생장을 인위적으로 중지했다가 9~10월에 발아 관리하여 바다 수온이 18℃ 이하일 때 본 양성

17. 활어 대량 운반 방법 그림으로 그리고 설명 (05-3, 15-1)

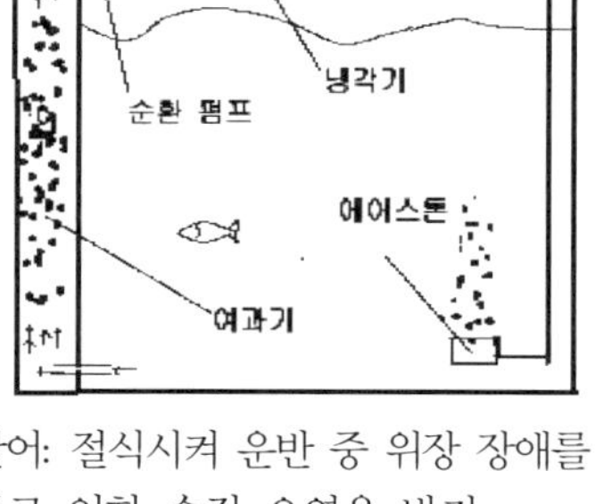

- 활어: 절식시켜 운반 중 위장 장애를 방지하고, 배설물로 인한 수질 오염을 방지
- 여과기 : 노폐물과 배설물 등 찌꺼기를 제거
- 산소 : 공업용 산소 탱크나 블로어 펌프, 컴프레서를 이용하여 산소 주입
- 수온 : 냉각기가 있으면 좋지만 없다면 여름엔 얼음으로 냉각 유지 (여름이나 겨울엔 수조 외벽을 보온재로 싸주는 것이 좋음)
  - 대형 운반차가 갖추어야 할 장치 : 산소 보충 장치, 수온 유지 장치, 여과기 때로는 자외선 살균 장치

18. 해수 유동이 김에 무슨 영향을 주는지 3가지 (11-3, 15-1)

① CO_2 및 영양염 공급
② 김 주위에 배출된 노폐물 제거
③ 미세한 부니의 부착 방지
④ 김의 활발한 대사 작용 유지

19. 설계도에서 1/500일 때 1 cm의 실제 길이는? (10-3, 15-1)

- 500 cm = 5 m

20. 미생물 살균 장치 2가지

- 자외선 조사 / 오존 처리

21. 차넬메기 수조 크기, 물 관리, 먹이 공급, 수용 관리에 대하여 각각 서술 (12-1, 15-1)

① 수조 크기
  - 탱크 사육 : 가로 2~3 m, 폭 20~50 cm, 수심 30 cm 정도 되는 수조
  - 지중 사육 : 3,300 m^2 정도 되는 못

② 환수율
  - 자어기 : 분당 20 L 정도 주수
  - 치어기 : 분당 4 L 정도 주수

③ 먹이 공급
  - 자어기 : 방양량의 4~5%
  - 치어기 : 체중의 3~6%를 아침, 저녁으로 급여

④ 수용 관리 ?

2015년 제3회

1. 어패류 인공종묘 생산 시 먹이생물조건 5가지 (08-1, 11-1, 13-1, 15-3, 18-3)

① 소화가 잘 되어야 한다.
② 영양가가 충분해야 한다.
③ 유생의 입 크기에 맞는 적당한 크기여야 한다.
④ 독성이 없어야 한다.

⑤ 모양이 삐죽삐죽한 것보다는 원형이 좋다.

⑥ 냄새, 색깔 등이 유생의 선호도에 합당하면 좋다.

2. 미역 가이식 시기 정할 때 수온, 아포체 크기, 싹녹음 조건 (03-3, 04-3, 08-3, 10-1, 15-3, 19-3)

① 수온 : 내만은 22~23℃ 이하, 외양은 20℃ 이하

② 아포체 크기 : 클수록 빠르다

- 400~500 μm 크기의 아포체 : 21에서 20℃로 하강하는 시기에 가이식
- 2 mm 정도 크기의 유엽 : 20℃에 가이식

③ 싹녹음 발생

- 적조 발생
- 수온이 높고 맑은 외양수가 유입
- 해수의 투명도가 높은 소조 때

3. 바지락 종묘 방양 시 방양 방법 2가지

① 석시법 : 간출된 다음 종자를 직접 살포

② 조시법 : 만조 시, 정조 시에 배를 사용하여 종자를 방양

4. 키조개 성숙 부유유 생의 형태, 색, 크기 (05-3, 15-3, 18-3)

- 형태 : 양 패각 꼴이 달라 오른쪽이 툭 튀어나와있으며, 배와 각정의 앞쪽 끝은 뾰족하고 뒤쪽 끝은 둥그스름하다.
- 색 : 원각은 무색 투명이며, 연체부는 성숙함에 따라 어두워진다.
- 크기 : 성숙 부유 유생은 0.56 mm로 조개류 부유유생 중 가장 크다.

5. 참굴 채묘시 채묘 예보 조사 방법 2가지 쓰고 서술

① 부유 유생 조사

- 매일 만조 시에 유생 채집망을 사용해서 채집한다.
- 유생을 포르말린으로 고정한 다음 유생기 단계별로 나누고 그 수를 조사하여 부착 시기를 예보한다.

② 부착 치패 조사

- 부유 유생을 관찰해서 부착기와 가까워지면 시험용 채묘연을 채묘 예정 장소에 수하시켜 수심별로 부착 치패수를 조사한다.
- 조사 결과로부터 부착일을 추정하여 채묘기 투입일을 예보한다.

6. 다시마 3가지 양식 방법 쓰기 (04-1, 05-3, 06-3, 08-3, 15-1, 15-3)

① 2년 양식 : 자연, 인공채묘한 종자를 뿌리묶기, 솎음, 잡해조 제거 등의 관리를 하여 2년간 양성 후 수확

② 촉성 양식 : 2년생 다시마를 저수온기에 최대한 활용하여 단기간에 생장시키는 방법

③ 억제 양식 : 5~6월에 인공 채묘한 배우체를 고수온기에 생장을 인위적으로 중지했다가 9~10월에 발아 관리하여 바다 수온이 18℃ 이하일 때 본 양성

7. 생물학적 여과조에서 무기물화 단계란?

- 타가 영양 생물에 의해 유기물이 암모니아 같은 무기물로 분해되는 과정

8. 암모니아와 pH 관계 문제 (07-1, 12-3, 15-3, 16-3, 19-1)

- 암모니아 중 수중에서 독성인 상태는 (NH_3) 이다
- pH가 하강하면 (NH_4^+)가 늘어나며 독성은 (-) 된다
- pH가 상승하면 (NH_3)가 늘어나며 독성은 (+) 된다
- pH가 1 상승하면 NH_3의 농도 변화? 10배 증가

9. 넙치 종묘 양성시 먹이 생물 배양을 위해 필요한 수조 4가지

- 클로렐라, 로티퍼, 영양 강화, 알테미아의 부화 목적의 소형 용기 여러개
- 대용량보다는 소용량 탱크를 여러개 만들어 순차적으로 교체하면서 사용

10. 피조개 바닥 양성 조건 4가지

① 파도가 조용한 곳

② 지반 변동이 적고 안정된 곳

③ 모래질 50~80% 정도 되는 뻘질

④ 담수의 유입이 어느정도 있는 곳

11. 방어 사육 시 질병 발생 방지를 위한 사육관리 4가지

① 19~28℃ 수온 유지

② 물에 뜨는 먹이를 공급하여 수질오염 예방

③ 담수, 폐수, 하수가 유입되지 않도록 주의

④ 해수의 유통이 나쁘거나 밀식시키지 않도록 주의

⑤ 가두리 양성 시 가두리 그물을 여름철에 자주 교환해줌

12. **미역 가이식의 필요성 2가지 (06-1, 15-3)**
① 아포체나 유엽의 성장을 촉진시키기 위해
② 부니와 잡생물의 제거 작업 또는 싹녹음 예방을 위해
③ 씨줄을 어미줄에 감는 작업을 할 때 종자의 손상을 줄일 수 있다.
④ 씨줄에 따로 붙어 있는 것이 광선도 잘 받고 조류 소통이 더 좋아진다.

13. **뇌하수체로 산란 촉진 시 바로 사용하거나 보관 사용 방법 (04-1, 15-3, 17-1)**
- 뇌하수체를 링거액 또는 식염수와 함께 마개가 있는 병 속에 넣는다.
- 들어있던 액을 버리고, 아세톤을 넣어 맑은 상태가 될 때까지 반복해서 교한해준다.
- 아세톤이 맑은 상태가 되면 마개를 막고 기다린다.
- 2~3시간 후 아세톤을 버리고 아세톤을 증발시킨 후 마개를 막아서 보관한다.

14. **문어가 이동하게 되는 조건 2가지 (09-1, 15-3)**
① 해수의 비중이 1.020 이하일 때
② 수온이 7℃ 이하일 때

15. **틸라피아 수컷 생산법 3가지**
① 나일 틸라피아의 암컷과 자바 틸라피아 또는 청 틸라피아 수컷 사이의 1대 잡종은 100% 수컷
② 성전환 : 경구 투여법에 의해 자어기부터 사료 1kg당 메틸테스토스테론 또는 에틸테스토스테론을 50~60 mg 섞어서 3주 동안 먹이면 모두 수컷으로 성전환
③ 수컷 선별 : 수컷만을 어릴 때 골라 기르기(정확성 떨어지고 시간 걸림)

16. **뱀장어 양성시 주로 물변화가 발생하는 시기와 수온 및 동물 플랑크톤에서 윤충류가 차지하는 비율**
- 시기 : 5~6월, 9~10월에 수온이 17~20℃일 때 자주 발생
- 예측 : 로티퍼 대형 개체가 증가하고 하란을 3~5개 가진 암컷이 10 cell/ml 이상이면 물 변화 위험
- 동물 플랑크톤 개체수 : 보통의 못은 0.4~2.9%, 물 변화가 일어난 못은 23% 이상이 중 로티퍼가 56~74%를 차지

17. **김 냉장망 수용 시 적정 수온시기 (13-1, 15-3)**
- 수온 범위 13~18℃일 때

18. **김 양성 시 시비를 하는 목적 (08-1, 15-3)**
- 수확량 증대, 병해 예방, 품질 향상

19. **단순 지질, 복합 지질, 유도 지질에 대해 서술하시오**
- 단순 지질 : C, H, O로만 이루어진 단순한 지방질(포화지방산, 불포화지방산, 중성 지방, 트랜스 지방)
- 복합 지질 : C, H, O외에 인, 질소 등 다른 원소를 함유하는 것(인지질, 당지질 등)
- 유도 지질 : 단순 지질과 복합 지질의 가수 분해 산물 중 지용성인 것(유리 지방산, 지용성 비타민 ADEK)

20. **송어란 10만개 부화 시 산소는 0.5 L/L 필요하다. 이 때 필요한 주수량을 구하시오 (주수시 용존산소량 : 8 ml/l, 배수시 용존산소량 : 3 ml/l) (11-1, 15-3, 17-1, 19-3, 20-1)**
- 식 : 주수량 = 소비 산소량/(유입수 용존 산소량 − 배출수 용존 산소량)
- 답 : 500/(8−5) = 166 ml/h

21. **1시간에 100톤의 물이 주수 가능한 곳에서, 송어를 사육 시 수심이 50 cm 이고 2시간에 1번 꼴로 전체가 환수 된다고 할 때 수조의 면적을 구하시오**
- 수조 총 용량 200 ton = 200 m^3 → 200 m^3/0.5 m = 400 m^2

22. **굴의 3배체를 만드는 이유 3가지?**
① 3배체는 일반적으로 불임으로, 생식소 발달에 필요한 에너지를 성장에 사용하여 사료 효율이 좋다.
② 정상 2배체보다 성숙기 이후에 빠른 성장을 보이고 맛과 영양이 증가한다.
③ 산란기 독성으로 상품 가치가 떨어지는 것을 방지한다.

2016년 제1회

1. **김 냉동발 양식 과정 4단계 (03-3, 16-1)**
① 건조 : 냉장 전에 함수율 20~40%가 되도록 건조한다.
② 밀봉 : 건조된 씨발을 주머니에 넣어서 밀봉하여 냉장

③ 동결 : 냉장 전 -30～-20℃ 저온에서 10시간 전후로 급속 동결시킨다.

④ 출고

- 출고한 냉장 씨발은 밀봉 상태로 4시간 이내에 운반하고 해수에 수용 후 설치한다.
- 출고 후 3～4시간 이내에 발을 설치한다.
- 생장 촉진을 위해서 무노출 상태로 설치한다.

2. 3월 2일 기초 수온 7.6℃인 참전복 산란 시기 예측(3월 평균 수온 14℃, 4월 18℃, 5월 24℃)

- 적산 수온 : 1,500℃
- 3월 : 14℃ × 30일 = 420℃ / 4월: 18℃ × 30일 = 540℃
  1,500 - (420 + 540) = 540℃ → 540℃ /24℃ = 22.5일
- 답 : 5월 하순

3. 올챙이형 유생 간단히 설명 (14-1, 16-1, 19-3)

- 우렁쉥이 유생 형태 : 반투명한 올챙이형 유생
- 부착까지의 변태 과정 : 유생으로 된 후 6시간이 지나면 꼬리의 흡수가 시작되고 저층으로 가라앉는다.
- 가라앉으면서 부착돌기에 의해 부착한다.

4. 순환 여과식 양식장의 수조(사육 수조-A-B-탈질 여과조)

- 사육 수조 → 침전조 → 생물학적 여과조 → 탈질 여과조 → 소독조

5. 방어의 종묘 선정 조건 4가지 (05-1, 12-3, 16-1, 18-1)

① 겉보기에 둥글둥글하게 살이 쪄 있는 것
② 체색은 황록색을 띠고 있는 것
③ 떼를 지어 정상적인 유영을 하는 것
④ 기생충의 기생이 없고 어체의 크기가 고른 것
⑤ 운반하기 편하게 종자의 크기가 8～30 g 정도 되는 것

6. 지주식 김 양식장에서 노출선 산출의 필요성, 산출법 2가지

① 필요성 : 조석에 맞추어 알맞은 시간 동안 김발이 공기 중에 노출되도록 발 높이를 정하는데 필요
② 산출법 : 표준 노출선 산출 방법 / 현장 노출선 산출 방법

7. 넙치 종묘 생산 중 자치어 전기에 먹이 공급 순서는 A → B → C 순서로 공급 (05-1, 13-1, 16-1)

- 로티퍼 → 알테미아 → 배합사료

8. 꽃게의 유생 시기별 사육 방법(환경, 먹이, 유생기간/조에아기 - 메갈로파기 - 치해1령기)

① 조에아 유생

- 사육 밀도 : 1L당 50～100개체
- 사육 조도 : 약 3,000 lx
- 먹이 : 로티퍼, 따개비 유생, 굴 유생, 소형 동물 플랑크톤
- 수온 28～30℃에서 9일만에 변태

② 메갈로파 유생

- 먹이 : 브라인쉬림프 부화 유생, 잘게 끊은 패류, 새우류, 어육를 하루에 3회 이상
- 5～11일 경과하면 치해로 변태

③ 치해

- 바닥 면적을 넓게 하여 모래를 깔아주고 해수를 유수시키며 사육

9. 클로렐라 배양 해수의 온도, 비중, pH 범위 (12-1, 16-1)

- 온도 : 20～25℃
- 비중 : 1.020
- pH : 7～9

10. 암모니아의 분해 과정 세균에 따라 2단계로 구분 (05-3, 07-3, 14-3, 16-1, 17-1)

- NH_3(암모니아) → (Nitrosomonas) NO_2^-(아질산염) → (Nitrobacter) NO_3^-(질산염)
- 질소 화합물을 타가 영양 세균이 분해하여 무기물인 암모니아성 물질을 만든 후, 이 암모니아성 물질은 니트로소모나스에 의해 아질산성 물질로 분해되고, 니트로박터 균에 의해 아질산성 물질이 질산성 물질로 분해된다.

11. 원형 수조에 고형물 제거하는 방법 1가지 (10-3, 12-3, 16-1)

① 바닥에 중앙 배수구를 향하여 충분한 경사(10～15%)를 만들어주고 물의 주입을 수조벽과 평형하게 주입시키면 오물의 배수가 잘 됨

12. 실뱀장어 육상 수조에 넣기 전 소금물 처리 농도 및 초기 배양시 먹이 섭취량 낮을 때 조치 사항

- 소금 약욕 농도 : 염분 0.7%, 삼투 조절 기능이 약하므로 담수에 바로 넣지 말고
- 사료 섭취량 낮을 때 : 기존 환수량에 비해 50%정도 증가 환수량 증가시켜도 효과 없으면 포르말린 25～30 mg/L로 처리 에드워드병 발생하지 않도

록 철저히 관리

13. 사료 투여 방법 3가지 (14-3, 16-1)

① 손으로 공급 : 즉각적 조절이 가능하나 시간이 많이 소모

② 시간 자동 조절 공급기 : 계획적으로 조정할 수 있지만 어류 관리가 잘 안된다.

③ 요구 조절 공급기 : 원하는 대로 먹일 수 있어 효율이 좋다.

14. 치어 선별의 정의와 효과 3가지 (07-1, 16-1)

① 정의 : 수산 양식에서 개체 간 성장 차이가 생기므로 같은 크기의 것들로 구성해 주는 것

② 선별 효과

- 크기 차이로 인한 공식 발생 저하
- 크기가 다른 먹이를 주는 번거로움이 없음
- 서로 간의 경쟁이 유발되어 먹이 섭이량이 많아지고 공급 시간이 짧아짐

15. 김 냉동발 입고 전 건전도 측정하는 염색 기법 2가지 (12-3, 16-1, 17-1)

① 에리트로신법 : 0.1% 에리트로신 용액에 5분간 침적, 세척한 후 전체 면적에 대한 염색 면적의 비율을 사세포율로 표시. 염색 면적 20% 이상은 발병가능 엽체로, 그 이하는 건전한 엽체로 판정

② 요르틴크액, 메틸렌블루, 말라카이트그린 수용액으로 염색 확인 : 해부 현미경 40～100배로 관찰

16. 송어, 연어, 돔의 사료에 새우류의 가루 넣는 이유와 성분 (04-1, 08-3, 16-1)

- 체색이나 육질의 색을 좋게하기 위해 첨가한다.
- 성분은 카로티노이드계의 아스타크산틴이다.

17. 피조개 양식 시설 2가지 및 특성 (08-1, 08-3, 14-3, 16-1)

① 고정 수하식 채묘 시설 : 수심이 얕은 곳

② 로프식 채묘시설 : 수심이 깊은 곳

③ 침설 수하식 채묘 시설 : 수심이 깊고 파도가 심하고 해수 유동이 있는 곳

18. 종굴 주산지 2가지와 적합한 채묘시설

① 남해, 고흥 : 고정식 채묘

- 만내 수심이 비교적 얕은 간석지
- 조차가 크고 해수 유동 범위가 넓은 곳
- 수직, 수평적 유생의 분포가 거의 균일한 지역

② 창원, 거제 : 부동식 채묘

- 만내 수심이 비교적 깊은 곳
- 조차가 작고 해수 유동 범위가 좁은 곳

19. 양식장의 오전 pH 6.5 오후 pH 9.5일 때 변화한 수소 이온 농도 계산

- pH 1당 수소 이온 농도가 10배 증가 감소를 하니까 1,000배 감소하였다.

20. 제방식 양성의 문제점 3가지 (08-1, 16-1)

① 해수 교환율 저조

② 연작으로 인한 어장의 노화

③ 질병으로 인한 대량 폐사 발생

21. 봉투식 야외 채묘 장점 5가지 (06-1, 08-1, 09-1, 10-3, 12-3, 14-3, 16-1, 17-1)

① 1회에 대량으로 채묘할 수 있다.

② 각포자가 비닐봉 투 밖으로 나가지 않으므로 손실이 없다.

③ 각포자의 부착 밀도를 조절할 수 있다.

④ 사상체 패각의 양이 적고 각포자가 균일하게 붙는다.

⑤ 규조, 파래 등의 해적 생물의 부착이 적고 어떤 어장에서도 채묘가 가능하다.

2016년 제3회

1. 김 갯병 생리적 갯병, 기생성 갯병 2가지 (06-1, 07-3, 09-3, 16-3)

① 기생성 갯병 : 붉은갯병, 호상균, 사상체균 부착병, 녹반병, 구멍갯병

② 생리적 갯병 : 흰갯병, 의사흰갯병, 싹갯병, 암종병, 쪼그라병

2. 우럭(패류) 방양 방법, 방양 밀도 (06-3, 08-1, 09-1, 16-3)

- 방양 방법 : 대나무나 막대기로 8 cm의 구멍을 만들어 하나하나 간석지에 심어준다.
- 방양 밀도 : 25～30개체/m^2
- 수심 : 육수의 유입이 있는 하구 부근, 간출 시간 2～4시간
- 저질 : 개흙질이 많아 저질이 비교적 연한 곳
- 방양 크기 : 각장 2 cm정도의 1년생

3. 넙치란 수정 후 관리, 밀도, 수정란 관리 (11-3, 16-3, 19-3)

① 수정 후 관리
- 채란 시 환수율 1일 1～5회
- 넘치는 알 채집 위해 망 설치, 채집망 수시로 점검하여 수정란이 과도하게 모여 손상을 입지 않도록 함

② 밀도 : 해수 1 ml당 1～2개

③ 수정란 관리
- 에어레이션 장치를 설치한 유수식 부화조
- 망목이 작은 천으로 만든 가두리를 수조에 설치한다.
- 물과 함께 밖으로 넘어 나오는 수정란을 수조 밖에 설치한 망에서 수집하고, 수집망을 수시로 점검하여 수정란에 손상이 없도록 한다.
- 죽은 알은 사이펀으로 자주 수조 밖으로 제거해준다.

4. 실뱀장어 소상 가장 많이 되는 조건 3가지 (05-1, 06-3, 13-1, 16-3)

① 대조시의 만조 때 특히 일몰 후 2～3시간 이내 만조 때

② 이른 봄 수온이 8～10℃ 이상 되고 일몰 시와 밀물 때가 일치되었을 때

③ 비가 오거나 흐릴 때에는 하루의 시간과 관계없이 만조시에 많이 올라옴

5. 김 과포자 잠입기 수온, 조도, 비중

- 수온 : 10～15℃
- 조도 : 3,000～5,000 lx
- 비중 : 1.020～1.025

6. 흰갯병, 의사흰갯병 전염성 여부

- 흰갯병은 전염성이 없고, 의사흰갯병은 전염성이 있다.

	흰갯병	의사흰갯병
발높이	낮은 발	관계 없음
감염시기	성엽	유아기～성엽
전염성	×	○
밀도	밀식 아니어도 발병	밀식 시

7. 폐쇄식 순환 여과, 생물 화학적 여과, 기계적(물리적) 여과, 소독 (06-3, 08-1, 16-3, 19-1)

- 폐쇄식 순환 여과 : 사육수를 정화하여 다시 사용하는 방식, 고밀도 사육 가능
- 생물 화학적 여과 : 수중의 유해 용존 물질을 세균(아질산균, 질산균)으로 분해
- 기계적 여과 : 고형 물질을 제거하는 과정(모래·자갈 여과, 회전 드림필터 등 사용)
- 소독 : 병원 미생물 제거를 위해 자외선 조사, 오존처리 활용

8. 가리비 귀매달기 수하식 양성 설명 (06-1, 16-3, 18-3)

- 조가비의 귀에 구멍을 뚫어 나일론 줄로 수하연에 매달아 양성하는 방법이다.
- 가리비의 크기는 각장이 6～8cm 정도의 1년생 가리비가 적당하다.
- 파랑이 심하지 않고 조용한 내만에서만 양성 가능하다.

9. 컴퓨터로 사료 배합 시 사전에 알고 있어야 하는 정보 5가지

① 사료원의 명세

② 사료원의 가격

③ 사료원의 영양소 함유량

④ 양식 어종에 대한 영양소 요구량(최고, 최대 적정)

⑤ 양식 어종에 대한 사료원의 각 영양소 이용률

⑥ 사료원의 특성 : 공급의 제한성, 제조 과정과 방법에 따르는 제한, 제품 사료의 물리적 성상에 주는 영향

10. 미역 가이식 조건 – 수온, 아포체, 싹녹음, 조석 (03-3, 04-3, 08-3, 10-1, 15-3, 16-3, 19-3)

- 수온: 내만의 경우 22～23℃ 이하, 외양은 20℃ 이하일 때
- 생장은 가이식이 빠를수록, 아포체가 클수록 빠르다.
- 싹녹음을 피하기 위해 11월까지는 가이식을 끝낸다.
- 조석상으로는 소조 직후가 가이식의 적기이다.

11. 암모니아 수중 형태 2가지, 독성 형태 (07-1, 12-3, 15-3, 16-3, 19-1)

- 암모니아 중 수중에서 독성인 상태는 (NH_3) 이다.
- pH가 하강하면 (NH_4^+) 가 늘어나며 독성은 (−) 된다.
- pH가 상승하면 (NH_3) 가 늘어나며 독성은 (+) 된다.

- pH가 1 상승하면 NH_3 의 농도 변화? 10배 증가

12. 조피볼락 좋은 종묘 육안으로 고르는 법 (06-1, 11-1, 16-3)
- 떼를 지어 정상적인 유영을 하는 것
- 체색이 옅으면서 체형은 유선형인 것
- 병증이 없이 전체적으로 크기가 같은 것
- 먹이 섭취 행동이 활발한 것

13. 양식장 산업적 적지 선정 시 고려사항 4가지

① 교통이 편리한 곳
② 인력을 구하기 쉬운 곳
③ 관광 및 여가 활동과 연계되게 배려
④ 국가의 정책 방향이나 해당 지역의 개발 계획을 검토하여 양식장을 가로 질러 도로가 난다거나 시설을 철거할 예정지는 기피

14. 참전복, 까막전복 실용적으로 산란하는 적산 수온 (08-3, 16-3)
- 참전복 : 1,300℃ – 까막전복 : 3,500℃

15. 4월 21일에 10℃, 4월 하순 평균 수온 11℃, 5월 평균 수온 13℃, 6월 평균 수온 18℃ 참굴 적산 수온으로 산란 시기 계산 (06-3, 16-3, 18-1, 19-1)
- 참굴 기초 수온 10℃ / 적산 수온 600～1500℃
- 적산 수온 = (일일 평균 수온 – 기초 수온) × 사육일수 but 특정 기간 평균 수온이라서 공식대입 X
- 4월 21일 = (10–10) × 1 = 0
  4월 하순 = 11℃ × 9일 = 99℃ / 5월 = 13℃ × 31일 = 403℃
  600 – (99 + 403) = 98℃ → 98/18 = 5.44일
  ⇒ 6월 상순

16. 알테미아는 해산 어류에게 필요한 필수 지방산인 (고도불포화지방산)이 없으므로(유화오일)로 영양 강화 후 공급해야한다. (07-3, 16-3)

17. 지방산이 산패한 것을 어류에게 급이했을 때 나타나는 증상 2가지와 대책

① 연어, 송어류 : 독성으로 인한 폐사
② 잉어 : 등 여윔병(먹이를 먹어도 여윔, 성장저하, 안구 돌출, 복수, 빈혈, 등 지느러미 위축, 아가미 유착) 사료에 비타민E 첨가하면 치료 가능

18. 사료 수분 함량에 따른 구분 3가지 (09-3, 16-3, 17-3)

① 건조 사료 : 수분이 7～13% 일반적인 배합 사료
② 반 습사료 : 수분이 20～30% 반죽 뱀장어 사료
③ 습사료 : 수분이 50～75%

19. 식물 먹이 생물을 대량 배양하기 위해서는 사전에 2단계의 배양 과정을 거치게 된다. (09-3, 16-3)
- 순수 분리 배양 → 소규모 플라스크 배양
- 시료에서 배양을 목표로 하는 생물을 분리하고, 이 생물을 소규모 플라스크에서 일정 기간 배양한다. 일정 기간 배양 후 규모를 늘려 대량 배양한다.

20. 전복 산란 자극 방법 중 가장 효과가 좋은 것
- 자외선 조사 해수 자극

21. 못양식 시설을 만들 때 유의할 점 3가지(에어레이션, 펌프 제외)

① 어류 방양 전에 못의 물을 빼고 바닥의 노폐물을 제거한 후 생석회를 뿌려 건조한 뒤 사용
② 식물 플랑크톤의 광합성 작용으로 일간 용존 산소량의 변화가 심하므로 여름철에는 급격한 용존 산소량 변화에 주의
③ 증발 및 누수로 인해 줄어드는 양만큼 사육수 보충

22. 육상에서 전복 부착 치패 수조 형태를 쓰시오. (12-3, 16-3)
- 폴리에틸렌 또는 콘크리트 수조에 합성수지로 된 투명한 파판을 넣고, 일정한 주수와 포기, 적당한 조도를 유지하여 일정 기간 부착 규조류를 번식시킨다.
- 그리고 여기에 전복 치패들을 넣어 부착하도록 한다.

23. 사육조에서 침전지 면적 (08-3, 10-3, 13-1, 16-3)
- 20% 이상 시설한다.

2017년 제1회

1. 고정식채묘 장단점 3가지 (03-3, 06-3, 08-1, 11-3, 14-1, 17-1, 19-1)
- 장점 : 종묘가 균일하게 부착, 간출작용으로 환경변화에 따른 저항성 강함
- 단점 : 유생수나 부착치패 수가 적다.

2. **김의 봉투식 야외채묘법의 장점 5가지 (06-1, 08-1, 09-1, 10-3, 12-3, 14-3, 16-1, 17-1)**
   ① 1회에 대량으로 채묘할 수 있다.
   ② 각포자가 비닐봉투 밖으로 나가지 않으므로 손실이 없다.
   ③ 각포자의 부착밀도를 조절할 수 있다.
   ④ 사상체 패각의 양이 적고 각포자가 균일하게 붙는다.
   ⑤ 규조, 파래 등의 해적생물의 부착이 적고 어떤 어장에서도 채묘가 가능하다.

3. **패류의 산란유발방법 5가지 (08-3, 10-3, 14-3, 16-3, 17-1, 18-1, 18-3)**
   ① 간출자극
   ② 수온자극
   ③ 자외선조사 해수자극
   ④ 과산화수소 첨가 자극
   ⑤ pH 상승

4. **노화된 양식장 대책 방법 3가지 (05-3, 14-3, 17-1, 20-1)**
   - 휴식년제 / 객토 / 준설 / 양성밀도 줄임 / 해저포기

5. **송어 주수량 계산문제 10만개의 송어란을 부화 시 0.5L/hr 의 산소가 소비 될 때, 주수량을 구하시오.**

6. **어류의 기초 대사율과 관련된 요인 4가지**
   - 수온 / 개체 크기 / 용존 산소량 / 먹이 섭취량

7. **고밀도로 어류를 사육할 때 용해 유기물을 효과적으로 제거하는 장치와 그 원리**
   - 원뿔형 중앙 배수 장치 : 사육조의 바닥 한가운데를 원뿔형으로 깊게 만들고, 아래 끝에 모인 찌꺼기를 사육조의 바닥을 지나서 밖으로 이어지는 파이프를 통하여 제거시킨다.

8. **우럭(패류)의 환경 적응에 대한 특성, 방양 방법, 종묘 크기, 방양 시기 (06-3, 08-1, 09-1, 16-3, 17-1)**
   - 환경 적응에 대한 특성 : 육수의 유입이 있는 하구 부근, 간출 시간 2~4시간
   - 방양 방법 : 대나무나 막대기로 8 cm의 구멍을 만들어 하나하나 간석지에 심어준다.
   - 방양 크기 : 각장 2 cm 정도의 1년생
   - 방양 시기 : 4~5월

9. **점착제 4가지 (05-1, 08-1, 17-1)**
   - 밀가루, 녹말, CMC, 가검, 알지네이트, 셀룰로오스, 유장 등

10. **가리비 지표 생물 4가지 (03-3, 17-1)**
    - 아시미군부, 옆새우류, 대형혹히드라충류, 미더덕, 염통성게, 감마루스

11. **아세톤으로 건조한 HCG를 주사할 때, 주사 과정을 구체적으로 서술 (04-1, 15-3, 17-1)**
    - 뇌하수체를 링거액 또는 식염수와 함께 마개가 있는 병 속에 넣는다.
    - 들어있던 액을 버리고, 아세톤을 넣어 맑은 상태가 될 때까지 반복해서 교환해준다.
    - 아세톤이 맑은 상태가 되면 마개를 막고 기다린다.
    - 2~3시간 후 아세톤을 버리고 아세톤을 증발시킨 후 마개를 막아서 보관한다.
    - 뇌하수체는 갈아서 증류수와 섞고 멸균된 주사기에 넣은 후 복강에 주사한다.

12. **질산화 과정과 탈질산화 과정 그림을 그리고, 질산화 과정에 영향을 주는 요인 4가지 (05-3, 07-3, 14-3, 16-1, 17-1)**
    ① 질산화 과정
    - NH_3(암모니아) → NO_2^-(아질산염) → NO_3^-(질산염)
      (Nitrosomonas) (Nitrobacter)
    - 질소 화합물을 타가 영양 세균이 분해하여 무기물인 암모니아성 물질을 만든 후, 이 암모니아성 물질은 니트로소모나스에 의해 아질산성 물질로 분해되고, 니트로박터 균에 의해 아질산성 물질이 질산성 물질로 분해된다.

    ② 탈질화 과정
    - NO_3^- → NO_2^- → N_2
    - 자가 영양 세균인 슈도모나스가 질산염을 가스 상태의 질소로 환원시켜 대기로 내보낸다.

    ③ 영향 요인
    - pH : pH가 높을수록 독성이 증가
    - 수온 : 온도는 미생물의 성장 속도와 질소의 제거 속도에 영향을 미침
    - 유기 물질 : 유기물이 제한되면 탈질 반응이 제한되므로 적절한 유기 탄소원 공급
    - 용존 산소 : 용존 산소가 높을수록 탈질화가 방해를 받음

13. **씨볼트전복, 오분자기 구별하는 기준 (10-1, 17-1)**
    ① 호흡공수에 따라 구분

② 씨볼트전복 : 호흡공수 4개
③ 오분자기 : 호흡공수 6～9개

14. 김발 관리 중 규조류를 제거, 방지할 수 있는 방법 (09-3, 17-1)

① 김발을 만조선에 일주일 정도 매달아준다.
② 봄철에는 노출선에 매달아주면 규조류 착생을 막을 수 있다.
③ 김을 채취 시 선별이 어려우므로 제조 과정에 들어가기 전에 잘 비벼서 헹구어 준다.
④ 엽상체에 있는 경우 0.2% 탄산나트륨 용액에 10～30분간 처리한 후 헹구어 주면 제거된다.

15. 못에서 잉어를 사육할 때 먹이로 물벼룩을 이용, 1) 물질과 용량 2) 치어 사육시 못 소독물질과 처리 방법 (12-1, 17-1)

- 부화예정 14～15일경 물을 빼고 바닥을 석회 150～300 g/m^2로 소독
- 닭똥은 0.5～1 kg/m^2, 퇴비는 1.5 kg/m^2로 시비
- 거름을 뿌린 후 2～3일 지나면 30～50 cm까지 주수

16. 생물 몸에 기름이 묻었을 때 생기는 영향

- 체온 유지 및 호흡에 지장을 준다.

17. 미역이랑 같이 양식 패류 이유

- 전복의 먹이로 사용 가능하다.

18. 김 배양 시 물갈이 시 주의점 4가지

① 가장 주의해야 할 일은 비중의 급변과 건조방지이다.
② 물갈이 후에 갑작스럽게 사상체의 색이 변했다면 비중의 급변상태를 먼저 점검해야 한다.
③ 비온 후, 풍파가 심했던 후의 저비중 해수와 흐린 해수는 물갈이를 하지 않는다.
④ 대조 시 밀물의 맑은 해수를 사용하고 클로로칼키와 차아염소산나트륨으로 소독 후 사용한다.
⑤ 비중의 변화가 없도록 측정해 가며 천천히 물갈이 한다.
⑥ 물갈이 시 깨끗한 헝겊으로 조가비를 닦아주고 건조한다.
⑦ 성숙기에는 자주 물을 갈아주어 각포자 형성을 촉진시킨다.
⑧ 병 치료를 위해 약품 처리를 하면 그 후에 물갈이를 한다.

19. 바지락, 가는줄바지락 입수관 구연부 외형 설명

- 바지락 : 돌기가 없이 간단하다.
- 가는줄바지락 : 분기한 돌기가 있다.

20. 피조개 자연 채묘 법 이름 간단한 설명 (08-1, 08-3, 14-3, 16-1, 17-1)

① 고정 수하식 채묘 시설 : 수심이 얕은 곳
② 로프식 채묘 시설 : 수심이 깊은 곳
③ 침설 수하식 채묘 시설 : 수심이 깊고 파도가 심하고 해수 유동이 있는 곳

21. 김 냉장발 전에 건전도 염색법 용액, 방법 (12-3, 16-1, 17-1)

- 에리트로신법 : 0.1% 에리트로신 용액에 5분간 침적, 세척한 후 전체 면적에 대한 염색 면적의 비율을 사세포율로 표시한다.
- 염색 면적 20% 이상은 발병 가능 엽체로, 그 이하는 건전한 엽체로 판정
- 요르틴크액, 메틸렌블루, 말라카이트그린 수용액으로 염색 확인 : 해부 현미경 40～100배로 2관찰

2017년 제3회

1. 방어의 양식장으로 갖추어야 할 조건 5가지 (03-3, 04-3, 13-1, 17-3)

① 해수의 순환이 잘되고, 배설물과 사료 찌꺼기가 쉽게 제거되며, 산소량이 풍부한 물이 충분히 공급될 것
② 수온이 18～29℃로 오래 유지되는 곳
③ 강우 시에 다량의 담수, 공업 폐수, 주택 하수 등이 유입되지 않을 것
④ 풍파가 강할 때 양식 시설이 파괴되지 않을 것
⑤ 양식장의 축조가 쉽고 비용이 적게 드는 곳일 것
⑥ 사료의 공급과 출하가 용이할 것
⑦ 포획이 용이할 것

2. 가두리 배치 시 고려해야 할 사항 3가지를 쓰시오. (05-1, 17-3)

① 일조 시간이 길고 수온이 따뜻할 것
② 5m 이상 수심이 깊을 것
③ 수면이 넓고 수량이 많을 것

④ 영양 염류가 적은 빈영양호인 곳
⑤ 천재지변의 피해가 없을 것
⑥ 물의 유동이 어느 정도 있는 곳
⑦ 바닥에 수초가 없는 곳
⑧ 교통이 편리한 곳

3. 배합 사료의 조건 5가지 (06-1, 08-3, 10-3, 17-3)

① 물에서 흩어지지 않고 안정적이어야 한다.
② 성장 단계에 따라 먹기 좋은 크기로 만들어야 한다.
③ 필요한 성분이 골고루 균형 있게 갖춰져야 한다.
④ 소화 흡수가 잘 되어야 한다.
⑤ 장기 보존이 가능해야 한다.

4. 체중 166.5 g이고 4354마리를 66일간 사육하여 평균체중이 393 g인 4276마리를 생산, 총 사료량은 12883.2 kg, 사육기간 중 총 폐사어는 78마리, 중량은 17.8 kg (06-3, 11-3, 17-3)

① 생존률(%) = 남은 마리수/시작 마리수 × 100
② 증중량(kg) = 수확 시 중량 – 방양 시 중량
③ 일간 급이율(%) = 일일 사료량/총 사료량 × 100, 일일 사료량 = 총 사료량/기간
④ 일간 증중율(%) = 일일 증중량/총 증중량 × 100, 일일 증중량 = 총 증중량/기간
⑤ 증중 계수 = 사료 공급량/증중량
⑥ 사료 효율 = 1/증중 계수 × 100

5. 바지락 채묘법 (04-1, 17-3, 19-1)

- 간석지에 나뭇가지나 대나무 등을 세워 해수의 흐름을 완만하게 조절해 주어 부유 치패들이 바닥에 많이 가라앉게 하는 완류식으로 한다.

6. 보리새우 종묘 생산 시 최초로 먹이 생물 공급하는 시기와 대표적 식물 먹이 생물 이름 (08-3, 17-3)

- 시기 : 조에아
- 먹이 생물 : 케토세로스, 스켈레토네마, 니츠시아, 나비큘라

7. 수분 함량에 따른 사료의 종류 3가지로 분류 (09-3, 16-3, 17-3)

① 건조 사료 : 수분이 7～13%
② 반 습사료 : 수분이 20～30%
③ 습사료 : 수분이 50～75%

8. 채란용 가리비 어미 선정부터 채란까지 관리법 (04-3, 11-3, 17-3)

① 어미 선정
- 산란기는 강원도 연안에서 5～6월경이며, 3～4월경에 성숙한 모패를 준비한다.
- 모패는 냉각 장치를 이용하여 산란 임계 온도인 8℃보다 3～4℃ 낮게 보관한다.
- 생식소 색깔에 따라 구분이 쉬우므로 암수를 따로 수용한다.

② 채란
- 인위적인 자극 방법으로는 간출과 수온 자극을 주로 이용한다.
- 간출시킨 어미를 산란 임계 온도보다 1～7℃ 높은 9～15℃의 해수에 옮겨 채란하며, 2～3시간이 지나면 산란한다.
- 채란 후 30분이 지나면 수정이 끝나기 때문에 1～2시간이 지나면 수정란을 세척 후 지수 상태로 부화시킨다.

9. 단련 종굴의 장점 5가지 (04-1, 04-3, 06-1, 07-3, 08-1, 08-3, 09-1, 11-1, 13-1, 17-3, 18-1)

① 크기가 작아 취급이 용이하다
② 취급 시에 탈락 개체가 적다.
③ 성장이 빠르고 폐사율이 낮다.
④ 양식을 계획화 할 수 있다.
⑤ 발육이 좋아 양성 기간이 짧다.
⑥ 환경 변화에 대한 저항력이 강하다.

10. 정수식과 유수식의 차이점 (07-1, 17-3)

	정수식	유수식
사육밀도	낮다	높다
사료	천연사료 + 배합사료	완전균형배합사료
수질관리	수계의 자정작용에 의존	유수에 의해 오물제거

11. 청각 암배우체, 수배우체의 특징 고르기

	암배우체	수배우체
모양	둥근방추형	긴방추형
엽록체	많음	적음
안점	X	X
크기	크다	작다
운동력	활발하지 않음	활발

12. 방어 양식장의 적정 수온 용존 산소량 (06-3, 17-3)

- 적정 수온 : 19～28℃, 성장 최적 수온은 24～26℃
- 용존 산소량 : 체중 1 kg당 500 ml의 산소를 소비

함으로 가두리 주변의 해수 환수율을 알면 이용가능한 용존 산소량 측정 가능, 대개 용존 산소 4 ml/L 이하 시 식욕 감퇴

13. 해삼의 소화관 수확 시기, 온도에 따른 소화관 길이 변화, 해삼 수확 시기 (12-3, 17-3)

- 소화관 수확 시기 : 재생력이 가장 크고, 성장도 가장 빠른 겨울철(2월)이 수확 적기
- 소화관 길이 변화 : 수온이 가장 낮은 2월경에 가장 발달, 수온이 가장 높은 여름철 8~9월에 가장 쇠퇴
- 해삼 수확 시기 : 5~6월(여름 오기 전 수확)

14. 담수 어류 중 외국종을 도입하여 양식 산업에 적용하였던 종중 성공한 어종 3가지 (09-1, 17-3)

- 초어, 향어, 틸라피아, 채널메기, 무지개 송어

15. 참전복 자극 3가지 (08-3, 10-3, 14-3, 16-3, 17-1, 17-3, 18-1, 18-3)

① 간출 자극
② 수온 자극
③ 자외선 조사 해수 자극
④ 과산화수소 첨가 자극
⑤ pH 상승

16. 사상체 조가비에서 각포자의 억제 방법 3가지 (06-1, 10-3, 12-1, 12-3, 15-1, 17-3, 18-1, 18-3)

① 고온 처리 : 통풍을 차단하고 수온 25~28℃를 유지하며, 배양 해수를 많이 채워 일교차를 작게 함
② 장일 처리 및 연속 명기 처리 : 명기 15~16시간, 암기 8시간으로 밤에도 명기 처리하여 암기를 주지 않음
③ 암흑 처리 : 광선을 완전히 차단하여 6~7일간 암흑 속에 조가비를 둠
④ 100% 습도 처리 : 조가비를 물에 젖은채로 폴리에틸렌 주머니에 밀봉하여 100% 습도를 유지
⑤ 고비중 처리 : 비중 1.040~1.050으로 올려 고비중으로 10일정도 배양하여 억제
⑥ 온도 처리 : 0~5℃ 정도로 유지하며 채묘하기 4~5일 전 정상 배양

17. 김 냉장발 건조 작업에 대해 4가지 (10-3, 17-3)

① 김은 건조에 매우 강하여 장기간 보존하였다가 양식에 사용할 수 있다.
② 맑게 개고 바람이 있는 썰물 때의 한낮에 김발이 말목에 설치된 그대로 한다.
③ 냉장 전에 함수율 20~40%가 되도록 건조한다.
④ 김 냉장발을 건조시키는 이유는 세포 내 결빙을 예방하기 위해서이다.

18. 유수식 수질 유지 주요 사항 2가지 (06-1, 17-3)

① 물을 연속적으로 주입하여 어류가 필요로 하는 산소를 제공하고
② 못 속에서 발생하는 다량의 대사 노폐물도 함께 배출시킨다.

19. 무지개 송어의 마취제인 MS-222의 농도

- 100~150ppm / 0.1~0.15‰

20. 넙치의 채란 방법 2가지 간단히 서술 (05-3, 14-1, 17-3)

① 천연 친어로부터 채란
- 자연산 친어 중 충분히 성수간 것을 현장에서 빨리 채란하여 인공 수정 시킨다.
- 어획 시의 친어 상태에 따라 실시 가능 여부와 채란량에 영향을 미친다.

② 호르몬 주사에 의한 채란
- 친어의 성숙이 덜 되었을 때, 호르몬 주사제를 주사하여 1~2일간 완전히 성숙시켜 채란
- 채란량과 부화율에 영향을 미친다.

③ 자연 산란에 의한 채란
- 친어를 수조에 수용하여 장기간 양성 후 자연 산란을 유도하는 방법
- 건강한 난 확보, 계획 종자 생산이 가능
- 친어를 장기간에 걸쳐 양성, 관리해야하는 어려움

21. 미역의 수확 방법 2가지 (03-1, 11-3, 14-3, 17-3, 18-3)

① 일제 수확 : 수온이 15℃ 이하인 기간이 짧은 곳에서 종자가 드물 경우 일제히 채취
② 솎음 수확 : 수온이 15℃ 이하인 기간이 긴 곳에서 밀식된 경우 일찍 자란 것부터 수확
③ 잎자르기 수확 : 수온이 15℃ 이하인 기간이 길고 종자가 드물 경우에 생장대 윗부분만 수확

2018년 제1회

1. 방어 양식시 종묘를 구하기 위해 유의할 점 3가지 (05-1, 12-3, 16-1, 18-1)

① 겉보기에 둥글둥글하게 살이 쪄 있는 것
② 체색은 황록색을 띠고 있는 것
③ 떼를 지어 정상적인 유영을 하는 것
④ 기생충의 기생이 없고, 어체의 크기가 고른 것
⑤ 운반하기 편하게 종자의 크기가 8～30 g 정도 되는 것

2. 개방적 양식장에서 물 속에 용존되어 있는 산소의 근본적인 공급원 2개 (12-3, 18-1)

① 다른 수괴의 유입에 의한 공급
② 강우에 의한 공급
③ 수면에서의 교반으로 인한 공급

3. 꽃게의 유생 이름

조에아 ⇒ 메갈로파

4. 참담치 성숙한 암수 생식소 색깔 쓰기

- 암컷: 자색 / 수컷: 담황색

5. 김 채묘 (포자 부착) 후 발아를 위한 김발 관리 방법

- 대조 시 : 성장이 빠르므로 김발을 낮게 유지한다.
- 소조 시 : 성장이 느리므로 단련 기회로 높게 관리
- 수온 10℃ 이하 : 동상 방지, 성장 촉진을 위해 노출을 억제
- 봄 12～13℃ : 노출을 많이 하여 성장 기간을 늘리고, 황화 현상을 예방한다.

6. 보리새우 교미 여부를 알 수 있는 생식 보조기 이름 (10-3, 18-1)

- 교미전

7. 참돔 종묘생산시 클로렐라로 그린워터를 만드는 이유 3가지 (14-1, 18-1)

① 자치어의 초기 생존률을 높여준다.
② 자체 산소 공급으로 용존 산소가 증가
③ 독소 흡수 등 수계 환경이 좋아진다.
④ 물의 탁도가 증가하여 그림자 효과 가능

8. 넙치 산란 시기를 조절하는 것 (08-3, 12-1, 18-1)

- 광주기, 수온

9. 무지개송어 암컷 3배체 (05-1, 10-1, 18-1)

① 약품 처리(성전환)
- 부화 직후 자어에 MT 3ppm을 11～12℃로 90일간 처리
- 모두 수컷으로 전환
- 이 수컷을 일반 암컷과 교배하면 모두 암컷이 나옴

② 수정 : 알 1만개에 정액 10 ml를 섞고, 여기에 링거액을 가해서 정액을 확산시킨다.
(링거액: 소금 70 g, 염화칼륨 2.4 g, 염화칼슘 2.69 g을 물 10 L에 섞은 것)

③ 수정 후 과정(3배체 형성)
- 온도 처리 : 수정 40분 후 27～28℃에 10～15분간 처리하면 97%
- 수압 처리 : 수정 40분 후 492 kg/cm^2 수압에 4분간 처리하면 100%

10. 4월 21일은 10℃, 4월 하순은 11℃, 5월은 13℃, 6월은 18℃ 이다. (06-3, 16-3, 18-1, 19-1)

- 참굴의 기초 수온 : 10℃
- 참굴 산란에 필요한 적산 수온 : 600～1,500℃
- 산란 시기 : 4월 21일 = (10-10) × 1 = 0
  4월 하순 = 11℃ × 9일 = 99℃ / 5월 = 13℃ × 31일 = 403℃
  600 - (99 + 403) = 98℃ → 98/18 = 5.44일
  ⇒ 6월 상순

11. 순환 여과식 원리를 서술하고 장·단점 3가지씩 쓰시오. (05-1, 11-1, 18-1)

① 원리 : 사육수를 정화하여 다시 사용하는 방식이다.

② 장점
- 소량의 물로 고밀도 양식이 가능하다.
- 시설 시 장소나 위치에 제한이 없다.
- 작은 면적에 대량 생산이 가능하다.
- 열 조절 시설의 활용으로 어종 제한이 없다.
- 해적과 질병 대책에 용이하다.
- 연중 생산, 연중 수확이 가능하다.

③ 단점
- 초기 시설비가 많이 든다.
- 시설 관리를 위한 기술이 필요하다.
- 고밀도 양식으로 인해 양식생 물이 스트레스를

받는다.

- 생산력 향상을 위한 부가 시설이 필요하다.

12. 김 냉동발 입고전 김의 적정 함수율

- 20～40%

13. 단련 종굴을 사용하는 이유 5개 (04, 06-1, 07-3, 08, 09-1, 11-1, 13-1, 17-3, 18-1)

① 크기가 작아 취급이 용이하다.
② 취급 시에 탈락 개체가 적다.
③ 성장이 빠르고 폐사율이 낮다.
④ 양식을 계획화할 수 있다.
⑤ 발육이 좋아 양성 기간이 짧다.
⑥ 환경 변화에 대한 저항력이 강하다.

14. 어체중은 22 g, 전장은 20 cm이다. 무지개 송어의 비만도를 구하시오

- 식 : 비만도(CF) = 체중/체장의 세제곱 × 1,000
- 답 : 22/8,000 × 1,000 = 2.75 g/cm

15. 사료 제조 과정

원료 반입 → (**분쇄**) → (**배합**) → (**열처리 가공**) → (**원료 저장**) → (**포장 및 저장**) → 제품 출하

16. 김의 각포자 촉진법 3가지 (06-1, 08-3, 10-1, 10-3, 11-1, 18-1, 18-3)

① 저온 처리 : 7～10일 전에 배양수의 수온을 10～20℃로 처리한다.
② 단일 처리 : 채묘 1주일 전 10～20℃에서 명기 8시간, 암기 16시간을 하여 포자의 성숙도를 촉진한다.
③ 물갈이 처리 : 채묘 전에 수온 26℃ 이하의 해수로 1～2일마다 물갈이를 한다.

17. 참전복 방란 방정 시 알이나 정자가 해수 방출할 때 어느 부위를 통해 방출되는가? (11-1, 18-1)

- 생식소에서 알이나 정충이 새실로 나오고 제 2, 3 호흡공으로 방출된다.

18. 전복 인공 채란에 이용되는 산란 촉진법 5개 (08-3, 10-3, 14-3, 16-3, 17, 18)

① 간출 자극
② 수온 자극
③ 자외선 조사 해수 자극
④ 과산화수소 첨가 자극
⑤ pH 상승

19. 뱀장어 물변화가 발생하는 경우 3가지 (05-1, 18-1)

① 수질 이상으로 식물 플랑크톤의 조성이 변하여 동물 플랑크톤이 번식할 때
② 윤충류나 물벼룩이 식물 플랑크톤을 포식하여 대량 번식할 때
③ 영양 염류가 많아 광합성의 급진전으로 탄산이 부족한 경우
④ 녹조류가 많이 번식한 못에서 일어나기 쉽다.

20. 굴 채묘연 부착 기질과 이용 방법을 설명하시오

- 부착 기질 : 부착 기질은 굴과 가리비, 조가비가 주로 이용됨
- 이용 방법 : 부착 기질에 붙어있는 이물질은 반드시 제거해주어야 함

21. 미역 종묘 생산시 채묘 순서 4가지 (14-1, 18-1)

① 씨줄을 씨줄틀에 3～5 mm 간격으로 감는다.
② 좋은 포자엽을 고르고 음건
③ 음건시킨 포자엽은 채묘용 수조에 넣고 유주자를 방출
④ 포자엽을 건져내고 씨줄틀을 넣어 채묘

22. 해삼 양식을 위한 투석 효과 4가지 (07-1, 09-3, 11-3, 18-1)

① 해삼이 서식하거나 번식하기에 좋은 장소 형성
② 먹이 풍부
③ 하면기 장소 형성
④ 산란장 형성

2018년 제3회

1. 패류 수하연 부착생물 물리적 구제 방법 4가지 (12-3, 18-3)

- 온수처리 / 간출처리 / 손으로 제거 / 수하깊이 조절 / 해수유통 조절

2. 조개류 식물먹이 5종 속명 (13-1, 18-3)

① 규조류 : 케토세로스
② 황색편모조류 : 이소크리시스
③ 녹색편모조류 : 테트라셀미스

④ 녹조류 : 클로렐라
⑤ 남조류 : 스피룰리나

3. 초기 생물 먹이 (live food) 조건 5가지 (08-1, 11-1, 13-1, 15-3, 18-3)

① 소화가 잘 되어야 한다.
② 영양가가 충분해야 한다.
③ 유생의 입 크기에 맞는 적당한 크기여야 한다.
④ 잡아먹기 좋게 운동성이 느려야 한다.
⑤ 독성이 없어야 한다.
⑥ 모양이 삐죽삐죽한 것보다는 원형이 좋다.

4. 필수 지방산 종류 2개씩(해수, 담수) (07-3, 11-3, 18-3)

① 해수 : EPA, DHA, 리놀레산, α-리놀렌산
② 담수 : 리놀레산, α-리놀렌산

5. 패류 인공 종묘 산란 유발 5가지 (08-3, 10-3, 14-3, 16-3, 17, 18)

① 간출 자극
② 수온 자극
③ 자외선 조사 해수 자극
④ 과산화수소 첨가 자극
⑤ pH 상승

6. COD 측정 원리와 양식 환경에서의 의의

- 측정 원리 : 과망간산칼륨 또는 중크롬산칼륨과 같은 산화제를 가하면 수중에 들어있는 환원성 물질이나 유기물이 화학적으로 산화한다. 이 때 반응에 소비되는 산화제의 양을 이에 대응하는 산소량으로 나타낸 것이 COD(화학적 산소요구량)이다.
- 의의 : COD 값은 수중의 유기물이나 환원성 물질의 양에 따라 변하는데 이것은 수질 오염의 정도를 나타내는 지표로 사용된다.

7. 전복 수용량에 따른 해수 유입량 해당 기호가 의미하는 것

- V : 필요한 해수의 유입량

$$V = \frac{E \cdot N \cdot T}{C_1 - C}$$

- E : 산소 소비량
- N : 수용량(전복)
- T : 24시간
- C1 : 유입 해수 중의 용존 산소량
- C : 용존 산소량의 최저값

8. 미역 잎자르기 수확 (방법, 유효 사항) (03-1, 11-3, 14-3, 17-3, 18-3)

- 수온이 15℃ 이하인 기간이 길고 종자가 드물 경우에 생장대 윗부분만 수확한다.

9. 각포자 방출 촉진 3가지 (06-1, 07-1, 08-3, 10-1, 11-1, 12-3, 15-1, 17-3, 18)

① 저온처리 : 7～10일 전에 배양수의 수온을 10～20℃로 처리한다.
② 단일 처리 : 채묘 1주일 전 10～20℃에서 명기 8시간, 암기 16시간으로 하여 포자의 성숙도를 촉진한다.
③ 물갈이 처리 : 채묘 전에 수온 26℃ 이하의 해수로 1～2일마다 물갈이를 한다.

10. 키조개 성숙 부유 유생 형태, 색체, 크기 작성 (05-3, 15-3, 18-3)

- 형태 : 양 패각꼴이 달라 오른쪽이 툭 튀어 나왔으며, 배와 각정의 앞쪽 끝은 뾰족, 뒤쪽 끝은 둥그스름
- 색깔 : 원각은 무색 투명이며 연체부는 성숙함에 따라 어두워짐
- 크기 : 조개류 중 큰 편에 속하며 각장 0.522 mm, 각고 0.558 mm

11. 활어 운반 기본 원리(3가지), 운반법 예시 (3가지) (04-1, 06-1, 07-3, 09-3, 11, 12-1, 14-3, 18-3)

① 기본 원리
- 대사 기능의 저하 : 운반 전 2～3일 금식시켜 소화 대사 기능을 저하시키고, 운반 시 온도를 낮추어 대사량을 줄여준다.
- 산소 공급 : 고밀도 수용 시 부족한 산소를 보충한다.
- 오물의 제거 : 어류의 대사 또는 체표 분비에 의한 오물은 여과 장치를 이용하여 제거한다.

② 운반법
- 공기중 운반
- 활어선 운반
- 수중 운반
- 마취 운반

12. **과포자량 현미경 검경 시, 1시야당 50개체가 보일 때, 면적 1 ㎠ 조가비에 과포자 투입량이 100개이면 1 ㎡ 수조에 넣어야 하는 과포자량은? (10-1, 14-1, 18-3)**
   - 식 : 500 × 수조바닥면적 / 1시야 당 과포자수
   - 답 : 500 × 1 / 50 = 10 ml

13. **전복 종묘 성장 단계별 먹이 (05-1, 07-1, 14-1, 18-3)**
   - 부유 유생기 : 먹이를 먹지 않음
   - 저서 생활 초기 : 부착 규조류(암포라, 니츠시아, 나비큘라, 코코네이스 등)
   - 저서 생활 후기 : 미역, 다시마, 갈파래 등

14. **새우류 생존률 계산문제 문제 답 (12-1, 18-3)**

15. **은어 양성지 크기, 수심, 유의할 점 1가지**
   ① 수조크기: 지름 10～15m, 면적 약 100～200m^2
   ② 수심: 1～1.5m
   ③ 유의점
   - 물을 회전시키기 위해서 주수하는 물이 벽면과 평행하게 되도록 설계한다.
   - 배수구를 못의 중앙에 설치하여 노폐물이 모여 쉽게 제거되도록 설계
   - 바닥은 중앙을 향하여 1/25～1/15로 경사지게 함

16. **가리비 수하식 양성 방법 2가지 (06-1, 16-3, 18-3)**
   ① 귀매달기식 수하식 양성
   - 조가비 귀에 구멍을 뚫어 수하연에 매달아 양성하는 방법
   - 파랑이 심하지 않고 조용한 내만에서만 양성 가능
   ② 원형 칸막이 채롱
   - 망목 2 cm 내외인 그물로 만든 원형의 채롱을 연결한 것
   - 넣다 꺼내기 쉽고 양성 중 가리비의 형태가 달라지는 일이 거의 없으며, 패각에 부착 생물의 부착이 적다.
   ③ 편평 칸막이 채롱
   - 망목 2 cm 내외인 그물로 여러개의 주머니꼴과 같이 나열해서 가리비를 수용한 것
   - 관리가 쉽고 양성 중에 각형이 변형되는 일이 적다.
   - 파랑이 심한 곳에서 양성하더라도 성장이 빠르고 생존율이 높다.

17. **참굴 바닥 양성장 환경 조건 5가지**
   ① 지반이 평탄하고 안정된 곳
   ② 먹이 생물이 많은 곳
   ③ 해수 유통이 잘 되는 곳
   ④ 시설비가 적게 들고 관리가 쉬운 곳
   ⑤ 저서성 해적 생물 피해가 없는 곳

18. **순환 여과 양식 시 유의할 점 5가지 (05-3, 18-3)**
   ① 정전 시 또는 기계 고장 등에 대힙하여 예비 시설 구축
   ② 처음 양식을 시작할 때는 서서히 수용량과 먹이량을 늘림
   ③ 불규칙한 먹이 공급을 피함
   ④ 여과 능력에 한계가 와서 수질이 악화되면 1～2일에 한 번씩 대량 환수
   ⑤ 설계 시설 전문가에게 의뢰하여 기능을 정확히 점검하여 가동

19. **김발 파래 구제법 2가지 (04-3, 18-3)**
   ① 조류 소통을 좋게 하고 밀식을 방지한다.
   ② 채묘 초기에 발을 5～6시간 정도의 고노출선에 며칠간 매어 둔다.
   ③ 파래가 1～2 cm정도 자랐을 때에는 발을 육상으로 올려서 24～48시간 건조시킨다.
   - 파래가 3 cm정도 자랐을 때에는 손으로 직접 뜯어낸다.

20. **어류 집약적 양식 기본형 포기법 3가지 쓰고 설명**
   ① 낙차 에어레이션 장치
   ② 표면 에어레이션 장치
   ③ 확산 에어레이션 장치

2019년 제1회

1. **어류의 정자를 냉동 보존할 때 사용되는 동해 방지제 2개는? (06-1, 19-1)**
   - 포도당, 글리세롤, 디메틸황산, 에틸렌글리콜

2. 바지락을 천연 종묘 생산 과정을 간단히 설명하여라 (04-1, 17-3, 19-1)

- 간석지에 나뭇가지나 대나무 등을 세워 해수의 흐름을 완만하게 조절해주어 부유 치패들이 바닥에 많이 가라앉게 하는 완류식으로 한다.

3. 다시마 억제 배양 양식, 촉성 양식, 2년 양식의 채묘 시기와 수확 시기를 계절로 적으시오. (단 수확 시기는 해를 넘긴 경우 다음 해 혹은 2년째 계절명으로 답을 작성하라) (06-3, 11-1, 19-1)

	채묘시기	수확시기
2년양식	5~6월	2년차 여름
촉성양식	9월 하순	다음해 여름
억제양식	5~6월	가을

4. 어류는 생리 생태적으로 육상 동물에 비하여 에너지 효율이 높은 특징 4가지 (11-3, 12-1, 19-1)

① 수중에서 부력에 의해 중력이 지탱되어 움직이는데 적은 열량이 소모된다.

② 변온 동물에 속해 체온 유지에 적은 열량을 소모한다.

③ 다산이며 번식력이 높기 때문에 번식 에너지 효율이 좋다.

④ 단백질 분해 산물인 암모니아의 대부분을 아가미를 통해 직접 배출하여 요소나 요산을 만드는데 들어가는 열량 소모가 절약된다.

5. 아르테미아 부화 유생의 난각을 분리시키는 기본원리를 설명하라.

- 자성과 주광성을 이용하여 분리시킨다.

6. 미역의 채묘 조건을(수온, 비중, pH, 채묘시간, 광선)을 쓰시오.

- 수온 : 17~20℃
- 비중 : 1.020 이상
- pH : 7.5~8.0
- 채묘 시간 : 오전 9시부터 17시 사이
- 광선 : 직사 광선이 없는 밝은 곳

7. 틸라피아의 고밀도 사육을 위해 사육 시설로 갖추어야 할 중요한 사항 5가지를 쓰시오.

① 탱크 벽면을 미끄럽게 하여 어체가 부딪혀도 상처가 나지 않게 한다.

② 주수, 배수 되는 수류에 의한 오물의 자동 배출을 유도

③ 적합한 수질 유지(오염되지 않고 수온과 용존 산소량이 높을 것)

④ 누수가 없고, 탱크마다 개별적으로 보수, 배수, 소독이 가능할 것

⑤ 어류가 고르게 분포하여 사료를 먹도록 하고, 적정한 수류를 만들어 육질의 향상을 도모

⑥ 시설비가 적게 들고 내구성이 높을 것

8. 넙치 종묘 생산 과정에서 후기 사육이란 어느정도 크기의 사육 기간을 말하는가? (11-1, 19-1)

- 전장 50 mm 크기까지

9. 괄호안에 알맞은 말 쓰시오. (10-1, 19-1)

유속은 양식장 내의 물질 순환에 관여하는 중요한 요소로서, 양식 생물에 (**산소, 먹이**)의 공급 및 (**영양염, 부니**)의 제거를 원활하게 해준다.

10. 참굴의 고정식 채묘와 부동식 채묘를 각각 3가지 정도로 비교하여 설명하라.

① 고정식 채묘

- 해수의 유동 범위가 상하로 넓기 때문에 부착이 균일하고, 채묘가 쉽다.
- 간출 작용으로 환경 변화에 따른 저항성이 강하다.
- 유생수나 부착 치패수가 적다.

② 부동식 채묘

- 농밀한 부착층의 범위가 좁다.
- 정확한 채묘 예보만 하면 균일하고 많은 양을 채묘할 수 있다.
- 부착이 균일하지 못할 가능성이 많아서 채묘가 어렵다.

11. 김 제조 과정의 공정 순서 ( ) 쓰기

김 채취 → (**김뜯기**) → (**세단**) → 현탁 → (**초제**) → (**탈수**) → 건조

12. 양어를 위한 못의 시설상 유의 사항을 3가지 쓰시오. (16-3, 19-1)

① 어류 방양 전에 못의 물을 빼고 바닥의 노폐물을 제거한 후 생석회를 뿌려 건조한 뒤 사용

② 식플의 광합성 작용으로 일간 용존 산소량의 변화가 심하므로 여름철에 급격한 용존 산소량 변화에 주의

③ 증발 및 누수로 인해 줄어드는 양만큼 사육수 보충

13. 참굴 기초 수온과 완숙 상태에 달하는 적산 수온을 설명하라.

- 기초 수온 : 10℃

- 완숙 상태의 적산 수온 : 600℃

14. 가리비 수하식 양식법의 장단점을 쓰시오

① 귀매달기
- 장점 : 경비가 적게 듬, 생산량 증대
- 단점 : 많은 일손 필요, 부착 생물 피해가 큼, 파랑이 심한 곳 불가능

② 채롱망 수하 양성
- 장점 : 수하 작업이 쉬움
- 단점 : 수용 개체수가 적음, 경비가 많이 듦

15. 고수온기에 수확한 보리새우류의 포장을 위한 취급 요령을 설명하라.
- 폴리에틸렌 용기에 해수(10~15℃)를 채운 후 종묘를 수용
- 실온이 5~10℃되는 실내에서 포장 진행
- 양성지 수온에 수송 용기의 해수 수온을 맞춘 후 방양

16. 폐쇄적 양식장의 수질 관리 방법 중 생물학적 여과를 설명하라. (06-3, 08-1, 16-3, 19-1)
- 무기화 과정 : 타가 영양 세균에 의해 질산 유기화합물이 암모니아 같은 무기물로 바뀌는 과정
- 질산화 과정 : 암모니아(니트로소모나스) → 아질산염(니트로박터) → 질산염
- 탈질화 과정 : 자가 영양 세균(슈도모나스)에 의해 질산염이 가스 상태인 질소로 환원되는 과정

17. 김사상체 병해 중 호염성 세균에 의하여 발생되는 병명과 그 예방책 3가지만 쓰시오. (09-1, 19-1)

① 병명 : 황반병

② 예방책
- 통풍 관리
- 수온 상승 저지
- 고비중 예방
- 직사 광선 피할 것

18. 양식장 입지조 건 중 수온에 관련된 조건 2가지를 설명하라.

① 연간 성장 적수온 기간이 길고 적수온 범위 내의 연교차가 작은 수역

② 해류나 조류에 의한 수온 변화가 적은 수역

19. ( ) 쓰기

물 속의 pH가 높은 알칼리일수록 이온화되지 않은 암모니아의 비율이 (**증가하며**), pH가 1단위만큼 증가할수록 이온화되지 않은 암모니아의 양은 (10배)로 증가한다.

20. 중국의 담수에서 처음 발견되었으나, 염분에 강한 광염성으로, 최근 알테미아의 대체먹이 생물로 주목을 받는 물벼룩의 학명을 쓰시오.
- Daphnia pulex

21. 진주양식에 있어서 성숙기에 시술을 하기 위해 모패의 성숙을 억제시키는데 구체적인 방법 2가지

① 생식 세포 발달 억제 : 수온이 낮은 초봄에는 생식 세포가 아직 미숙하기 때문에, 생식 세포를 성숙하지 않도록 하여 흡수시킨다.

② 알빼기 : 생식 세포의 발달을 억제시킬 수 있는 것은 6월 초순경까지이다. 따라서 6월 중순 이후에 생식 세포를 방출시킨다.

22. 100 kg 잉어에 1,000 kg 사료를 먹여 600 kg으로 성장시켰다. 사료 효율과 사료 계수는?
- 사료계수 $= \dfrac{1000}{600-100} = 2$
- 사료효율 $= 1/2 \times 100 = 50\%$

2019년 제3회

1. 넙치란 수정 후 관리, 밀도, 수정란 관리 (11-3, 16-3, 19-3)
- 채란 시 환수율 1일 1~5회
- 밀도 : 해수 1 ml 당 수정란 1~2개
- 에어레이션 장치를 설치한 유수식 부화조
- 망목이 작은 천으로 만든 가두리를 수조에 설치
- 물과 함께 밖으로 넘어 나오는 수정란을 수조 밖에 설치한 망에서 수집하고, 수집망을 수시로 점검하여 수정란에 손상이 없도록 한다.
- 죽은 알은 사이펀으로 자주 제거해준다.

2. 고밀도 사육시 발생하는 노폐물을 제거하기 위한 배수장치 명과 그 원리 (07-1, 12-1, 19-3)
- 벤튜리 배수 장치 : 물이 일정한 속력으로 회전하면 사료 찌꺼기나 배설물이 원형 수조의 중앙으로 모여서 두 파이프 사이로 들어온다. 노폐물은 안쪽 파이프로 배출되거나 파이프를 들어 올리면 바로 배수구로 배출된다.

- 원뿔형 배수 장치 : 사육조의 바닥 한가운데를 원뿔형으로 깊게 만들고, 순환수에 의해 아래 끝에 모인 찌꺼기를 바닥을 지나 밖으로 이어지는 파이프로 제거한다.

3. 우렁쉥이의 부착 밀도, 밀식 크기, 크기 변화, 밀식 후 출하 결과에 대해서 서술하시오. (12-3, 19-3)
- 부착 밀도 : 수하연은 길이 2 m가 적당하고 한 줄에 100개체 내외가 되도록 한다.
- 밀식 시 크기 변화 : 밀식을 하면 가늘고 긴 꼴이 되며, 성장이 더디고 품질도 저하된다.
- 양성 관리 : 부착 물을 제거하고 성장에 따라 알맞게 솎아준 후 새로운 수하연을 만들어 수하한다.
- 출하 결과 : 양성 1년이면 3～4 cm, 2년이면 8～10 cm로 성장한다. 대개 2년간 양성하고 수확한다.

4. 사료에 첨가하는 필수 미량 원소 8가지 (14-1, 19-3)
- 철, 구리, 망간, 아연, 크롬, 코발트, 셀레늄, 요오드

5. 순환 여과식 사육수 관리 시설 4가지 (04-3, 07-3, 08-3, 10-3, 14-3, 19-3)
① 사육조 : 생물을 사육
② 침전조 : 고형물을 제거
③ 여과조 : 유해 물질 분해
④ 소독조 : 유해 세균 제거

6. 염소 17ppt일 때, psu는? (14-3, 19-3)
- 식: 염분(S) = 1.80655 × 염소(Cl)
- 답: 1.80655 × 17 = 30.71

7. 수산 생물을 효율적으로 생산하기 위한 종사자의 태도와 신념을 작성 (03-3, 04-1, 10-3, 19-3)
- Work : 열심히 일하기
- Inspection : 물고기를 항상 지켜보면서 기르기
- Dedication : 정성을 다 바치기
- Experience 많은 실무 경험을 쌓기, 경험이 가장 중요한 요소

8. 김 검경처리
- 직접 찾아보기

9. 넙치 자어 사육시 수조별 수용 밀도, 사육 수온, 사료 등의 관리에 대해서 쓰시오. (03-3, 08-1, 09-3, 11-1, 11-3)
① 수용 밀도
- 소형 탱크(5～10톤) : 3만～5만마리/톤
- 대형 탱크(40～50톤) : 1만～2만마리/톤

② 사육 수온 : 15～20℃로 해주면 성장이 빠르고 사육 성적도 좋음
③ 사료
- 부화 후 10일까지의 자어에게는 주로 로티퍼를 공급
- 부화 10일 이후로는 알테미아 공급

10. 참돔 양성장의 입지 조건 5가지 (09-1, 19-3)
① 연중 수온 변화가 10～20℃인 곳
② 염분 변화가 적은 곳
③ 조류 흐름이 좋은 곳
④ 수심이 깊은 곳
⑤ 적조와 환경 오염이 없는 곳
⑥ 소비 시장이 가까운 곳

11. 문어가 서식하는 지역에서 다른 곳으로 이동하게 되는 주원인 2가지 (09-1, 15-3, 19-3)
① 해수의 비중이 1.020 이하일 때
② 수온이 7℃ 이하일 때

12. 단련 종굴이 일반 종굴과 다른 점 5가지
- 직접 찾아보기

13. 참가리비 원통칸막이 장점 3가지
① 수하 작업이 쉽다.
② 양성 중 가리비의 형태가 달라지는 일이 거의 없다.
③ 패각에 해적 생물의 부착이 적다.

14. 우렁쉥이 유생 형태와 부착까지의 변태 과정 (14-1, 16-1, 19-3)
- 유생 형태 : 반투명한 올챙이형 유생
- 변태 과정 : 유생으로 된 후 6시간이 지나면 꼬리의 흡수가 시작되고 20분만에 꼬리가 흡수되면 저층으로 가라앉는다. 가라앉으면서 부착 돌기에 의해 부착한다.

15. 냉장발의 저온 처리 방법과 출고후의 처리 방법 (03-3, 16-1, 19-3)
① 건조 : 함수율이 20～40%가 되도록 건조한다.
② 동결 : 냉장 전 -30～-20℃ 저온에서 10시간 전후로 급속 동결시킨다.
③ 밀봉 : 건조된 씨발을 주머니에 넣어서 밀봉하여 냉장한다.

④ 출고
- 출고한 냉장씨발은 밀봉 상태로 4시간 이내에 운반하고 해수에 수용 후 설치한다.
- 출고 후 3~4시간 이내에 발을 설치한다.
- 생장 촉진을 위해서 무노출 상태로 설치한다.

16. 유리사상체 장점 (05-3, 07-3, 19-3)
① 순수 품종의 유지가 가능
② 소량의 김엽체에서도 다량의 순수 사상체 배양 가능
③ 매년 과포자를 구할 필요가 없음
④ 선발 육종을 간단하게 할 수 있음
⑤ 좁은 공간에서도 가능
⑥ 관리가 쉽고 경제적
⑦ 규조 및 병원균의 침범이 적음
⑧ 채묘 시기를 쉽게 조절할 수 있음

17. 미역 가이식 시기를 결정하는 기준에 대해서 설명 (03-3, 04-3, 08-3, 10-1, 15-3, 16-3, 19-3)
① 수온 : 내만은 22~23℃ 이하, 외양은 20℃ 이하일 때
② 생장은 가이식이 빠를수록, 아포체가 클수록 빠르다.
③ 싹녹음을 피하기 위해 11월까지는 가이식을 끝낸다.
④ 조석상으로는 소조 직후가 가이식의 적기

18. 10만개의 송어란을 부화할 때 소비되는 산소량이 0.5 L/hr 일 때 주수량은?
(주입 산소 8 ml, 배수 산소 3 ml인지 5 ml인지 헷갈림)

2020년 제1회

1. 사료 점착제에 쓰이는 종류 4가지를 쓰시오. (05-1, 08-1, 17-1, 20-1)
- 밀가루, 녹말, CMC, 가검, 알지네이트, 셀룰로오스, 유장 등

2. 다시마 양식 방법 3가지를 쓰고 설명하시오. (04-1, 05-3, 06-3, 08-3, 15-1, 15-3, 20-1)
① 2년 양식 : 자연, 인공 채묘한 종자를 뿌리 묶기, 솎음, 잡해조 제거 등의 관리를 하여 2년간 양성
② 촉성 양식 : 2년생 다시마를 저수온기에 최대한 활용하여 단기간에 생장
③ 억제 양식 : 5~6월에 인공 채묘한 배우체를 고수온기에 생장을 인위적으로 중지시켰다가 9~10월에 발아 관리하여 바다 수온이 18℃이하일 때 본양성

3. 사상체 갯병 중 적변병의 발생 원인, 병반부 특징, 치료 방법에 대하여 쓰시오.
- 원인 : 어둡고 통풍이 안되는 곳
- 특징 : 녹화되고 부정형이 나타나며, 미끈미끈하고 썩은 냄새가 남
- 치료 : 직사 광선에 20~30분 쬐인 후 새 해수에 배양, 차아염소산나트륨을 5ppm으로 하여 물갈이, 통풍과 조도 조절

4. 객토가 필요한 저질 환경에 대하여 2개를 쓰시오. (12-3, 20-1)
① 유기질이 많이 함유되어 있는 저질
② 조개류 양식장으로 펄 성분이 많고, 층이 깊은 곳

5. 숙성이가 발생하는 원인
① 먹이가 부족할 때
② 먹이 알갱이가 클 때
③ 먹이가 고르지 못할 때
④ 고밀도로 사육할 때
⑤ 먹이 급이 시간이 일정하지 않을 때
⑥ 질병이 발생할 때

6. 습사료, 반습사료, 건사료의 수분함량에 대하여 쓰시오. (09-3, 16-3, 17-3, 20-1)
- 건조사료 : 수분이 7~13%
- 반습사료 : 수분이 20~30%
- 습사료 : 수분이 50~75%

7. 송어 링거액의 재료에 대하여 쓰시오(물은 제외). (04-1, 20-1)
- 소금 70g, 염화칼륨 2.4g, 염화칼슘 2.69g

8. 문어 계산문제 400g짜리 문어종묘를 100일간 양성하여 수확시 밀도가 ㎥당 50kg였다. 처음 종묘를 방양했을 때의 밀도를 구하시오. (일간성장률 0.04, 생존율 80%)
- 문어 방양밀도 = 수확시 밀도/일간성장률×양성일수×생존율
- 방양밀도 = 50/0.04×100×0.8 = 15.625kg/m^2

9. 알테미아 내구란들이 가라앉지 않도록 하는 방법은? (07-3, 13-1, 20-1)
- 물을 아래쪽에서부터 주입하여 부유하도록 해줌

10. 가두리 양식장의 노화 현상의 정의와 대책 (05-3, 14-3, 17-1, 20-1)
- 정의 : 여러 해 양식을 하면서 양식 시설이나 바닥 퇴적물의 영향으로 대량 폐사가 일어나고 수확량이 감소하는 현상
- 대책 : 휴식년제 / 객토 / 준설 / 양성 밀도 줄임 / 해저 포기

11. 필수아미노산 5개를 쓰시오.
- 트립토판, 트레오닌, 발린, 라이신, 류신

12. 굴 단련장의 조건 5개를 쓰시오. (10-1, 20-1)
① 평탄한 곳
③ 지반 변동이 없는 곳
③ 5~6시간 노출선
④ 해적 생물이 없는 곳
⑤ 북서풍의 영향을 받지 않는 곳

13. 방어 사육시 자주 발생하는 질병 3가지와 치료법에 대하여 쓰시오.
- 직접 찾아보기

14. 수온 10℃에서 무지개송어 알 10만개가 1시간에 소비하는 산소량은 500 ml이다. 부화조에 주입하는 유입수의 용존산소량이 7 ml/L이고, 배출수의 용존 산소량이 5 ml/L이다. 알 10만개가 1시간에 소비하는 주수량은? (11-1, 15-3, 17-1, 19-3, 20-1)
- 500/(7-5) = 250 ml/L

15. 키조개 종묘 방양 방법에 대하여 쓰시오.
- 간조선 근처 저질에 조류와 평행하게 구멍을 미리 만들어 모심기식으로 하나하나 심는다.

16. 가리비 관리법(모패선 정부터 채란까지)에 대하여 쓰시오. (04-3, 11-3, 17-3, 20-1)
① 어미 선정
- 산란기는 5~6월경이며, 3~4월경에 성숙한 모패를 준비한다.
- 모패는 냉각 장치를 이용하여 산란 임계 온도인 8℃보다 3~4℃ 낮게 보관한다.
- 생식소 색깔에 따라 구분이 쉬우므로 암수를 따로 수용한다.

② 채란
- 인위적인 자극 방법으로는 간출과 수온 자극을 주로 이용한다.
- 간출시킨 어미를 산란 임계 온도보다 1~7℃ 높은 9~15℃의 해수에 옮겨 채란하며, 2~3 시간이 지나면 산란한다.
- 채란 후 30분이 지나면 수정이 끝나기 때문에 1~2시간이 지나면 수정란을 세척 후 지수 상태로 부화시킨다.

17. 수온상으로 본 냉장발 입고 시기에 대하여 쓰시오.
정답 찾아 보세요

18. 김의 각포자 방출 촉진 방법 중 단일 처리에 대하여 설명하시오.
- 채묘 1주일 전 10~20℃에서 명기 8시간, 암기 16시간 처리

19. 암모니아에 대해서
- 종류 : NH_3, NH_4^+
- 양식 생물에게 해로운 암모니아 : NH_3

20. 저질 개선 4가지(객토,준설,바닥 갈이,인공 간석지) 방법중 3가지를 쓰고 설명 (04-1, 04-3, 20-1)

방법	대상지구	개선방법
객토	황토 또는 환원성 저질	새로운 토사를 해저에 뿌려 유해물질의 발생을 덮는다.
준설	찌꺼기가 퇴적하고, 유해한 저토로 된 곳	작업선에 의해서 퇴적된 찌꺼기나 유해한 해캄을 제거한다.
바닥 갈이	단단하게 은 저질	불도저 및 배를 사용하여 해저토를 갈아서 뒤엎어 준다.
인공 간석	간석지 또는 모래사장	여러 가지 인공적인 힘을 가하여 합리적인 간석지로 만든다.

21. 참돔 자연채란법에 의한 방법을 사육조건에 따라 3가지 쓰시오. (08-1, 10-1, 20-1)
① 육상수조에서 산란기까지 사육하여 자연산란
② 해상가두리에서 사육하다가 산란기에 육상수조로 옮겨 자연산란
③ 해상가두리에서 계속 사육하여 산란기에 자연산란(채집이 어려움)

2020년 제2회

1. 질산화 반응과 탈질화 반응을 그림으로 그리고 영향을 미치는 요인 4가지 (8점)영향을 미치는 요인 :

- 온도 / pH / 용존 산소 / 고형물 체류 시간 / 독성 물질

2. 굴은 전세계적으로 분포하는데 분포하지 않는 곳이 있다. 그 지역을 적고 이유를 적으시오 (4점)

① 분포하지 않는 곳 : 북극과 남극

② 분포하지 않는 이유 : 수온이 매우 낮기 때문

3. 사료 계수와 사료 효율 정의 (4점)

① 사료 계수 : 생물 1단위 무게를 증가시키는데 필요한 사료의 단위 = 총 사료량/ 증육량

② 사료 효율 : 단위 중량의 사료 섭취 시 생산되는 생산물의 양 = (증육량/총 사료량) * 100

4. 바지락 채묘 방법 (3점)

- 간석지에 나뭇가지나 대나무 등을 세워주거나 기타 방법으로 해수의 흐름을 완만하게 조절해주어 부유 치패들을 바닥에 가라앉혀 채묘하는 완류식 채묘 사용

5. 냉동김발 냉동시기 수온 범위 (3점)

- 수온 13～18도 사이에 냉장발을 입고

6. 송어 해수 사육시 질병에 대해 장점, 단점, 성숙에 따른 문제점 (6점)

1) 장점
   - 성장 속도가 빨라 단기간에 대형어 생산 가능
   - 풍부한 해수 사용 가능
   - 비브리오균을 제외한 나머지 담수 질병 병해 감소
   - 생산량 증대

2) 단점
   - 비브리오균에 의한 피해
   - 수컷의 왕성한 산란 행동과 폐사
   - 사육 환경 변화로 인한 쇼크로 폐사 위험 증가, 폐사 선별을 자주 실시

3) 성숙에 따른 문제점 : 수컷의 생식소가 발달 → 활발한 산란 동작 → 폐사 증가

7. 양어장 수심 80 cm이고 초당 110 L로 1.5시간이면 전체 환수됨 시설면적 구하시오 (5점)

- 110 L/1sec = 396,000 L/1hr = 396 ton/1hr (1ml = 1g)
- 1.5시간이면 594 ton/1.5hr, 수조의 총용량을 594 m^3 이다.
- 수조의 면적 = 총용량/높이 = 594 m^3/0.8 m = 742.5 m^2

8. 조피볼락 육안으로 봤을 때 좋은 종묘 구하는법 (4점)

① 수조 내에서 떼를 지어 정상적인 유영을 하는 것

② 체색이 옅으면서 체형은 유선형인 것

③ 먹이 섭취행동이 활발한 것

④ 병증이 없이 전체적으로 크기가 같은 것

9. 넙치 먹이 붙임에 대해 쓰시오 (6점)

① 부화 2～3일 : 로티퍼 공급. 2～3개체/ml 를 공급하다가 10일 쯤에 10～12개체/ml 공급

② 부화 10일 이후 : 알테미아 공급. 알테미아 유생 0.1～3개체/ml에서 30일까지 점차 공급량 증가

③ 부화 25일 전후 : 알테미아와 자치어용 배합 사료를 함께 공급

10. 붉은갯병 외관상 진행 단계와 환경원인에 대해 쓰시오 (5점)

① 진행 단계 : 엽체에 붉은 반점이 생성, 점차 커지면서 구멍이 생기거나 엽체가 수축

② 환경 원인 : 수온이 15℃ 이상 유지되고 염분의 저하, 어둡고 통풍이 잘 안되면 발생

③ 김발 노출이 적은 부류식 양식에서 잘 발생

11. 못양식 시설을 만들 때 유의할 점 3가지(에어레이션, 펌프 제외) (3점)

- 양어지 크기 / 수심 / 방양 밀도 / 양어지 위치 / 양어지 배치 / 방양 어종

12. 조개류 채묘 예보 고려 사항 (6점)

1) 부유 유생 조사
   ① 매일 만조시에 예보용 부유 유생 채집망을 사용해 수면으로부터 30 cm 깊이를 수평으로 100 m 예망하여 채집하거나 2 m 깊이에서 수직으로 예망 채집하여 검경
   ② 채집된 유생을 포르말린 고정후 유생 단계별 분류 ⇒ 개체수 조사 ⇒ 부착 시기 예보

2) 부착 치패 조사
   ① 부유 유생 검경⇒부착기와 가까워지면 식별하기 쉬운 가리비 패각으로 만든 시험용 채묘연을 수개씩 채묘 예정 장소에 수하 ⇒ 다음날부터 매일 수심별로 부착 치패수 계수 ⇒ 조사

결과로 부착일 추정 ⇒ 채묘기 투입일을 예보

13. 식물 먹이 생물 배양할때 단계 (5점)

① 종묘 채집 : 플랑크톤 채집 네트를 이용해 채집

② 순수 분리 배양 : 샘플에서 배양하고자하는 생물을 분리하여 배양

③ 소규모 플라스크 배양 : 플라스크에 일정기간 배양 후 규모를 늘려 대량 배양

14. 사료 첨가제 3가지와 간단한 설명 (6점)

① 점착제 : 수중 안정성 증가, 사료의 성형, 제작과 운반시 가루 발생 감소 : 셀룰로오스(cellulose), CMC(carboxymethyl cellulose), 밀가루, 알기네이트, 전분

② 항생제 : 질병 치료 목적

③ 항산화제 : 지방산, 비타민 등의 사료 성분의 산화 방지 목적

- 천연 : 토코페롤(Vt E), 레시틴, 고시폴, 세사몰
- 합성 : BHA, BHT, PG 등

④ 착색제 : 체색와 육질의 색을 좋게 함(아스타크잔틴, 크산토필, 새우 가루)

⑤ 먹이 유인 물질 : 사료 기호성 증가

- 육식성 어류 : glycine, valine, betaine
- 초식성 어류 : aspartic aicd(아스파르트산), glutamic acid(글루탐산)

⑥ 영양제

⑦ 기타 호르몬제 : 성장 촉진, 성숙 촉진, 성 전환 등

15. 활어 운반 기본 원리 3가지와 간단한 설명 (6점)

- 공기 중 운반, 수중 운반, 활어선 운반, 마취 운반 등

① 대사 기능 저하 : 2~3일 이상 절식 시 대사량의 1/3 감소, 수온 10℃ 감소 시 대사량 1/4~1/3 감소

② 산소 공급 : 호흡에 의해 부족해지는 산소는 적정량으로 계속 공급해줘야 함

③ 오물의 제거 : 운반 중에 발생하는 대사 산물, 체표 분비물을 여과 장치를 이용해 제거

16. 각포자 방출 촉진 방법 중 단일 처리 설명 (6점) – 3가지

① 각포자 방출 촉진법

- 저온 처리 : 7~10일 전 배양수 수온 10~20℃ 처리
- 단일 처리 : 채묘 일주일 전 명기 8시간, 암기 16시간 처리하여 포자의 성숙 촉진
- 물갈이 : 채묘 전 26℃ 해수로 1~2일 마다 물갈이
- 동결 건조법

② 각포자 방출 억제법

- 고온 처리 : 통풍 차단 및 수온 27~28℃로 고온 처리
- 장일 처리 및 연속 명기 처리 : 명기 16시간, 암기 8시간 처리(각포자낭 형성과 방출 모두 억제)
- 암흑 처리 : 6~7일간 광선을 완전히 차단
- 100% 습도 처리 : 조가비를 물에 젖은 상태로 폴리에틸렌 주머니에 100% 밀봉하여 보관
- 고비중 처리 : 비중 1.040~1.050으로 10일 배양

17. 노화된 양성장 대책 (3점)

① 노화 현상 : 여러 해 양식을 하면서 양식 시설이나 바닥 퇴적물의 영향으로 대량 폐사가 일어나고 수확량이 줄어드는 현상.

② 대책

- 일정 기간 양식을 중지하여 자정 능력 회복
- 객토 및 준설을 통해 환경 개선
- 해저 포기 및 바닥 갈이를 통해 퇴적물 확산과 분해 촉진
- 양성 밀도 줄이기

18. 2점 배점 문제로 직접 찾아 보기

19. 전복 탱크 수용량 정할때 알아야 하는 것 (4점)

- 전복의 크기 / 수온 / 환수량 / 산소 소비량
  N = V(C1−C)/E*T(24h)

20. 갯병 발생 요인 (5점)

① 겨울철 고수온

② 조류 소통이 나쁠 때

③ 외양수의 침입

④ 소조시 노출이 적을 때

⑤ 소조시 물이 맑고 햇빛이 강할 때

⑥ 밀식시

⑦ 영양 염류 부족

21. 전복 채란용 어미 선정 기준 (6점)

① 자연산 어미로 산란 전의 성숙 개체 확보

② 미성숙 어미는 성숙까지 일정 기간 수조 사육

③ 소수의 대형 크기 어미 보다 다수의 중형 크기 어미를 준비

④ 채란용 어미는 개체수를 여유있게 확보

2021년 제1회

1. **무지개 송어 수온별 생리 작용 (5)**
   - 0~7도 : 성장을 기대하기 어렵고 먹이를 먹지 않는다.
   - 8~13도 : 종묘 생산의 적수온이다.
   - 13~18도 : 최적 성장 수온 성장이 빠르다.
   - 23~27도 : 어체가 스트레스를 받고 생체 리듬이 깨져 위험한 상태이다.
   - 27도 이상 : 단시간내 폐사한다.

2. **보리새우 교미에 대해 서술 (4)**
   - 보리새우는 4~6월 교미하며, 연갑 상태의 암컷이 경갑 상태의 수컷 정협을 받아 저장낭에 저장한다. 그 후 암컷은 교미전을 가진다. 교미전은 탈피할 때 떨어져나간다.

3. **참굴 산란 시기 계산 4월 21일은 10℃, 4월 하순은 11℃, 5월은 13℃, 6월은 18℃, 적산 수온 600℃**
   - 식 : 10 + 11 * 9 + 13 * 31 = 450
     600 - 450 = 150
     150/18 = 8.333
   - 답 : 6월 8일 쯤

4. **참전복 적산 수온 계산 (20℃에서 100일)**
   - 식 : 참전복의 기초 수온 7.6℃(20-7.6) * 100 = 1,240
   - 답 : 1,240℃

5. **적조가 양식 생물에게 미치는 영향 (6)**
   - 생물 독성 축적
   - 산소 부족으로 인한 폐사
   - 플랑크톤 사후 용존 산소 부족 및 폐사
   - 독소 유독 물질에 의한 중독사

6. **김 시비(비료주는) 이유 4가지 (4)**
   ① 김의 품질 향상
   ② 김의 성장이 빠르기 위해
   ③ 병해 예방
   ④ 유아의 발육 촉진

7. **실뱀장어 종묘 양성 시 육상 수조에 넣기 전 소금물 처리 농도 및 초기 배양시 먹이 섭취량 낮을 때 조치 (6)**
   - 소금 처리 농도 : 0.7%
   - 유지 첨가금 지
   - 유기물이나 암모니아 농도 산화

8. **치어 선별 정의와 장점 3가지**
   - 정의: 어류 양식에 있어서 개체 간 성장 차이 발생을 같은 크기로 골라 맞춰주는 것
   ① 성장을 빠르게 한다.
   ② 소형어와 대형어 사이 공식 현상 발생 방지
   ③ 사육 관리, 판매 시 고기 크기 고르게 한다.

9. **사료 과잉공급 단점 3가지**
   ① 사육수의 오염
   ② 질병 발생 가능
   ③ 경비가 많이 든다.

10. **보리새우 종묘 완전사육이유와 시기**
    - 시기 : 7~8월
    - 이유 : 우리나라 보리새우의 천연 종묘는 채집하기도 어렵고, 풍흉의 격차가 심하다. 또한 성숙한 어미는 적어도 6월에 어획되어 종묘 생산 시기가 너무 늦어 월동이 불가능한 우리나라는 연내 수확이 불가능하기 때문이다.

11. **무지개 송어 부상기 관리 방법 3가지**
    부화 후 난황을 다 먹으면 부상이 되는데 부상이 80프로 되었을 때 먹이 급여를 시작한다, 8~10회 공급한다,
    - 먹이 붙임을 위해 배합 사료와 소 간, 돼지 간 등을 같이 공급한다.

12. **꽃게 유생 (4)**
    (알 - 조에아 - 메갈로파 - 치해)

13. **사육조 - 침전조 - 생물학적 여과조 - 탈질 여과조 (4)**

14. **황화수소 발생 양식장에 황토 살포 이유**
    - 유해한 황화수소 발생 시, 황토 또는 환원성 저질을 뿌려 유해 물질의 발생을 덮는다.

15. **넙치 자어 수용 밀도, 환수량, 먹이 공급-**
    - 소형 5~10톤 : 톤당 3만~5만마리
    - 대형 40~50톤 : 톤당 1.5~2만마리

16. **흰갯병, 의사흰갯병 전염 여부 (4)**
    - 흰갯병 전염, 의사흰갯병 전염

17. 냉잠김 출고 시기와 유의 사항

- 시기 : 12~3월-출고 후 4시간 이내 발을 설치한다.
- 생장 촉진을 위해 무노출로 설치한다.
- 갯병이 발생했던 양식장은 발을 완전히 철거 후 깨끗하게 하여 설치한다.

18. 배합 사료에 들어가는 주요 탄수화물 (다당류) 4가지 (4)

- 녹말, 밀가루, 감자 전분, 옥수수 전분

19. 김 질소 부족 시, 외관과 현미경

- 검은색 붉은색이 감소하고 황갈색 연한 황갈색으로 퇴색된다,
- 세포막이 두껍고, 원형질 감소로 액포가 대부분이다.

20. 폐쇄 집약적 양식

- 지수식, 정수식, 순환여과식

21. 원형 수조 고형물 배출 방법 2가지

① 벤튜리 배수 장치 : 원형 수조 중앙에 2중 스탠드 파이프를 설치해, 바깥 파이프 밑부분에 고형물이 들어갈 수 있도록 구멍을 뚫는다. 못 속 물이 회전하면 중앙으로 모여 파이프를 통해 배출

② 원뿔형 배수 장치 : 수조 중앙을 원뿔형으로 깊게 만들어, 파이프로 제거.

22. 무지개송어 친어 사료 단백질 함량 (3)

- 38~48%

2021년 제3회

1. 김 유기질 사상체 배양 시 장점 5개를 쓰시오. (5점)

① 매년 과포자를 구할 필요 없다.

② 선발 육종이 편리하다.

③ 장소의 구애가 없다.

④ 경제적이고 관리가 쉽다.

⑤ 채묘 시기의 조절이 가능하다.

⑥ 질병 및 규조의 침입이 적다.

2. 보통 종굴에 비해 단련 종굴의 장점 4가지를 쓰시오. (4점)

① 성장이 빠르다.

② 환경 변화에 강해 폐사 개체가 적다.

③ 크기가 작아 취급이 간편하다.

④ 양식을 계획화 할 수 있다.

3. 저서기 전복 치패의 폐사율이 가장 높은 시기 2가지 (4점)

① 주구각이 생길 무렵

② 제 1호흡공이 생기기 직전 각장 1~2 mm

4. 뱀장어 지중 양식 시 물변화가 잘 발생되는 시기와 수온 범위와 물변화가 발생할 때 동물 플랑크톤 발생 중 윤충류의 함량을 퍼센트로 쓰시오. (4점)

- 물변화가 잘 발생되는 시기와 수온 범위
- 시기 : 4월, 10월
- 수온 범위 : 17~20도
- 동물 플랑크톤 발생 중 윤충류의 함량(%)
- 윤충류의 함량 : 동물 플랑크톤 23% 이상 그중 윤충류가 56~74%

5. 다시마의 효과적인 양식 방법 3가지를 쓰시오. (3점)

① 2년 양식 : 2년생 다시마를 뿌리 묶기, 잡해초 제거, 솎음 등을 하여 2년간 양성하는 것

② 속성 양식 : 9월 초순에 인공 채묘한 종료를 수조 내 15~16도, 3,000~4,000 lux로 45일 동안 배양한 뒤, 바다 수온이 하강하는 시기에 본 양성한다.

③ 억제 양식 : 5~6월에 인공 채묘한 배우체를 고수온기에 억제 배양했다가 9~10월에 발아관리하여 수온 18도 이하일 때 본 양성한다.

6. 로티퍼 배양에 주로 사용되는 먹이 2가지를 쓰시오. (4점)

① 해산클로렐라

② 테트라셀미스

7. 100 kg 잉어에게 900 kg 사료로 600 kg을 성장시켰다 사료 효율을 구하시오. (3점)

- 식 : 900/500 = 1.8 사료계수 1/1.8 * 100 = 55.555
- 답 = 55.56%

8. 미역의 생활사를 쓰시오. (6점)

- 미역은 1년생 해조류로 봄부터 초여름까지 성숙하며, 포자엽에서 유주자를 방출하고, 방출된 유주자는 바닥에 부착하여 발아하여 배우체가 된다. 가을에 암수 배우체는 수정하여 아포체가 되고 유엽이

된다.

포자엽-유주자-암수 배우체-수정-아포체-유엽

9. 100 g의 틸라피아를 방양시켜 400 g으로 성장시켰다 이 때 960 g의 배합 사료와 1kg의 해캄을 먹이로 공급하였을 때 사료 계수를 구하시오. (해캄의 건조 중량은 습중량의 1/10으로 한다) (4점)

- 식 : 960 + 100 / 400 - 100 = 3.5333
- 답 : 3.53

10. 은어 종묘를 운반할 때 주의점 3가지를 쓰시오. (6점)

① 급정거와 과속에 주의한다,

② 산소는 0.2~0.4 kg/cm의 압력으로 넣는다.

③ 10~14℃ 수온 유지한다.

④ 담수와 해수를 1:1, 2:1로 운반한다.

11. 전복 치패를 방류할 때 생존율을 상승시키는 방법 3가지를 쓰시오. (해조류 먹이 제외) (6점)

① 해적 동물의 구제와 먹이 경쟁 동물 성게 등을 제거한다.

② 전복초를 만들어 방류한다.

③ 수심 2~3 m인 곳에 방류한다.

12. 가리비 귀매달기 수하식 양성법을 설명하시오. (5점)

- 1년생 가리비 6~8 cm 패각 끝에 구멍을 뚫어, 수하연에 매달아 양성한다.
  해적 생물에 대한 피해는 적지만, 부착 생물에 의한 피해가 크므로 , 주기적으로 제거한다.

13. 양식 어종의 품질 개량 방법명과 목표가 되는 형질을 각각 3가지씩 쓰시오. (6점)

- 품질 개량 방법명 3가지 : 환경 개선에 의한 육종도태와 교배에 의한 육종 배수성 유전이나 돌연 변이에 의한 육종 - 목표가 되는 형질 3가지 식성이 왕성하고, 성장이 빠를 것, 환경 저항성이 강하고, 내병성이 있는 것, 번식력이 왕성하여, 종묘 생산이 용이한 것

14. 송어를 양식할 때 1분간 1 L의 수량으로 1 kg의 생산을 기준으로 할 때 30 ton 생산에 확보되어야 하는 최소의 용수량(L/sec)을 구하시오. (3점)

- 식 : 1 L/min : 1 kg = XL/sec : 30,000 kgx L/sec
  * kg = 30,000 kg * L/minx= 500 L/sec
- 답 : 500 L/sec

15. 보리새우 종묘를 생산할 때 인공 배양 시 쓰이는 주요 식물 먹이 3종류와 동물 먹이 2종류의 학명을 쓰시오. (속명만 기재) (5점)

- 주요 식물 먹이 3종류 : Isocrysis, Skeletonema, Cheatocerous
- 동물 먹이 2종류 : Aretmia, Brachionus

16. 수로형 사육지에서 찌꺼기의 제거 효과를 높이기 위한 기본 설계를 쓰시오. (4점)

- 바닥을 콘크리트로 만들어 청소가 편리하도록 함. 배수구 쪽에 집수구를 설치하여 수시로 찌꺼기 제거한다.

17. 굴 성장과 육질의 충실도에 영향을 주는 요인 4가지를 쓰시오. (4점)

- 수온, 먹이 섭취량, 밀식 여부, 산란을 위한 생식소의 발달 여부

18. 조피볼락의 자어를 산출하기 전에 예상되는 행동 3가지를 쓰시오. (3점)

① 수조 선회

② 출산 직전 위 내용물 토함

③ 출산 1~2일 전 평소보다 많은 배설물 배출

19. 은어에게 사료를 공급할 때 유의점 3가지를 쓰시오. (6점)

① 사료에 피드오일 5% 첨가한다,

② 고수온기에는 낮에 먹이 주는 것을 피한다.

③ 아침과 저녁에 하루 급여량의 40~60% 4시간에 걸쳐 공급한다.

20. 틸라피아를 전수컷 성전환 처리 방법을 설명하시오. (호르몬명, 투여량, 투여 기간을 명시하라) (5점)

- 사료에 MT 메틸테스토스테론 15~60 mg, 2~3주

21. 김부류식(뜬김발)에 큰 피해를 주는 질병 종류, 발생 원인, 방제 대책에 대해 쓰시오. (6점)

- 직접 찾아보기

22. 송어를 유수식 원형지에서 사육할 때 다음에 대해 설명하시오. (단 치어용 수조 성어용(육성용) 수조일 경우를 분리하여 쓰시오) (4점)

- 치어용 : 지름 2~3 m / 1 m^2 당
  600~900마리/가장 상류
- 성어용 : 지름 10 m